大学物理学

（下册）

第2版

林欣悦　韩笑　孙力　王建华 ／ 主编

清华大学出版社

北京

内 容 简 介

本书是根据教育部高等学校物理学与天文学教学指导委员会物理基础课程教学指导分委会 2010 年重新制定的《理工科类大学物理课程教学基本要求》编写的。全书分上、下两册,本书为下册,包括热学篇、机械振动和机械波篇、波动光学篇及量子力学篇。本书作为工科物理及理科非物理专业大学物理教材的改革尝试,注重对经典内容的精简和深化,对近代物理内容的精选和普化,对新技术、新观点的拓展,力求注意各部分知识之间的相互联系,同时保持难度适中。

本书可作为高等工科院校各专业的物理教材,也可作为综合大学和师范院校非物理专业的教材和参考书。

图书在版编目(CIP)数据

大学物理学. 下册/林欣悦等主编. —2 版. —北京:清华大学出版社,2020.10(2024.1重印)
ISBN 978-7-302-56855-1

Ⅰ. ①大… Ⅱ. ①林… Ⅲ. ①物理学－高等学校－教材 Ⅳ. ①O4

中国版本图书馆 CIP 数据核字(2020)第 226095 号

责任编辑:佟丽霞
封面设计:常雪影
责任校对:赵丽敏
责任印制:丛怀宇

出版发行:清华大学出版社
   网 址:https://www.tup.com.cn, https://www.wqxuetang.com
   地 址:北京清华大学学研大厦 A 座   邮 编:100084
   社 总 机:010-83470000   邮 购:010-62786544
   投稿与读者服务:010-62776969, c-service@tup.tsinghua.edu.cn
   质量反馈:010-62772015, zhiliang@tup.tsinghua.edu.cn
印 装 者:大厂回族自治县彩虹印刷有限公司
经 销:全国新华书店
开 本:185mm×260mm 印 张:20.5   字 数:495 千字
版 次:2017 年 5 月第 1 版 2020 年 10 月第 2 版 印 次:2024 年 1 月第 4 次印刷
定 价:57.50 元

产品编号:087934-01

前　言

　　2010 年教育部高等学校物理学与天文学教学指导委员会物理基础课程教学指导分委会对《理工科类大学物理课程教学基本要求》(简称《基本教学要求》)进行了重新编写,划分出了基本核心内容的 A 类知识点和作为拓展内容的 B 类知识点。要求各高校不仅要保证基本知识结构的系统性和完整性,还要在知识的深度和广度上有所拓展。为顺应这一要求,并考虑到目前普通高等学校学生对大学物理课程学习的特点,我们编写了本书。

　　本书以 2010 版的基本要求为指导,不仅融入了作者多年教学经历所积累的成功经验,而且还融合了国内外众多优秀教材的优点,并考虑到目前学生学习和教师教学的新特点,主要侧重于以下几个方面:

　　1. 精简经典内容,深化教学体系。在内容上以《基本教学要求》中 A 类知识点为核心,对B 类知识点选择性做了适当拓展,既保证了基本知识结构、系统的完整,又开拓了学生的视野。

　　2. 开“窗口”,注重内容现代化。书中以阅读材料的形式,引入一些当前高新技术领域中的基础性物理原理,大力加强了读者对现代物理学观念的形成。

　　3. 注重培养全局掌握,运用知识综合能力。书中精选的例题和习题,力求突出对物理概念和原理的运用,避免冗长的数学推导。

　　全书分上、下两册,上册包括力学篇、电磁学篇;下册包括热学篇、机械振动和机械波篇、波动光学篇和量子力学篇。本书作为工科物理及理科非物理专业大学物理教材的改革尝试,注重对经典内容的精简和深化、对近代物理内容的精选和普化、对新技术新观点的拓展,力求注意各部分知识之间的相互联系,同时保持难度适中。书中部分带“＊”号的章节,表示超出课程范围,即选学的内容。本书可作为高等工科院校各专业的物理教材,也可作为综合大学和师范院校非物理专业的教材和参考书。

　　本书的编者集合了沈阳大学物理系的各位优秀教师,他们都有多年从事大学物理课程教学的经验和教学研究、科学研究的体会。第 1~3 章由林欣悦、吴延斌完成,第 4、16~18章由王立国、黄有利完成;第 5、6 章由张会完成;第 7、11、12 章由韩笑完成;第 9、10 章由王建华完成;第 8、13~15 章由孙力完成;刘文中负责全书图稿和习题部分的整理工作。另外张会、林欣悦还负责全书的统稿工作。

　　本书在 2017 年首次出版,在使用过程中,编者和读者发现了一些不当之处。本次修订工作,针对上述不当之处进行了修改与校订。第 3 章改动较大,增加了“定轴转动的机械能守恒定律”小节,重写了“刚体定轴转动的角动量定理和角动量守恒定律”这一章节,并增加了部分例题。

　　由于编者水平有限,加之时间仓促,如有疏漏和不妥之处,恳请各位读者批评指正。

编　者

2020 年 3 月

目　　录

第3篇　热　　学

第5篇　波动光学

第6篇　量子力学

第3篇 热 学

热学是研究物质的各种热现象和变化规律的一门学科。与温度有关的现象称为**热现象**,从微观看,热现象就是宏观物体内部大量分子或原子等微观粒子永不停息的无规则热运动的平均效果。

18世纪到19世纪,蒸汽机的广泛应用推动了热现象及规律的研究。迈耶、焦耳、亥姆霍兹等人建立了与热现象有关的能量守恒和转化定律,即**热力学第一定律**。开尔文、克劳修斯等人建立了描述能量传递方向的**热力学第二定律**。这种以观察和实验为基础,运用归纳和分析方法总结出热现象的宏观理论称为**热力学**。另一种研究热现象规律的方法是从物质的微观结构和分子运动论出发,以每个微观粒子遵循力学规律为基础,运用统计方法,导出热运动的宏观规律,再由实验确认。用这种方法所建立的理论系统称为**统计物理学**(气体动理论)。19世纪,克劳修斯、麦克斯韦、玻耳兹曼、吉布斯等人在经典力学基础上建立起**经典统计物理**。20世纪初,由于量子力学的建立,狄拉克、爱因斯坦、费米、玻色等人又创立了**量子统计物理**。

热学包括气体动理论和热力学两部分。热力学的结论来自实验,可靠性好,但对问题的本质缺乏深入了解。气体动理论的分析对热现象的本质给出了解释,但是只有当它与热力学结论相一致时,气体动理论才能得到确认,因此,两者相辅相成,缺一不可。

经验告诉我们,自然界中宏观物体的各种性质,大都随着它的冷热状态的变化而变化,物体的冷热状态通常用"温度"这个量来表述。例如,物体的体积会因温度变化而变化。很硬的钢件烧红后会变软,若经过突然冷却(淬火)又会变得很坚硬。一般金属导体,温度升高,其电阻也随之增大;而另一些金属或化合物在低温下其电阻会突然消失,变成超导体。室温下的半导体,在高温下会变成导体,而当它冷却到很低温度时,又会变成绝缘体。有很强的剩磁的铁磁质,当加热到其居里温度以上时,又会变成没有剩磁的顺磁体。宏观物体在各种温度下都存在热辐射,温度越高,对应于辐射强度极大值的光波波长越短,因而辐射光的颜色随温度的升高由红向黄、蓝、紫变化。化学反应快慢、生物繁殖生长等都与温度有关。总之,与物体冷热状态相关联的热现象在自然界中是一种普遍存在的现象。所以学习和掌握热学规津对于从事生产和发展现代科技都是非常重要的。

第9章 气体动理论基础

物质形态可以分为固态、气态和液态。从微观角度分析,物质主要由分子、原子等微观粒子组成。气体动理论是运用统计方法分析分子、原子等微观粒子运动对物质热性能的影响,是统计物理最简单、最基本的内容。气体动理论通过微观模型建立、统计方法运用,从而获得大量微观粒子的统计平均结果,并通过实验加以验证。

本章首先从宏观角度介绍系统、平衡态、温度、状态方程等热学基本概念。然后在气体的微观特征的基础上讲解平衡态统计理论的基本知识——气体动理论,阐明平衡态下宏观参量(压强和温度)的微观意义、气体分子的内能、气体分子的麦克斯韦速率分布、分子的平均碰撞频率和平均自由程等。最后对非平衡态气体热现象做简单的介绍。

9.1 气体动理论的基本概念

9.1.1 热力学系统的描述

热学是研究一切与热现象有关问题的科学,其对象是大量微观粒子构成的宏观物体,可以是固体、液体和气体,我们把热学的研究对象称为**热力学系统**,简称系统。热学规律不仅与研究对象的构成有关,同时还应注意影响研究对象的外部环境物质,研究对象以外的物质称为系统的**外界**。一般情况下,系统与外界之间既有物质的交换(粒子流,如泄漏、扩散、蒸发等),又有能量的交换(能流,如做功、热传递)。根据系统与外界相互作用形式不同,将研究系统分为三种:

孤立系统:系统与外界既无能量交换又无物质交换的理想系统,即不受外界影响的系统。

封闭系统:系统与外界只有能量交换而无物质交换的系统。

开放系统:系统与外界既有能量交换又有物质交换的系统。

系统的性质及其变化规律的研究,需要对系统的状态加以描述。系统具有不同的宏观属性,如几何属性(体积)、力学属性(压强)、热学属性(温度)、电磁属性(磁感应强度、电场强度)、化学属性(摩尔质量、物质的量)等。热学所要描述的是大量分子构成的宏观热力学系统。从整体上对一个系统的状态加以描述的方法称为宏观描述。宏观描述中所采用的可直接测量的量表征系统状态和属性,该物理量称为**宏观量**。对于给定的气体、液体和固体,所用的化学组成、体积、压强、温度、内能等物理量就是宏观量。从微观结构和微观运动研究系统微观属性,微观粒子均具有大小、质量、位矢、速度、动量、能量等。任何宏观物质都是由大量的分子或原子组成的,分子或原子统称为微观粒子。通过对微观粒子运动状态的说明而对系统的状态加以描述,这种方法称为微观描述。描述单个微观粒子的运动状态的物理量称为**微观量**,如分子的质量、速度、位置、动量、能量等。在热力学实验中,我们通常不能对微观量进行直接观察和测量。

宏观描述和微观描述是描述系统同一状态的两种不同方法,它们之间存在一定的内在联系。宏观物体所发生的各种现象都是它所包含的大量微观粒子运动的集体表现,宏观参量总是大量微观参量的统计平均的结果。例如,气体的压强就是大量气体分子发生碰撞产生动量改变的集体效果,所以气体的压强是气体分子因碰撞而引起的动量单位面积变化率的平均值。对热现象的研究,一方面要通过宏观描述找出热力学系统中宏观量之间的关系,另一方面要通过微观描述并利用统计平均的方法来了解宏观量的微观本质。气体动理论的任务是揭示气体宏观量的微观解释,建立宏观量与微观量统计平均值间的关系。

9.1.2　平衡态

热力学系统可以分为平衡态系统和非平衡态系统。对于一个封闭系统,由初始状态经过足够长时间,系统的宏观状态不再随着时间的变化而发生改变的状态,称为**热平衡态**,简称**平衡态**。金属棒一端置于沸水中,另一端置于冰水中,在两个稳恒热源之间,经过足够长的时间,金属棒达到一个稳定状态,称为**稳恒态**。稳恒态存在热流注入,因此稳恒态不是平衡态。

系统平衡态必须满足两个条件:**一是系统与外界在宏观上无能量和物质交换;二是系统的宏观性质不随时间变化**。可理解为,系统处于热平衡态时,系统内部任一微小体积元均处于力学平衡、热平衡、相平衡和化学平衡。

需要说明:①平衡态仅指系统的宏观性质不随时间变化,从微观角度讲,系统处于平衡态下,组成系统的大量粒子仍在不停地、无规则地运动着,只是大量粒子运动的平均效果不变,宏观上表现为系统达到平衡态——**热动平衡态**;②热平衡态是一种理想状态。

系统由初始状态达到平衡态所经历的时间,称为**弛豫时间**。在弛豫过程中,系统处在非平衡态,即在没有外界影响的条件下系统的宏观性质仍在变化。

以相互独立的宏观量描述系统的平衡态称为系统的**状态参量**。给定系统的平衡态可以用体积(V)、压强(p)和温度(T)等状态参量来描述,也可用 p-V,p-T 和 V-T 等状态图上的一个点来表示。

9.1.3　温度

温度是热力学中一个非常重要和基本的状态参量,在生活中,通常用温度来表示物体的冷热程度。这是初中物理所建立的温度概念,但是这种定义不能准确描述系统状态。例如,在寒冷的冬天,用手接触一个铁球或一个木球,我们会明显感觉到铁球要比木球冷,但实际上它们具有相同的温度。其中的原因不在于物体本身的温度,而在于两种物质的导热能力不同。因此,要定量表示出系统的温度,必须给温度一个严格而科学的定义。

如图 9-1(a)所示,假设两个独立的封闭系统 A 和 B,各自处于一定的平衡态。如果将 A 和 B 两系统相互接触,则两系统间发生能量交换,系统状态发生改变,经过一定时间,两系统的宏观状态不再发生改变,此时两系统处于相同的平衡态。即使再次分开,两系统的冷热程度均相同。如图 9-1(b)所示,在不受外界影响的情况下,如果系统 A 和系统 B 同时与系统 C 处于热平衡,即使 A 和 B 没有接触,它们也必定处于热平衡,这一规律叫做**热力学第零定律**。

热力学第零定律表明:两个热力学系统处于同一个热平衡状态时,它们必然具有某种共同的宏观特征,这一特征可以描述这些系统的平衡状态。当两系统这一宏观特征相同时,彼此接触后系统间不再发生热传导现象,若该宏观特征不同,彼此接触后必然产生热传递,彼此间的热平衡态也会发生改变。决定系统彼此处于热平衡的这一共同宏观特征称为系统的**温度**。因此,温度是决定不同系统之间是否处于热平衡的宏观性质。处于热平衡的多个系统具有相同的温度。同样,具有相同温度的几个系统,它们也必然处于热平衡。

热力学第零定律的重要性不仅在于它给出了温度的定义,而且指出了温度的测量方法。选定一种合适的物质(测温物质)作为系统,通过系统与温度有关的特性来测量其他系统的温度。该系统就是**温度计**。为了定量地测量温度,还必须给出温度的数值表示方法,称为**温标**。

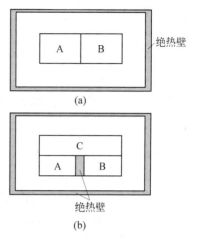

图 9-1 热力学第零定律
(a) 两个系统接触;(b) 两个系统与第三个系统分别接触

日常生活中常用的一种温标是摄尔修斯(A. Celsius)建立的摄氏温标(t),用液体(酒精、水银或煤油)作测温物质,用液柱高度随温度的变化作测温属性。在标准大气压强下,冰水混合物的平衡温度 0℃,水沸腾的温度为 100℃,在 0～100℃ 之间按温度计测温性质随温度作线性变化来等分刻度。在科学技术领域中,常用的是另一种温标,称为热力学温标。用 T 表示热力学温度,国际单位制中的单位是开尔文,简称开(K),这种温标不依赖于任何测温物质和任何测温性质,故为国际上通用的温标。摄氏温标和热力学温标之间的换算关系为

$$T = t + 273.15$$

即规定水的三相点(水、冰和水蒸气平衡态共存的状态)为 273.15K。

表 9-1 给出了一些实际的温度值,目前实验室内已获得的最低温度为 2.4×10^{-11}K,这已经非常接近 0K 了,但永远不能达到 0K。

表 9-1 一些实际温度

宇宙大爆炸后的 10^{-43}s	10^{32}K
氢弹爆炸中心	10^8K
太阳中心	1.5×10^7K
地球中心	4×10^3K
乙炔焰	2.9×10^3K
月球向阳面	4×10^2K
吐鲁番盆地最高温度	323K
地球上出现的最低温度(南极)	185K

续表

氦的沸点(1 个标准大气压下)	4.2K
星际空间	2.7K
实验室获得的最低温度(核自旋冷却法)	2×10^{-10} K
实验室获得的最低温度(激光冷却法)	2.4×10^{-11} K

9.1.4 理想气体状态方程

当质量一定的气体处于平衡态时,描述平衡态的三个状态参量 p、V 和 T 之间存在一定的函数关系,平衡态下三个宏观参量之间的函数关系称为**系统的状态方程**。系统的状态方程通过实验来确定,在压强不太大(可与大气压相比较)、温度不太低(可与室温相比较)的条件下,各种气体遵守三个实验定律,即玻意耳(Boyle)定律,查理(Charles)定律和盖-吕萨克(Gay-Lussac)定律。当状态参量 p、V 和 T 中任意一个参量发生变化时,其他两个参量一般也将随之改变,它们之间存在一定的关系。在任何情况下都能严格遵守上述三个实验定律的气体称为**理想气体**,该定义为理想气体的宏观定义。

气体满足三个实验定律的函数关系为

$$pV = \frac{M}{M_{mol}}RT \tag{9-1}$$

式中,p、V、T 为理想气体在平衡态下的状态参量;M_{mol} 为气体的摩尔质量;M 为气体的质量;R 为摩尔气体常量,国际单位制中 $R = 8.31\text{J}/(\text{mol} \cdot \text{K})$;$p$ 为气体压强;T 为气体温度的热力学温度;V 为气体分子活动空间。该函数关系为**理想气体的状态方程**。

设每个分子(原子)质量为 m,摩尔质量 M_{mol} 可以表示为 $M_{mol} = N_A m$,质量 M 表示为 $M = Nm$,其中,N 为一定质量 M 气体的分子数。式(9-1)可以写成

$$p = \frac{M}{M_{mol}V}RT = \frac{Nm}{N_A mV}RT = \frac{N}{V}\frac{R}{N_A}T$$

即

$$p = nkT \tag{9-2}$$

式中,N_A 为阿伏伽德罗常数;$n = \dfrac{N}{V}$ 为分子数密度;k 为玻耳兹曼常量。

$$k = \frac{R}{N_A} \approx 1.38 \times 10^{-23} \text{J/K} \tag{9-3}$$

式(9-2)表明,**理想气体压强与分子数密度和温度的乘积成正比**。

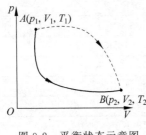

图 9-2 平衡状态示意图

平衡态除了用状态参量函数式表示外,还可以用状态图中的一点来表示。对于一定的理想气体,其中平衡态可由 p-V 图(p-T 图,V-T 图)中对应的一点表示,不同平衡态对应不同点的位置,不同点间的曲线代表变化过程,不同曲线代表不同变化过程,实线代表准静态变化,虚线代表非准静态变化,虚线中每一点代表平衡态,箭头代表变化方向,如图 9-2 所示。

例 9-1 求标准状况下 $1cm^3$ 气体所含的分子数,并估算分子间的平均距离。

分析 标准状况下气体的压强 p 与温度 T 已知,关键求出分子数密度 n。

解 由公式 $p=nkT$ 得

$$n=\frac{p}{kT}=\frac{1.013\times10^5}{1.38\times10^{-23}\times273.15}m^{-3}\approx2.687\times10^{25}\ m^{-3}$$

上式物理意义为:标准状况下 $1m^3$ 理想气体中的分子数,即

$$n=n_0=2.687\times10^{25}\ m^{-3}$$

称为**洛施密特常量**。

假设理想气体平均距离为 $\bar{l}$,则

$$\bar{l}=\left(\frac{1}{n_0}\right)^{\frac{1}{3}}=\left(\frac{1}{2.687\times10^{25}}\right)^{\frac{1}{3}}m=3.3\times10^{-9}\ m$$

分子有效直径数量级为 10^{-10} m。计算表明,常温常压下气体分子的平均距离是分子直径的 10 倍。

9.2 理想气体的压强

热力学系统由大量分子、原子等微观粒子组成。微观粒子的运动状态直接影响系统的宏观性质。本节首先从气体动理论的观点出发建立理想气体的微观模型,采用动量定理研究微观粒子的运动,进而了解宏观状态参量压强与微观粒子单位面积上动量变化率之间的关系,揭示压强的微观本质。

9.2.1 理想气体的微观模型

理想气体的微观结构模型是气体动理论探讨理想气体的宏观热现象的基础。理想气体是一种理想化的气体模型,是真实气体压强趋近于零但又不等于零的极限情况,因此,理想气体模型是一种理想化假设。气体动理论主要从单个粒子个体与大数粒子集体两个方面加以假设。

1. 单个分子假设

1)分子可看作质点

标准状况下,气体分子本身的线度与分子间的平均距离相比要小 50 倍。气体越稀薄,分子间距越大,一般情况下,气体分子可以看作质点。

2)除碰撞外,分子间相互作用力可以不计

由于分子间距较大,除碰撞瞬间外,分子之间和分子与器壁之间的相互作用力可忽略。分子在连续两次碰撞之间可看作匀速直线运动。

3)分子间碰撞是完全弹性的

平衡态下,系统的宏观性质不发生改变,系统的能量不因碰撞而损失。因此,分子间的相互碰撞以及分子与器壁间的碰撞可看作是完全弹性碰撞。

理想气体分子是弹性的、自由运动的质点。

2. 分子集体的统计性假设

热力学系统由大量分子组成,每一个分子的运动状态极其复杂,而大量分子的集体运动

则体现出统计规律性。平衡态下理想气体集体分子的统计假设如下。

(1) 分子间频繁碰撞导致每个分子运动速度各不相同。

(2) 无外力作用下的平衡态,分子在容积内任意位置出现的概率相同,即平衡态系统分子数密度 $n = \dfrac{dN}{dV}$ 处处相同。

(3) 在平衡态时,单个气体分子的运动是完全无规则的,但每个分子的速度指向任何方向的机会(或概率)都是一样的。因此速度的每个分量的平均值相等,即

$$\overline{v_x} = \overline{v_y} = \overline{v_z} = 0; \quad \overline{v_x^2} = \overline{v_y^2} = \overline{v_z^2} = \frac{1}{3}\overline{v^2} \tag{9-4}$$

9.2.2 理想气体的压强公式

理想气体模型说明单个分子碰撞是随机非连续状态,而大量分子碰撞则表现为连续恒定,即气体压强为大量分子对容器不断碰撞的统计平均结果。

气体作用于器壁的压力是大量气体分子对器壁不断碰撞的结果。无规则运动的气体分子不断地与器壁相碰,就某个分子来说,它对器壁的碰撞是断续的,而且它每次给器壁多大的冲量、碰在什么地方都是偶然的。但是对大量分子整体来说,每一时刻都有许多分子与器壁相碰,在宏观上就表现出一个恒定的、持续的压力,所以,器壁受到几乎不变的压强,是大量分子对器壁碰撞的平均效果。例如,在雨中行走时,雨滴打击雨伞,我们就会感受到大量雨滴对伞的作用力。下面推导压强表达式。

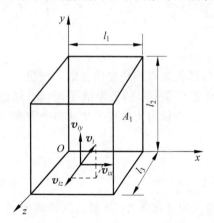

图 9-3 气体压强公式推导模型

如图 9-3 所示,假设在一个长方体的容器内储有某种理想气体,每个分子的质量均为 m,分子总数为 N。由于容器内分子数目十分巨大,气体中包含有各种可能的分子速度。任意选一分子 i,设其速度为

$$\boldsymbol{v}_i = -v_{ix}\boldsymbol{i} + v_{iy}\boldsymbol{j} + v_{iz}\boldsymbol{k}$$

选择与 x 轴垂直的 A_1 面,计算其所受压强。当分子 i 与器壁 A_1 碰撞时,由于碰撞是完全弹性,故该分子在 x 方向的速度分量由 v_{ix} 变为 $-v_{ix}$,所以在碰撞过程中该分子的 x 方向动量增量为

$$\Delta p_{ix} = (-mv_{ix}) - (mv_{ix}) = -2mv_{ix}$$

由动量定理可知,它等于器壁施于该分子的冲量,又由牛顿第三定律可知,分子 i 在每次碰撞时器壁的冲量为 $2mv_{ix}$。

分子 i 在与 A_1 面碰撞后弹回作匀速直线运动,并与其他分子碰撞,由于两个质量相等的弹性质点完全弹性碰撞时交换速度,故可以等价于分子 i 直接飞向 A_2,与 A_2 面碰撞后又回到 A_1 面再作碰撞,分子 i 在相继两次与 A_1 面碰撞过程中,在轴上移动的距离为 $2l_1$,因此,分子 i 相继两次与面碰撞的时间间隔为 $\Delta t = 2l_1/v_{ix}$,那么,单位时间内分子 i 对 A_1 面的碰撞次数 $Z = 1/\Delta t = v_{ix}/2l_1$,在单位时间内分子 i 对 A_1 面的冲量等于 $2mv_{ix}\dfrac{v_{ix}}{2l_1}$,根据动量定理,该冲量就是分子 i 对 A_1 面的平均冲力($\overline{F}_{ix}$),即

$$\overline{F}_{ix} = 2mv_{ix}\frac{v_{ix}}{2l_1} = \frac{m}{l_1}v_{ix}^2$$

所有分子对 A_1 面的平均作用力为上式对所有分子求和,即

$$\overline{F}_{ix} = \sum_{i=1}^{N}\overline{F}_{ix} = \frac{m}{l_1}\sum_{i=1}^{N}v_{ix}^2$$

由压强定义有

$$p = \frac{\overline{F}_{ix}}{l_2 l_3} = \frac{m}{l_1 l_2 l_3}\sum_{i=1}^{N}v_{ix}^2 = \frac{mN}{l_1 l_2 l_3 N}\sum_{i=1}^{N}v_{ix}^2$$

分子数密度 $n = \dfrac{N}{l_1 l_2 l_3}$,$x$ 轴方向速度平方的平均值 $\overline{v_x^2} = \dfrac{1}{N}\sum_{i=1}^{N}v_{ix}^2$。

因此,压强 P 写为

$$p = nm\overline{v_x^2}$$

在平衡态下

$$\overline{v_x^2} = \overline{v_y^2} = \overline{v_z^2} = \frac{1}{3}\overline{v^2}$$

故有

$$p = \frac{1}{3}nm\overline{v^2} \tag{9-5}$$

$$p = \frac{2}{3}n\left(\frac{1}{2}m\overline{v^2}\right)$$

令 $\overline{\varepsilon}_{kt} = \dfrac{1}{2}m\overline{v^2}$,$\overline{\varepsilon}_{kt}$ 表示分子的平动动能的平均值,简称分子的平均平动动能,则

$$p = \frac{2}{3}n\overline{\varepsilon}_{kt} \tag{9-6}$$

式(9-6)称为**理想气体压强公式**。压强公式表明,气体作用于器壁的压强正比于分子数密度 n 和分子的平均平动动能 $\overline{\varepsilon}_{kt}$。分子数密度越大,压强越大;分子的平均平动动能越大,压强越大。实际上,分子对器壁的碰撞是不连续的,器壁所受的冲量的数值是起伏不定的,只有在气体的分子数足够大时,器壁所获得的冲量才有确定的统计平均值。说个别分子产生了多大压强是无意义的,压强是一个统计量。

压强是描述气体状态的宏观物理量,而分子的平均平动动能则是微观量的统计平均值,分子数密度 n 也是一个统计平均值。因此,压强公式反映了宏观量与微观量统计平均值之间的关系,是气体动理论的基本公式之一。压强的微观意义是大量气体分子在单位时间内施于器壁单位面积上的平均冲量,离开了大量和统计平均的概念,压强就失去了意义。

9.3　温度的微观意义

9.3.1　温度的统计解释

热力学第零定律给出了温度的概念,温度是表示平衡系统冷热程度的宏观物理量,温度与哪些微观物理量相关?下面探讨温度与分子的平均平动动能之间的关系。

将表达式 $p = \dfrac{2}{3} n \bar{\varepsilon}_{kt}$ 与 $p = nkT$ 比较,可得

$$\bar{\varepsilon}_{kt} = \frac{1}{2} m \overline{v^2} = \frac{3}{2} kT \tag{9-7}$$

这就是理想气体分子的平均平动动能与温度的关系式,也是气体动理论的基本公式之一。它揭示了温度的微观本质——**温度是分子平均平动动能的量度**,标志着气体内部分子无规则热运动的剧烈程度。处于平衡态时的各种理想气体,其分子的平均平动动能只与温度有关,并且与热力学温度成正比。

关于温度的概念应注意以下几点:

(1) 温度是描述热力学系统平衡态的一个物理量。对于非平衡态的系统,不能用温度来描述它的状态。如果系统整体上处于非平衡态,但各个微小局部和平衡态差别不大时,也往往以不同的温度来描述各个局部的状态。

(2) 温度和压强一样是大量分子热运动的集体表现,具有统计意义,对于单个分子谈论它的温度是毫无意义的。

(3) 温度所反映的运动是在质心系中分子的无规则热运动。温度和物体的整体运动无关,物体的整体运动是其中所有分子都有一种有规则运动的表现。例如,物体在平动时,其中所有分子都有一个共同的速度,和这个速度相联系的动能是物体的轨道动能。温度与物体的轨道动能无关。例如,匀速运动的车厢内空气的温度并不一定比停着的车厢内空气的温度高。

(4) 平均平动动能与温度的关系说明了温度是微观分子平均动能的宏观体现。实际上,不仅是平均平动动能,分子热运动的平均转动动能和振动动能也都与温度有直接关系,这将在 9.4 节介绍。

9.3.2　气体分子方均根速率

根据气体分子平均平动动能与温度的关系表达式 $\dfrac{1}{2} m \overline{v^2} = \dfrac{3}{2} kT$,可以计算任意温度下气体分子的方均根速率 $\sqrt{\overline{v^2}}$,$\sqrt{\overline{v^2}}$ 是分子速率的一种统计平均值,其大小为

$$\sqrt{\overline{v^2}} = \sqrt{\frac{3kT}{m}} = \sqrt{\frac{3RT}{M_{mol}}} \tag{9-8}$$

由式(9-8)可知,方均根速率与气体的种类和温度有关。在同一温度下,质量大的分子其方均根速率小。当 $T = 0$ K 时,由式(9-8)可知 $\bar{\varepsilon}_{kt} = 0$,即分子不再运动。而根据已掌握的知识可知,分子是永不停息地作热运动的,因此将 $T = 0$ K 称为**绝对零度**。绝对零度只能接近不能到达。

例 9-2　从压强公式和温度公式导出**道尔顿分压定律**——混合气体的压强等于各种气体分压之和。

分析　例题主要应用压强与温度公式,并且研究对象为混合气体。

解　假设混合气体由 N 种非化学反应气体组成,单位体积分子数分别为 $n_1, n_2, \cdots$,混合气体的单位体积分子数为

$$n = n_1 + n_2 + \cdots + n_N$$

根据压强公式,混合气体的压强为

$$p = \frac{2}{3}n\left(\frac{1}{2}m\overline{v^2}\right) = \frac{2}{3}(n_1 + n_2 + \cdots + n_N)\left(\frac{1}{2}m\overline{v^2}\right)$$

根据温度公式 $\overline{\varepsilon}_{kt} = \frac{3}{2}kT$,温度相同的不同气体分子的平均平动动能相等,即

$$\frac{1}{2}m_1\overline{v_1^2} = \frac{1}{2}m_2\overline{v_2^2} = \cdots = \frac{1}{2}m\overline{v^2} = \frac{3}{2}kT$$

所以混合气体的压强为

$$p = \frac{2}{3}n_1 \cdot \frac{1}{2}m_1\overline{v_1^2} + \frac{2}{3}n_2 \cdot \frac{1}{2}m_2\overline{v_2^2} + \cdots + \frac{2}{3}n_N \cdot \frac{1}{2}m_N\overline{v_N^2}$$

$$p = p_1 + p_2 + \cdots + p_N$$

由上式可知,混合气体的压强等于各种气体分压强之和。

9.4 能量均分定理

分子热运动解释了理想气体的压强和温度,解释过程中我们将分子看成质点,仅仅考虑了分子的平动动能。但分子不仅由单原子构成,还可由多原子构成。实际上,除了单原子分子只有平动外,其他分子不仅有平动,还有转动和分子内原子之间的振动。为了说明分子无规则运动的能量所遵守的统计规律,需要引入"自由度"的概念。

9.4.1 自由度

确定一个物体空间位置所必需的独立坐标数,称为该物体的**自由度数**,简称自由度,用符号 i 表示。

气体分子按原子构成数分为单原子分子(如稀有气体 He,Ne)、双原子分子(如 H_2,O_2)和多原子分子(如 H_2O,NH_3),它们的结构如图 9-4 所示。当分子内原子间距离保持不变(无振动)时,这种分子称为刚性分子,否则称为非刚性分子,以下只讨论刚性分子自由度。

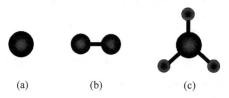

(a)　　　　　(b)　　　　　(c)

图 9-4　分子结构模型

(a) 单原子分子;(b) 双原子分子;(c) 多原子分子

如图 9-5(a)所示,单原子分子可以看成质点,因此,在空间中一个自由的单原子分子,只有 3 个平动自由度。如果这类分子被限制在平面或曲面上运动,则自由度降为 2;如果限制在直线或曲线上运动,则自由度降为 1。

如图 9-5(b)所示,刚性双原子分子可视为两个质点通过一个刚性键连接的模型来表示,确定其质心所在的空间的位置需要 3 个坐标来表示,故有 3 个平动自由度,另外,还要两个方位角来决定其键连接的方位。由于两个原子均视为质点,故绕轴水平方向的转动

不存在。因此,刚性双原子分子有 3 个平动自由度和 2 个转动自由度,共有 5 个自由度。

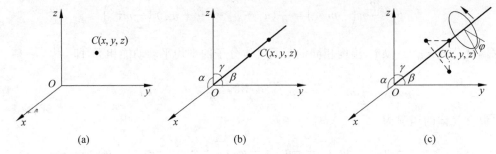

图 9-5　不同分子结构自由度数
(a) 单原子分子；(b) 双原子分子；(c) 多原子分子

刚性多原子分子除了具有双原子分子的 3 个平动自由度和 2 个转动自由度外,还有一个绕轴自转的自由度,常用转角表示,如图 9-5(c)所示,因此,刚性多原子分子有 3 个平动自由度、3 个转动自由度。i 表示刚性分子自由度,t 表示平动自由度,r 表示转动自由度,则

$$i = t + r \tag{9-9}$$

综上所述,刚性分子的自由度见表 9-2。

表 9-2　刚性分子的自由度

分子种类	平动自由度 t	转动自由度 r	总自由度 i
单原子分子	3	0	3
双原子分子	3	2	5
多原子分子	3	3	6

在常温下,大多数分子属于刚性分子。在高温下,构成气体分子的原子间会发生振动,则应视为非刚性分子,此时还需增加振动自由度 ν。若构成分子的原子数为 N,则振动自由度可表示为

$$\nu = 2N - 6 \tag{9-10}$$

在常温下,这种原子间振动通常可以被忽略,但在高温时必须考虑振动自由度。如果不加特别说明,以下所有涉及的分子都认为是刚性的。

9.4.2　能量均分定理

温度为 T 的理想气体处于平衡态时,气体分子的平均平动动能与温度的关系为

$$\bar{\varepsilon}_{kt} = \frac{1}{2} m \overline{v^2} = \frac{3}{2} kT$$

根据理想气体的统计性假设,处于平衡态时,分子在任何一个方向的运动都不能比其他方向占优势,分子在各个方向运动的概率是相等的,即 $\overline{v_x^2} = \overline{v_y^2} = \overline{v_z^2} = \frac{1}{3}\overline{v^2}$,于是,分子在各个坐标轴方向的平均平动动能为

$$\frac{1}{2}m\overline{v_x^2} = \frac{1}{2}m\overline{v_y^2} = \frac{1}{2}m\overline{v_z^2} = \frac{1}{3}\left(\frac{1}{2}m\overline{v^2}\right) = \frac{1}{2}kT$$

上式表明,分子的平均平动动能在每个自由度上分配了相同的能量$\frac{1}{2}kT$。这一结论可以推广到气体分子的转动和振动上去,也可以推广到处于平衡态的液体和固体物质,称为**能量按自由度均分定理**,简称**能量均分定理**,可表述为:在温度为 T 的平衡态下,分子每个自由度的平均动能都相等,均为$\frac{1}{2}kT$。

对于理想气体系统,根据能量均分定理,如果一个气体分子有 i 个自由度,则它的平均总能量可表示为

$$\bar{\varepsilon}_k = \frac{i}{2}kT \tag{9-11}$$

显然,对单原子分子,$i=3$,$\bar{\varepsilon}_k = \frac{3}{2}kT$;对刚性双原子分子,$i=5$,$\bar{\varepsilon}_k = \frac{5}{2}kT$;对刚性多原子分子,$i=6$,$\bar{\varepsilon}_k = \frac{6}{2}kT = 3kT$。

能量均分定理是一个统计规律,它是在平衡态条件下对大量分子统计平均的结果。对个别分子来说,在某一瞬间它的各种形式的能量不一定都按自由度均分,但对大量分子整体来说,由于分子的无规则运动和不断碰撞,一个分子的能量可以传递给另一个分子,一种形式的能量可以转化为另一种形式的能量,而且能量还可以从一个自由度转移到另外的自由度。因此,仅在平衡态时,能量按自由度均匀分配。

9.4.3 理想气体的内能

物质的**内能**是构成物质所有微观粒子的动能和势能的总和。对于理想气体,由于分子间的相互作用力可以忽略,分子间不存在相互作用的势能,因而**理想气体的内能**就是气体中所有分子的动能总和。

设某种理想气体的分子有 i 个自由度,则 1mol 理想气体的内能为

$$E_{mol} = N_A\bar{\varepsilon}_k = N_A\left(\frac{i}{2}kT\right) = \frac{i}{2}RT \tag{9-12}$$

式中,$R = N_A k$。质量为 M、摩尔质量为 M_{mol} 的理想气体的内能为

$$E = \frac{M}{M_{mol}}E_{mol} = \frac{M}{M_{mol}}\frac{i}{2}RT = \frac{i}{2}\nu RT \tag{9-13}$$

式中,$\nu = \frac{M}{M_{mol}} = \frac{N}{N_A}$是气体的摩尔数,即物质的量。从式(9-13)可以看出,**一定量的理想气体的内能仅与温度有关,与体积和压强无关**。因此,理想气体的内能只是温度的单值函数,**理想气体的内能是个状态量**。当温度改变 dT 时,其内能的改变量为

$$dE = \frac{i}{2}\nu R dT \tag{9-14}$$

例 9-3 1mol 氧气,其温度为 27℃。

(1) 求一个氧气分子的平均平动动能、平均转动动能和平均总动能。

(2) 求 1mol 氧气的内能、平动动能和转动动能。

(3) 若温度升高 1℃时,其内能增加多少?

分析 氧气分子与 1mol 氧气存在微观与宏观区别,因此其动能表达式不同。根据能量均分定理,动能与自由度相关,氧分子为双原子分子,可判断平动和转动自由度数。

解 氧分子为双原子分子,因此,$t=3$,$r=2$,$i=5$。

(1) 一个氧分子为微观状态,根据能量均分定理,则

$$\bar{\varepsilon}_{kt} = \frac{3}{2}kT = \frac{3}{2} \times 1.38 \times 10^{-23} \times (273+27)\text{J} = 6.21 \times 10^{-21}\text{J}$$

$$\bar{\varepsilon}_{kr} = \frac{2}{2}kT = \frac{2}{2} \times 1.38 \times 10^{-23} \times (273+27)\text{J} = 4.14 \times 10^{-21}\text{J}$$

$$\bar{\varepsilon}_{k} = \frac{5}{2}kT = \frac{5}{2} \times 1.38 \times 10^{-23} \times (273+27)\text{J} = 1.04 \times 10^{-20}\text{J}$$

(2) 1mol 氧气为宏观量,根据能量均分定理,则

$$\bar{E}_{kt} = \frac{3}{2}RT = \frac{3}{2} \times 8.31 \times (273+27)\text{J} = 3.74 \times 10^{3}\text{J}$$

$$\bar{E}_{kr} = \frac{2}{2}RT = \frac{2}{2} \times 8.31 \times (273+27)\text{J} = 2.49 \times 10^{3}\text{J}$$

$$\bar{E}_{k} = \frac{5}{2}RT = \frac{5}{2} \times 8.31 \times (273+27)\text{J} = 6.23 \times 10^{3}\text{J}$$

(3) 温度升高 1℃时,1mol 氧气的内能为

$$\Delta E = \frac{i}{2}R\Delta T = \frac{5}{2} \times 8.31 \times 1\text{J} = 20.8\text{J}$$

9.5   麦克斯韦速率分布律

由于分子永不停息地进行热运动,气体分子运动速度各不相同,而且由于相互碰撞,每个分子的速度都在不断改变。对任何单个分子来说,在任何时刻它的速度大小和方向完全是偶然的,并且对实际应用研究没有意义。然而,就大量分子整体而言,在一定的条件下,它们的速度分布却遵从一定的统计规律。1859 年,麦克斯韦在概率理论的基础上导出了这个规律,称为**麦克斯韦速度分布律**。如果不管分子运动速度的方向,只考虑分子速度的大小即速率的分布,则相应的规律称为**麦克斯韦速率分布律**。下面我们将对其进行详细介绍。

9.5.1   麦克斯韦速率分布函数

设在一定量理想气体中,总分子数为 N,其中速率在 $v \sim v + \Delta v$ 区间内的分子数为 ΔN,用 $\dfrac{\Delta N}{N}$ 表示在这一速率区间内的分子数占总分子数的比值,或者说某个分子速率处在该区间内的概率。$\dfrac{\Delta N}{N}$ 不仅与 v 有关,而且还与 Δv 有关,Δv 越大,分布在该速率区间内的分子数就越多。$\dfrac{\Delta N}{N\Delta v}$ 为单位速率区间内的分子数占总分子数的比值,当 $\Delta v \to 0$ 时,其极限变成速率 v 的一个连续函数,数学上可表示为

$$f(v) = \lim_{\Delta v \to 0} \frac{\Delta N}{N \cdot \Delta v} = \frac{\mathrm{d}N}{N\mathrm{d}v} \tag{9-15}$$

或写成

$$f(v)\mathrm{d}v = \frac{\mathrm{d}N}{N} \tag{9-16}$$

式中，$f(v)$ 称为**速率分布函数**。其物理意义为：**速率在 v 附近单位速率区间内的分子数与总分子数的比，或者说分子速率处于 v 附近单位速率区间的概率**，也称为概率密度。

1859 年，麦克斯韦首先从理论上导出在平衡态时，理想气体分子的速率分布函数：

$$f(v) = \frac{\mathrm{d}N}{N\mathrm{d}v} = 4\pi \cdot \left(\frac{m}{2\pi kT}\right)^{3/2} \cdot e^{-mv^2/2kT} \cdot v^2 \tag{9-17}$$

式(9-17)称为**麦克斯韦速率分布函数**，T 为热力学温度，m 为分子的质量，k 为玻耳兹曼常量。对于确定的气体，麦克斯韦速率分布函数只与温度有关。以 v 为横轴，以 $f(v)$ 为纵轴，画出的曲线称为**麦克斯韦速率分布曲线**，如图 9-6 所示。

由式(9-16)可知，图 9-6 中速率区间 $v \sim v + \mathrm{d}v$ 的面积 $f(v)\mathrm{d}v$ 在数值上等于在该速率区间内的分子数占总分子数的比率。图中 $v_1 \sim v_2$ 之间阴影部分的面积在数值上等于

$$\int_{v_1}^{v_2} f(v)\mathrm{d}v = \int_{v_1}^{v_2} \frac{\mathrm{d}N}{N\mathrm{d}v}\mathrm{d}v = \frac{\Delta N}{N} \tag{9-18}$$

表示在平衡态下，理想气体分子速率分布在 $v_1 \sim v_2$ 区间内的分子数占总分子数的比率。

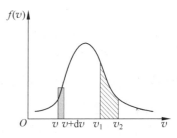

图 9-6 麦克斯韦速率分布曲线

曲线下包围的总面积表示分布在 $0 \sim \infty$ 整个速率区间内的分子数占总分子数的比率，即分子具有各种速率的概率总和，显然应该有

$$\int_0^\infty f(v)\mathrm{d}v = 1 \tag{9-19}$$

称为**速率分布函数的归一化条件**，它是速率分布函数必须满足的条件。

当时，由于未能获得足够高的真空，还不能用实验验证麦克斯韦速率分布律的正确性。直到 20 世纪 20 年代后，随着真空技术的发展，这种验证实验才有了可能。1920 年，史特恩(Stern)最早测定了分子速率。1934 年，我国物理学家葛正权测定了铋(Bi)蒸气分子的速率分布，实验结果证明了麦克斯韦分布函数的正确性。

9.5.2 三个统计速率

下面利用麦克斯韦速率分布函数讨论气体分子运动的三种具有代表性的统计速率：最概然速率、平均速率和方均根速率。

1. 最概然速率

从速率分布曲线可以看出，气体分子的速率可以取 $0 \sim \infty$ 之间的任一数值，但速率很大和很小的分子数都很少，而中等速率的分子所占的比率或概率却很大。在某一速率处函数有一极大值，与速率分布函数 $f(v)$ 的极大值相对应的速率称为**最概然速率**，用 v_p 表示。v_p 的物理意义是：若把整个速率范围分成许多相等的小区间，则气体在一定温度下分布在最

概然速率 v_p 附近单位速率区间内的分子数占分子总数的百分比最大。根据极值条件

$$\frac{\mathrm{d}f(v)}{\mathrm{d}v}\Big|_{v=v_p}=0$$

可得 v_p 为

$$v_p=\sqrt{\frac{2kT}{m}}=\sqrt{\frac{2RT}{M_{mol}}}\propto\sqrt{T} \tag{9-20}$$

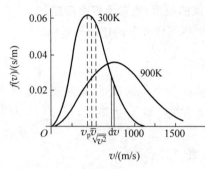

图 9-7　最概然速率与温度的关系及
三种速率对比

式(9-20)表明,最概然速率 v_p 随温度的升高而增大,又随质量 m 增大而减小。同一种气体,当温度增加时,最概然速率 v_p 向 v 增大的方向移动;在温度相同的条件下,不同气体的最概然速率 v_p 随着气体分子的质量 m 的增大而减小。图 9-7 画出了一种气体在不同温度下的速率分布函数,可以看出温度对速率分布的影响,温度越高,最概然速率越大,$f(v_p)$ 越小。由于曲线下的面积恒等于 1,所以温度升高时曲线变得平坦些,并向高速区域扩展。也就是说,温度越高,速率较大的分子数越多。这就是通常所说的温度越高,分子运动越剧烈的真正含义。

2. 平均速率

大量分子运动速率的算术平均值叫做**平均速率**,用 $\bar{v}$ 表示。根据统计平均的定义有

$$\bar{v}=\frac{\sum v_i}{N}=\frac{v_1\mathrm{d}N_1+v_2\mathrm{d}N_2+\cdots+v_i\mathrm{d}N_i+\cdots}{N}$$

$$=\frac{\int_0^\infty v\mathrm{d}N}{N}=\int_0^\infty vf(v)\mathrm{d}v \tag{9-21}$$

将麦克斯韦速率分布函数表达式(9-17)代入式(9-21),可求得平衡态下理想气体分子的平均速率为

$$\bar{v}=\int_0^\infty vf(v)\mathrm{d}v=\sqrt{\frac{8kT}{\pi m}}=\sqrt{\frac{8RT}{\pi M_{mol}}} \tag{9-22}$$

这里值得注意的是,我们讨论的是平均速率,而不是平均速度。在平衡态时,由于分子向各个方向运动的概率相等,所以分子的平均速度为零。

3. 方均根速率

大量分子运动速率二次方的平均值的二次方根称为**方均根速率**,用 $\sqrt{\overline{v^2}}$ 表示。这个速率在讲述理想气体温度的微观意义时提到过,现在利用麦克斯韦速率分布函数,通过统计平均的方法来获得。根据统计平均的定义,有

$$\overline{v^2}=\frac{\sum v_i^2}{N}=\frac{v_1^2\mathrm{d}N_1+v_2^2\mathrm{d}N_2+\cdots+v_i^2\mathrm{d}N_i+\cdots}{N}$$

$$=\frac{\int_0^\infty v^2\mathrm{d}N}{N}=\int_0^\infty v^2f(v)\mathrm{d}v \tag{9-23}$$

将麦克斯韦速率分布函数式(9-17)代入式(9-23),可得

$$\overline{v^2} = \int_0^\infty v^2 f(v)\mathrm{d}v = \frac{3kT}{m}$$

这一结果的平方根,即方均根速率为

$$\sqrt{\overline{v^2}} = \sqrt{\frac{3kT}{m}} = \sqrt{\frac{3RT}{M_{\mathrm{mol}}}} \tag{9-24}$$

以上三种不同速率都具有统计平均的意义,都反映了大量分子作无规则运动的统计规律,对少量分子无意义。它们都与 $\sqrt{T}$ 成正比,与 $\sqrt{M_{\mathrm{mol}}}$ 成反比,但大小不同。特别应该注意的是,$\sqrt{\overline{v^2}} \neq \sqrt{\overline{v}^2} \neq v_{\mathrm{p}}$,在同一温度下三者的大小之比为 $v_{\mathrm{p}} : \overline{v} : \sqrt{\overline{v^2}} = 1.41 : 1.60 : 1.73$,可见 $v_{\mathrm{p}} < \overline{v} < \sqrt{\overline{v^2}}$,如图 9-7 所示。这三种速率具有不同的含义,也有不同的用处。在计算分子的平均平动动能时,我们已经用了方均根速率;在讨论速率的分布时,需用到最概然速率;在讨论分子的碰撞时,将要用到平均速率。

例 9-4 求 27℃时氧分子的三种统计速率。

分析 氧气的摩尔质量 $M_{\mathrm{mol}} = 3.2 \times 10^{-2} \mathrm{kg/mol}$,温度 $T = (273+27)\mathrm{K} = 300\mathrm{K}$。

解 根据麦克斯韦速率分布函数求得三种速率分别是

$$v_{\mathrm{p}} = \sqrt{\frac{2RT}{M_{\mathrm{mol}}}} = \sqrt{\frac{2 \times 8.31 \times 300}{3.2 \times 10^{-2}}} \mathrm{m/s} = 3.95 \times 10^2 \mathrm{m/s}$$

$$\overline{v} = \sqrt{\frac{8RT}{\pi M_{\mathrm{mol}}}} = \sqrt{\frac{8 \times 8.31 \times 300}{3.14 \times 3.2 \times 10^{-2}}} \mathrm{m/s} = 4.46 \times 10^2 \mathrm{m/s}$$

$$\sqrt{\overline{v^2}} = \sqrt{\frac{3RT}{M_{\mathrm{mol}}}} = \sqrt{\frac{3 \times 8.31 \times 300}{3.2 \times 10^{-2}}} \mathrm{m/s} = 4.83 \times 10^2 \mathrm{m/s}$$

计算过程注意单位的统一。

例 9-5 计算处于平衡态的气体分子在 $v_{\mathrm{p}} \sim 1.01v_{\mathrm{p}}$ 内分子数占总分子数的百分比。

分析 速率在 $v_{\mathrm{p}} \sim 1.01v_{\mathrm{p}}$ 范围内分子数占总分子数百分比的表达式为 $\frac{\Delta N}{N_0}$,ΔN 为 $v_{\mathrm{p}} \sim 1.01v_{\mathrm{p}}$ 内分子数,N_0 为总分子数,关键是表示出 $\frac{\Delta N}{N_0}$。

解 根据麦克斯韦速率分布函数

$$f(v) = \frac{\mathrm{d}N}{N\mathrm{d}v} = 4\pi \cdot \left(\frac{m}{2\pi kT}\right)^{3/2} \cdot \mathrm{e}^{-mv^2/2kT} \cdot v^2$$

改写成

$$\frac{\Delta N}{N_0} = f(v)\Delta v = \frac{\mathrm{d}N}{N\mathrm{d}v} = 4\pi \cdot \left(\frac{m}{2\pi kT}\right)^{3/2} \cdot \mathrm{e}^{-mv^2/2kT} \cdot v^2 \Delta v$$

将 $v_{\mathrm{p}} = \sqrt{\frac{2kT}{m}}$ 代入上式得

$$\frac{\Delta N}{N_0} = \frac{4}{\sqrt{\pi}} \mathrm{e}^{-v^2/v_{\mathrm{p}}^2} \frac{v^2}{v_{\mathrm{p}}^2} \cdot \frac{\Delta v}{v_{\mathrm{p}}}$$

将 $v = v_{\mathrm{p}}, \Delta v = 0.01v_{\mathrm{p}}$ 代入上式得

$$\frac{\Delta N}{N_0} = \frac{4}{\sqrt{\pi}} e^{-1} \times 0.01 \times 100\% \approx 0.83\%$$

例 9-6 金属中自由电子的运动可看作类似于气体分子的运动,设导体中共有 N 个自由电子,其中电子的最大速率为 $v_{\max}$,电子速率分布函数为

$$f(v) = \frac{dN}{N dv} = \begin{cases} Av^2, & v_{\max} > v > 0 \\ 0, & v > v_{\max} \end{cases}$$

(1)求常数 A。

(2)求该自由电子的平均速率 $\bar{v}$。

(3)求该自由电子的方均根速率 $\sqrt{\overline{v^2}}$。

分析 自由电子运动类似于气体分子,将自由电子看作理想气体分子,应用速率分布函数的归一化性质,并借鉴理想气体平均速率与均方根速率求解过程。

解 (1)由速率分布函数的归一化条件

$$\int_0^\infty f(v) dv = \int_0^{v_{\max}} Av^2 dv = 1$$

解得

$$A = \frac{3}{v_{\max}^3}$$

(2)根据平均速率定义有

$$\bar{v} = \int_0^\infty v f(v) dv = \int_0^{v_{\max}} v f(v) dv = \int_0^{v_{\max}} v A v^2 dv = \frac{A}{4} v_{\max}^4 = \frac{3}{4} v_{\max}$$

(3)根据 $\overline{v^2} = \int_0^\infty v^2 f(v) dv$ 可得

$$\sqrt{\overline{v^2}} = \sqrt{\int_0^\infty v^2 f(v) dv} = \sqrt{\int_0^{v_{\max}} v^2 A v^2 dv} = \sqrt{\frac{A}{5} v_{\max}^5} = \frac{\sqrt{15}}{5} v_{\max}$$

*9.6 麦克斯韦速度分布与外场中粒子分布律

9.6.1 麦克斯韦速度分布律

前面讨论了麦克斯韦速率分布律,它描述了理想气体分子按速度大小的分布,并未考虑分子速度的方向。实际上,麦克斯韦首先推导出了速度分布律,即分子速度处于 $v_x \sim v_x +$ dv_x,$v_y \sim v_y + dv_y$,$v_z \sim v_z + dv_z$ 区间内的分子数占总分子数的百分比:

$$\frac{dN}{N} = \left(\frac{m}{2\pi kT}\right)^{3/2} e^{-\frac{m(v_x^2 + v_y^2 + v_z^2)}{2kT}} dv_x dv_y dv_z \tag{9-25}$$

式中,v_x,v_y,v_z 为分子速度 v 在三个相互垂直坐标轴 x,y,z 方向上的分量。可以看出,速度分布函数与速度分量的平方和有关,即分子按速度的分布与分子速度的方向无关。这也是分子无规则热运动和空间各向同性的必然结果。

我们知道,分子的位置和速度是描述系统微观状态的微观量。分子在几何空间中的位置,可用直角坐标系中的矢径 $r(x, y, z)$ 表示,系统中 N 个分子的位置可由直角坐标系代表的几

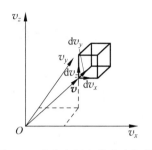

图 9-8　速度空间中的速度矢量
及其速度状态区间

何空间中的 N 个代表点来描述。同样,分子的速度也可表示成以相互垂直的速度分量 v_x, v_y, v_z 为轴的速度空间中的一个速度矢量,如图 9-8 所示的 $\boldsymbol{v}(v_x, v_y, v_z)$。与几何空间不同,速度空间是一个假想的空间,速度空间中的一点对应于分子的一个速度。系统中不同分子的速度各不相同,系统中 N 个分子在某一时刻的速度可由速度空间中的 N 个代表点来描述。图 9-8 所示的速度空间中位于速度矢量 $\boldsymbol{v}(v_x, v_y, v_z)$ 处的体积元 $dv_x dv_y dv_z$ 对应于一个速度状态区间,处于该速度状态区间内的分子的速度可用该体积元中的代表点

来表示,代表点数目的多少反映了分子速度介于 $v_x \sim v_x + dv_x, v_y \sim v_y + dv_y, v_z \sim v_z + dv_z$ 区间内概率的大小。

通过速度空间的定义可以更为清楚地看到麦克斯韦速度和速率分布律的物理意义。两个分布律,式(9-17)和式(9-25)分别表示分子处于不同速度状态区间内的概率:速度分布律式(9-25)中的 $\dfrac{dN}{N}$ 表示分子速度处于 $v_x \sim v_x + dv_x, v_y \sim v_y + dv_y, v_z \sim v_z + dv_z$ 这样的区间内的概率;速率分布律式(9-17)中的 $\dfrac{dN}{N}$ 表示分子速度的大小(速率)处于 $v \sim v + dv$ 这样的区间内的概率。两个分布律中等号的右边都可看成是由两部分组成:一部分对应于速度空间中的不同体积元,速度分布律式(9-25)中的 $dv_x dv_y dv_z$ 等于图 9-8 中立方体的体积,速率分布律式(9-17)中的 $4\pi v^2 dv$ 对应于图 9-9 所示的内、外半径分别为 v 和 $v + dv$ 的球壳的体积。速度空间中的体积元与一定的速度状态区间相对应。显然,体积元体积越大,对应的速度状态区间就越大,分子处于此速度区间内的概率就越大。另一部分则表示了分子处于某一速度状态处的单位速度空间体积内的概率,具有速度分布概率密度的意义,其中的指数项 $\exp\left[-\dfrac{m(v_x^2 + v_y^2 + v_z^2)}{2kT}\right]$ 和

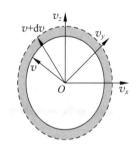

图 9-9　速度空间中速度大
小位于 $v \sim v + dv$
区间内的状态

$\exp\left[-\dfrac{mv^2}{2kT}\right]$ 表示了分子速度分布概率密度随分子动能的增加而呈指数衰减的规律,常数项 $\left(\dfrac{m}{2\pi kT}\right)^{3/2}$ 是归一化条件所要求的常量因子。

麦克斯韦速度分布律可以理解为速度空间中界于 $v_x \sim v_x + dv_x, v_y \sim v_y + dv_y, v_z \sim v_z + dv_z$ 这一状态区间内的分子数占整个速度空间的总分子数的百分比,它等于速度空间中表示状态区间大小的体积元 $dv_x dv_y dv_z$ 乘以速度 $\boldsymbol{v}(v_x, v_y, v_z)$ 处的概率密度 $f(v_x, v_y, v_z)$。速度分布概率密度为

$$f(v_x, v_y, v_z) = \left(\frac{m}{2\pi kT}\right)^{3/2} e^{-\frac{m(v_x^2 + v_y^2 + v_z^2)}{2kT}} \tag{9-26}$$

在麦克斯韦速度分布律的基础上,将代表速度空间的直角坐标变换成球坐标,并在速度空间中对式(9-25)在图 9-9 所示的球壳范围内进行积分,就可推导出分子按速度大小即速

率 v 的分布规律,这就是如式(9-17)所示的麦克斯韦速率分布律。

9.6.2 重力场中粒子按高度的分布

前面讨论了理想气体平衡态下分子按速度这一微观量分布的统计规律,即麦克斯韦速度分布律。那么,理想气体平衡态下分子按空间位置这一微观量的分布又满足什么样的统计规律呢?如果理想气体分子不受外力的作用,分子在几何空间中按位置的分布应该是均匀的。实际中,气体分子处于重力场中,受到地球引力的作用。在理想气体系统尺度不大的情况下,由引力引起的分子在几何空间中分布的不均匀性是完全可以忽略的。如果考虑较大尺度的系统中分子的空间分布,如大气层中的气体分子按高度的分布,就必须考虑地球引力对分子空间分布的影响。

地球表面的大气层能稳定地存在,地球引力起了决定性的作用。如果大气分子只作无规则热运动,气体分子将从地球表面逃逸掉。引力的作用不仅使作热运动的气体分子能稳定地聚集在地球表面,也使大气层中的分子按高度有一个确定的分布。

考虑图 9-10 所示的位于地球表面的恒温空气柱(温度为 T),其横截面积为 A,气体分子的质量为 m。取垂直于地平面向上的方向为 z 轴,设地球表面($z=0$)的分子数密度为 n_0,对应压强为 p_0。考虑高度 z 处厚度为 dz 的一小段空气层,在高度 z 处的分子数密度为 n,对应压强为 p,高度 $z+dz$ 处的分子数密度为 $n+dn$,压强为 $p+dp$。

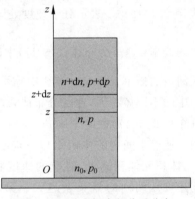

图 9-10 重力场中的分子分布

根据此小段气层的力学平衡条件,即

$$A(p+dp) + nmgA\,dz = Ap$$

得

$$dp = -nmg\,dz$$

考虑理想气体压强 $p=nkT$,将 $dp=kT\,dn$ 代入上式,整理得

$$\frac{dn}{n} = \frac{-mg}{kT}dz \tag{9-27}$$

对式(9-27)两边进行积分,得地球表面大气层中分子数密度随高度的分布为

$$n(z) = n_0 \exp\left(\frac{-mgz}{kT}\right) \tag{9-28}$$

相应的大气压强随高度的变化关系为

$$p(z) = p_0 \exp\left(\frac{-mgz}{kT}\right) \tag{9-29}$$

式(9-28)和式(9-29)表明,地球表面大气层中的分子数密度或气压都随高度增加而呈指数衰减。由于式(9-29)是在大气层中温度处处相等的条件下推导出来的,因此称为等温气压公式。利用等温气压公式,可通过气压的测定来对高度进行估算。

9.6.3 玻耳兹曼分布律

从麦克斯韦速度分布律式(9-25)和重力场中粒子按高度的分布式(9-28)可以看出,两个分布律中都含有指数因子。麦克斯韦速度分布律中的指数因子 $\exp\left[-\dfrac{m(v_x^2+v_y^2+v_z^2)}{2kT}\right]$ 与

分子动能 $\varepsilon_k=\dfrac{m(v_x^2+v_y^2+v_z^2)}{2}$ 有关，随分子动能增加而呈指数衰减；重力场中粒子按高度

分布的指数因子 $\exp\left(\dfrac{-mgz}{kT}\right)$ 与分子所在高度 z 处的势能 $\varepsilon_p=mgz$ 有关，且也随分子势能

的增加而呈指数减小。可见，平衡态下理想气体分子按微观状态（由微观量速度和位置描述）的分布与气体分子在该微观状态下具有的动能和势能有关。

　　玻耳兹曼在此基础上进行了总结，得出了玻耳兹曼能量分布律，即在温度为 T 的平衡态下，任何系统的微观粒子都按状态分布，处于某一状态的粒子数与该状态下一个粒子的能量 E 有关，与 $e^{-E/kT}$ 成正比。注意，这里所说的状态是指粒子的微观状态，一般由粒子的速度和位置来描述。玻耳兹曼能量分布律具有普遍性，它说明平衡态下微观粒子按能量的分布特征，即粒子总是优先占据能量较低的状态。其中的指数因子称为**玻耳兹曼因子**。

　　由于在重力场中温度为 T 的平衡态下理想气体分子的微观状态由位置和速度两个微观量共同决定，理想气体分子按微观状态的分布可表示为气体分子处于位置区间 $x\sim x+$ $\mathrm{d}x,y\sim y+\mathrm{d}y,z\sim z+\mathrm{d}z$ 内并具有介于 $v_x\sim v_x+\mathrm{d}v_x,v_y\sim v_y+\mathrm{d}v_y,v_z\sim v_z+\mathrm{d}v_z$ 区间内的速度的概率。气体分子出现在什么位置与它以多大的速度运动是两个独立的事件，所以此概率可以表示成

$$\frac{\mathrm{d}N(x,y,z,v_x,v_y,v_z)}{N}=\frac{\mathrm{d}N(x,y,z,v_x,v_y,v_z)}{\mathrm{d}N(x,y,z)}\cdot\frac{\mathrm{d}N(x,y,z)}{N} \qquad (9\text{-}30)$$

式中，等号右边第二项表示在位置 (x,y,z) 处 $\mathrm{d}x\mathrm{d}y\mathrm{d}z$ 体积元内出现的分子数占总分子数的百分比；第一项则表示在位置 (x,y,z) 处 $\mathrm{d}x\mathrm{d}y\mathrm{d}z$ 体积元内的分子中速度处于 $v_x\sim v_x+$ $\mathrm{d}v_x,v_y\sim v_y+\mathrm{d}v_y,v_z\sim v_z+\mathrm{d}v_z$ 范围内的分子比例。结合式(9-25)和式(9-28)，得

$$\frac{\mathrm{d}N(x,y,z,v_x,v_y,v_z)}{N}=\frac{n_0}{N}\left(\frac{m}{2\pi kT}\right)^{3/2}\mathrm{e}^{-\frac{\left[\frac{m(v_x^2+v_y^2+v_z^2)}{2}+mgz\right]}{kT}}\mathrm{d}x\mathrm{d}y\mathrm{d}z\mathrm{d}v_x\mathrm{d}v_y\mathrm{d}v_z \qquad (9\text{-}31)$$

这就是**玻耳兹曼分布律**，它表示处于重力场中温度为 T 的平衡态下的气体分子位于 $(x,y,$ $z)$ 处的 $\mathrm{d}x\mathrm{d}y\mathrm{d}z$ 体积元内并具有 $v_x\sim v_x+\mathrm{d}v_x,v_y\sim v_y+\mathrm{d}v_y,v_z\sim v_z+\mathrm{d}v_z$ 之间速度的概率。

　　具有玻耳兹曼因子的分布称为玻耳兹曼分布，即

$$n_1=n_2\mathrm{e}^{-\left(\frac{\varepsilon_1-\varepsilon_2}{kT}\right)} \qquad (9\text{-}32)$$

式中，n_1 和 n_2 分别是在温度为 T 的系统中，粒子能量为 ε_1 的某一粒子状态与粒子能量为 ε_2 的另一单粒子状态上的粒子数密度。应该强调，n_1 及 n_2 并不代表系统中粒子能量分别为 ε_1 及 ε_2 的所有各种单粒子状态总和。因为同一能量一般可有多个不同的单粒子状态。玻耳兹曼分布仅是一种描述粒子在不同能量的状态上有不同概率的一种分布。粒子处于能量相同的各单粒子状态上的概率是相同的；粒子处于能量不同的各单粒子状态的概率是不同的，粒子处于能量高的单粒子状态上的概率反而小。

玻耳兹曼分布是一种普遍的规律。对于处于平衡态的气体中的原子、分子、布朗粒子，以及液体、固体中的很多粒子，一般都可应用玻耳兹曼分布，只要粒子之间相互作用很小而可以忽略。这是玻耳兹曼于 1868 年推广了麦克斯韦分布后而建立的适于平衡态气体分子的能量分布律。

式(9-32)提供了温度的另一种表达式，即

$$T = \frac{\varepsilon_1 - \varepsilon_2}{k \ln \dfrac{n_2}{n_1}} \tag{9-33}$$

它表示处于平衡态的系统，在无相互作用粒子的两个不同能量的单个状态上的粒子数的比值与系统的温度及能量之间有确定的关系。这一关系对于处于局域平衡的子系温度及负温度具有重要意义。

9.7   分子的平均碰撞频率和平均自由程

一般来说，气体分子在常温下的方均根速率都在数百或上千米每秒，也许有人会对这一结论表示怀疑，气体分子的速率可能有那么快吗？为什么在相隔数米远的地方打开一瓶香水，挥发的香水分子不会立刻传到我们的嗅觉器官，而是要经过一段时间才能被闻到呢？原来香水分子在传播过程中所经历的路径非常曲折，沿途不断地与其他分子发生碰撞而改变方向，如图 9-11 所示。因此，尽管分子运动速率很快，但传播数米远的距离仍需要数十秒甚至更长时间。本节介绍关于分子间相互碰撞的规律。

9.7.1   平均自由程

分子间的碰撞是气体动理论的重要内容之一，也是分子运动的基本特征之一，分子间通过碰撞来实现动量或动能的交换，使热力学系统由非平衡态向平衡态过渡，并保持平衡态的宏观性质不变。例如，容器中各个地方的温度不同时，通过分子间的碰撞来实现动能的交换，从而使容器内的温度达到处处相等。

从图 9-11 可以看出，每发生一次碰撞，分子速度的大小和方向都会发生变化，分子运动的轨迹是折线。我们把一个分子在任意连续两次碰撞之间所经过的自由路程称为**自由程**，用 λ 表示。分子的自由程有长有短，似乎没有规律，但从大量分子无规则运动的规律来看，它的分布是有规律的。

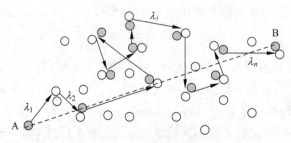

图 9-11   气体分子碰撞

　　分子在连续两次碰撞之间所经过的路程的平均值称为**平均自由程**,用 $\bar{\lambda}$ 表示。它的大小显然与分子的碰撞频繁程度有关。

9.7.2　分子的平均碰撞频率

　　在单位时间内一个分子与其他分子碰撞的平均次数称为**平均碰撞频率**,以 $\bar{z}$ 表示。为了确定分子的平均碰撞频率,我们把所有气体分子都看作有效直径为 d 的刚性球,并且跟踪某一个分子 A。先假设其他分子都静止不动,只有 A 分子在它们之间以平均相对速率 $\bar{u}$ 运动,最后再作修正。在运动过程中,由于分子 A 不断地与其他分子碰撞,它的球心轨迹是一条折线,以折线为轴,以分子的有效直径 d 为半径做曲折的圆柱面,显然,只有分子球心在该圆柱面内的分子才能与 A 分子发生碰撞,如图 9-12 所示。我们把圆柱面的截面积 $S=\pi d^2$ 称为分子的碰撞截面,用 σ 表示。在 Δt 时间内,A 分子所走过的路程为 $\bar{u}\Delta t$,相应的圆柱体的体积为 $V=S\bar{u}\Delta t=\pi d^2\bar{u}\Delta t$。设分子数密度为 n,则此圆柱体内的分子数为 $n\pi d^2\bar{u}\Delta t$,显然这就是分子 A 在时间 Δt 内与其他分子碰撞的次数,因此平均碰撞频率为

$$\bar{z}=\frac{nS\bar{u}\Delta t}{\Delta t}=\frac{n\sigma\bar{u}\Delta t}{\Delta t}=\frac{n\pi d^2\bar{u}\Delta t}{\Delta t}=n\pi d^2\bar{u} \tag{9-34}$$

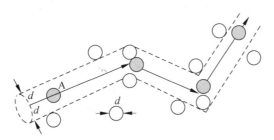

图 9-12　分子碰撞频率

　　式(9-34)是在假设一个分子运动,而其他分子都静止不动时所得到的结果。实际上,一切分子都在不停地运动着,并且各个分子运动的速率各不相同,遵守麦克斯韦速率分布规律。再考虑以上因素,必须对式(9-34)加以修正。根据统计物理学知识,分子的平均相对速率 $\bar{u}$ 是平均速率 $\bar{v}$ 的 $\sqrt{2}$ 倍,即

$$\bar{u}=\sqrt{2}\,\bar{v} \tag{9-35}$$

代入式(9-34),得

$$\bar{z}=\sqrt{2}\,n\pi d^2\bar{v} \tag{9-36}$$

根据平均自由程定义,有

$$\bar{\lambda}=\frac{\bar{v}\Delta t}{\bar{z}\Delta t}=\frac{1}{\sqrt{2}\,n\pi d^2} \tag{9-37}$$

　　由此可见,平均自由程与分子的有效直径的平方及分子数密度成反比,而与平均速率无关。由理想气体的状态方程 $p=nkT$,式(9-37)可表示为

$$\bar{\lambda}=\frac{kT}{\sqrt{2}\,\pi d^2 p} \tag{9-38}$$

这说明,当温度一定时,平均自由程与压强成反比。表 9-3 中给出了几种气体分子的平均自

由程 $\bar{\lambda}$ 和有效直径 d。对于空气分子,$d \approx 3.5 \times 10^{-10}$ m,利用式(9-38)可求出在标准状态下,空气分子的 $\bar{\lambda} = 6.9 \times 10^{-8}$ m,约为分子直径的 200 倍。这时 $\bar{z} = 6.5 \times 10^9$ s^{-1},即每秒钟内一个分子发生几十亿次碰撞。频繁的碰撞使得分子平均自由程非常短。

表 9-3　在 15℃、1.01325×10^5 Pa 下,气体的平均自由程和分子直径

气体	$\bar{\lambda}/\text{m}$	d/m
H$_2$	11.8×10^{-8}	2.7×10^{-10}
O$_2$	6.79×10^{-8}	3.6×10^{-10}
N$_2$	6.28×10^{-8}	3.7×10^{-10}
CO$_2$	4.19×10^{-8}	4.6×10^{-10}
空气	6.9×10^{-8}	3.5×10^{-10}

例 9-7　已知空气的平均摩尔质量 $M_{\text{mol}} = 29 \times 10^{-3}$ kg/mol,空气分子的有效直径为 $d = 3.5 \times 10^{-10}$ m,试求标准状态下空气分子的平均自由程和平均碰撞频率。

分析　标准状态条件可知 $T = 273$ K,$p = 1.013 \times 10^5$ Pa,将其代入平均自由程和平均碰撞频率表达式即可。

解　已知 $k = 1.38 \times 10^{-23}$ J/K 和 $d = 3.5 \times 10^{-10}$ m,得

$$\bar{\lambda} = \frac{kT}{\sqrt{2}\pi d^2 p} = \frac{1.38 \times 10^{-23} \times 273}{1.41 \times 3.14 \times (3.5 \times 10^{-10})^2 \times 1.013 \times 10^5} \text{m} = 6.86 \times 10^{-8} \text{m}$$

平均速率

$$\bar{v} = \sqrt{\frac{8RT}{\pi M_{\text{mol}}}} = \sqrt{\frac{8 \times 8.31 \times 273}{3.14 \times 29 \times 10^{-3}}} \text{m/s} = 4.46 \times 10^2 \text{m/s}$$

平均碰撞频率

$$\bar{z} = \frac{\bar{v}}{\bar{\lambda}} = \frac{446}{6.83 \times 10^{-8}} \text{s}^{-1} = 6.53 \times 10^9 \text{s}^{-1}$$

*9.8　气体内的输运过程

前面所讨论的都是处于平衡态的系统,实际上系统常常处于非平衡态,也就是说,系统各部分的宏观物理性质如温度、密度或流速不均匀。在不受外界干预时,系统总要从非平衡态自发地向平衡态过渡,这种过渡称为**迁移现象**,也称为输运现象。本节将讨论黏滞现象、热传导现象和扩散现象三种迁移现象。

9.8.1　黏滞现象

气体、液体等流体在流动的过程中,由于各部分的流速不同而产生的内摩擦力,称为黏力,这种现象就称为**黏滞现象**。

如图 9-13 所示,假设气体在 z_0 处的流速为 u,在 $z_0 + \text{d}z$ 处的流速为 $u + \text{d}u$,即在 z 方向上存在速度梯度 $\dfrac{\text{d}u}{\text{d}z}$。

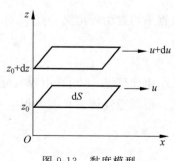

图 9-13　黏度模型

实验表明,黏力正比于速度梯度 $\left(\dfrac{\mathrm{d}u}{\mathrm{d}z}\right)_{z_0}$ 和面元的面积 $\mathrm{d}S$,即

$$\mathrm{d}F = \eta\left(\frac{\mathrm{d}u}{\mathrm{d}z}\right)_{z_0}\mathrm{d}S \tag{9-39}$$

　　式(9-39)称为**牛顿黏滞定律**,式中的比例系数 η 称为流体的内摩擦系数或黏度,单位为 $\mathrm{Pa\cdot s}$(帕斯卡·秒),其数值取决于流体的性质和状态。气体黏度随着温度的升高而增大,表 9-4 给出了一些气体在不同温度下的黏度。根据气体的动理论可以导出,气体的黏度与分子运动的微观量的统计平均值有下述关系:

$$\eta = \frac{1}{3}\rho\overline{v}\overline{\lambda} = \frac{1}{3}nm\overline{v}\overline{\lambda} \tag{9-40}$$

式中,$\rho = nm$ 为气体的密度;$\overline{v}$ 为气体分子的平均速率;$\overline{\lambda}$ 为气体分子的平均自由程。

表 9-4　$1.01325\times10^{5}\,\mathrm{Pa}$ 下气体的黏度　　　　　　　　　　$\mathrm{Pa\cdot s}$

气体	$T=100\mathrm{K}$	$T=200\mathrm{K}$	$T=300\mathrm{K}$
O_2	7.68×10^{-6}	1.476×10^{-5}	2.071×10^{-5}
N_2	6.98×10^{-6}	1.295×10^{-5}	1.786×10^{-5}
CO_2	—	1.105×10^{-5}	1.495×10^{-4}
CH_4	4.03×10^{-6}	0.778×10^{-5}	1.116×10^{-5}

　　黏滞现象的微观机理可以用分子运动理论来解释:气体分子流动时,每个分子除了具有热运动的动量外还有定向运动的动量,相邻流层之间的分子定向动量不同,但由于分子热运动而使一些分子携带其自身的动量进入相邻流层,借助于分子之间的相互碰撞,不断地交换动量,导致定向动量较大的流层速度减小,定向动量较小的流层速度增大,这种交换的结果是定向动量由较大的流层向较小的流层输运,即黏滞现象在微观上是分子热运动过程中输运定向动量的过程,而宏观上显现出相邻流层之间的黏力。

9.8.2　热传导现象

　　如果用手握着铁棒一端,另一端放在火上烧,手虽然没有和火直接接触,但热量能够通过铁棒传递到手上,使人感到烫手。这种由于温度差异而产生的热量传递现象,叫做**热传导现象**。

　　如图 9-14 所示,假设气体在 z_0 处的温度为 T,在 $z_0+\mathrm{d}z$ 处的温度为 $T+\mathrm{d}T$,即在 z 方向上存在温度梯度 $\dfrac{\mathrm{d}T}{\mathrm{d}z}$。实验表明,在 $\mathrm{d}t$ 时间内通过面元 $\mathrm{d}S$ 沿 z 轴方向传递的热量正比于温度梯度 $\left(\dfrac{\mathrm{d}T}{\mathrm{d}z}\right)_{z_0}$ 和面元的面积 $\mathrm{d}S$,即

$$\mathrm{d}Q = -\kappa\left(\frac{\mathrm{d}T}{\mathrm{d}z}\right)_{z_0}\mathrm{d}S\,\mathrm{d}t \tag{9-41}$$

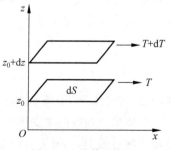

图 9-14　热传导模型

　　式(9-41)称为**傅里叶热传导定律**,式中的负号表示热量总是沿着温度降低的方向传递,比例系数 κ 称为热导率,单位为 $\mathrm{W/(m\cdot K)}$(瓦特/(米·开尔文)),其数值取决于物质的性质和状态,见表 9-5。根据气体动理论可以导出,热导率

与分子运动的微观量的统计平均值有下述关系：

$$\kappa = \frac{1}{3}\rho\bar{v}\bar{\lambda}c_V = \frac{1}{3}nm\bar{v}\bar{\lambda}c_{V,m}$$ (9-42)

式中，$\rho=nm$ 为气体的密度；$\bar{v}$ 为气体分子的平均速率；$\bar{\lambda}$ 为气体分子的平均自由程；$c_{V,m}$ 为分子的定容摩尔热容。

表 9-5　1.01325×10^5 Pa 下气体的热导率　　　　　　　W/(m·K)

气体	$T=100K$	$T=200K$	$T=300K$
H_2	6.803×10^{-2}	1.283×10^{-1}	1.770×10^{-1}
O_2	9.04×10^{-3}	1.83×10^{-2}	2.66×10^{-2}
CO_2	—	9.50×10^{-3}	1.67×10^{-2}
CH_4	1.06×10^{-2}	2.19×10^{-2}	3.43×10^{-2}

　　气体热传导现象的微观机理可以解释如下：当气体内部各部分的温度不均匀时，在微观上体现为各部分分子热运动的能量不同，分子在热运动的过程中，借助于分子之间的相互碰撞而交换热运动的能量，交换的结果导致能量大的部分向能量小的部分进行能量的输运，即分子在热运动过程中输运能量的过程，在宏观上就体现为热传导现象。

9.8.3　扩散现象

　　在气体的内部，当密度不均匀时，气体分子将从密度大的地方向密度小的地方运动，这种现象称为**扩散现象**。

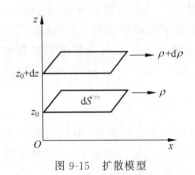

图 9-15　扩散模型

　　如图 9-15 所示，假设气体在 z_0 处的密度为 ρ，在 z_0+dz 处的密度为 $\rho+d\rho$，即在 z 方向上存在密度梯度 $\dfrac{d\rho}{dz}$。实验表明，在 dt 时间内通过面元 dS 沿 z 轴方向扩散的质量正比于密度梯度 $\left(\dfrac{d\rho}{dz}\right)_{z_0}$ 和面元的面积 dS，即

$$dm = -D\left(\frac{d\rho}{dz}\right)_{z_0}dS\,dt$$ (9-43)

　　式(9-43)称为**菲克扩散定律**，式中的负号表示气体的质量总是沿着密度降低的方向扩散，比例系数 D 称为扩散系数，单位为 $m^2/s(米^2/秒)$，其数值取决于气体的性质和状态。根据气体动理论可以导出，扩散系数与分子运动的微观量的统计平均值有下述关系：

$$D = \frac{1}{3}\bar{v}\bar{\lambda}$$ (9-44)

式中，$\bar{v}$ 为气体分子的平均速率；$\bar{\lambda}$ 为气体分子的平均自由程。

　　气体扩散现象的微观机理可以简述如下：当气体内部各部分的密度不均匀时，在分子热运动的过程中，从密度大的地方扩散到密度小的地方的分子数大于从密度小的地方扩散到密度大的地方的分子数，这种交换的结果是气体的质量由密度大的地方向密度小的地方输运，即扩散现象在微观上仍是气体分子在热运动过程中输运质量的过程。

本 章 小 结

1. 基本概念和定律

系统和外界、宏观量和微观量、平衡态和热平衡、温度等概念,热力学第零定律和热力学第三定律。

2. 理想气体的状态方程

在平衡态下,有

$$pV = \frac{M}{M_{mol}}RT = \nu RT \quad \text{或} \quad p = nkT$$

3. 理想气体的压强公式

$$p = \frac{2}{3}n\bar{\varepsilon}_{kt}, \quad \text{其中,} \quad \bar{\varepsilon}_{kt} = \frac{1}{2}m\overline{v^2}$$

4. 温度的微观意义

$$\bar{\varepsilon}_{kt} = \frac{3}{2}kT$$

5. 能量均分定理

在温度为 T 的平衡态下,分子每个自由度的平均动能都相等,均为 $\frac{1}{2}kT$。用 i 表示分子热运动的总自由度,则一个分子的平均总动能为

$$\bar{\varepsilon}_{kt} = \frac{i}{2}kT$$

ν mol 的理想气体的内能为

$$E = \frac{i}{2}\nu RT$$

6. 麦克斯韦速率分布律

速率分布函数:

$$f(v) = \lim_{\Delta v \to 0} \frac{\Delta N}{N \cdot \Delta v} = \frac{dN}{N dv}$$

麦克斯韦速率分布函数:

$$f(v) = \frac{dN}{N dv} = 4\pi \cdot \left(\frac{m}{2\pi kT}\right)^{3/2} \cdot e^{-mv^2/2kT} \cdot v^2$$

分布函数的归一化条件:

$$\int_0^\infty f(v)dv = 1$$

三种统计速率:

最概然速率

$$v_p = \sqrt{\frac{2kT}{m}} = \sqrt{\frac{2RT}{M_{mol}}} \approx 1.41\sqrt{\frac{RT}{M_{mol}}}$$

平均速率

$$\bar{v} = \int_0^\infty v f(v) \mathrm{d}v = \sqrt{\frac{8kT}{\pi m}} = \sqrt{\frac{8RT}{\pi M_{\mathrm{mol}}}} \approx 1.60 \sqrt{\frac{RT}{M_{\mathrm{mol}}}}$$

方均根速率

$$\sqrt{\overline{v^2}} = \sqrt{\frac{3kT}{m}} = \sqrt{\frac{3RT}{M_{\mathrm{mol}}}} \approx 1.73 \sqrt{\frac{RT}{M_{\mathrm{mol}}}}$$

7. 气体分子的平均自由程

$$\bar{\lambda} = \frac{\bar{v}\Delta t}{\bar{z}\Delta t} = \frac{1}{\sqrt{2}\, n \pi d^2}$$

8. 三种输运过程

牛顿黏性定律:

$$\mathrm{d}F = \eta \left(\frac{\mathrm{d}u}{\mathrm{d}z} \right)_{z_0} \mathrm{d}S$$

黏性系数:

$$\eta = \frac{1}{3} \rho \bar{v} \bar{\lambda} = \frac{1}{3} nm\bar{v}\bar{\lambda}$$

傅里叶热传导定律:

$$\mathrm{d}Q = -\kappa \left(\frac{\mathrm{d}T}{\mathrm{d}z} \right)_{z_0} \mathrm{d}S\, \mathrm{d}t$$

热导率:

$$\kappa = \frac{1}{3} \rho \bar{v} \bar{\lambda} c_V = \frac{1}{3} nm\bar{v}\bar{\lambda} c_V$$

菲克扩散定律:

$$\mathrm{d}m = -D \left(\frac{\mathrm{d}\rho}{\mathrm{d}z} \right)_{z_0} \mathrm{d}S\, \mathrm{d}t$$

扩散系数:

$$D = \frac{1}{3} \bar{v} \bar{\lambda}$$

阅读材料 9.1　天空中的涨落

　　蓝天,即地球的大气层,正常情况下常呈现蓝色。19 世纪中叶英国物理学家丁铎尔(亦称丁达尔)(John Tyndall,1820—1893 年)认为波长较短的蓝色光,容易被悬浮在空气中的微粒阻挡,散射向四方,这一说法至今在中国基础教育中仍被广泛接受。但该说法存在明显漏洞,19 世纪 80 年代,瑞利发现空气本身的氧和氮等分子对阳光就有散射,而蓝色光容易被散射,空气分子的散射就可以作为"天蓝"的主因。1910 年,爱因斯坦科学解释了蓝天的原因,即空气自身的密度涨落等对阳光的散射形成了蓝天。

　　晴朗的天空是蔚蓝色的,这并不是因为大气本身是蓝色的,也不是大气中含有蓝色的物质,而是由于大气分子和悬浮在大气中的微小粒子对太阳光散射的结果。由于介质的不均匀性,使得光偏离原来传播方向而向侧方散射开来的现象,称为介质对光的散射。细微质点的散射遵循瑞利定律:散射光强度与波长的四次方成反比。当太阳光通过大气时,波长较短的紫、蓝、青色光最容易被散射；而波长较长的红、橙、黄色光散射较弱，由于这种综合效应，天空呈现出蔚蓝色。

丁铎尔散射

空气中会有许多微小的尘埃、水滴、冰晶等物质，当太阳光通过空气时，波长较短的蓝、紫、靛等色光，很容易被悬浮在空气中的微粒阻挡，从而使光线散射向四方，使天空呈现出蔚蓝色。中文世界中，大小权威的教育和科学网站，大多仍采用上述"标准答案"。

这个"天蓝"的解释，基本上是 19 世纪中叶的水平。它是英国物理学家丁铎尔首创的，常称为丁铎尔散射模型。确实，"波长较短的蓝色光，容易被悬浮在空气中的微粒阻挡，……散射向四方"。但它并不是"天蓝"的真正原因。如果天蓝主要是由水滴冰晶等微粒的散射引起的，那么，天空的颜色和深浅，就应随着空气湿度的变化而变化。因为当湿度变化时，空气中水滴冰晶的数目会明显变化。潮湿地区和沙漠地区的湿度差别很大，但天空是一样的蓝，丁铎尔散射模型解释不了。到 19 世纪末叶，丁铎尔的天蓝解释已被质疑。

瑞利散射

20 世纪 80 年代，瑞利（John Rayleigh，1842—1919 年）注意到，根本不必求助尘埃、水滴、冰晶等空气中的微粒，空气本身的氧和氮等分子对阳光就有散射，而且也是蓝色光容易被散射。所以，空气分子的散射就可以作为"天蓝"的主因。

然而，各个分子有散射，不等于空气整体会有蓝色。如果纯净的空气是极均匀的，分子再多也没有"天蓝"。就像一块极平的镜子，只有折射或反射，而极少散射。在均匀一致的环境中，不同分子的散射相互抵消了。就如在一个集体纪律超强的环境（如监狱）中，每个人的独立和散漫行为被彻底压缩。而"天蓝"靠的就是分子各自的独立和相互不干涉，或少干涉。

为此，瑞利假定，空气不是分子的"监狱"。相反，氧和氮等分子，无规行走，随机分布。瑞利由这个模型算出的定量结果，很好地符合天蓝的性质。1899 年，瑞利写了一篇总结式的文章《论天空蓝色之起源》（J. Rayleigh，Phil. Mag. XLVII，375，1899），开宗明义就指出："即使没有外来的微粒，我们依旧会有蓝色的天"。"外来的微粒"即指丁铎尔散射所需要的。从此，丁铎尔的天蓝理论被放弃。瑞利散射成为"天蓝"理论的主流。

瑞利的天蓝理论虽然很成功，瑞利的分子无规分布假定也有根据，然而，瑞利实质上还要假定空气是所谓理想气体，这是一个不大的，但也不可忽略的弱点。因为空气不是理想气体。

爱因斯坦理论

1910 年，爱因斯坦最终解决了这个问题。爱因斯坦用当时刚刚发展的熵（混乱的度量）的统计热力学理论证明：哪怕是最纯净的空气，也是有涨落起伏的。空气本身的密度涨落也能引起散射，也使蓝色光容易被散射。密度涨落的散射，不多也不少，正好能产生我们看到的蓝天。如果空气是理想气体，爱因斯坦的结果就同瑞利的一样。所以，简单地说，天空蓝色的起因是："空气中有不可消除的'杂质'，即空气自身的涨落。密度涨落等对阳光的散射，形成了蓝天。""天蓝"起源物理学不是爱因斯坦首创，但最完整的理论是爱因斯坦奠定的。所以说，"天蓝"物理学，完成于 1910 年。

瑞利和爱因斯坦的"天蓝"理论，是普遍适用的。可以用来解释纯净空气中的"蓝天"现象,也可以用来解释纯净的水、纯净的玻璃等液体或固体中的"蓝天"现象。

高锟先生在他为"光纤通信"奠基的第一篇论文(C. Kao, Proc. IEEE, 113, No. 7, 1966, 2010)中引用的第一个物理公式,就是爱因斯坦的"天蓝"瑞利散射公式(即 Einstein—Smoluchowski 公式)。玻璃是凝固了的液体。即使最理想的玻璃,没有气泡,没有缺陷,玻璃中依旧有不可消除的"杂质",即玻璃本身的不可消除的涨落。在光纤中传播的信号(光波),会被玻璃的涨落散射。"天蓝"机制,是光纤通信信号损失的一个物理主因。它是不能用光纤制造技术消除的。只能选择"不太蓝"的光,减低它的影响。

阅读材料9.2　温 室 效 应

1. 温室效应的概念

温室效应是指透射阳光的密闭空间由于与外界缺乏热交换而形成的保温效应,就是太阳短波辐射可以透过大气射入地面,而地面增暖后放出的长波辐射却被大气中的二氧化碳等物质所吸收,从而产生大气变暖的效应。如果没有大气,地表平均温度就会下降到−23℃,而实际地表平均温度为15℃,这就是说温室效应使地表温度提高38℃。大气中的二氧化碳浓度增加,阻止地球热量的散失,使地球发生可感觉到的气温升高,这就是有名的"温室效应"。破坏大气层与地面间红外线辐射的正常关系,吸收地球释放出来的红外线辐射,就像"温室"一样,促使地球气温升高的气体称为"温室气体"。二氧化碳是数量最多的温室气体,约占大气总容量的 0.03%。

2. 原理

太阳辐射主要是短波辐射,而地面辐射和大气辐射则是长波辐射。大气对长波辐射的吸收力较强,对短波辐射的吸收力较弱。

白天:太阳光照射到地球上,部分能量被大气吸收,部分被反射回宇宙,大约 47% 的能量被地球表面吸收。

夜晚:地球表面以红外线的方式向宇宙散发白天吸收的热量,其中也有部分被大气吸收。

大气层如同覆盖玻璃的温室一样,保存了一定的热量,使得地球不至于像没有大气层的月球一样,被太阳照射时温度急剧升高,不受太阳照射时温度急剧下降。一些理论认为,由于温室气体的增加,使地球整体所保留的热能增加,导致全球暖化。

3. 相关特点

温室有两个特点:①温度较室外高;②不散热。

4. 主要影响

1) 全球变暖

温室气体浓度的增加会减少红外线辐射放射到太空外,地球的气候因此需要转变来使吸取和释放辐射的分量达至新的平衡。这转变可包括"全球性"的地球表面及大气低层变暖,因为这样可以将过剩的辐射排放出去。

2) 地球上的病虫害增加

温室效应可使史前致命病毒威胁人类,美国科学家发出警告,由于全球气温上升令北极冰层融化,被冰封十几万年的史前致命病毒可能会重见天日,导致全球陷入疫症恐慌,人类生命受到严重威胁。

3）海平面上升

假若"全球变暖"正在发生,有两种过程会导致海平面升高:第一种是海水受热膨胀令水平面上升;第二种是冰川和格陵兰及南极洲上的冰块融解使海洋水分增加。

4）气候反常

气候反常、极端天气多是因为全球性温室效应导致,即二氧化碳这种温室气体浓度增加,使热量不能发散到外太空,使地球变成一个保温瓶,而且还是不断加温的保温瓶。全球温度升高,使得南北极冰川大量融化,海平面上升,导致海啸、台风,夏天非常热、冬天非常冷的反常气候,极端天气多。

5）土地沙漠化

土地沙漠化是一个全球性的环境问题。有历史记载以来,中国已有 1200 万公顷（1 公顷＝10000m² ）的土地变成了沙漠,特别是近 50 年来形成的"现代沙漠化土地"就有 500 万公顷。

6）缺氧

温室气体的摩尔质量都大于氧气,世界各国尽管放心地把地球内部所有的能量都开采出来使用了,然而地球上最终的环境状态是跟地球在 10 亿年以前的情况差不多的,到时候不光是野生动物呼吸不到氧气,甚至连人类也是无法生存的。

5. 温室气体种类

大气层中主要的温室气体可有二氧化碳（CO_2）、甲烷（CH_4）、一氧化二氮（N_2O）、氯氟碳化合物（CFCs）及臭氧（O_3）。大气层中的水汽（H_2O）虽然是"天然温室效应"的主要原因,但普遍认为它的成分并不直接受人类活动影响。

习　题

9.1　单项选择题

（1）容器中储存有一定量的理想气体,气体分子的质量为 m,当温度为 T 时,根据理想气体的分子模型和统计假设,分子速度在 x 方向的分量平方的平均值是（　　　）。

A. $\overline{v_x^2}=\dfrac{1}{3}\sqrt{\dfrac{3kT}{m}}$　　　　B. $\overline{v_x^2}=\sqrt{\dfrac{3kT}{m}}$　　　　C. $\overline{v_x^2}=\dfrac{3kT}{m}$　　　　D. $\overline{v_x^2}=\dfrac{kT}{m}$

（2）一瓶氦气和一瓶氮气的密度相同,分子平均平动动能相同,而且都处于平衡状态,则它们（　　　）。

A. 温度相同,压强相同

B. 温度、压强都不相同

C. 温度相同,但氦气的压强大于氮气的压强

D. 温度相同,但氦气的压强小于氮气的压强

（3）一定质量的理想气体的内能 E 随体积 V 的变化关系为一直线,其延长线过 E-V 图的原点,如题 9.1(3)图所示,则此直线表示的过程为（　　　）。

A. 等温过程　　　　B. 等压过程　　　　C. 等体过程　　　　D. 绝热过程

(4) 如题 9.1(4)图所示麦克斯韦速率分布曲线,图中 A,B 两部分面积相等,则该图表示(　　)。

　　A. v_0 为最概然速率

　　B. v_0 为平均速率

　　C. v_0 为方均根速率

　　D. 速率大于和小于 v_0 的分子数各占一半

题 9.1(3)图　　　　　　　　　　题图 9.1(4)图

(5) 一定质量的理想气体,在温度不变的情况下,当压强降低时,分子平均碰撞频率 $\bar{z}$ 和平均自由程 $\bar{\lambda}$ 的变化情况是(　　)。

　　A. $\bar{\lambda}$ 和 $\bar{z}$ 都增大　　　　　　　　　　B. $\bar{\lambda}$ 和 $\bar{z}$ 都减小

　　C. $\bar{\lambda}$ 减小,但 $\bar{z}$ 增大　　　　　　　　D. $\bar{\lambda}$ 增大,但 $\bar{z}$ 减小

(6) 一定质量的理想气体,在容积不变的情况下,温度降低,分子平均碰撞次数 $\bar{z}$ 和平均自由程 $\bar{\lambda}$ 的变化情况是(　　)。

　　A. $\bar{\lambda}$ 和 $\bar{z}$ 都不变　　　　　　　　　　B. $\bar{\lambda}$ 减小,但 $\bar{z}$ 不变

　　C. $\bar{\lambda}$ 和 $\bar{z}$ 都减小　　　　　　　　　　D. $\bar{\lambda}$ 不变,但 $\bar{z}$ 减小

(7) 在恒定不变的压强下,气体分子的平均碰撞频率 $\bar{z}$ 与气体的热力学温度 T 的关系为(　　)。

　　A. $\bar{z}$ 与 T 无关　　　　　　　　　　　　B. $\bar{z}$ 与 T 成正比

　　C. $\bar{z}$ 与 $\sqrt{T}$ 成反比　　　　　　　　　D. $\bar{z}$ 与 $\sqrt{T}$ 成正比

9.2　填空题

(1) 某容器内分子数密度为 $10^{26}\,\mathrm{m}^{-3}$,每个分子的质量为 $3\times10^{-27}\,\mathrm{kg}$,设其中 1/6 分子数以速率 $v=200\mathrm{m/s}$ 垂直地向容器的一壁运动,而其余 5/6 分子或者离开此壁,或者平行此壁方向运动,且分子与容器壁的碰撞为完全弹性的,则每个分子作用于器壁的冲量 $\Delta I =$ _____,每秒碰在器壁单位面积上的分子数 $n_0 =$ _____,作用在器壁上的压强 $p =$ _____。

(2) 有一瓶质量为 M 的氢气,温度为 T,视为刚性分子理想气体,则氢分子的平均平动动能为_____,氢分子的平均动能为_____,该瓶氢气的内能为_____。

(3) 容积为 $3.0\times10^2\mathrm{m}^3$ 的容器内储存有某种理想气体 20g,设气体的压强为 $50.6625\mathrm{kPa}(0.5\mathrm{atm})$,则气体分子的最概然速率为_____,平均速率为_____,方均根速率为_____。

(4) 如题 9.2(4)图所示的两条 $f(v)$-v 曲线分别表示氢气和氧气在同一温度下的麦

克斯韦速率分布曲线,由此可得氢气分子的最概然速率为_____,氧气分子的最概然速率为_____。

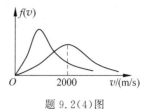
题 9.2(4)图

(5) 一定量的某种理想气体,当体积不变、温度升高时,则其平均自由程 $\bar{\lambda}$ _____,平均碰撞频率 $\bar{z}$ _____。(减少、增大、不变)

9.3　问答题及计算题

(1) 何谓微观量? 何谓宏观量? 它们之间有什么联系?

(2) 计算下列一组粒子的平均速率和方均根速率:

N_i	21	4	6	8	2
$v_i/(\mathrm{m/s})$	10.0	20.0	30.0	40.0	50.0

(3) 速率分布函数 $f(v)$ 的物理意义是什么? 试说明下列各量的物理意义(n 为分子数密度,N 为系统总分子数):

① $f(v)\mathrm{d}v$　　　　　② $nf(v)\mathrm{d}v$　　　　　③ $Nf(v)\mathrm{d}v$

④ $\int_0^v f(v)\mathrm{d}v$　　　　⑤ $\int_0^\infty f(v)\mathrm{d}v$　　　　⑥ $\int_{v_1}^{v_2} Nf(v)\mathrm{d}v$

(4) 最概然速率的物理意义是什么? 方均根速率、最概然速率和平均速率,它们各有何用处?

(5) 容器中盛有温度为 T 的理想气体,试问该气体分子的平均速度是多少? 为什么?

(6) 在同一温度下,不同气体分子的平均平动动能相等,就氢分子和氧分子相比较,氧分子的质量比氢分子大,所以氢分子的速率一定比氧分子大,对吗?

(7) 如果盛有气体的容器相对某坐标系运动,容器内的分子速度相对这坐标系也增大了,温度也因此而升高吗?

(8) 题 9.3(8)图(a)所示为氢和氧在同一温度下的两条麦克斯韦速率分布曲线,哪一条代表氢? 题 9.3(8)图(b)是某种气体在不同温度下的两条麦克斯韦速率分布曲线,哪一条的温度较高?

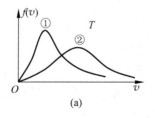
(a)

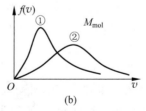
(b)

题 9.3(8)图

(9) 温度概念的适用条件是什么? 温度的微观本质是什么?

(10) 下列系统各有多少个自由度:

① 在一平面上滑动的粒子;

② 可以在一平面上滑动并可围绕垂直于平面的轴转动的硬币;

③ 一弯成三角形的金属棒在空间自由运动。

(11) 试说明下列各量的物理意义:

① $\frac{1}{2}kT$　　　　　② $\frac{3}{2}kT$　　　　　③ $\frac{i}{2}kT$

④ $\frac{M}{M_{mol}}\frac{i}{2}RT$　　　　⑤ $\frac{i}{2}RT$　　　　　⑥ $\frac{3}{2}RT$

(12) 有两种不同的理想气体,同压、同温而体积不等,则下述各量是否相同?①分子数密度;②气体质量密度;③单位体积内气体分子总平动动能;④单位体积内气体分子的总动能。

(13) 何谓理想气体的内能?为什么理想气体的内能是温度的单值函数?

(14) 如果氢和氦的摩尔数和温度相同,则下列各量是否相等,为什么?①分子的平均平动动能;②分子的平均动能;③内能。

(15) 有一水银气压计,当水银柱高为 0.76m 时,管顶离水银柱液面 0.12m,管的截面积为 $2.0\times10^{-4}m^2$,当有少量氦(He)混入水银管内顶部时,水银柱高下降为 0.6m,此时温度为 27℃,试计算有多少质量氦气在管顶(He 的摩尔质量为 0.004kg/mol)。

(16) 设有 N 个粒子的系统,其速率分布如题 9.3(16)图所示,求:

① 分布函数 $f(v)$ 的表达式;

② a 与 v_0 之间的关系;

③ 速度在 $1.5v_0\sim2.0v_0$ 之间的粒子数;

④ 粒子的平均速率;

⑤ $0.5v_0\sim v_0$ 区间内粒子的平均速率。

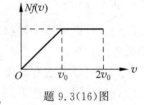

题 9.3(16)图

(17) 试计算理想气体分子热运动速率的大小介于 $v_p-v_p/100$ 与 $v_p+v_p/100$ 之间的分子数占总分子数的百分比。

(18) 容器中储有氧气,其压强为 $p=0.1MPa$(即约 1atm),温度为 27℃,求:①单位体积中的分子数 n;②氧分子的质量 m;③气体密度 ρ;④分子间的平均距离 $\bar{e}$;⑤平均速率 $\bar{v}$;⑥方均根速率 $\sqrt{\overline{v^2}}$;⑦分子的平均动能 $\bar{\varepsilon}$。

(19) 1mol 氢气,在温度为 27℃时,它的平动动能、转动动能和内能各是多少?

(20) 一瓶氧气,一瓶氢气,等压、等温,氧气体积是氢气的 2 倍,求:①氧气和氢气分子数密度之比;②氧分子和氢分子的平均速率之比。

(21) 一真空管的真空度约为 1.38×10^{-3} Pa(即 1.0×10^{-5} mmHg),试求在 27℃时单位体积中的分子数及分子的平均自由程(设分子的有效直径 $d=3\times10^{-10}$ m)。

(22) ①求氮气在标准状态下的平均碰撞频率;②若温度不变,气压降到 1.33×10^{-4} Pa,平均碰撞频率又为多少(设分子有效直径为 10^{-10} m)?

(23) 1mol 氧气从初态出发,经过等容升压过程,压强增大为原来的 2 倍,然后又经过等温膨胀过程,体积增大为原来的 2 倍,求末态与初态之间:①气体分子方均根速率之比;②分子平均自由程之比。

(24) 飞机起飞前机舱中的压力计指示为 1.0atm(1.013×10^5 Pa),温度为 27℃;起飞后压力计指示为 0.8atm(0.8104×10^5 Pa),温度仍为 27℃,试计算飞机距地面的高度。

(25) 上升到什么高度时大气压强减为地面的 75%(设空气的温度为 0℃)。

(26) 在标准状态下，氦气的黏度 $\eta = 1.89 \times 10^{-5} \text{Pa} \cdot \text{s}$，摩尔质量 $M_{\text{mol}} = 0.004 \text{kg/mol}$，分子平均速率 $\bar{v} = 1.20 \times 10^3 \text{m/s}$。试求在标准状态下氦分子的平均自由程。

(27) 在标准状态下氦气的热导率 $\kappa = 5.79 \times 10^{-2} \text{W/(m} \cdot \text{K)}$，分子平均自由程 $\bar{\lambda} = 2.60 \times 10^{-7} \text{m}$，试求氦分子的平均速率。

(28) 实验测得在标准状态下，氧气的扩散系数为 $1.9 \times 10^{-5} \text{m}^2/\text{s}$，试根据这一数据计算分子的平均自由程和分子的有效直径。

第 10 章　热力学基础

热力学是关于物质热运动的宏观理论。热力学不同于气体动理论,它不涉及物质的微观结构,是以观测和实验事实为依据,从大量实验现象中总结出的热现象所遵从的规律。具体地说,它是用能量转化的观点研究物体状态变化的过程中有关热、功的相互转换关系、条件及规律。本章主要内容是热力学第一定律(用热力学第一定律分析理想气体的几个过程)、热力学第二定律及其微观本质和熵的概念等。

10.1　热力学基本概念

10.1.1　热力学系统与热力学过程

在热力学中,我们把所要研究的物体(或一组物体)叫做**热力学系统**,简称系统;而系统外的其他物体,统称为**外界**。

系统由某一平衡态开始发生变化时,这个平衡态必然要遭到破坏,需要一段时间才能达到新的平衡态。系统从一个平衡态过渡到另一个平衡态所经历的变化历程就是一个热力学过程。热力学过程由于中间状态的不同可分为准静态过程与非静态过程两种。如果过程中任一中间状态都可近似看作平衡状态,则这个过程称为**准静态过程**,也称为**平衡态过程**。如果中间的状态为非平衡态,则这个过程称为**非静态过程**。准静态过程是一种理想的极限过程,它是由无限缓慢的状态变化过程抽象出来的一种理想模型。利用它可以使热力学问题的处理大为简化。通过下面的例子进一步理解准静态过程。

如图 10-1(a)所示,汽缸中储有一定量的气体,活塞的上面放有一砝码,开始活塞与砝码处于静止状态,此时气体的状态参量用 p_0、T_0 表示(这是一个平衡态)。当突然拿起砝码时气体的体积急速膨胀,从而破坏了原来的平衡态,当活塞停止运动后,经过足够长的时间,气体将达到新的平衡态,具有各处均匀一致的压强 p 和温度 T。但在活塞迅速上升的过程中,气体往往来不及使各处压强、温度趋于均匀一致,即气体每一刻都处于非平衡状态,这个过程是非静态过程。若将砝码换成同等质量的许许多多小米粒,如图 10-1(b)所示,然后一颗颗地拿,系统的状态慢慢在变,直到拿完为止。显然这样的变化,每一个中间态都可近似看作压强均匀、温度均匀的新的平衡态,这样的过程就是准静态过程了。

热力学的研究是以准静态过程的研究为基础的,对准静态过程的研究有两个方面的意义:其一,有些实际

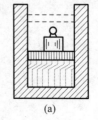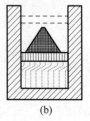

图 10-1　平衡态及准静态过程

过程可以近似准静态过程处理;其二,把理想气体的准静态过程弄清楚,将有助于对实际的非静态过程的探讨。

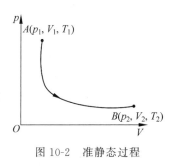

图 10-2　准静态过程

通常用 p-V 图来直观表示所研究的准静态过程,这是因为每一个平衡状态都可用一组状态参量来描述。由于 p-V 图上的一个点对应一组确定的 p,V,T,即 p-V 图上的一个点代表一个平衡态;而 p-V 图上的一条曲线由许许多多平衡态组成,显然它代表一个准静态过程。图 10-2 所示的曲线就代表了某一准静态过程,过程曲线上箭头代表过程进行的方向。对于非平衡系统,由于没有一组确定的状态参量,所以非平衡态和非静态过程不能用 p-V 图表示。

10.1.2　功、热量及内能

一个热力学过程,通常伴随着热力学系统与外界能量的交换,热力学第一定律就是包括热运动在内的能量守恒与转化定律的定量表述。下面首先研究热运动中的能量及其转化过程中涉及的三个重要物理量:功、热量与内能。

1. 功

在牛顿力学中,做功是能量转换的一种方式,功是能量转换的一种量度,做功可以改变系统的状态。在热力学中,准静态过程中的功具有重要意义。

现以气体膨胀为例来讨论热力学中功的问题。如图 10-3 所示,设有一汽缸,其中气体的压强为 p,活塞面积为 S,取气体为系统,汽缸与活塞及缸外的大气均为外界,当活塞向外移动微小距离 $\mathrm{d}l$ 时,系统对外界所做的元功为

$$\mathrm{d}A = pS\,\mathrm{d}l = p\,\mathrm{d}V \tag{10-1}$$

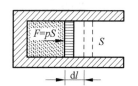

图 10-3　气体膨胀过程

当气体体积从 V_1 变到 V_2 时,气体做的总功为

$$A = \int_{V_1}^{V_2} p\,\mathrm{d}V \tag{10-2}$$

当系统经历一个无摩擦准静态过程时,因体积变化而做的功都可用式(10-2)表示。这个功称为**体积功**。如果气体膨胀,即 $\mathrm{d}V > 0$,则 $A > 0$,系统对外做正功;当气体收缩,即 $\mathrm{d}V < 0$,则 $A < 0$,系统对外界做负功或称外界对系统做正功。上述过程是准静态过程,可用 p-V 图上的一条曲线表示,例如图 10-4 中的 Ⅰa Ⅱ 曲线。元功 $\mathrm{d}A = p\,\mathrm{d}V$ 为图 10-4 中所示的 $\mathrm{d}V$ 区间小窄条的面积(p 为高,$\mathrm{d}V$ 为宽)。当系统沿 a Ⅰ b 曲线从 V_1 变到 V_2 时,此过程中系统做的总功显然就是过程曲线下 abV_2V_1 的面积总和。当系统沿 a Ⅱ b 曲线从 V_1 变到 V_2 时,其功就应是此曲线下对应 aV_1V_2b 的面积。虽然两个过程的始末状态都相同,由于两个过程曲线下面积并不相等,其功也不相等。由上述分析不难得出,**功是一个与过程有关的量,称为过程量**。工程上常用 p-V 图中过程曲线下的面积来计算功,并称此图为示功图。

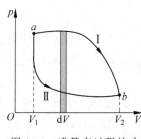

图 10-4　准静态过程的功

2. 热量

除了做功外,热传递也可以改变系统的状态。热传递是能

量转换的另一种方式。热量等于传热过程中转换的能量,是能量转换的另一种量度。

准静态过程中热量的计算常用摩尔热容表示,摩尔热容的定义是 $C_m = \dfrac{dQ_m}{dT}$,其含义是 1mol 物质使其升高(或降低)1K 温度所吸收(或放出)的热量,其单位是 J/(mol·K)。

实验表明不同物质的摩尔热容不等。在所有物质中水的热容最大,加之水在地球上广泛而丰富的存在,因此在生活和生产上常用水进行冷却或保暖。此外,物体的热容还与它所经历的具体过程有关,例如,同样是 1mol 的物质使其温度升高 1K,用等容过程来实现与用等压过程来实现所需的热量是不一样的,即定容摩尔热容 $C_{V,m}$ 和定压摩尔热容 $C_{p,m}$ 不相等。在研究气体的热性质时最有实际意义的是 $C_{V,m}$ 和 $C_{p,m}$。

不同物质在不同条件下的摩尔热容可通过实验获得。从摩尔热容的定义不难得到,如果是质量为 M(单位为 kg)的物质,在升高 dT 温度时,在等容过程中吸收的热量应该表示为

$$dQ_V = \frac{M}{M_{mol}} C_{V,m} dT \tag{10-3}$$

如果是等压过程,则吸收的热量应表示为

$$dQ_p = \frac{M}{M_{mol}} C_{p,m} dT \tag{10-4}$$

从热量的计算式中看到,热量与功一样,是一个与过程有关的量,不同过程,其热量是不一样的。

3. 内能

由气体动理论可知,理想气体的内能是

$$E = \frac{M}{M_{mol}} \frac{i}{2} RT \tag{10-5}$$

式(10-5)说明,系统的内能,只取决于温度这个状态参量。由此可以推知,内能只是状态的函数,而与过程无关。无数实验事实证明了这一点。当一个热力学系统从一个平衡态变到另一个平衡态时,不管系统经历的过程如何,是做功,是传热,还是两者兼而有之,其内能改变量都一样,这表明内能的变化不因过程不同而异,内能只取决于状态。一般地,系统的内能取决于温度和体积。但因理想气体模型忽略分子间引力,从而不计分子引力势能,故理想气体的内能只与温度有关,是温度的单值函数。

10.2 热力学第一定律

10.2.1 热力学第一定律的概念

外界对系统做功或传递热量,都可以使系统的内能增加。例如,一杯水可以通过外界对它加热,用热传递方法使它的温度升高,也可以用搅拌做功的方法使它的温度升高。虽然两者的方式不同,但在增加内能这点上,传递热量与做功是等效的。

在大量实验事实的基础上人们总结得到:当系统从一个平衡态变化到另一个平衡态的过程中,系统与外界交换的热量 Q 和功 A,以及内能的变化 $\Delta E = E_2 - E_1$,有以下关系:

$$Q = \Delta E + A \tag{10-6}$$

这就是**热力学第一定律**,其中,E_1 和 E_2 分别表示系统的初态和终态的内能。式(10-6)反映了在热现象进行中的能量守恒和转换规律,它说明一个系统如果是从外界吸收热量,那么这个能量可能一部分用来增加系统的内能,另一部分用来对外做功,量值上必须满足等式的成立。热力学第一定律中各量的符号约定是:系统吸热,$Q>0$,放热,$Q<0$;系统内能增加,$\Delta E>0$,内能减少,$\Delta E<0$;系统对外界做功,$A>0$,外界对系统做功,$A<0$。对于一个无限小过程,这个定律可写为

$$dQ = dE + dA \tag{10-7}$$

式中,dQ 表示系统热量的微小变化;dE 表示系统内能的微小变化;dA 代表系统所做的元功。

热力学第一定律指出,一个系统如果对外做功,其能量来源要么是从外界吸热 Q,或者依靠系统的内能的减少 ΔE,或者二者兼而有之。如果既不从外界吸热,又不减少系统的内能,系统就不可能对外做功。

历史上曾有许多人试图制造一种机器,这种机器可以使系统经历一系列变化后回到原来的状态,而在这个过程中系统无须从外界吸取热量,却能不断对外做功,这种机器叫做**第一类永动机**。第一类永动机要求系统的 $\Delta E=0$,$Q=0$,但 $A>0$。这种机器违背热力学第一定律。该定律判定:**第一类永动机是不能制成的**。这句话可以作为热力学第一定律的另一种表述形式。

热力学第一定律实际上是包括热运动能量在内的普遍的能量转换与守恒定律,它是一个实验定律。对于任何热力学系统的任何热力学过程,只要初态和末态是平衡态,不管中间过程是否为准静态,热力学第一定律都成立。至今尚未发现与热力学第一定律矛盾的实验,所以这是一个普遍定律。恩格斯曾把这个定律誉为 19 世纪自然科学的三大发现之一。

10.2.2　热力学第一定律的应用

热力学第一定律明确了系统在状态变化过程中功、热量和内能之间的转换关系,下面将结合几个典型的特殊过程进行一些有关功、热量和内能的计算。

这里主要讨论某一理想气体从平衡态 Ⅰ(p_1,V_1,T_1)经历准静态过程变到平衡态 Ⅱ(p_2,V_2,T_2)时体积功的情况,此时,热力学第一定律形式可以表示为

$$Q = \Delta E + \int_{V_1}^{V_2} p\,dV \tag{10-8}$$

若为无限小过程,则

$$dQ = dE + p\,dV \tag{10-9}$$

下面将分别对等体过程、等压过程、等温过程、绝热过程及多方过程进行讨论。

1. 等体过程

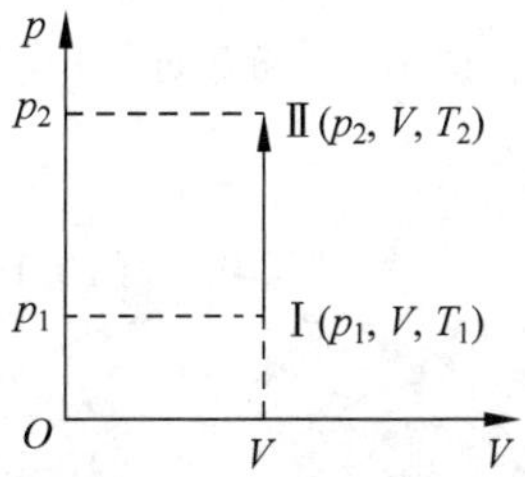

在系统变化的过程中其体积始终保持不变的过程称为**等体过程**,因此等体过程的特征是 $V=$ 恒量,即 $dV=0$。

在 p-V 图上等体过程可以表示为平行于 p 轴的一条直线,如图 10-5 所示。由理想气体状态方程可知,等体过程的过程方程为

图 10-5　等体过程

$$pT^{-1} = 恒量 \quad 或 \quad \frac{p_1}{T_1} = \frac{p_2}{T_2}$$

因此过程体积不变,系统不对外做功,即 $dA = p\,dV = 0$,由热力学第一定律有

$$dQ_V = dE \tag{10-10}$$

对于有限的等体过程,则有

$$Q_V = E_2 - E_1 \tag{10-11}$$

式(10-11)表明,在等体过程中,气体从外界吸收的热量全部用来使系统内能增加。

由理想气体内能公式可得 $dE = \dfrac{M}{M_{mol}} \dfrac{i}{2} R\,dT$,又由式(10-3)知 $dQ_V = \dfrac{M}{M_{mol}} C_{V,m}\,dT$,比较二式,可得定容摩尔热容为

$$C_{V,m} = \frac{i}{2} R \tag{10-12}$$

式(10-12)表明,定容摩尔热容仅与物质的自由度 i 有关,而与气体的温度无关。对于单原子分子理想气体,其 $i=3$,因此 $C_{V,m} = \dfrac{3}{2} R \approx 12.5\,\mathrm{J/(mol \cdot K)}$;对于双原子理想气体,其 $i=5$,因此 $C_{V,m} = \dfrac{5}{2} R \approx 20.8\,\mathrm{J/(mol \cdot K)}$。定义了定容摩尔热容后,我们还可以将理想气体的内能 E 和内能增量 dE 表示为

$$E = \frac{M}{M_{mol}} C_{V,m} T$$

$$dE = \frac{M}{M_{mol}} C_{V,m}\,dT \quad 或 \quad \Delta E = \frac{M}{M_{mol}} C_{V,m}(T_2 - T_1) \tag{10-13}$$

应该指出,不能因为式(10-13)中含有 $C_{V,m}$,就认为该式只有在等体过程中才能应用。理想气体的内能只与温度有关,所以理想气体在不同的状态变化过程中,只要温度增量相同,则不论气体经历什么过程,它的内能增量都是一样的,都可用式(10-13)计算。由于系统内能的增量在等体过程中与所吸收的热量相等,所以式(10-13)中才会有 $C_{V,m}$ 的出现。

2. 等压过程

在系统变化的过程中其压强始终不变的过程称为**等压过程**。因此,等压过程的特征是 $p =$ 恒量,即 $dp = 0$。

在 p-V 图上等压过程可以表示为平行于 V 轴的一条直线,如图10-6所示。由气体状态方程,不难得出等压过程的过程方程为

$$VT^{-1} = 恒量 \quad 或 \quad \frac{V_1}{T_1} = \frac{V_2}{T_2}$$

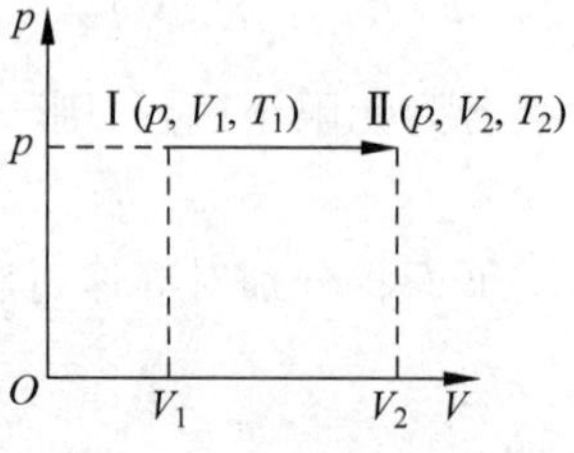

在等压过程中,气体吸收的热量为 dQ_p,由热力学第一定律

$$dQ_p = dE + p\,dV \tag{10-14}$$

图 10-6　等压过程

对于有限的等压过程,则有

$$Q_p = E_2 - E_1 + \int_{V_1}^{V_2} p\,dV \tag{10-15}$$

因 $p =$ 恒量,可直接拿出积分号外,由式(10-15)可得

$$Q_p = E_2 - E_1 + p(V_2 - V_1) \tag{10-16}$$

式(10-16)表明,在等压过程中,气体从外界吸收的热量一部分用来使内能增加,另一部

分使系统对外做功。

根据理想气体的状态方程 $pV = \dfrac{M}{M_{mol}}RT$,在等压过程的条件下,将此式两边微分有

$$p\,dV = \frac{M}{M_{mol}}R\,dT$$

则此过程中气体所做的功可表示为

$$dA = p\,dV = \frac{M}{M_{mol}}R\,dT \tag{10-17}$$

当气体从状态 I (p, V_1, T_1) 等压变化到状态 II (p, V_2, T_2) 时,此过程中气体对外做功为

$$A = \int_{T_1}^{T_2} \frac{M}{M_{mol}}R\,dT = \frac{M}{M_{mol}}R(T_2 - T_1) \tag{10-18}$$

因 $E_2 - E_1 = \dfrac{M}{M_{mol}}C_{V,m}(T_2 - T_1)$,将此式与式(10-18)一并代入式(10-5),则整个过程中传递的热量可表示为

$$Q_p = \frac{M}{M_{mol}}(C_{V,m} + R)(T_2 - T_1) \tag{10-19}$$

由前面所定义的式(10-4)

$$Q_p = \frac{M}{M_{mol}}C_{p,m}(T_2 - T_1)$$

将之与式(10-19)比较,不难看出

$$C_{p,m} = C_{V,m} + R \tag{10-20}$$

式(10-20)叫做**迈耶公式**,它的意义是,1mol 理想气体温度升高 1K 时,在等压过程中要比在等体过程中多吸收 8.31J 的热量。这里不难解释,因为在等体过程中,气体吸收的热量全部用于增加内能,而在等压过程中,气体吸收的热量除用于增加同样多的内能外,还要用于对外做功,故等压过程要使系统升高与等体过程相同的温度,需要吸收更多的热量。

因 $C_{V,m} = \dfrac{i}{2}R$,又由式(10-20)得

$$C_{p,m} = \frac{i}{2}R + R = \frac{i+2}{2}R \tag{10-21}$$

等压摩尔热容 $C_{p,m}$ 与等体摩尔热容 $C_{V,m}$ 之比,叫做**比热容比**,用 γ 表示,于是

$$\gamma = \frac{C_{p,m}}{C_{V,m}} = \frac{i+2}{i} \tag{10-22}$$

表 10-1 列出了几种气体的摩尔热容比的实验值,供查阅。

表 10-1　气体摩尔热容比的实验值

原子数	气 体 种 类	$C_{p,m}$	$C_{V,m}$	$\gamma = C_{p,m}/C_{V,m}$
单原子	氦(He)	20.9	12.5	1.67
	氩(Ar)	21.2	12.5	1.65
双原子	氢(H$_2$)	28.8	20.4	1.41
	氮(N$_2$)	28.6	20.4	1.41
	氧(O$_2$)	28.9	21.0	1.40

原子数	气体种类	$C_{p,\mathrm{m}}$	$C_{V,\mathrm{m}}$	$\gamma = C_{p,\mathrm{m}}/C_{V,\mathrm{m}}$
	二氧化碳(CO_2)	36.9	28.4	1.30
多原子	水蒸气(H_2O)	36.2	27.8	1.31
	乙醇(C_2H_6O)	87.5	79.2	1.11

例 10-1 质量为 $2.8 \times 10^{-3}\,\mathrm{kg}$、温度为 300K、压强为 $1.01 \times 10^5\,\mathrm{Pa}$ 的氮气,等压膨胀至原来体积的两倍。求氮气对外做的功、内能的增量以及吸收的热量。

分析 过程初始状态已知,中间过程压强相等,末态体积已知,因此,问题求解只需要应用等压过程中功、内能与热量的表达式。

解 已知 $M = 2.8 \times 10^{-3}\,\mathrm{kg}$,$M_{\mathrm{mol}} = 28 \times 10^{-3}\,\mathrm{kg/mol}$,$T_1 = 300\mathrm{K}$,$\dfrac{V_2}{V_1} = 2$。

应用等压过程方程 $\dfrac{V_1}{T_1} = \dfrac{V_2}{T_2}$ 得

$$T_2 = \frac{V_2}{V_1} T_1 = 2 \times 300\mathrm{K} = 600\mathrm{K}$$

等压过程气体对外做功

$$A = \int_{V_1}^{V_2} p\,\mathrm{d}V = p(V_2 - V_1) = \frac{M}{M_{\mathrm{mol}}} R(T_2 - T_1)$$

$$= 0.1 \times 8.31 \times (600 - 300)\mathrm{J} = 249\mathrm{J}$$

内能增量

$$E_2 - E_1 = \frac{M}{M_{\mathrm{mol}}} C_{V,\mathrm{m}}(T_2 - T_1) = \frac{M}{M_{\mathrm{mol}}} \frac{i}{2} R(T_2 - T_1)$$

$$= \frac{M}{M_{\mathrm{mol}}} \frac{5}{2} R(T_2 - T_1) = 0.1 \times 20.8 \times (600 - 300)\mathrm{J} = 624\mathrm{J}$$

吸收的热量

$$Q_p = \frac{M}{M_{\mathrm{mol}}} C_{p,\mathrm{m}}(T_2 - T_1) = \frac{M}{M_{\mathrm{mol}}} \frac{7}{2} R(T_2 - T_1)$$

$$= 0.1 \times 29.1 \times (600 - 300)\mathrm{J} = 873\mathrm{J}$$

3. 等温过程

在系统变化过程中其温度始终不变的过程称为**等温过程**。等温过程的特征是 $T =$ 恒量,即 $\mathrm{d}T = 0$。

在 p-V 图中,与等温过程对应的是双曲线的一支,如图 10-7 所示的曲线为等温线。由理想气体状态方程可知,等温过程的过程方程为

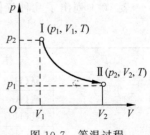

图 10-7   等温过程

$$pV = 恒量 \qquad 或 \qquad p_1 V_1 = p_2 V_2$$

由于理想气体的内能只与其温度有关,因此在等温过程中内能保持不变,即 $\Delta E = 0$。由热力学第一定律,有

$$Q_T = A \qquad\qquad (10\text{-}23)$$

即在等温膨胀过程中,理想气体吸收的热量 Q_T 全部用来对外做功。式(10-23)似乎告诉我们,一个系统吸收的热量,可以直接转换为功。其实不然,热功的转换是通过内能的增减来实现的,内能的增减成了它们转换的桥梁。

气体从状态 I (p_1, V_1, T) 等温变化至状态 II (p_2, V_2, T) 时,有

$$Q_T = A = \int_{V_1}^{V_2} p \, \mathrm{d}V = \int_{V_1}^{V_2} \frac{M}{M_{\mathrm{mol}}} RT \frac{\mathrm{d}V}{V} \tag{10-24}$$

即

$$Q_T = \frac{M}{M_{\mathrm{mol}}} RT \ln \frac{V_2}{V_1} \tag{10-25}$$

由过程方程 $p_1 V_1 = p_2 V_2$ 还可得到

$$Q_T = \frac{M}{M_{\mathrm{mol}}} RT \ln \frac{p_1}{p_2} \tag{10-26}$$

热量 Q_T 和功 A 的值都等于等温线下的面积。

例 10-2　将 500J 的热量传送给标准状态下的 2mol 氢气。

(1) 体积不变,这些热量变成了什么? 氢气的温度变为多少?

(2) 温度不变,这些热量变成了什么? 氢气的压强和体积各变为多少?

(3) 压强不变,这些热量变成了什么? 氢气的温度和体积各变为多少?

分析　根据题干可知氢气的初始状态,再根据不同问题,氢气分别经过等体过程、等温过程和等压过程,因此,该问题旨在熟悉单一过程中气体的相态变化。

解　(1) 500J 的热量传送给标准状态下的 2mol 氢气,应用等体过程热量表达式

$$Q_V = \Delta E = \frac{M}{M_{\mathrm{mol}}} C_{V,\mathrm{m}} (T_2 - T_1) = \frac{M}{M_{\mathrm{mol}}} C_{V,\mathrm{m}} \Delta T$$

温度变化为

$$\Delta T = \frac{Q_V}{\frac{M}{M_{\mathrm{mol}}} C_{V,\mathrm{m}}} = \frac{500}{2 \times \frac{5}{2} \times 8.31} \mathrm{K} = 12\mathrm{K}$$

故

$$T_2 = (273 + 12)\mathrm{K} = 285\mathrm{K}$$

(2) 温度不变的情形下,热量转化为气体对外做功,应用等温过程热量与功的表达式

$$Q_T = A = \frac{M}{M_{\mathrm{mol}}} RT \ln \frac{V_2}{V_1}$$

可得

$$\ln \frac{V_2}{V_1} = \frac{Q_T}{\frac{M}{M_{\mathrm{mol}}} RT} = \frac{500}{2 \times 8.31 \times 273} = 0.11$$

则

$$V_2 = V_1 \mathrm{e}^{0.11} = 2 \times 22.4 \times \mathrm{e}^{0.11} \mathrm{L} = 50\mathrm{L}$$

由等温过程方程得

$$p_2 = \frac{p_1 V_1}{V_2} = \frac{1.013 \times 10^5 \times 2 \times 22.4}{50} \mathrm{Pa} = 0.912 \times 10^5 \mathrm{Pa}$$

(3) 压强不变的情况下,热量一部分转变为气体做功,一部分转变为内能增量,应用热力学第一定律

$$Q_p = \Delta E + A = \frac{M}{M_{mol}}C_{V,m}(T_2 - T_1) + \frac{M}{M_{mol}}R(T_2 - T_1) = \frac{M}{M_{mol}}C_{p,m}(T_2 - T_1)$$

得

$$T_2 - T_1 = \frac{Q_p}{\frac{M}{M_{mol}}C_{p,m}} = \frac{Q_p}{2 \times \frac{i+2}{2}R} = \frac{500}{7 \times 8.31}K = 8.6K$$

应用等压过程方程得

$$V_2 = \frac{T_2}{T_1}V_1 = \frac{281.6}{273} \times 2 \times 22.4L = 46L$$

10.3　绝热过程及多方过程

10.3.1　绝热过程

1. 绝热过程方程

系统与外界没有热量交换的过程称为**绝热过程**。例如,在保温瓶内或者用石棉等绝热材料包起来的容器内所经历的状态变化过程,由于热交换很少,可以近似看成绝热过程;又如内燃机汽缸中气体的急剧膨胀和快速压缩过程,由于这些过程进行得很迅速,系统来不及与周围环境进行热交换,也可近似地看成绝热过程。

绝热过程的特点是,过程中没有热量的传递,即 $dQ = 0$ 或 $Q = 0$,可以证明绝热过程的过程方程是

$$pV^\gamma = 恒量 \quad 或 \quad p_1V_1^\gamma = p_2V_2^\gamma \tag{10-27}$$

由于绝热过程中的 p, V, T 均为变量,则过程方程可由上式结合理想气体状态方程得到下面另两种表述形式:

$$\begin{cases} V^{\gamma-1}T = 恒量 \\ p^{\gamma-1}T^{-\gamma} = 恒量 \end{cases} \tag{10-28}$$

下面通过绝热过程中的热力学第一定律和理想气体的状态方程推出式(10-27)。

在绝热过程中,因 $dQ = 0$,热力学第一定律可写成

$$dE + pdV = 0 \quad 或 \quad \frac{M}{M_{mol}}C_{V,m}dT + pdV = 0 \tag{10-29}$$

对理想气体状态方程 $pV = \frac{M}{M_{mol}}RT$ 两边微分得

$$pdV + Vdp = \frac{M}{M_{mol}}RdT \tag{10-30}$$

联合式(10-29)和式(10-30)有

$$\frac{C_{p,m}}{C_{V,m}}\frac{dV}{V} + \frac{dp}{p} = 0$$

用 γ 代替 $C_{p,m}/C_{V,m}$,并将等式两边积分得

$$\gamma \ln V + \ln p = 恒量$$

即

$$pV^{\gamma} = 恒量$$

2. 关于绝热过程中功的计算

对绝热过程中的功我们可以从两方面进行计算。

由热力学第一定律 $Q = A + \Delta E$，则有

$$A = -\Delta E = -\frac{M}{M_{mol}} C_{V,m}(T_2 - T_1) \tag{10-31}$$

由功的定义式可知 $A = \int_{V_1}^{V_2} p\, dV$，式中的 p，V 用绝热过程方程来统一。

绝热过程方程是

$$pV^{\gamma} = p_1 V_1^{\gamma} = p_2 V_2^{\gamma}$$

则

$$A = \int_{V_1}^{V_2} p\, dV = \int_{V_1}^{V_2} \frac{p_1 V_1^{\gamma}}{V^{\gamma}} dV = p_1 V_1^{\gamma} \frac{1}{\gamma - 1}(V_1^{-\gamma-1} - V_2^{-\gamma-1}) = \frac{1}{\gamma - 1}(p_1 V_1 - p_2 V_2) \tag{10-32}$$

不难推出，式(10-31)与式(10-32)是相等的。

值得说明的是，从式(10-31)可看出，绝热压缩时，$A < 0$，系统温度升高；绝热膨胀时，$A > 0$，系统温度下降。可见，绝热过程是获得高温和低温的一个重要手段。

3. 关于绝热线比等温线陡的讨论

把等温线和绝热线画到 p-V 图上，如图 10-8 所示。从图上可以看出，两条曲线交于点 A 处，绝热线斜率的绝对值，要大于等温线斜率的绝对值，即绝热线比等温线陡。这一结果，可由两个过程的过程方程推出。

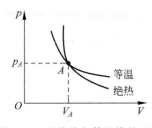

图 10-8　绝热线与等温线的比较

等温过程方程为 $pV = $ 恒量，绝热过程方程为 $pV^{\gamma} = $ 恒量。对两方程各自微分，有

$$p\, dV + V\, dp = 0$$

$$\gamma p V^{\gamma-1} dV + V^{\gamma} dp = 0$$

两曲线的斜率分别为

$$\left(\frac{dp}{dV}\right)_T = -\frac{p_A}{V_A} \tag{10-33}$$

$$\left(\frac{dp}{dV}\right)_Q = -\gamma \frac{p_A}{V_A} \tag{10-34}$$

因为 γ 是大于 1 的，所以绝热线在交点 A 的斜率的绝对值，比等温线在交点 A 处的斜率的绝对值大。也就是说，在两曲线交点处，绝热线比等温线陡。上述结论可以这样理解，设体积减小 ΔV（两种情况相同），在等温过程中压强增加 Δp_T 仅是体积减小而引起的。而在绝热过程中压强增加 Δp_Q 是由体积减小和温度升高（内能增大）两个原因而引起的。所以 Δp_Q 的值比 Δp_T 的值大，即绝热线陡。

例 10-3　1mol 理想气体氧气原来的温度为 300K，压强为 5×10^5 Pa，经准静态绝热膨胀后，体积增大为原来的两倍。求气体做的功和内能变化。

分析 求解绝热过程的功和内能,首先要获得过程中体积和压强,因此,根据初始条件,利用理想气体状态方程,可以求解体积。再利用绝热方程,获得末态压强。

解 根据理想气体状态方程 $pV = \dfrac{M}{M_{mol}}RT$ 得

$$V_1 = \frac{M}{M_{mol}}\frac{RT_1}{p_1} = 1 \times 8.31 \times \frac{300}{5 \times 10^5}\,\mathrm{m}^3 = 4.99 \times 10^{-3}\,\mathrm{m}^3$$

$$V_2 = 2V_1 = 9.98 \times 10^{-3}\,\mathrm{m}^3$$

由绝热过程方程 $p_1V_1^{\gamma} = p_2V_2^{\gamma}$ 得

$$p_2 = p_1\frac{V_1^{\gamma}}{V_2^{\gamma}} = 5 \times 10^5 \times \left(\frac{1}{2}\right)^{1.4}\,\mathrm{MPa} = 1.90 \times 10^5\,\mathrm{Pa}$$

绝热过程的功

$$A = \frac{p_1V_1 - p_2V_2}{\gamma - 1} = \frac{5 \times 10^5 \times 4.99 \times 10^{-3} - 1.90 \times 10^5 \times 9.98 \times 10^{-3}}{1.40 - 1}\,\mathrm{J}$$

$$= 1.50 \times 10^3\,\mathrm{J}$$

根据热力学第一定律 $Q = A + \Delta E$ 得

$$\Delta E = -A = -1.50 \times 10^3\,\mathrm{J}$$

ΔE 为负,说明绝热过程需要消耗内能对外做功。

*10.3.2 多方过程

1. 多方过程方程

气体所进行的过程往往既非绝热,也非等温。例如,汽缸中的气体实际进行的压缩与膨胀过程就是如此。下面比较一下理想气体等压、等体、等温及绝热四个过程,它们分别是 $p = C_1$,$V = C_2$,$pV = C_3$,$pV^{\gamma} = C_4$。这四个方程都可以用下式统一表示:

$$pV^n = C \quad \text{(多方过程,理想气体)} \tag{10-35}$$

式中,n 是对应某一特定过程的常数。显然,对绝热过程,$n = \gamma$;等温过程,$n = 1$;等压过程,$n = 0$。而对于等体过程,可这样来理解其中的 n,在式(10-35)两边各开 n 次根,则

$$p^{1/n}V = \text{常量}$$

当 $n \to \infty$ 时,上式变为 $V = C_2$ 的形式。所以等体过程相当于 $n \to \infty$ 时的多方过程。式(10-35)称为理想气体多方过程方程,指数 n 称为多方指数。现将等压、等温、绝热、等体曲线同时画在 $p\text{-}V$ 图上,并标出它们所对应的多方指数。这些曲线都起始于同一点,如图 10-9 所示。

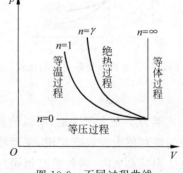

图 10-9 不同过程曲线

从图 10-9 中可看到,n 是从 $0 \to 1 \to \gamma \to n$ 逐级递增的。实际上 n 可取任意值。例如,汽缸中的压缩过程是处于 $n = 1$ 到 $n = \gamma$ 曲线之间的区域,即 $1 < n < \gamma$。当然 n 可取负值,这时多方曲线的斜率是正的。多方过程可做这样的定义:

所有满足 $pV^n = $ 常量的过程都是理想气体多方过程,其中 n 可取任意实数。

因为多方方程是由绝热方程 $pV^{\gamma} = $ 常量推广来的,它也应与绝热方程一样适用于 C_V

为常量的理想气体所进行的准静态过程。与绝热过程一样,若以 T、V 或 T、p 为独立变量,可有如下多方过程方程:

$$TV^{n-1} = 常量 \tag{10-36}$$

$$\frac{p^{n-1}}{T^n} = 常量 \tag{10-37}$$

2. 多方过程中的功

利用与 $A_{绝热} = \dfrac{p_2 V_2 - p_1 V_1}{1 - \gamma}$ 或 $W_{绝热} = \dfrac{p_1 V}{\gamma - 1} \cdot \left[\left(\dfrac{V_1}{V_2} \right)^{\gamma-1} - 1 \right]$ 类似的推导方法求多方过程中的功。其结果与上述两式完全一样,只要将式中的 γ 以 n 代替即可:

$$A_{绝热} = \frac{p_1 V_1 - p_2 V_2}{n-1} \tag{10-38}$$

$$A_{绝热} = \frac{p_1 V}{n-1} \cdot \left[\left(\frac{V_1}{V_2} \right)^{n-1} - 1 \right] \tag{10-39}$$

3. 多方过程摩尔热容

设多方过程的摩尔热容为 $C_{n,m}$,则 $\mathrm{d}Q = \nu C_{n,m} \mathrm{d}T$,将它代入 $\mathrm{d}Q = \nu C_{V,m} \mathrm{d}T + p \mathrm{d}V$,式中,有

$$\nu C_{n,m} \mathrm{d}T = \nu C_{V,m} \mathrm{d}T + p \mathrm{d}V$$

两边分别除以 $\nu \mathrm{d}T$,并利用 $V = \nu V_m$ 关系,则有

$$C_{n,m} = C_{V,m} + p \left(\frac{\mathrm{d}V_m}{\mathrm{d}T} \right)_n = C_{V,m} + p \left(\frac{\partial V_m}{\partial T} \right)_n \tag{10-40}$$

式中,下标 n 表示是沿多方指数为 n 的路径变化。对式(10-36)两边求导

$$V_m^{n-1} \mathrm{d}T + (n-1) T V_m^{n-2} \mathrm{d}V_m = 0$$

再在两边除以 $\mathrm{d}T$,并注意到这是在多方指数不变的情况下进行的偏微商,则

$$\left(\frac{\partial V_m}{\partial T} \right)_n = -\frac{1}{n-1} \cdot \frac{V_m}{T}$$

将 $p = \dfrac{RT}{V_m}$ 及上式一起代入式(10-40),可得

$$C_{n,m} = C_{V,m} - \frac{R}{n-1} = C_{V,m} \cdot \frac{\gamma - n}{1 - n} \tag{10-41}$$

从式(10-41)中可看出,因 n 可取任意实数,故 $C_{n,m}$ 可正可负。以 n 为自变量,$C_{n,m}$ 为函数,画出 $C_{n,m}$-n 的曲线,如图 10-10 所示。从图 10-10 可知,当 $n > \gamma$ 时,$C_{n,m} > 0$,这时若 $\Delta T > 0$,则 $\Delta Q > 0$,是吸热的;若 $1 < n < \gamma$,则 $C_{n,m} < 0$,在 $\Delta T > 0$ 时,$\Delta Q < 0$,说明温度升高反而要放热,这是多方负热容的特征。气体在汽缸中被压缩的时候,若外界对气体做功的一部分用来增加温度,另一部分向外放热,这时 $C_{n,m} < 0$。这称为多方负热容,即系统升温时,反而要放热。

理想气体典型过程的主要公式列于表 10-2 中。

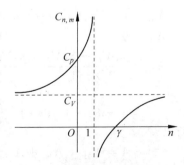

图 10-10　$C_{n,m}$-n 的曲线关系

表 10-2　特殊过程的 Q，A，ΔE

过程	特征	过程方程	做功 $A = \int p\,\mathrm{d}V$	内能增量 $\Delta E = \dfrac{M}{M_{\mathrm{mol}}} C_{V,\mathrm{m}} \Delta T$	传递热量 $Q = \Delta E + A$
等体	$V =$ 恒量	$\dfrac{p}{T} =$ 恒量	0	$\dfrac{M}{M_{\mathrm{mol}}} C_{V,\mathrm{m}} \Delta T$	$\dfrac{M}{M_{\mathrm{mol}}} C_{V,\mathrm{m}} \Delta T$
等压	$p =$ 恒量	$\dfrac{V}{T} =$ 恒量	$p \Delta V$ $\dfrac{M}{M_{\mathrm{mol}}} R \Delta T$	$\dfrac{M}{M_{\mathrm{mol}}} C_{V,\mathrm{m}} \Delta T$	$\dfrac{M}{M_{\mathrm{mol}}} C_{p,\mathrm{m}} \Delta T$
等温	$T =$ 恒量	$pV =$ 恒量	$\dfrac{M}{M_{\mathrm{mol}}} RT \ln \dfrac{V_2}{V_1}$ $\dfrac{M}{M_{\mathrm{mol}}} RT \ln \dfrac{p_1}{p_2}$	0	A
绝热	$Q = 0$	$pV^{\gamma} =$ 恒量 $V^{\gamma-1} T =$ 恒量 $p^{\gamma-1} T^{-\gamma} =$ 恒量	$-\Delta E$ $\dfrac{p_1 V_1 - p_2 V_2}{\gamma - 1}$	$\dfrac{M}{M_{\mathrm{mol}}} C_{V,\mathrm{m}} \Delta T$	0

例 10-4　1mol 氦气，由初始状态先等压加热至体积增大 1 倍，再等体加热至压强增大 1 倍，最后再经绝热膨胀，使其温度降至初始温度，如图 10-11 所示，其中，$p_1 = 1.013 \times 10^5\,\mathrm{Pa}$，$V_1 = 1\mathrm{L}$。试求：

（1）整个过程内能的变化；

（2）整个过程对外所做的功；

（3）整个过程吸收的热量。

解　已知 $p_A = p_B = 1.013 \times 10^5\,\mathrm{Pa}$，$p_C = 2.026 \times$

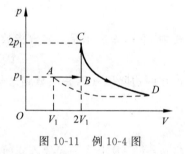

图 10-11　例 10-4 图

$10^5\,\mathrm{Pa}$，$V_A = 1\mathrm{L}$，$V_B = V_C = 2V_A = 2\mathrm{L}$，$C_{V,m} = \dfrac{3}{2}R$，$C_{p,m} =$

$\dfrac{5}{2}R$，$\gamma = \dfrac{i+2}{i}$。

（1）AD 在等温线上，因此 $T_A = T_D$，故

$$\Delta E = E_D - E_A = C_{V,m}(T_D - T_A) = 0$$

（2）系统做功

$$A = A_{AB} + A_{BC} + A_{CD}$$

$$A_{AB} = p_A(V_B - V_A) = 1.013 \times 10^5 \times (2-1)\,\mathrm{Pa \cdot L} = 1.013 \times 10^5\,\mathrm{Pa \cdot L}$$

$$A_{BC} = 0$$

$$A_{CD} = \frac{p_C V_C - p_D V_D}{\gamma - 1} = \frac{p_C V_C - p_A V_A}{\gamma - 1} = \frac{2.026 \times 10^5 \times 2 - 1.013 \times 10^5 \times 1}{\dfrac{5}{3} - 1}\,\mathrm{Pa \cdot L}$$

$$= 4.5585 \times 10^5\,\mathrm{Pa \cdot L}$$

所以

$$A = A_{AB} + A_{BC} + A_{CD} = 5.5 \times 10^5\,\mathrm{Pa \cdot L} = 5.5 \times 1.013 \times 10^5 \times 10^{-3}\,\mathrm{J}$$

$$= 5.57 \times 10^3\,\mathrm{J}$$

（3）系统吸收热量

$$Q = Q_{AB} + Q_{BC} + Q_{CD}$$

$$Q_{AB} = C_{p,m}(T_B - T_A) = \frac{5}{2}R(T_B - T_A) = \frac{5}{2}(p_B V_B - p_A V_A)$$

$$= \frac{5}{2}(1.013 \times 10^5 \times 2 - 1.013 \times 10^5 \times 1)\text{Pa} \cdot \text{L} = 2.5325 \times 10^5 \text{Pa} \cdot \text{L}$$

$$Q_{BC} = C_{V,m}(T_C - T_B) = \frac{3}{2}R(T_C - T_B) = \frac{3}{2}(p_C V_C - p_B V_B)$$

$$= \frac{3}{2}(2.026 \times 10^5 \times 2 - 1.013 \times 10^5 \times 2) = 3.039 \times 10^5 \text{Pa} \cdot \text{L}$$

$$Q_{CD} = 0$$

所以

$$Q = Q_{AB} + Q_{BC} + Q_{CD} \approx 5.57 \times 10^5 \text{Pa} \cdot \text{L} = 5.57 \times 10^2 \text{J}$$

注：热量也可以通过热力学第一定律求解

$$Q = \Delta E + W = 0 + W = 5.57 \times 10^2 \text{J}$$

例 10-5 某理想气体的 p-V 关系如图 10-12 所示，由初态 a 经准静态过程直线 ab 变到终态 b。已知该理想气体的摩尔定容热容 $C_{V,m} = 3R$，求该理想气体在 ab 过程中的摩尔热容。

解 如图 10-12 所示，ab 过程的过程方程为

$$\frac{p}{V} = \tan\theta \quad (\theta \text{ 为定值}) \tag{10-42}$$

设该过程的摩尔热容为 C_m，根据热力学第一定律 $\mathrm{d}Q = \mathrm{d}E + \mathrm{d}A$，对 1 mol 理想气体

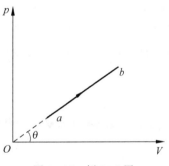

$$C_m \mathrm{d}T = C_{V,m} \mathrm{d}T + p \mathrm{d}V \tag{10-43}$$

$$pV = RT \tag{10-44}$$

将式（10-42）代入式（10-44）

$$\tan\theta V^2 = RT$$

两边取微分

$$2V\tan\theta \mathrm{d}V = R\mathrm{d}T$$

将式（10-42）代入上式得

$$p\mathrm{d}V = \frac{R}{2}\mathrm{d}T \tag{10-45}$$

图 10-12 例 10-5 图

将式（10-43）和式（10-45）联立得

$$C_m \mathrm{d}T = C_{V,m} \mathrm{d}T + \frac{R}{2}\mathrm{d}T$$

得

$$C_m = C_{V,m} + \frac{R}{2}$$

10.4 循环过程及卡诺循环

一台蒸汽机，通过水这种工作物质的吸热与放热，将热能转换为机械能，即系统通过吸收热量，来达到对外做功的目的。怎样才能让其持续不断地将热转化为功呢？这要靠循环

过程来完成。

10.4.1 循环过程

1. 循环过程

物质系统由一个状态出发经历一系列变化后又回到原来状态的过程叫作**循环过程**,简称循环。其中的物质系统叫做**工作物质**(简称工质)。对于每一次循环,系统都会回到初态,所以循环过程的特征是工质的内能变化 $\Delta E = 0$。即在整个循环中,系统对外做的净功就等于系统吸收的净热量,在 p-V 图上通常用一闭合曲线表示循环过程。如图 10-13 所示。图中箭头表示过程进行的方向。顺时针方向进行的过程叫做**正循环**,反之叫做**逆循环**。这两种循环有质的差异。它们分别体现了热机和制冷机中的热功转换关系。

2. 热机

热机有蒸汽机、内燃机及喷气发动机等。它们在结构和工作方式上差别很大,但基本原理相近。以蒸汽机为例,其中进行的过程大致如图 10-14 所示。工作物质水从锅炉中吸收热量 $Q_{吸}$,转化成高温高压蒸汽,进入汽缸后膨胀,推动活塞做功 A_1,汽缸膨胀后其内蒸汽的温度和压强大大降低,然后被汽缸压缩进入冷凝器放出热量 $Q_{放}$ 凝结成水,再由泵(也称抽水机)做功 A_2 将水压回锅炉中,完成一个循环。在这个循环中水(汽)从高温热源(锅炉)吸收

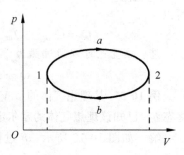

图 10-13 循环过程

的热量 $Q_{吸}$ 多于向低温热源(冷凝器)放出的热量 $Q_{放}$,同时水(汽)对外界做的功 A_1 大于外界对水(汽)做的功 A_2。可见热机是从外界吸收净热量 $Q_{吸} - Q_{放}$,并向外界做净功 $A_1 - A_2$ 的装置。简而言之,热机是吸热做功的机器。显然只有正循环才能完成这一热功转换过程。

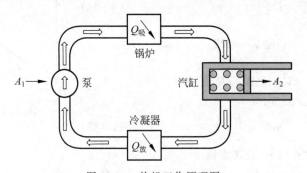

图 10-14 热机工作原理图

从图 10-13 中看到,在一个正循环中,工质对外界做的功 A_1 等于曲线 $1a2$ 下的面积,外界对工质做的功 A_2 等于曲线 $2b1$ 下的面积。在一个正循环中,工质对外界做的净功($A = A_1 - A_2 > 0$)等于闭合曲线所围的面积。按热力学第一定律有

$$Q_{吸} - Q_{放} = A \tag{10-46}$$

这表示工质从高温热源吸收的热量 $Q_{吸}$ 只有一部分转换为对外界做的净功 A,其余部分 $Q_{放}$ 释放给了低温热源。我们用图 10-15 来表示热机的工作流程,这一简化图形较为直观。

为表示热机吸热做功的能力,定义热机效率为:在一个正循环中工质对外做的净功 A 与从高温热源吸收的热量 $Q_{吸}$ 之比,即

$$\eta = \frac{A}{Q_{吸}} \tag{10-47}$$

或

$$\eta = \frac{Q_{吸} - Q_{放}}{Q_{吸}} = 1 - \frac{Q_{放}}{Q_{吸}} \tag{10-48}$$

热机的效率常用百分数表示。从效率公式可以看出,当工作物质吸收的热量相同时,对外做功越多,则热机效率越高。

3. 制冷机

制冷机是获得低温的装置,如电冰箱等。制冷机中的工质在一个循环中与外界进行热功转换的关系如图 10-16 所示。

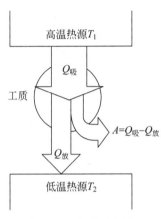

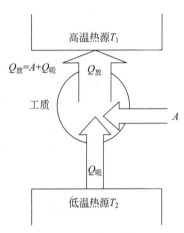

图 10-15 热机工作流程   图 10-16 制冷机工作流程

由图 10-16 可知,在一个循环中外界对工质做功 A,使之从低温热源吸取热量 $Q_{吸}$,并向高温热源放出热量 $Q_{放}$,即

$$Q_{放} = A + Q_{吸} \tag{10-49}$$

可见制冷机是靠外界对工质做功而从低温热源吸热的,其作用是降低低温热源的温度。逆循环反映了制冷机中的这种热功转换关系,它是热量从低温热源向高温热源传递的过程,但要完成这样的循环,必须以消耗外界的功为代价。为了评价制冷机的工作效率,常用 $Q_{吸}$ 与 A 的比表示,即

$$\varepsilon = \frac{Q_{吸}}{A} \tag{10-50}$$

或

$$\varepsilon = \frac{Q_{吸}}{Q_{放} - Q_{吸}} \tag{10-51}$$

式中,ε 称为制冷系数,从式(10-51)中看到,制冷系数越大,外界消耗的功相同时,工作物质从低温热源吸收的热量越多,制冷效果越好。

例 10-6 如图 10-17 所示,1mol 氦气从状态 a 出

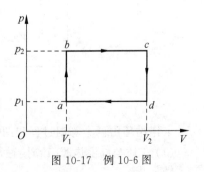

图 10-17 例 10-6 图

发,经历一次循环又回到状态 a,其中 $p_2 = 2p_1$,$V_2 = 2V_1$,求该循环的效率。

解 系统经过一个循环所做净功为过程曲线包围的面积,即

$$A = (p_2 - p_1)(V_2 - V_1)$$

将 $p_2 = 2p_1$,$V_2 = 2V_1$ 代入得

$$A = p_1 V_1$$

循环过程由两个等压过程和两个等体过程组成:

$a \to b$ 等体升压过程,系统吸收热量 Q_{ab};

$b \to c$ 等压膨胀过程,系统吸收热量 Q_{bc};

$c \to d$ 等体降压过程,系统放出热量 Q_{cd};

$d \to a$ 等压压缩过程,系统放出热量 Q_{da}。

整个过程系统吸收热量

$$Q_{吸} = Q_{ab} + Q_{bc}$$

结合理想气体状态方程 $pV = \dfrac{M}{M_{mol}} RT$,氮气分子为双原子分子 $i = 3$,则

$$Q_{ab} = \frac{M}{M_{mol}} C_{V,m}(T_b - T_a) = \frac{M}{M_{mol}} \frac{i}{2} R(T_b - T_a) = \frac{3}{2} \frac{M}{M_{mol}} R(T_b - T_a) = \frac{3}{2} p_1 V_1$$

$$Q_{bc} = \frac{M}{M_{mol}} C_{p,m}(T_c - T_b) = \frac{M}{M_{mol}} \frac{i+2}{2} R(T_c - T_b) = \frac{5}{2} \frac{M}{M_{mol}} R(T_c - T_b) = \frac{5}{2} p_1 V_1$$

循环效率

$$\eta = \frac{A}{Q_{吸}} = \frac{A}{Q_{ab} + Q_{bc}} = \frac{2}{13} \approx 15\%$$

10.4.2 卡诺循环

19 世纪初,蒸汽机已广泛应用于生产,但效率低下,仅 $3\% \sim 5\%$,绝大部分能源被浪费了。如何提高热机的效率成为生产和理论上亟待解决的问题。

在研究如何提高热机效率的过程中,法国青年工程师卡诺于 1824 年提出一种理想的循环过程,称为**卡诺循环**。图 10-18 所示为卡诺正循环过程曲线图。

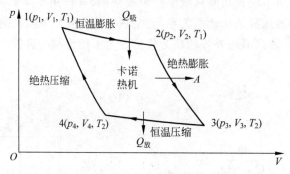

图 10-18 卡诺正循环

卡诺循环由两个等温过程和两个绝热过程组成:

(1) 工质与高温热源(T_1)接触,由状态 1(p_1, V_1, T_1)经等温过程达到状态 2(p_2, V_2, T_1)。

（2）工质脱离高温热源，由状态 2 经绝热过程达到状态 $3(p_3, V_3, T_2)$，刚好与低温热源 (T_2) 接触。

（3）工质由状态 3 经等温过程达到状态 $4(p_4, V_4, T_2)$。

（4）工质脱离低温热源，经绝热过程由状态 4 回到状态 1，又与高温热源接触。

从图 10-17 可以看出，工质与热源（外界）之间，只在两个等温过程中发生热传递。在过程 1→2 中，工质吸收的热量为

$$Q_{吸} = A_1 = \frac{M}{M_{mol}} R T_1 \ln \frac{V_2}{V_1} > 0 \tag{10-52}$$

在过程 3→4 中，工质放出的热量为

$$Q_{放} = -A_3 = \frac{M}{M_{mol}} R T_2 \ln \frac{V_4}{V_3} < 0 \tag{10-53}$$

过程 2→3 和过程 4→1 是绝热过程，根据绝热过程的过程方程有

$$T_1 V_2^{\gamma-1} = T_2 V_3^{\gamma-1} \tag{10-54}$$

$$T_1 V_1^{\gamma-1} = T_2 V_4^{\gamma-1} \tag{10-55}$$

联合式（10-54）和式（10-55）可得

$$\frac{V_2}{V_1} = \frac{V_3}{V_4}$$

由热机效率公式 $\eta = \dfrac{Q_{吸} - Q_{放}}{Q_{吸}}$，将前面所得的 $Q_{吸}$，$Q_{放}$ 代入此式（应注意这里的 $Q_{放}$ 本身应为正，即 $Q_{放}$ 应表示为 $Q_{放} = \dfrac{M}{M_{mol}} R T_2 \ln \dfrac{V_3}{V_4}$），得

$$\eta = \frac{\dfrac{M}{M_{mol}} R T_1 \ln \dfrac{V_2}{V_1} - \dfrac{M}{M_{mol}} R T_2 \ln \dfrac{V_3}{V_4}}{\dfrac{M}{M_{mol}} R T_1 \ln \dfrac{V_2}{V_1}}$$

化简得

$$\eta_卡 = 1 - \frac{T_2}{T_1} \tag{10-56}$$

可见理想气体准静态卡诺热机的效率只由高、低温热源的温度决定，与工质无关。T_1 越高，T_2 越低，则 $\eta_卡$ 越高。卡诺还从理论上证明，式（10-52）表示的效率是一切实际热机效率的上限。这为提高热机效率指明了方向。要提高热机效率应从两方面着手：一是使实际过程接近准静态过程；二是扩大高、低温热源的温差，并消除或减弱散热、漏气、摩擦等耗散因素。目前，实际热机的效率远低于按式（10-56）算得的值，例如内燃机的效率一般为 30%～40%，蒸汽机的效率仅 12%～15%。

以理想气体为工质的准静态卡诺逆循环——卡诺制冷机中进行的过程如图 10-19 所示。向高温热源放出的热量 $Q_{放}$ 和从低温热源吸取的热量 $Q_{吸}$，由制冷机的制冷系数公式 $\varepsilon = \dfrac{Q_{吸}}{A} = \dfrac{Q_{吸}}{Q_{放} - Q_{吸}}$ 不难得到

$$\varepsilon_卡 = \frac{T_2}{T_1 - T_2} \tag{10-57}$$

　　卡诺制冷机的制冷系数也只取决于高、低温热源的温度。卡诺的理论指出,式(10-57)表示的制冷系数是一切实际制冷机的制冷系数的上限。要提高制冷系数,除了使实际过程接近准静态过程外,还应缩小高、低温热源的温差。值得注意的是,T_2 越低,$\varepsilon_卡$ 越小,制冷效果越差。这说明物体温度越低,从中进一步取走热量越困难,需要消耗越多的外功。

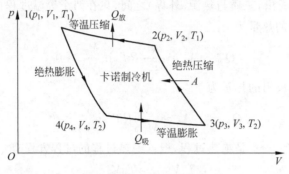

图 10-19　卡诺制冷循环

　　例 10-7　一卡诺制冷机,从 0℃的水中吸收热量,向 27℃的房间放热。假定将 50kg 的 0℃的水变成 0℃的冰,则:

　　(1) 释放于房间的热量有多少?使制冷机运转所需的机械功是多少?

　　(2) 如用此制冷机从 −10℃的冷库中吸收相等的热量,需多做多少机械功?

　　解　(1) 卡诺热机从低温热源 $T_2=273\text{K}$ 吸收热量 $Q_吸$,向高温热源 $T_1=300\text{K}$ 放出热量 $Q_放$,完成该过程需要外界做功 A。根据热力学第一定律 $Q=A+\Delta E$ 得

$$Q_放 = Q_吸 + A$$

冰的溶解热为 $3.35\times10^5 \text{J}\cdot\text{kg}$,50kg 水变成冰,需要吸收的热量即为制冷剂吸收的热量

$$Q_吸 = 3.35\times10^5\times50\text{J} = 1.675\times10^7\text{J}$$

卡诺制冷机制冷系数

$$\varepsilon_卡 = \frac{T_2}{T_1-T_2} = \frac{273}{300-273} = 10.1$$

外界做功

$$A_1 = \frac{Q_吸}{\varepsilon_卡} = \frac{1.675\times10^7}{10.1}\text{J} = 1.66\times10^6\text{J}$$

　　(2) 低温热源温度改变,只影响制冷系数

$$\varepsilon_卡 = \frac{T_2}{T_1-T_2} = \frac{263}{300-263} = 7.11$$

外界做功

$$A_2 = \frac{Q_吸}{\varepsilon_卡} = \frac{1.675\times10^7}{7.11}\text{J} = 2.36\times10^6\text{J}$$

情况(2)和情况(1)相比多做功

$$\Delta A = A_2 - A_1 = 7.0\times10^5\text{J}$$

10.5　热力学第二定律

热力学第一定律只是告诉了我们任何热现象进行时都必须满足能量守恒的要求,例如两个温度不同的物体接触时,热量从高温物体自发地传到低温物体,二者一个失去能量,一个得到能量且相等。但定律并没有说明这种能量的传递有没有方向性的问题,设想上述热量的传递是倒过来的,低温物体失去能量,高温物体得到能量,这样的热力学过程可能存在吗? 尽管这一假想过程并不违背热力学第一定律的能量守恒的要求,但它确实不会发生。热力学第二定律将说明它为什么不能发生。

10.5.1　可逆过程与不可逆过程

1. 自然过程的方向性

一个热力学系统在不受外界干预的条件下能够自动进行的过程,称之为**自然过程**,下面用两个实例来说明一切宏观自然过程都具有方向性。

(1) 热传导过程的方向性:将两个温度不同的物体相互接触,热量总是自动地由高温物体传向低温物体,最后使两物体达到温度相同的状态。然而我们从未观察到热量自动从低温物体传向高温物体,使高温物体的温度更高,低温物体的温度更低,虽然这不违反能量守恒,却永远不能发生,这说明热传递过程具有方向性。

(2) 气体自由膨胀过程的方向性:如图 10-20 所示,设有一个不受外界影响的容器被隔成大小相等的 A,B 两室,在 A 室中充以气体,而且 B 室抽成真空,移去隔板后气体将通过扩散而自动占有整个容器,最后形成均匀分布的状态。但气体却不会自动退回 A 室,让 B 室恢复真空,这说明气体的自由膨胀过程也具有方向性。

2. 可逆过程与不可逆过程

为说明热力学第二定律的含义,先介绍可逆过程和不可逆过程的概念。

前面讨论中可知,在满足能量守恒的前提下,一个系统可以从某一初态自发地过渡到某一末态,但反过来的过程却不一定能自发进行。即有的过程不可以逆向进行,不能直接逆向进行的过程称为不可

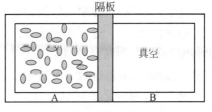

图 10-20　气体自由膨胀的方向性

逆过程。而可以直接逆向进行的过程称为可逆过程,上述实例中的两个过程均为不可逆过程。又如当我们打开香水瓶,香气四溢,这种气体扩散是不可逆过程,因为我们无法让香气分子飞回瓶内,并使空气复原。

可逆过程和不可逆过程定义如下:在系统状态变化过程中,如果逆过程能重复正过程的每一状态,而不引起其他变化,这样的过程叫做**可逆过程**;反之,在不引起其他变化的条件下,不能使逆过程重复正过程的每一状态,或者虽然重复但必然会引起其他变化,这样的过程叫做**不可逆过程**。需要说明的是,在讨论某一过程时,并不是一定要讨论它的逆过程,这里只是在借用这一相反过程帮助我们理解与说明热力学过程的可逆性。

不可逆过程产生的原因可总结为如下两条:

(1) 系统内部出现了非平衡源,破坏了平衡态,如热学源的存在。

(2) 有耗散效应存在,如摩擦、黏滞性等。

综上所述,一个过程若是可逆的,必须有两个特征:其一,过程必须是准静态,即无非平衡源存在,且过程进行无限缓慢,以保证每一中间态均是准静态;其二,过程中无耗散效应。总之,可逆过程就是无能耗的准静态过程。

然而,在实际中没有能量耗散的准静态过程是不存在的。因此,一切实际过程都是不可逆的。可逆过程只是一种理想模型。研究可逆过程的意义在于,实际过程在一定条件下可以近似作为可逆过程处理,并且可以以可逆过程为基础去寻找实际过程的规律。下面讨论一些典型的不可逆过程。

1) 热传导过程

温度不同的两个物体相接触后,热量总是自动地由高温物体传向低温物体,从而使两物体温度相同而达到平衡。而热传导的逆过程,即热量自发地从低温物体传向高温物体的过程,是不可能发生的。也就是说,热量由高温物体传向低温物体的过程是不可逆的,即**热传递具有不可逆性**。

2) 功热转换过程

做功可以使机械能或电能自发地转换为物体内分子热运动的内能。但是,功变热的逆过程,即热变功过程中,如果使热全部自动变为功而不产生其他影响,这种过程是不可能实现的,所以,**功热转换过程具有方向性**,是不可逆过程。

3) 气体的绝热自由膨胀

如图 10-20 所示,A 室盛有理想气体,B 室为真空,如果将隔板抽掉,则 A 室气体便会在没有阻碍的情况下迅速膨胀,最后充满整个容器,在这个过程中,气体既不与外界交换热量,也不对外做功。但我们从未观察到相反的过程,即膨胀后的气体又自动收缩回 A 室,使 B 室为真空。这说明,**理想气体的自由膨胀过程也是不可逆的**。

必须指出,一个过程不可逆,并不是说该过程的逆过程不可以进行。自由膨胀过程可以使 B 室为真空,但是必须对系统做功。因此,可逆过程是**无耗散或无能量损失(摩擦热是耗散的一类)的准静态过程**。可逆过程是一种理想化过程,与质点、刚体一样是一种理想模型。实际过程中,如果摩擦可以忽略不计,过程进行得足够缓慢就可以近似地当作可逆过程来处理。

10.5.2　热力学第二定律的两种表述

既然一切实际过程都是不可逆的,说明自然界的过程有方向性,沿某些方向可以自发地进行,反过来则不能,热力学第二定律要解决的就是与热现象有关的实际过程的方向问题,它是独立于热力学第一定律的另一条基本规律。热力学第二定律最具代表性的两种表述是德国物理学家克劳修斯于 1850 年首先提出的表述,以及 1851 年英国物理学家开尔文提出的另一种表述。

1. 克劳修斯表述

不可能把热量从低温物体传到高温物体而不引起其他变化(或热量不能自动从低温物体传到高温物体)。

克劳修斯关于热力学第二定律的描述,实际上是使热量从低温物体传向高温物体,一定会引起系统或外界发生变化,并不能自动完成,或者说热传导是不可逆过程。通过制冷机热量可以从低温物体传向高温物体,但此时外界必须做功,如果外界不对系统做功,即 $A=0$,由制冷机的制冷系数 $\varepsilon=\dfrac{Q_{吸}}{A}$ 可知,$\varepsilon \to \infty$ 时热量就能自动从低温热源传到高温热源,而不需要外界做功,这就成了一台不需要压缩机的自动制冷机,实际上绝对不可能,违背了热力学第二定律。

2. 开尔文表述

不可能从单一热源吸取热量使之完全变为有用的功而不引起其他变化。

这两种表述都强调了"不引起其他变化"。在存在其他变化的情形下,从单一热源吸取热量并将之全部转化为机械功或者将热量从低温物体传送到高温物体都是可以实现的。例如,理想气体的等温膨胀就是从单一热源吸热而将之全部转化为功的例子,这一过程的"其他变化"是理想气体的体积膨胀了;制冷机就是把热量从低温物体送到高温物体的例子,这一过程的"其他变化"是把外界(压缩机)所做的功同时转化为热量而送到高温物体。

为了提高热机效率,分析热机循环效率公式 $\eta=1-\dfrac{Q_{放}}{Q_{吸}}$,显然,如果向低温热源放出的热量 $Q_{放}$ 越少,效率 η 就越大,当 $Q_{放}=0$ 时,其效率就可以达到 100%,$Q_{放}=0$ 就好比是不需要低温热源。这就是说,如果在一个循环中,只从单一热源吸收热量使之完全变成功,循环效率就可达到 100%。这个结论是非常引人关注的,有人曾作过估算,如果用这样一个单一热源的热机做功,则只要使海水温度降低 $0.01K$,就能使全世界所有机器工作 1000 多年。然而,这只是一个美好的愿望而已,长期实践表明,循环效率达 100% 的热机是无法实现的,热力学第二定律的开尔文表述正是在此基础上提出的。

通常将那种试图从单一热源吸收热量并使之全部变为功的机器,称为**第二类永动机**,因此,热力学第二定律也可表述为:**第二类永动机是不可能实现的。**

根据热力学第二定律的开尔文表述,各种工作热机必然会排出余热,伴随着废水、废气,形成热污染,这给环境带来威胁。因此,怎样在热力学第二定律的允许范围内提高热机效率、减少热机释放的余热,不仅能使有限的能源得到更充分的利用,同时对环境保护也具有重大的意义。

热力学第二定律的两种表述分别指出自然过程中热传导过程的不可逆及功与热量转换的不可逆的两个特例。其实,热力学第二定律还可有很多种表述,各种表述看似毫无关系,但都是等价的(后面将会给出证明),其等价的实质是自然界中一切**自发过程不可逆**,也就是说热力学第二定律的实质是揭示了自然界一切自发过程单方向进行的不可逆性,违背热力学第二定律方向性要求的热力学过程是不可能发生的。

热力学第一定律和热力学第二定律互不包含,并行不悖,是两条彼此独立的定律,前者反映热力学过程中的数量关系(能量转换时满足量值相等的守恒定律),后者指明热力学过程中的方向问题,它们构成热力学基础,缺一不可。

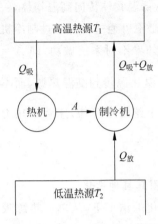

图 10-21　开尔文表述与克劳修斯
表述的等价性

3. 两种表述的等效性

热力学第二定律的两种表述,表面上看来各自独立,但其内在实质是统一的,可以证明热力学第二定律的两种表述是完全等价的。下面用反证法加以证明。

假定开尔文表述不成立,即热量可以完全转换为功而不产生其他影响。这样可以利用这一热机在一个循环中从高温热源吸收的热量 $Q_{吸}$,使之完全变为功 A,然后利用这个功来推动一台制冷机使它从低温热源 T_2 吸取热量 $Q_{放}$,并向高温热源放出热量 $A+Q_{放}=Q_{吸}+Q_{放}$,如图 10-21 所示。将这两台机器组合成一台复合机,两台机器联合工作的总效果是不需要外界做功,热量 $Q_{放}$ 从低温热源自动传给了高温热源,这就是说如果开尔文表述不成立,那么克劳修斯表述也就不成立。同样,如果克劳修斯表述不成立,也可以证明开尔文表述也不成立。

10.5.3　卡诺定理

前面所学的卡诺循环满足可逆过程的条件,所以是理想的可逆循环,由可逆循环组成的热机叫做**可逆机**。前面对卡诺循环热机的效率进行过计算,但实际热机的循环不是可逆卡诺循环,工作物质也不是理想气体,所以要解决其效率极限问题,还要作进一步探讨。在研究热机效率的工作中,卡诺提出了工作在温度为 T_1(高温源)和温度为 T_2(低温源)的两个热源之间的热机,遵从以下两条结论,即**卡诺定理**。

(1) 在相同的高温热源和低温热源之间工作的一切可逆热机不论用什么工作物质,都具有相同的效率。

$$\eta_{可逆} = 1 - \frac{T_2}{T_1} \tag{10-58}$$

(2) 在相同的高温热源和低温热源之间工作的一切不可逆热机的效率都不可能大于(实际上是小于)可逆热机的效率,即

$$\eta_{不可逆} \leqslant 1 - \frac{T_2}{T_1} \tag{10-59}$$

卡诺定理指明了提高热机效率的方向。首先,设法增大高、低温热源的温度差。由于热机一般总是以周围环境作为低温热源,所以实际上只能是提高高温热源的温度(一般热机的低温热源是大气温度,如要营造更低温度的低温热源,就要用制冷机,从能量角度来说这是得不偿失的);因此,通过提高高温热源温度来提高热机的效率才是行之有效的。其次,则是尽可能地减少热机循环的不可逆性,也就是减少摩擦、漏气、散热等耗散因素。

10.6　热力学第二定律的统计意义及熵

热力学第二定律明确告诉我们,一切与热现象有关的实际宏观过程都是不可逆的,这一结论是由实验现象总结出的规律。能否给这种说法提供理论上的依据呢?回答是肯定的。

我们知道,热现象是大量分子无规则运动的宏观表现,而大量分子无规则运动遵循着统计规律,据此,我们可以从微观上解释不可逆过程的统计意义,从而对热力学第二定律的本质获得进一步认识。

10.6.1　热力学第二定律的微观意义

我们将通过如下分析,给出前面所列举的两个不可逆自然过程的微观解释。

1. 热传导过程不可逆的微观解释

两个存在一定温差的物体相互接触时,热量可以自动地由高温物体传到低温物体,最后达到相同的温度。温度是大量分子无序运动平均平动动能大小的量度。初态温度高的物体分子平均平动动能大,温度低的物体分子平均平动动能小,这意味着虽然两物体的分子运动都是无序的,但还能按分子平均平动动能的大小区分两个物体。到了末态,两物体的温度相同,分子的平均平动动能都一样,这时按平均平动动能区分两物体也不可能了。显然,这是因为大量分子无规则的热运动使之更无序,或者说大量分子的无序性由于热传导而增大了。相反的过程,分子运动从平均平动动能完全相同的无序状态,自动地向两物体分子平均平动动能不同的较为有序的状态进行的过程是不可能的。因此,从微观上看,在热传导过程中,自然过程总是沿着使大量分子的运动向更加无序的方向进行的。

2. 自由膨胀过程不可逆的微观解释

如图 10-20 所示的自由膨胀过程是气体分子首先占有较小空间的初态,变到占有较大空间的末态。开始还能知道这些分子(如果给这些分子编号为 $a,b,c,d,\cdots$)在容器左边,后来就没办法区分哪个分子在左边、哪个分子在右边,扩散后使得再按位置区分也不可能了,这说明分子的运动状态(这里指分子的位置分布)变得更加无序了。相反的过程,为气体分子自动退缩,回到左边,即分子运动自动地从无序(指分子的位置分布)向较为有序状态的变化过程是不可能的。从微观上看,自由膨胀过程也说明,自然过程总是沿着使大量分子的运动向着更加无序的方向进行。

综上分析可知:一切自然过程总是沿着无序性增大的方向进行,这是不可逆性的本质,也是热力学第二定律的微观意义。

10.6.2　热力学第二定律的统计意义

热力学第二定律既然涉及大量分子运动的无序性变化的规律,因而它也是一条统计规律。这里仍以气体的自由膨胀为例,从定量角度用气体动理论来说明热力学第二定律的统计意义。

如图 10-22 所示,用隔板将容器分成容积相等的左、右两室,给左室充以某种气体,右室为真空。设左室只有 4 个分子,在微观上看给予了可区分的 4 个编号 a,b,c 和 d。在抽掉隔板气体自由膨胀后,左右两室中不同分布的分子个数称为**宏观态**。把分子不同的微观组合称为**微观态**。表 10-3 中表示有 5 种宏观态,例如左 3 右 1 表示左室中 3 个分子,右室中 1 个分子,

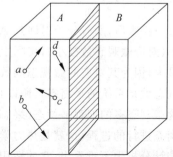

图 10-22　热力学第二定律统计意义

这属于一种宏观态。对应于每个宏观态,由于分子的微观组合不同,还可能包含有若干种微观态,例如,左 3 右 1 的宏观态就包含有 $\Omega = 4$ 种微观态。由表 10-3 可知,该系统的总微观态数为 $\Omega = 2^4 = 16$。

表 10-3   4 个分子的可能宏观态及相应的微观态

能具体区分分子的微观态		只能区别数目的宏观态		一种宏观态对应的微观态数 Ω
左	右	左	右	
abcd	0	4	0	1
abc	d			
abd	c	3	1	4
acd	b			
bcd	a			
ab	cd			
cd	ab			
ac	bd	2	2	6
bd	ac			
ad	bc			
bc	ad			
a	bcd			
d	abc	3	1	4
c	abd			
b	acd			
0	abcd	0	4	1

由表 10-3 不难看出,对应于不同的宏观态,所包含的微观态数是不同的。分子全部集中在左室(或右室)的宏观态(非平衡态)只含一个微观态,即出现这种宏观态的概率最小 $\left(只有 \dfrac{1}{16} = \dfrac{1}{2^4}\right)$,而左、右两室内分子均匀分布的宏观态(平衡态)所含微观态数量最多,即出现这种分布的概率最大 $\left(有 \dfrac{6}{16}\right)$。

如果一个系统有 N 个分子,可以推论,其总微观态数应为 2^N 个,N 个分子自动退回左室的概率仅为 $\dfrac{1}{2^N}$,由于一般热力学系统所包含的分子数目十分巨大,例如,1mol 气体的分子自由膨胀后,所有分子退回到 A 室的概率为 $1/2^{6.03 \times 10^{23}}$,这样的宏观态,出现的概率如此之小(对应微观态数极小),实际上根本观察不到;而分子处于均匀分布的宏观态出现的概率最大,因为其对应的微观态的数量最多(其数量几乎等同于所有微观态的总和),而此时的宏观态就是系统的平衡态。所以自由膨胀过程实质上是由包含微观态少的宏观态(初态)向包含微观态多的宏观平衡态(终态)进行的过程,或者说由概率小的宏观态向概率大的宏观平衡态进行的过程,这就是热力学第二定律的统计意义。需要强调的是,从热力学第二定律的统计分析中不难看出,它的适用范围只能是由大量微观粒子组成的系统,对于粒子数很小的系统做这样的统计分析是没有意义的。上述系列分析,从统计学的角度对自然过程为什么存在方向性给出了微观本质上的解释。

通常,我们将任一宏观态所对应的微观态数称为宏观态的热力学概率,用 Ω 表示。显然,对于孤立系统,其平衡态对应于热力学概率为最大值的宏观态。当系统偏离平衡态时,热力学第二定律要求系统自发地回复到平衡状态,即过程必须向 Ω 最大方向进行。

在研究热力学第二定律的微观意义时,我们定性地分析了自然过程,结论是系统总是沿着使分子运动更加无序的方向进行。这里又定量说明了自然过程总是沿着使系统的热力学概率增大的方向进行。两者相对比,不难得出热力学概率 Ω 是分子运动无序性的一种量度。的确如此,Ω 越大代表微观状态越多,这时要想判断系统某一宏观态属于哪一种微观状态就越困难,这表明系统分子运动的无序性大,则宏观平衡态相对应的是热力学概率 Ω 为极大值的状态,也就是在一定条件下系统内分子运动最无序状态。

10.6.3　熵及熵增加原理

为了定量表示不可逆过程中系统的初态与终态的差异,我们引入一个态函数来反映状态的不同,这个状态量叫做熵,用 S 表示。著名物理学家玻耳兹曼把熵与系统对应的微观态出现的概率巧妙地联系起来了,得到了熵的数字表达。

由前面分析可知,对于孤立系统,在一定条件下 Ω 值最大的状态就是平衡态。如果系统原来所处的宏观态的 Ω 值不是最大,那么系统就是处于非平衡态,随着时间的推移,系统将向 Ω 值增大的宏观态过渡,最后达到 Ω 值为最大的平衡态。

不同的 Ω 值对应不同的宏观态,用 Ω 值的大小反映不同的宏观态是可行的,但一般来说,Ω 值是非常大的,为了便于理论计算,1877 年玻耳兹曼用下述公式定义熵,即

$$S = k \ln \Omega \tag{10-60}$$

式中,比例系数 k 是玻耳兹曼常量。式(10-60)叫做玻耳兹曼关系。

从式(10-60)可以看出:

(1) 任一宏观态都具有一定的热力学概率 Ω,因而也就具有一定的熵,所以**熵是热力学系统的状态函数**。

(2) 由于热力学概率 Ω 的微观意义是分子无序性的一种量度,而熵 S 与 $\ln \Omega$ 成正比,所以熵的意义也是分子无序性的量度。因为自然过程朝 Ω 增大的方向进行,可见也是朝 S 增大的方向进行,熵的增加就意味着无序的增加,系统达到平衡态时熵最大(最无序状态)。

熵同内能相似,具有重要意义的并非某一平衡态熵的数值,而是始末状态的熵的增量——**熵变**。熵是状态函数,仅与始末状态决定,而与过程无关。熵变表示为

$$\Delta S = S_2 - S_1 = k \ln \Omega_2 - k \ln \Omega_1 = k \ln \frac{\Omega_2}{\Omega_1} \tag{10-61}$$

根据热力学第二定律的统计意义,孤立系统内的一切实际过程(不可逆过程),末状态包含的微观状态数比初始状态多,即 $\Omega_2 > \Omega_1$,所以 $\Delta S > 0$。

如果孤立系统中进行的是理想的可逆过程,说明过程中任意两个状态的热力学状态所包含的微观状态数相同,即 $\Omega_2 = \Omega_1$,所以 $\Delta S = 0$。

理解熵的概念后,热力学第二定律的微观实质可以表述为:**在宏观孤立系统内所发生的不可逆过程总是沿着熵增加的方向进行的,而发生的可逆过程熵不变**。这个规律叫做熵

增加原理。若用数学表达式表示,则有

$$\Delta S \geqslant 0 \tag{10-62}$$

这里应该注意,熵增加原理只适用于孤立系统的过程,如果系统不是孤立的,则由于外界的影响,系统的熵是可以减少的。另外,熵增加原理所说的熵增加是对整个系统而言的,系统中的个别部分或个别物体,其熵可增加、可减少或不变。

熵增加原理是在热力学第二定律的统计意义基础上得出的,因而熵增加原理可视为热力学第二定律的定量表述形式。由于熵是态函数,熵增加原理不受具体过程的限制,只要知道始末两态的熵变 ΔS,就可以判断一切宏观过程进行的方向。

熵的微观意义是系统内分子热运动无序性的一种量度,正是基于对熵的这种本质的认识,使熵的内涵变得十分丰富而且充满了开拓性,现在熵的概念以及与之有关的理论已应用于许多领域,诸如物理、化学、气象、生物学、工程技术乃至社会科学在内,在对大量无序事件进行研究与判断时,都有熵的用武之地。

*10.6.4　熵的力学表示

设想 $\dfrac{M}{M_{mol}}$ mol 理想气体经绝热自由膨胀过程,体积由 V_1 增大到 V_2。因过程始末温度相等,分子速度分布相同,在确定始末态包含的微观态数时,只需考虑分子的位置分布。

将 V_1 和 V_2 分割成若干大小相等的体积元,则每个分子在任一体积元出现的机会均等。若 V_1 含有 n 个体积元,则 V_2 含有 $\dfrac{V_2}{V_1}n$ 个体积元。任一分子在 V_1 和 V_2 中分别有 n 和 $\dfrac{V_2}{V_1}n$ 个不同的位置。因每个分子的任一可能位置都对应一个可能的微观态,所以 N 个分子在 V_1 中可能的微观态数 $\Omega_1 = n^N$;在 V_2 中可能的微观态数 $\Omega_2 = \left(\dfrac{V_2}{V_1}n\right)^N$。根据式(10-61),若 $\dfrac{M}{M_{mol}}$ mol 气体经绝热自由膨胀过程,体积由 V_1 增大到 V_2,其熵变为

$$\Delta S = S_2 - S_1 = k\ln\Omega_2 - k\ln\Omega_1 = k\ln\frac{\Omega_2}{\Omega_1} = kN\ln\frac{V_2}{V_1}$$

$$= \frac{N}{N_A}R\ln\frac{V_2}{V_1} = \frac{mN}{mN_A}R\ln\frac{V_2}{V_1} = \frac{M}{M_{mol}}R\ln\frac{V_2}{V_1} \tag{10-63}$$

熵变仅由始末状态决定,而与过程无关,所以式(10-63)对 (T, V_1) 和 (T, V_2) 为始末状态的任意过程(可逆与不可逆)都适用。考虑等温膨胀过程气体从外界吸收的热量:

$$\Delta Q = \frac{M}{M_{mol}}RT\ln\frac{V_2}{V_1}$$

上式与式(10-63)比较得

$$\Delta S = \frac{M}{M_{mol}}R\ln\frac{V_2}{V_1} = \frac{\Delta Q}{T} \tag{10-64}$$

式(10-64)表明,可逆等温过程中系统的熵变等于它从外界吸收的热量与系统温度之比——**热温比**。显然,等温吸热过程,$\Delta S > 0$,系统熵不断增加;等温放热过程,$\Delta S < 0$,系统的熵不断减少。式(10-64)为可逆等温过程熵变的力学表示。

将式(10-64)改为微分形式

$$dS = \frac{dQ}{T} \tag{10-65}$$

若系统经历任一有限的可逆过程由 Ⅰ 状态变至 Ⅱ 状态,则系统的熵变应为

$$\Delta S = S_2 - S_1 = \int_I^{II} \frac{dQ}{T} \tag{10-66}$$

*10.6.5 熵的计算

熵的计算应注意以下问题:

(1) 熵是系统的状态函数。系统状态确定后,熵就唯一确定,与过程无关。

(2) 选定某参考态的熵为零,确定其他状态熵。

(3) 为便于计算熵变,可设计连接始末状态的任一可逆过程。

(4) 熵具有累积性,系统总熵等于各组成部分熵变的和。

可逆等体过程:

$$\Delta S = \int_I^{II} \frac{dQ_V}{T} = \int_{T_1}^{T_2} \frac{\dfrac{M}{M_{mol}} C_{V,m} dT}{T} = \frac{M}{M_{mol}} C_{V,m} \ln \frac{T_2}{T_1} \tag{10-67}$$

可逆等压过程

$$\Delta S = \int_I^{II} \frac{dQ_p}{T} = \int_{T_1}^{T_2} \frac{\dfrac{M}{M_{mol}} C_{p,m} dT}{T} = \frac{M}{M_{mol}} C_{p,m} \ln \frac{T_2}{T_1} \tag{10-68}$$

可逆等温过程

$$\Delta S = \int_I^{II} \frac{dQ_T}{T} = \frac{1}{T} \left(\frac{M}{M_{mol}} RT \ln \frac{V_2}{V_1} \right) = \frac{M}{M_{mol}} R \ln \frac{V_2}{V_1} \tag{10-69}$$

可逆绝热过程

$$\Delta S = \int_I^{II} \frac{dQ_Q}{T} = 0 \tag{10-70}$$

例 10-8 有一绝热容器,用一隔板把容器分为两部分,其体积分别为 V_1 和 V_2,V_1 内有 N 个分子的理想气体,V_2 为真空。若把隔板抽出,试求气体重新平衡后熵增加多少。

解 自由膨胀是绝热过程,与外界没有功的交换,因此,系统内能不变,$dE = 0$。同时,自由膨胀是一个不可逆过程,便于计算熵变,设计一个连接始末态的可逆过程等温膨胀,等温膨胀过程吸收的热量为

$$dQ_{可逆} = p \, dV$$

熵变

$$\Delta S = S_2 - S_1 = \int_I^{II} \frac{dQ_{可逆}}{T} = \int \frac{p \, dV}{T}$$

根据

$$p = nkT = \frac{NkT}{V}$$

得

$$\Delta S = S_2 - S_1 = \int_{I}^{II} \frac{dQ_{可逆}}{T} = Nk \int_{V_1}^{V_1+V_2} \frac{dV}{V} = Nk \ln \frac{V_1 + V_2}{V_1}$$

介于 $V_1 + V_2 > V_1$,所以 $\Delta S = S_2 - S_1 > 0$,故自由膨胀过程是沿着熵增加的方向进行。

本 章 小 结

1. 准静态过程

过程经历的所有中间状态,都可以近似看作平衡态。

2. 准静态过程中系统对外界做的功

$$A = \int_{V_1}^{V_2} p \, dV$$

3. 热力学第一定律

$$Q = \Delta E + A$$

$$dQ = dE + p \, dV \quad (适用于微小变化过程)$$

4. 摩尔热容

定容摩尔热容 $C_{V,m}$ 与定压摩尔热容 $C_{p,m}$ 二者的关系式由迈耶公式给出:

$$C_{p,m} = C_{V,m} + R$$

5. 系统从外界吸收的热量

$$Q_V = \frac{M}{M_{mol}} C_{V,m} \Delta T \quad (等体过程)$$

$$Q_p = \frac{M}{M_{mol}} C_{p,m} \Delta T \quad (等压过程)$$

$$Q_S = 0 \quad 或 \quad dQ = 0 \quad (绝热过程)$$

$$Q_T = -A \quad (等温过程)$$

6. 热机效率

$$\eta = 1 - \frac{Q_{放}}{Q_{吸}} \quad (所有热机)$$

$$\eta_{卡} = 1 - \frac{T_2}{T_1} \quad (卡诺热机)$$

7. 制冷机的制冷系数

$$\varepsilon = \frac{Q_{吸}}{Q_{放} - Q_{吸}} \quad (所有制冷机)$$

$$\varepsilon_{卡} = \frac{T_2}{T_1 - T_2} \quad (卡诺制冷机)$$

8. 可逆过程

系统由一个状态经过一个过程达到另一状态,如果存在另一过程,它能使系统回到原状态,同时消除原来过程对外界的一切影响,则原过程称为可逆过程。所有无摩擦地进行的准静态过程都是可逆过程。一切与热现象有关的实际宏观过程都是不可逆的。

9. 热力学第二定律

克劳修斯表述:不能把热量从低温物体传给高温物体,而不引起其他变化。

开尔文表述：不能从单一热源吸热，使其完全转化为有用功，而不引起其他变化。

微观意义：自然过程总是向着使分子运动更加无序的方向进行。

10. 熵

玻耳兹曼熵公式

$$S = k \ln \Omega$$

熵增加原理：对孤立系统有 $\Delta S \geq 0$（其中，等式用于可逆过程，不等式对应于不可逆过程），该式说明孤立系统内部发生的过程，总是沿着熵增加的方向进行。熵增加原理能够判断自发过程进行的方向，是热力学第二定律的数学表述。

阅读材料 10.1　大 气 环 流

1. 大气环流概述

在气象、地质、地理中的很多传热过程都主要是自然对流传热，如大气环流、地幔对流等。其中人们最关心的是大气中的自然对流现象。大气中由于温度、太阳辐射、重力以及水的物态变化等因素的共同作用，使得大气中的气体流动情况十分复杂。其中最重要的是大气环流。大气环流一般是指地球大气层中具有稳定性的各种气流运行的综合表现。地球上的空气之所以会流动，是因为地球表面接受的太阳辐射不均匀，导致地球表面形成不同的气压带，另外由于各地气压高低不同所产生的气压差，也会造成空气的流动。大气环流是大气大范围运动的状态。某一大范围的地区（如欧亚地区、半球、全球），某一大气层次（如对流层、平流层、中层、整个大气圈）在一个长时期（如月、季、年、多年）的大气运动的平均状态或某一阶段（如一周、梅雨季节）的大气运动的变化过程都可以称为大气环流。

大气环流构成全球大气运行的基本形式，它是全球气候特征和大范围天气形势的原动力。控制大气环流的基本因素是太阳辐射、地球表面的摩擦作用、海陆分布和大地形态等。

大气环流是完成地球-大气系统角动量、热量和水分的输送和平衡，以及各种能量间的相互转换的重要机制，又同时是这些物理量输送、平衡和转换的重要结果。因此，研究大气环流的特征及其形成、维持、变化和作用，掌握其演变规律，不仅是人类认识自然的不可缺少的重要组成部分，而且还将有利于改进和提高天气预报的准确率，有利于探索全球气候变化，以及更有效地利用气候资源。

2. 季风

季风是大气环流中的一种，是对我国气候产生主要影响的大气环流。由于大陆和海洋在一年之中增热和冷却程度不同，在大陆和海洋之间大范围的、风向随季节有规律改变的风，称为季风。季风是大范围盛行的、风向对季节变化显著的风系。它的形成是由冬夏季海洋和陆地温度差异所致。

由于海洋的热容量比陆地大得多，所以在冬季大陆气温比邻近的海洋气温低，大陆上出现冷高压，海洋上出现相应的低压，气流大范围从大陆吹向海洋，形成冬季季风，冬季季风在北半球盛行北风、西北风或东北风。在夏季，海洋温度相对较低，大陆温度较高，海洋出现高压或原高压加强，大陆出现热低压，这时北半球盛行西南和东南季风，尤以印度洋和南亚地区最显著。西南季风大部分源自南印度洋。另一部分东南风主要源自西北太平洋，以南风或东南风的形式影响我国东部沿海。

3. 海陆风

海陆风则是大气中较小范围内的自然对流。湖水或者海水的热容量很大,晴朗的白天,陆地温度升高快于湖海,热气流上升,气压相应较低,下层空气自海面流向陆地,形成海风;夜间陆地冷却快于湖海,气压相应较高,下层空气流向海面,形成陆风。海陆风不仅存在于海边或者湖边,就是在比较宽阔的水面附近也同样存在。

阅读材料 10.2　超流氦的喷泉效应,它违背
热力学第二定律吗?

1. 喷泉效应,它违背热力学第二定律吗?

热力学第二定律的开尔文表述指出:**不可能从单一热源吸收热量,使之完全变为有用功而不产生其他影响。** 但是有人对热力学温度 2.17K 以下的具有超流动性的液态氦(称为液氦Ⅱ,或者氦Ⅱ)做实验,发现了所谓的喷泉效应。这个实验室这样进行的,如图 10-23 所示。

杜瓦瓶中装有液氦Ⅱ,把一个实验容器插在其中,实验容器的下部装满了极细小的 Fe_3O_4 抛光粉(俗称红粉)。红粉被压得十分密实。红粉层的下端由棉花塞与氦Ⅱ相通。实验容器上部为一上端开口的细管,并露出到液氦表面之外。若用强光持续照射该容器下部,红粉吸热,容器内部温度应该有所升高,这时可看到在容器顶端开口处可有甚至高达 30cm 的持续液氦喷泉,这种现象称为**喷泉效应**。强光照射红粉,红粉所吸收的光能全部转变为热量,红粉把热量传递给氦原子,氦原子把吸收的热量全部转变为机械能而形成喷泉,也就是说,热能被吸收而全部转变为机械功,这不是违背了热力学第二定律的

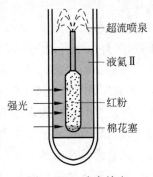

图 10-23　喷泉效应

开尔文表述了吗? 对此如何解释? 喷泉效应是液氦Ⅱ的超流动性的最典型的现象,也使人们感到十分奇异,是完全不可思议的现象,好像这是违背热力学第二定律的典型例子。

为了解释这一现象,我们首先要介绍液氦Ⅱ的超流动性。

2. 液氦Ⅱ的超流动性

1) 液氦Ⅰ和液氦Ⅱ,它们之间的相变

1908 年,荷兰物理学家开模林-昂内斯(Onnes)首先液化了氦气(液态氦的正常沸点为4.2K)。由于昂内斯首次获得液氦,并于 1911 年发现了超导电性,因此荣获 1913 年诺贝尔物理学奖。不久后昂内斯将装有液氦的密闭玻璃杜瓦瓶,接上真空泵进行抽气减压,这时杜瓦瓶中的液氦总是处于沸腾状态,其沸点随饱和蒸气压的减小而降低。但是当温度降到2.17K 时(这时的饱和蒸气压仅 $5.05 \times 10^3 Pa$),发现液氦表面突然变得十分平静,没有任何气泡出现。以后再继续减小饱和蒸气压,总是看不到沸腾现象。昂内斯从这一现象推断出,这时的液氦具有非常高的热导率,也就是说沸点温度低于 2.17K 的液氦的热导率其数量级要比 2.17K 温度以上的液氦的热导率数量级明显高得多。为什么?

　　我们知道,沸腾是出现在液体内部及液体表面的汽化现象。由于液体内部出现很多气泡,因而增加了气体接触表面积,当液体中发生气泡逐步涨大及气泡快速运动到表面而破裂这种两相流动时,其传热效率明显高于一般的单相液体中的传热(包括热传导与对流传热这两种形式)效率,故快速汽化与高效传热是沸腾的主要特征,液体可以借助两相流动来提高传热效率与汽化的速率。

　　如今在 2.17K 温度以下的液氦的传热效率是如此之高,从加热器壁传入的热量能立即全部传到液体表面使液体蒸发,而不用借助气泡来完成,则在 2.17K 以下温度的液氦的热导率比 2.17K 以上温度的液氦热导率高很多倍。实验测出前者热导率为后者的 5×10^6 倍。实验发现,不仅热导率,介电常数在 2.17K 也有突变,其密度在 2.17K 还有个极值。

　　这些实验结果都说明 2.17K 温度以上及 2.17K 温度以下的液氦属于不同的相。习惯上称前者为液氦Ⅰ,称后者为液氦Ⅱ。液氦Ⅰ与液氦Ⅱ发生的相变属于连续相变,更确切地说是 λ 相变,它在临界点时的相变一样,相变时无潜热吸收,无两相共存及过冷、过热现象。

　　2) 液氦Ⅱ的超流动性

　　液氦Ⅱ的最重要特性是它的超流动性,即它能畅通无阻地通过极细小的管道或极窄的狭缝而不会损耗其任何动能,因而其黏度可认为是零。但是,大块流体氦Ⅱ的黏度确实很小但尚不可完全忽略。实际上,氦Ⅱ的极高的传热效率是和超流动性密切相关的。因为液体的传热主要依靠对流传热,流动性非常快,其热导率也就很高。

3. 液氦Ⅱ的二流体模型

　　对于氦Ⅱ的超流动性,即它能畅通无阻地通过极细小管道或极窄的狭缝而不会损耗其任何动能,因而其黏度为零的现象,人们始终无法解释,一直到 1938 年蒂萨(Tisza)首先提出了氦Ⅱ的二流体模型,1941 年朗道(Landa)将它发展为稍微不同的形式为止,才得到解决。二流体理论是其中的唯象理论,他将氦Ⅱ看作是由相互独立又相互渗透的两部分流体组成:一部分是超流体;另一部分是正常流体。超流体都是由热运动动量 $p=0$ 的粒子组成,由于绝对零度时热运动已经停止,所以超流原子是和绝对零度时的氦原子是完全一样的,虽然这时氦Ⅱ所处的温度并不是绝对零度。正因为超流原子都是热运动动量 $p=0$ 的粒子,当然其单位质量内能 u 为零,即 $u=0$。而单位质量的熵 S 也应该为零,即 $S=0$。这是因为组成超流体的粒子的热运动动量 $p=0$ 都是相同的,其微观状态数为 $W=1$,熵 $S=k\ln W=0$。至于正常流体,它不是绝对零度下的分子,其粒子处于能量较高的激发态,故正常流体的原子的热运动动量 $p \neq 0$,对内能、熵均有贡献(即 $u \neq 0, S \neq 0$)。若设超流体部分及正常流体部分的密度分别为 ρ_s 和 ρ_n,则两部分流体密度之和应等于整个流体的密度 ρ_0,即

$$\rho_0 = \rho_s + \rho_n$$

我们还假定在 $T=T_C$(T_C 为氦Ⅰ和氦Ⅱ之间的相变温度)时,$\rho_s=0$,则 $\rho_0=\rho_n$。随着温度降低,ρ_s 逐步增加,当 $T \to 0K$ 时,$\rho_s \to \rho_0$,$\rho_n \to 0$。以上是二流体模型。

　　利用二流体模型能成功解释超流体的零黏度问题。按照二流体模型,在 $0 < T \leqslant T_C$ 的温度范围内,总或多或少地存在超流原子。超流原子的动量 $p=0$,它不参与热运动。由于在流体发生流动时,只有正常原子才会在层与层之间交换粒子对,因而会发生由此而伴随的

定向动量的输运,即黏性。而超流原子不参与热运动,就不会在层与层之间交换粒子对,所以超流原子对黏性不作贡献,它在氦Ⅱ中的流动总是无黏性的,所以超流原子可透过极细小的通道。当氦Ⅱ流过狭窄缝隙时,正常原子通不过,只有超流原子才能穿过,故这时氦Ⅱ的黏度为零。但在大块氦Ⅱ中,由于正常原子也参与运动,正常原子所受到的黏性阻力使氦Ⅱ的黏度不为零。

4. 喷泉效应的解释

根据二流体模型,能通过微小孔隙的只能是超流原子。而超流原子的单位质量内能 $u=0$,所以超流原子在流动时并不伴随有热运动能量的迁移,只有在吸收足够能量并转变为正常原子后才可能传递热量。红粉经强光照射后,实验容器内温度将升高,它应该向外传递热量,但缝隙内只有超流原子,它们不能传递热量。假如超流原子变为正常原子(这当然要吸收热量),但又会由于正常原子的黏性而被锁在缝隙中不能流动。热量能及时地从实验容器输到氦Ⅱ液池的唯一方法,是使氦Ⅱ池中的超流原子透过极细缝隙向实验容器中流动,这些超流原子流动到实验容器上部细管的开口处转变为正常原子,这样要吸收能量。假如还有多余的能量,这部分能量可以转变为正常原子的定向运动动能,其定向运动动量会产生压强,形成喷泉。应该说明,超流原子的热运动动量 $p=0$,对压强是不作贡献的,只有正常原子才对压强作贡献,所以喷出的只能是正常原子。对于实验容器外的氦Ⅱ池来讲,它流进实验容器的是超流原子,从喷泉流回来的是带有定向运动动量的正常原子,获得了能量,而定向运动动能最后也转变为热能。热量就是这样从实验容器传到氦Ⅱ池中的。

喷泉效应是不违背热力学第二定律的,因为红粉吸收的光能转变为热能后,首先把这部分能量传给超流原子,使得它们转变为正常原子(所转变的能量仍然是热运动能量)。其多余的能量才转变为机械能,所以转变为机械能的热能只是一部分,而不是全部,所以不违背热力学第二定律。

氦Ⅱ的超流动性和超导电性一样都是宏观量子现象。一般认为,量子理论是用来解释微观现象的,而经典理论是用来解释宏观现象的。而氦Ⅱ的超流动性和超导电性是经典理论无法解释的宏观现象,所以它们才那么奇异,这只能用量子理论才能得到满意的解释。

习　　题

10.1　单项选择题

(1) 一定量某理想气体所经历的循环过程是:从初态(V_0,T_0)开始,先经绝热膨胀使其体积增大 1 倍,再经等体升温回复到初态温度 T_0,最后经等温过程使其体积回复为 V_0,则气体在此循环过程中(　　)。

  A. 对外做的净功为正值   B. 对外做的净功为负值

  C. 内能增加了   D. 从外界净吸收的热量为正值

(2) 当低温热源的温度趋于 0K 时,卡诺热机的效率(　　)。

  A. 趋近于 1   B. 趋于无限大

C. 趋于 0　　　　　　　　　　　　　　D. 大于其他可逆热机效率

(3) 如果卡诺热机的循环曲线所包围的面积从题 10.1(3)图中的 $abcda$ 增大为 $ab'c'da$，那么循环 $abcda$ 与 $ab'c'da$ 所做的净功和热机效率变化情况是：（　　）。

A. 净功增大，效率提高

B. 净功增大，效率降低

C. 净功和效率都不变

D. 净功增大，效率不变

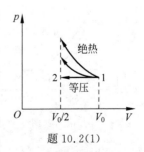

题 10.1(3)图

(4) 根据热力学第二定律可知：（　　）。

A. 功可以全部转换为热，但热不能全部转换为功

B. 热可以从高温物体传到低温物体，但不能从低温物体传到高温物体

C. 不可逆过程就是不能向相反方向进行的过程

D. 一切自发过程都是不可逆的

(5) 在 p-V 图上，卡诺循环所包围的面积代表（　　）。

A. 循环过程的 $\sum Q$　　　　　　　　B. 循环过程的自由能变化 $\sum \Delta G$

C. 循环过程的熵变 $\sum \Delta S$　　　　　　D. 循环过程的焓变 $\sum \Delta H$

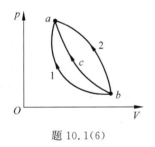

题 10.1(6)

(6) 如题 10.1(6)图所示，bca 为理想气体绝热过程，$b1a$ 和 $b2a$ 是任意过程，则上述两过程中气体做功与吸收热量的情况是：（　　）。

A. $b1a$ 过程放热，做负功；$b2a$ 过程放热，做负功

B. $b1a$ 过程吸热，做负功；$b2a$ 过程放热，做负功

C. $b1a$ 过程吸热，做正功；$b2a$ 过程吸热，做负功

D. $b1a$ 过程放热，做正功；$b2a$ 过程吸热，做正功

(7) 根据热力学第二定律判断下列哪种说法是正确的：（　　）。

A. 功可以全部变为热，但热不能全部变为功

B. 热量能从高温物体传到低温物体，但不能从低温物体传到高温物体

C. 气体能够自由膨胀，但不能自动收缩

D. 有规则运动的能量能够变为无规则运动的能量，但无规则运动的能量不能变为有规则运动的能量

10.2　填空题

(1) 如题 10.2(1)图所示，一定量理想气体，从同一状态开始把其体积由 V_0 压缩到 $\frac{1}{2}V_0$，分别经历等压、等温、绝热三种过程。其中：_____过程外界对气体做功最多；_____过程气体内能减小最多；_____过程气体放热最多。

(2) 常温常压下，一定量的某种理想气体，其分子可视为刚性分子，自由度为 i，在等压过程中吸热为 Q，对外做功为 A，内能增

题 10.2(1)

加为 ΔE,则 $A/Q=$＿＿＿＿＿,$\Delta E/Q=$＿＿＿＿＿。

(3) 一理想卡诺热机在温度为 300K 和 400K 的两个热源之间工作。若把高温热源温度提高 100K,则其效率可提高为原来的＿＿＿＿＿倍;若把低温热源温度降低 100K,则其逆循环的制冷系数将降低为原来的＿＿＿＿＿倍。

(4) 绝热容器被隔板分成两半,一半是真空,另一半是理想气体。如果把隔板撤去,气体将进行自由膨胀,达到平衡后气体的内能＿＿＿＿＿,气体的熵＿＿＿＿＿。(增加、减小或不变)

(5) 1mol 理想气体在汽缸中进行无限缓慢的膨胀,其体积由 V_1 变到 V_2。当汽缸处于绝热情况下时,理想气体熵的增量 $\Delta S=$＿＿＿＿＿。当汽缸处于等温情况下时,理想气体熵的增量 $\Delta S=$＿＿＿＿＿。

10.3 计算题

(1) 有三个循环过程,如题 10.3(1)图所示,$R>r$,指出每一循环过程所做的功是正的、负的,还是零,说明理由。

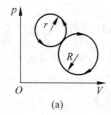 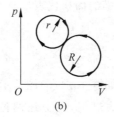 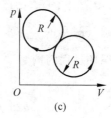

(a)　　　　　　　(b)　　　　　　　(c)

题 10.3(1)图

(2) 用热力学第一定律和第二定律分别证明,在 p-V 图上一绝热线与一等温线不能有两个交点,如题 10.3(2)图所示。

(3) 一循环过程如题 10.3(3)图所示,试指出:

① ab,bc,ca 各是什么过程;

② 画出对应的 p-V 图;

③ 该循环是否是正循环;

④ 该循环做的功是否等于直角三角形面积;

⑤ 用图中的热量 Q_{ab},Q_{bc},Q_{ac} 表述其热机效率或制冷系数。

(4) 两个卡诺循环如题 10.3(4)图所示,它们的循环面积相等,试问:

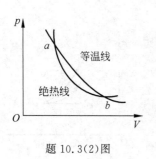 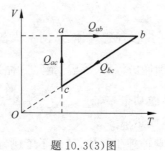 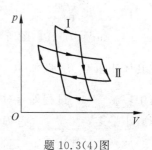

题 10.3(2)图　　　　　题 10.3(3)图　　　　　题 10.3(4)图

① 它们吸热和放热的差值是否相同？

② 对外做的净功是否相等？

③ 效率是否相同？

(5) 评论下述说法正确与否：

① 功可以完全变成热，但热不能完全变成功；

② 热量只能从高温物体传到低温物体，不能从低温物体传到高温物体；

③ 可逆过程就是能沿反方向进行的过程，不可逆过程就是不能沿反方向进行的过程。

(6) 根据 $S_B - S_A = \int_A^B \frac{\mathrm{d}Q_{可逆}}{T}$ 及 $S_B - S_A > \int_A^B \frac{\mathrm{d}Q_{不可逆}}{T}$，这是否说明可逆过程的熵变大于不可逆过程熵变？为什么？说明理由。

(7) 如题 10.3(7)图所示，一系统由状态 a 沿 acb 到达状态 b 的过程中，有 350J 热量传入系统，而系统做功 126J。

① 若沿 adb 时，系统做功 42J，则有多少热量传入系统？

② 若系统由状态 b 沿曲线 ba 返回状态 a 时，外界对系统做功为 84J，则系统是吸热还是放热？热量传递是多少？

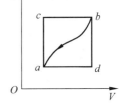

题 10.3(7)图

(8) 1mol 单原子理想气体从 300K 加热到 350K，则在下列两过程中吸收了多少热量？增加了多少内能？对外做了多少功？

① 容积保持不变；

② 压力保持不变。

(9) 一个绝热容器中盛有摩尔质量为 M_{mol}、热容比为 γ 的理想气体，整个容器以速度 v 运动，若容器突然停止运动，求气体温度的升高量（设气体分子的机械能全部转变为内能）。

(10) 0.01m³ 氮气在温度为 300K 时，由 1MPa 压缩到 10MPa。试分别求氮气经等温及绝热压缩后的体积、温度及各过程对外所做的功。

(11) 理想气体由初状态 (p_1, V_2) 经绝热膨胀至末状态 (p_2, V_2)。试证过程中气体所做的功为 $W = \dfrac{p_1 V_1 - p_2 V_2}{\gamma - 1}$，式中，$\gamma$ 为气体的比热容比。

(12) 1mol 的理想气体的 T-V 图如题 10.3(12)图所示，ab 为直线，延长线通过原点 O。求 ab 过程中气体对外做的功。

(13) 某理想气体的过程方程为 $Vp^{1/2} = a$，a 为常数，气体从 V_1 膨胀到 V_2。求其所做的功。

(14) 设有一以理想气体为工质的热机循环，如题 10.3(14)图所示。试证其循环效率为

$$\eta = 1 - \gamma \frac{\dfrac{V_1}{V_2} - 1}{\dfrac{p_1}{p_2} - 1}$$

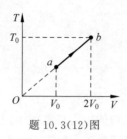

题 10.3(12)图

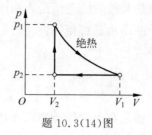

题 10.3(14)图

(15) 一卡诺热机在 1000K 和 300K 的两热源之间工作。

① 试计算热机效率;

② 若低温热源不变,要使热机效率提高到 80%,则高温热源温度需提高多少?

③ 若高温热源不变,要使热机效率提高到 80%,则低温热源温度需降低多少?

(16) 如题 10.3(16)图所示是一理想气体所经历的循环过程,其中,AB 和 CD 是等压过程,BC 和 DA 为绝热过程,已知 B 点和 C 点的温度分别为 T_2 和 T_3。求此循环效率。这是卡诺循环吗?

(17) ① 用一卡诺循环的制冷机从 7℃ 的热源中提取 1000J 的热量传向 27℃ 的热源,需要做多少功? 从 −173℃ 向 27℃ 呢?

② 一可逆的卡诺机,作热机使用时,如果工作的两热源的温度差越大,则对于做功就越有利。当作制冷机使用时,如果两热源的温度差越大,对于制冷是否也越有利? 为什么?

题 10.3(16)图

(18) 如题 10.3(18)图所示,1mol 双原子分子理想气体,从初态 $V_1 = 20L$,$T_1 = 300K$,经历三种不同的过程到达末态 $V_2 = 40L$,$T_2 = 300K$。图中 1→2 为等温线,1→4 为绝热线,4→2 为等压线,1→3 为等压线,3→2 为等体线。试分别沿 1→2、1→4→2、1→3→2 这三种过程计算气体的熵变。

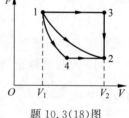

题 10.3(18)图

(19) 有两个相同体积的容器,分别装有 1mol 的水,初始温度分别为 T_1 和 T_2,$(T_1 > T_2)$,令其进行接触,最后达到相同温度 T。求熵的变化(设水的摩尔热容为 C_m)。

(20) 把 0℃ 的 0.5kg 的冰块加热到它全部融化成 0℃ 的水,问:

① 水的熵变如何?

② 若热源是温度为 20℃ 的庞大物体,那么热源的熵变化多大?

③ 水和热源的总熵变多大? 增加还是减少? (水的熔解热 $\lambda = 334J/g$)

第 4 篇　机械振动和机械波

　　本篇我们要研究的机械振动和机械波是自然界中两种常见的运动形式，它们之间联系紧密。

　　通常将物体或物体的一部分在某一位置附近来回往复的运动，称为机械振动，如钟摆的摆动、活塞的运动、心脏的跳动等。从广义的范围看，任何一个物理量随时间的周期性变化都可以叫做振动，这种振动虽然和机械振动有着本质的区别，但它们所遵循的基本规律是相同的。

　　一般来说，振动状态在空间的传播就是波动，它遍及自然界的各个领域。在力学中有机械波，如声波、地震波等都是机械振动在弹性介质中的传播过程；在电磁学中有电磁波，如无线电波、各种光波等则是电磁振荡在空间的传播过程；量子理论还指出，一切微观粒子都具有波动性。

　　振动和波动广泛存在于自然界，与人类的生产、生活密切相关，对于它们的研究是声学、光学、无线电技术及近代物理学等学科的基础。

第 11 章 机 械 振 动

振动是非常普遍的运动形式,拨动的琴弦、走动的钟摆摆轮、昆虫的翅膀、固体晶体点阵中的原子或分子等都在振动。**在力学范围内,物体在某一位置附近来回往复的运动叫做机械振动,或简称为振动。**广义地说,任何一个物理量随时间的周期性变化都可以叫做振动。例如,电路中的电流、电压,电磁场中的电场强度和磁场强度也可以随时间作周期性变化。这种振动虽然和机械振动有本质的不同,但它们随时间变化的情况以及许多其他的性质在形式上都遵从相同的规律,因此研究机械振动的规律有助于了解其他种振动的规律。

在不同的振动现象中,最简单、最基本的振动是简谐运动,一切复杂性的振动都可以分解为若干个简谐运动的合成。本章着重研究简谐运动的规律。

11.1 简 谐 运 动

物体运动时,如果离开平衡位置的位移 x(或角位移 θ)随时间 t 按余弦函数(或正弦函数)的规律变化,这种运动就称为简谐运动。在忽略阻力的情况下,弹簧振子的小幅度振动以及单摆的小角度摆动都可看作简谐运动。下面以弹簧振子为例讨论简谐运动的特征及其规律。

11.1.1 简谐运动的特征和表达式

将轻弹簧(质量可忽略不计)一端固定,另一端与质量为 m 的物体(可视为质点)相连,若该系统在振动过程中弹簧的形变较小(即形变弹簧作用于物体的力总是满足胡克定律),那么,这样的弹簧-物体系统称为**弹簧振子**。

如图 11-1 所示,将一弹簧振子系统水平放置在光滑的平面上,弹簧处于自然伸长状态时,物体所在的位置 O 作为平衡位置,以平衡位置 O 为原点,建立水平方向的 x 轴。当物体离开平衡位置的位移为 x 时,根据胡克定律,其所受到的弹力为

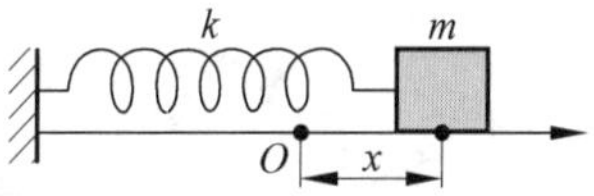

图 11-1 弹簧振子

$$f = -kx \tag{11-1}$$

式中,k 为弹簧的劲度系数;负号表示弹力的方向与振子的位移方向相反,即振子受到的力总是指向平衡位置,且力的大小与振子的偏离位移成正比,这种力就称为**线性回复力**。

根据牛顿第二定律,有

$$m \frac{\mathrm{d}^2 x}{\mathrm{d}t^2} = -kx \tag{11-2}$$

式(11-2)可以改写成

$$m\frac{\mathrm{d}^2 x}{\mathrm{d}t^2} + kx = 0 \qquad (11\text{-}3)$$

令 $\omega^2 = \dfrac{k}{m}$,则式(11-3)可变成

$$\frac{\mathrm{d}^2 x}{\mathrm{d}t^2} + \omega^2 x = 0 \qquad (11\text{-}4)$$

式(11-4)为简谐运动的微分方程,它是一个二阶线性常微分方程,其解为

$$x = A\cos(\omega t + \varphi) \qquad (11\text{-}5)$$

式(11-5)即简谐运动的运动方程,或称为简谐运动的余弦表达式。式中,A 称为振幅;ω 称为角频率;$(\omega t + \varphi)$ 称为相位角;φ 称为初相角。根据正弦函数与余弦函数的换算关系,式(11-5)还可以表示为正弦形式(除特殊说明外,本书均采用余弦形式)。其中,A 和 φ 为两个积分常量,由初始条件来决定。

由以上分析可知,式(11-5)是式(11-4)的解,而式(11-4)又源于式(11-1),因此,这三个条件均可作为判定一个物体是否作简谐运动的判据。因此可以说,只要一个物体作的是简谐运动,则其在运动中受到的合外力必为线性回复力,即力与位移正比反向,或加速度与位移正比反向,这一结论称为**简谐运动的动力学特征**。

根据速度和加速度的定义,可以得到物体作简谐振动时的速度和加速度:

$$v = \frac{\mathrm{d}x}{\mathrm{d}t} = -A\omega\sin(\omega t + \varphi) = A\omega\cos\left(\omega t + \varphi + \frac{\pi}{2}\right) \qquad (11\text{-}6)$$

$$a = \frac{\mathrm{d}^2 x}{\mathrm{d}t^2} = -A\omega^2\cos(\omega t + \varphi) = A\omega^2\cos(\omega t + \varphi + \pi) \qquad (11\text{-}7)$$

式中,$A\omega = v_m$ 称为**速度振幅**;$A\omega^2 = a_m$ 称为**加速度振幅**。由此可见,物体作简谐运动时,其速度和加速度也随时间作周期性的变化。图 11-2 画出了简谐运动的位移、速度和加速度与时间的关系。

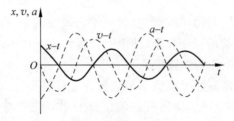

图 11-2　位移、速度和加速度与时间的关系

11.1.2　描述简谐振动的特征量

1. 振幅 A

在简谐运动的运动方程 $x = A\cos(\omega t + \varphi)$ 中,因余弦函数的绝对值不能大于 1,所以物体的振动范围在 $\pm A$ 之间,我们把作简谐运动的物体离开平衡位置的最大位移的绝对值 A 叫做**振幅**,它反映了物体简谐运动的空间范围。

2. 周期 T、频率 ν、角频率 ω

由式(11-5)的建立过程得

$$\omega = \sqrt{\frac{k}{m}} \tag{11-8}$$

式中，ω 称为**角频率**，显然，ω 是由弹簧振子系统的固有条件(劲度系数 k、振动物体的质量 m)决定，因此又称为**固有角频率**，它反映了物体作简谐运动的周期性的特征。

物体作简谐运动时，周而复始地完成一次全振动所需的时间称为简谐运动的**周期**，用 T 表示，单位为 s(秒)。周期 T 和角频率 ω 的关系为

$$T = \frac{2\pi}{\omega} \tag{11-9}$$

对于弹簧振子系统而言，由于其固有角频率为 $\omega = \sqrt{\dfrac{k}{m}}$，则其周期也由系统固有条件决定，称为**固有周期**，即

$$T = 2\pi \sqrt{\frac{m}{k}} \tag{11-10}$$

周期的倒数为物体作简谐运动的频率，即单位时间内系统完成的完全振动的次数，用 ν 表示，单位为 Hz(赫兹)。

$$\nu = \frac{1}{T} = \frac{\omega}{2\pi} \tag{11-11}$$

同样对于弹簧振子系统而言，它也是由系统固有条件决定的，称为**固有频率**，即

$$\nu = \frac{1}{2\pi} \sqrt{\frac{k}{m}} \tag{11-12}$$

3. 相位($\omega t + \varphi$)和初相位 φ

由式(11-5)可知，在确定振幅 A 和角频率 ω 的情况下，系统振动状态的确定将由($\omega t + \varphi$)决定。($\omega t + \varphi$)是决定简谐运动状态的物理量，称为振动的**相位**，而 φ 即为 $t=0$ 时的相位，称为振动的**初相位**。

相位决定了物体简谐运动的状态，例如，当 $\omega t + \varphi = 0$ 时，有 $x = A$，$v = 0$，表示物体在正向最大位移处而速度为零；当 $\omega t + \varphi = \dfrac{\pi}{2}$ 时，有 $x = 0$，$v = -A\omega$，表示物体在平衡位置并以最大速率向 x 轴负向运动；当 $\omega t + \varphi = \dfrac{3\pi}{2}$ 时，有 $x = 0$，$v = A\omega$，这时物体也在平衡位置，但以最大速率向 x 轴正向运动。可见，不同的相位表示不同的运动状态。凡是位移和速度都相同的运动状态，它们所对应的相位差为 0 或 2π 的整数倍，由此可见，相位是反映周期性特点、用以描述运动状态的重要物理量。

相位概念的重要性不仅在于可以描述物体的振动状态，通过相位还可以比较两个振动之间在步调上的差异。设有两个简谐运动

$$x_1 = A_1 \cos(\omega t + \varphi_1)$$
$$x_2 = A_2 \cos(\omega t + \varphi_2)$$

它们的相位差为

$$\Delta \varphi = (\omega t + \varphi_2) - (\omega t + \varphi_1) = \varphi_2 - \varphi_1$$

若相位差等于 0 或 2π 的整数倍,则称两振动同相;若相位差为 π 或 π 的奇数倍,则称两振动反相。当相位差为其他值时,如果 $\varphi_2 - \varphi_1 > 0$,则称第二个振动超前于第一个振动,或者说第一个振动落后于第二个振动。

4. 振幅和初相位的求法

由简谐运动的运动方程和速度方程

$$\begin{cases} x = A\cos(\omega t + \varphi) \\ v = -A\omega\sin(\omega t + \varphi) \end{cases}$$

并将初始条件 $t = 0, x = x_0, v = v_0$ 代入,可得

$$\begin{cases} x_0 = A\cos\varphi_0 \\ v_0 = -A\omega\sin\varphi_0 \end{cases}$$

求解上述方程组,不难得出

$$A = \sqrt{x_0^2 + \left(-\frac{v_0}{\omega}\right)^2} \tag{11-13}$$

$$\tan\varphi = -\frac{v_0}{\omega x_0} \tag{11-14}$$

由式(11-13)、式(11-14)可知,振幅和初相位均由初始条件决定。

必须注意的是,由于 φ 习惯于取值在 $-\pi \sim +\pi$ 范围内,所以,φ 便可能有两个值满足式(11-14),因而必须将 φ 的两个值分别代入 $v_0 = -A\omega\sin\varphi_0$ 中,由初速度的正负来决定 φ 的取舍。

例 11-1　一个理想的弹簧振子,弹簧的劲度系数 $k = 0.72\text{N/m}$,振子的质量为 0.02kg,$t = 0$ 时,振子在 $x_0 = 0.05\text{m}$ 处,初速度为 $v_0 = 0.30\text{m/s}$,且沿着 x 轴正向运动,求:

(1) 振子的运动方程。

(2) 振子在 $t = \frac{\pi}{4}\text{s}$ 时的速度和加速度。

解　(1) 因为振子作简谐运动,所以可设它的运动方程为

$$x = A\cos(\omega t + \varphi)$$

根据振动系统的固有条件可求得角频率为

$$\omega = \sqrt{\frac{k}{m}} = 6.0\text{rad/s}$$

由振动系统的初始条件及式(11-13)可得振幅

$$A = \sqrt{x_0^2 + \left(-\frac{v_0}{\omega}\right)^2} = 0.07\text{m}$$

由 $\tan\varphi = -\dfrac{v_0}{\omega x_0}$ 可得

$$\varphi = -\frac{\pi}{4} \quad 或 \quad \varphi = \frac{3}{4}\pi$$

将初相位 $\varphi = -\dfrac{\pi}{4}$ 和 $\varphi = \dfrac{3}{4}\pi$ 代入 $v_0 = -A\omega\sin\varphi_0$ 中,由于 $t = 0$ 时,质点沿 x 轴正向运动,所以,只有 $\varphi = -\dfrac{\pi}{4}$ 满足要求。于是,所求的振动方程为

$$x = 0.07\cos\left(6t - \frac{\pi}{4}\right)\text{m}$$

（2）当 $t = \dfrac{\pi}{4}$ s 时，质点的振动相位为

$$\omega t + \varphi = 6t - \frac{\pi}{4} = \frac{5}{4}\pi$$

由式（11-6）、式（11-7）可得

$$v = -A\omega\sin(\omega t + \varphi) = 0.297\text{m/s}$$
$$a = -A\omega^2\cos(\omega t + \varphi) = 1.78\text{m/s}$$

11.2　简谐运动的旋转矢量表示法

11.2.1　旋转矢量表示法

在研究简谐运动问题时，常采用一种较为直观的几何方法，即旋转矢量表示法。

设一给定的简谐运动为

$$x = A\cos(\omega t + \varphi)$$

如图 11-3 所示，一长度等于振幅 A 的矢量 $\boldsymbol{A}$ 在纸平面内绕 O 点沿逆时针方向匀速旋转，其角速度与简谐运动的角频率 ω 相等，这个矢量 $\boldsymbol{A}$ 称为旋转矢量。假设 $t = 0$ 时，矢量 $\boldsymbol{A}$ 的矢端在位置 P，与 Ox 轴的夹角为简谐运动的初相角 φ；任意时刻 t，矢量 $\boldsymbol{A}$ 的矢端的位置与 Ox 轴的夹角应为 $\omega t + \varphi$；这时，矢量 $\boldsymbol{A}$ 的矢端在 Ox 轴上的投影点的位移为

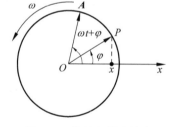

图 11-3　旋转矢量表示法

$$x = A\cos(\omega t + \varphi)$$

这正是质点沿 Ox 轴作简谐运动的运动方程。它表明，旋转矢量 $\boldsymbol{A}$ 的矢端在 Ox 轴上投影点的运动是简谐运动。矢量 $\boldsymbol{A}$ 旋转一周，相当于投影点在 Ox 轴上作一次完全振动，矢量 $\boldsymbol{A}$ 的端点在旋转过程中形成的圆称为参考圆。

在这种描述方法中：

（1）振幅为矢量 $\boldsymbol{A}$ 的长度（即参考圆的半径）；

（2）零时刻矢量 $\boldsymbol{A}$ 与 x 轴正向之间的夹角为初相角 φ；

（3）固有角频率 ω 为矢量 $\boldsymbol{A}$ 作逆时针转动的角速度；

（4）t 时刻矢量 $\boldsymbol{A}$ 与 x 轴正向的夹角为相位（$\omega t + \varphi$）。

由此可见，旋转矢量表示法最大的优点就是形象、直观，它不仅将简谐运动中最难理解的相位用角度表示出来，还将相位随时间变化的线性和周期性也清楚地描述出来了。

必须强调指出，旋转矢量本身并不作简谐运动，我们是用矢量 $\boldsymbol{A}$ 的端点在 Ox 轴上的投影来形象地展示一个简谐运动的。下面就用这一方法描述简谐运动 $x = A\cos\left(\omega t + \dfrac{\pi}{4}\right)$ 的 x-t 振动曲线，并以此来帮助大家具体地领会旋转矢量表示法。

为作 x-t 图方便起见，在图 11-4 中，我们使旋转矢量图的 Ox 轴正方向向上，在图的右侧随着矢量 $\boldsymbol{A}$ 的旋转同步地画出 x-t 图，$t = 0$ 时，矢量 $\boldsymbol{A}$ 与 x 轴的夹角等于初相位 $\varphi = \dfrac{\pi}{4}$，

矢端位于 a 点,而 a 点在 Ox 轴上的投影便是 $x\text{-}t$ 图中的 a' 点,随着矢量 A 沿逆时针方向旋转(每个周期转一圈),经过 $\dfrac{T}{8}$ 的时间,矢量 A 到达 b 点,而 b 点在 Ox 轴上的投影便是 $x\text{-}t$ 图中的 b' 点,以此类推,这样经过一个周期的时间,相位变化了 2π,矢量 A 的端点在 x 轴上的投影也就完成了一个周期的振动。

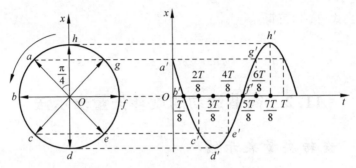

图 11-4　矢量 A 端点的投影点的简谐运动

11.2.2　旋转矢量图的应用

1. 求初相位 φ

用旋转矢量图求相位简单而方便,具体步骤如下：

(1) 作半径为 A 的参考圆,依题意确定振动方向为坐标 x 方向,如图 11-5(a)所示。

(2) 根据 $t=0$ 时刻质点所在位置 x_0 给出初相位 φ 取值的两种可能性,如图 11-5(b)所示。

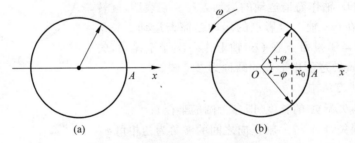

图 11-5　由旋转矢量表示法确定 φ

(3) 根据坐标正向确定 $t=0$ 时刻质点的初速度 v_0 的正负,从而判断初相位 φ 的正确取值。

显然,由于我们规定用旋转矢量图来描述质点运动时,矢量 A 要沿逆时针方向旋转,因此,在 $t=0$ 时,如果矢量 A 在参考圆的上半周旋转,代表矢量 A 投影点向 x 轴负方向运动,即速度 v_0 为负,在图 11-5(b)中,在 $-\pi\sim+\pi$ 内对应 φ 为正值；同理,当矢量 A 在参考圆的下半周旋转时,代表矢量 A 投影点向 x 轴正方向运动,即速度 v_0 为正,相应取 φ 为负值。

2. 用旋转矢量图比较各振动之间的相位关系

设有两个振子的振动方程分别为

$$x_1 = A_1 \cos\left(\omega t - \frac{\pi}{3}\right)$$

$$x_2 = A_2 \cos\left(\omega t - \frac{\pi}{6}\right)$$

它们的旋转矢量如图 11-6 所示。从图中显然可以看出，A_2 超前于 A_1 的相位是 $\frac{\pi}{6}$。

例 11-2　弹簧振子沿 x 轴作简谐振动，振幅为 $0.4\mathrm{m}$，周期为 $2\mathrm{s}$，当 $t = 0$ 时，位移为 $0.2\mathrm{m}$，且向 x 轴负方向运动。求简谐运动的振动方程。

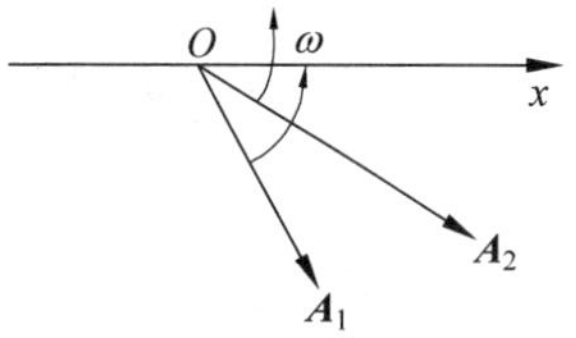

解　设此简谐运动的振动方程为

$$x = A\cos(\omega t + \varphi)$$

则其速度为

图 11-6　振动相位的比较

$$v = \frac{\mathrm{d}x}{\mathrm{d}t} = -A\omega\sin(\omega t + \varphi)$$

解法一：将 $A = 0.4\mathrm{m}$，$\omega = \dfrac{2\pi}{T} = \pi$ 和 $t = 0$ 时的 $x_0 = 0.2\mathrm{m}$，代入 $x = A\cos(\omega t + \varphi)$ 得

$$\varphi = \pm\frac{\pi}{3}$$

再由 $t = 0$ 时 $v_0 < 0$ 的条件，得 $v_0 = -0.4\pi\sin\varphi < 0$，所以

$$\varphi = \frac{\pi}{3}$$

于是此简谐运动的振动方程为

$$x = 0.4\cos\left(\pi t + \frac{\pi}{3}\right)\mathrm{m}$$

解法二：可由旋转矢量法求 φ。

图 11-7 所示为 $t = 0$ 时的旋转矢量图，由图可知，$\varphi = \dfrac{\pi}{3}$。

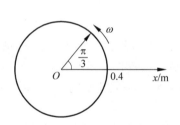

图 11-7　$t = 0$ 时的旋转矢量图

又因为 $A = 0.4\mathrm{m}$，$\omega = \dfrac{2\pi}{T} = \pi$，则振动方程为

$$x = 0.4\cos\left(\pi t + \frac{\pi}{3}\right)\mathrm{m}$$

例 11-3　已知简谐运动的振动曲线如图 11-8 所示，试写出其振动方程。

解　设简谐运动的方程为

$$x = A\cos(\omega t + \varphi)$$

从图 11-8 中可知 $A = 4\mathrm{cm}$，下面只需求出 φ 和 ω 即可。

由旋转矢量法，如图 11-9 所示，在 $x\text{-}t$ 图左侧作 Ox 轴与位移坐标轴平行，由振动曲线可知，a，b 两点对应于 $t = 0\mathrm{s}$ 和 $t = 1\mathrm{s}$ 时的振动状态，可确定这两个时刻旋转矢量的位置分别为 $\overrightarrow{Oa}$ 和 $\overrightarrow{Ob}$。下面作详细说明：由 a 向 Ox 轴作垂线，其交点就是 $t = 0$ 时刻旋转矢量端点的投影点。已知该处 $x_0 = -2\mathrm{cm}$，且此时刻 $v_0 < 0$，该旋转矢量应在 Ox 轴左侧，它与 Ox 轴正向的夹角 $\varphi = \dfrac{2\pi}{3}$，就是 $t = 0\mathrm{s}$ 时刻的振动相位，即初相；又由 $x\text{-}t$ 曲线中 b 点向 Ox 轴作

垂线，其交点就是 $t=1\text{s}$ 时刻旋转矢量端点的投影点，该处 $x=2\text{cm}$ 且 $v>0$，此时刻旋转矢量应在 Ox 轴的右侧，它与 Ox 轴的夹角 $\varphi_1=\dfrac{5\pi}{3}$ 就是该时刻的振动相位，即 $\omega\times 1+\dfrac{2\pi}{3}=\dfrac{5\pi}{3}$，解得 $\omega=\pi$。

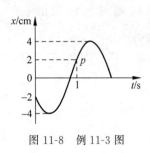 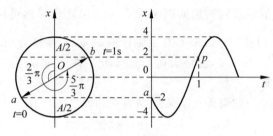

图 11-8 例 11-3 图   图 11-9 $t=0$ 时旋转矢量图

所以振动方程为

$$x=4\cos\left(\pi t+\frac{2\pi}{3}\right)\text{cm}$$

11.3 单摆和复摆

11.3.1 单摆

如图 11-10 所示，一根长度为 l 不会伸长的轻线，上端固定，下端悬挂一个质量为 m 的小球，线在铅直位置时，小球处于平衡位置 O 点。将小球从平衡位置作一微小角位移然后释放，这时小球便在重力和悬线张力作用下，在铅直平面内沿弧线作来回往复的摆动。这一振动系统就称为**单摆**，通常把重物称为**摆锤**，细线称为**摆线**。

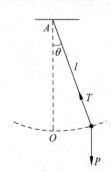

当小球离开平衡位置的角位移为 θ（规定小球在平衡位置右侧时 θ 取正，在左侧时 θ 取负）时，作用在小球上的重力的切向分力的大小为 $mg\sin\theta$，其方向总是与摆线垂直且指向平衡位置。这个力起着回复力的作用，可用下式表示：

$$f=-mg\sin\theta$$

当 θ 足够小（小于 $5°$）时，$\sin\theta\approx\theta$，这时回复力可写为

$$f=-mg\theta$$

图 11-10 单摆

式中，负号表示 f 与角位移 θ 的符号相反。此力与角位移的一次方成正比，属于线性回复力，它在这里所起的作用与弹性力相似，但在本质上又不是弹性力，称为**准弹性力**。从受力的角度看，单摆与弹簧振子的运动是相同的。

根据牛顿第二定律，有

$$f=ma_t=m\frac{\mathrm{d}v}{\mathrm{d}t}=m\frac{\mathrm{d}}{\mathrm{d}t}(l\omega)=ml\frac{\mathrm{d}\omega}{\mathrm{d}t}=ml\frac{\mathrm{d}^2\theta}{\mathrm{d}t^2}=-mg\theta$$

上式可改写成

$$\frac{\mathrm{d}^2\theta}{\mathrm{d}t^2} + \frac{g}{l}\theta = 0 \tag{11-15}$$

令 $\omega^2 = \dfrac{g}{l}$，则式(11-15)可表示为

$$\frac{\mathrm{d}^2\theta}{\mathrm{d}t^2} + \omega^2\theta = 0 \tag{11-16}$$

将式(11-16)与式(11-4)比较，两者形式完全一样，是简谐运动的微分方程的标准形式。由此可见，单摆的小角度摆动具有简谐运动的特征。其运动方程为

$$\theta = \theta_0\cos(\omega t + \varphi) \tag{11-17}$$

单摆振动的角频率和周期分别为

$$\omega = \sqrt{\frac{g}{l}}, \quad T = 2\pi\sqrt{\frac{l}{g}} \tag{11-18}$$

可见，单摆的周期和角频率也为固有周期、固有角频率，它们取决于摆长和该处的重力加速度。利用式(11-18)，可通过测量单摆的周期以确定该地点的重力加速度。

11.3.2　复摆

如图 11-11 所示，质量为 m 的任意形状的物体，被支持在无摩擦的水平轴 O 上，将它拉开一个微小角度 θ 后释放，物体将绕 O 轴作微小的自由摆动。这样的装置称为**复摆**。设复摆对 O 轴的转动惯量为 J，复摆的质心 C 到 O 轴的距离 $OC = l$。

复摆在某一时刻受到的重力矩为 $M = -mgl\sin\theta$，当摆角很小时，$\sin\theta \approx \theta$，有 $M = -mgl\theta$，若不计空气阻力，由转动定律得

$$\frac{\mathrm{d}^2\theta}{\mathrm{d}t^2} + \frac{mgl}{J}\theta = 0 \tag{11-19}$$

将式(11-19)与式(11-16)比较，可见复摆运动在摆角很小时，可视为简谐运动。其振动的角频率和周期分别为

$$\omega = \sqrt{\frac{mgl}{J}}, \quad T = 2\pi\sqrt{\frac{J}{mgl}} \tag{11-20}$$

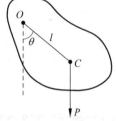

图 11-11　复摆

如果已知复摆对轴 O 的转动惯量 J 和质心到该轴的距离 l，通过实验测出复摆的周期 T，可求得该地点的重力加速度 g；或者，已知 g 和 l，由实验测得 T，可求出复摆绕轴 O 的转动惯量 J。

11.4　简谐运动的能量

下面以弹簧振子为例讨论说明简谐运动的能量。

设质量为 m、劲度系数为 k 的弹簧振子，其位移和速度分别为

$$x = A\cos(\omega t + \varphi)$$
$$v = -A\omega\sin(\omega t + \varphi)$$

于是，质点的振动动能为

$$E_k = \frac{1}{2}mv^2 = \frac{1}{2}mA^2\omega^2\sin^2(\omega t + \varphi)$$

考虑到 $\omega^2 = \dfrac{k}{m}$,上式可改写为

$$E_k = \frac{1}{2}mv^2 = \frac{1}{2}kA^2\sin^2(\omega t + \varphi) \tag{11-21}$$

如果取物体在平衡位置的势能为零,则振动系统的势能为

$$E_p = \frac{1}{2}kx^2 = \frac{1}{2}kA^2\cos^2(\omega t + \varphi) \tag{11-22}$$

将式(11-21)和式(11-22)相加,即可以得到弹簧振子振动的总能量为

$$E = \frac{1}{2}kA^2 = \frac{1}{2}m\omega^2 A^2 = \frac{1}{2}mv_m^2 \tag{11-23}$$

式(11-23)说明,孤立的谐振系统在振动过程中的动能和势能虽然分别随时间而变化,但总的机械能在振动过程中是守恒的。这是因为振子在运动过程中所受到的力是线性回复力,而线性回复力是保守力。在线性回复力作用下,当振子从最大位移处向平衡位置运动的过程中,回复力对振子加速,将弹簧的弹性势能转化为振子的动能;而当振子从平衡位置向最大位移处运动的过程中,回复力将阻碍振子的运动,将振子的动能转化为弹簧的势能,所以,振动系统中动能和势能的关系是:相互转化,总量守恒。此外,式(11-23)还说明,简谐运动系统的总能量和振幅的平方成正比,因此,对一个确定的振动系统而言,振动的强弱由振幅的大小来描述。

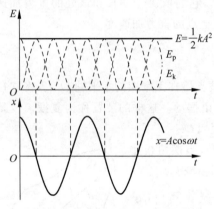

图 11-12　谐振子动能、势能和总机械能随时间的变化曲线

图 11-12 表示初相位 $\varphi = 0$ 的简谐运动系统中动能、势能和总机械能随时间的变化曲线。从图中可以看出,当物体作简谐运动时,其动能和势能均随时间按正弦或余弦函数的平方发生变化。当物体运动到最大位移处时,其势能最大,动能为零;当物体运动到平衡位置处时,其动能最大,势能为零。简谐运动过程正是动能和势能相互转化的过程,而动能和势能的变化频率是振动频率的两倍。

由式(11-21)和式(11-22)可求得简谐运动系统的动能和势能在一个周期内的平均值为

$$\overline{E_k} = \frac{1}{T}\int_0^T E_k dt = \frac{1}{T}\int_0^T \frac{1}{2}kA^2\sin^2(\omega t + \varphi)dt = \frac{1}{4}kA^2$$

$$\overline{E_p} = \frac{1}{T}\int_0^T E_p dt = \frac{1}{T}\int_0^T \frac{1}{2}kA^2\cos^2(\omega t + \varphi)dt = \frac{1}{4}kA^2$$

可见,动能和势能的平均值相等,都等于振动总能量的一半,即 $\overline{E_k} = \overline{E_p} = \dfrac{1}{2}E$。

上述结论虽是从弹簧振子系统推出的,但具有普遍意义,适用于任何一个谐振动系统。

例 11-4　质量为 0.10kg 的物体,以振幅 1.0×10^{-2}m 作简谐运动,其加速度振幅为 4.0m/s。

(1) 求振动的周期。

(2) 求通过平衡位置时的动能。

(3) 求总能量。

（4）物体在何处其动能和势能相等？

解 （1）因为

$$a_m = A\omega^2$$

所以

$$\omega = \sqrt{\frac{a_m}{A}} = 20\text{rad/s}$$

得

$$T = \frac{2\pi}{\omega} = 0.314\text{s}$$

（2）因通过平衡位置时的速度最大，故

$$E_{k,\max} = \frac{1}{2}mv_{\max}^2 = \frac{1}{2}m\omega^2 A^2 = 2.0 \times 10^{-3}\text{J}$$

（3）总能量

$$E = E_{k,\max} = 2.0 \times 10^{-3}\text{J}$$

（4）由 $E_k = E_p, E = E_k + E_p$ 得

$$E_p = \frac{1}{2}E$$

代入 $E = \frac{1}{2}kA^2, E_p = \frac{1}{2}kx^2$ 得

$$x = \pm\frac{\sqrt{2}}{2}A \approx \pm 0.707 \times 10^{-2}\text{m}$$

11.5 简谐运动的合成

在实际问题中，我们常会遇到一个质点同时参与几个振动的情况。例如，当两个声波同时传播到某一点时，该点处的空气质点就同时参与两个振动，根据运动叠加原理，这时质点所作的运动实际上就是这两个振动的合成。一般的振动合成问题比较复杂，本节只研究几种简单情况。

11.5.1 两个同方向同频率的简谐运动的合成

设两个振动方向相同、频率相同的简谐运动的表达式为

$$x_1 = A_1\cos(\omega t + \varphi_1)$$
$$x_2 = A_2\cos(\omega t + \varphi_2)$$

式中，A_1 和 A_2 分别为两简谐运动的振幅；φ_1 和 φ_2 分别为两简谐运动的初相位。由于两振动发生在同一直线方向上，则在任意时刻合振动的位移即为两分振动位移的代数和，即

$$x = x_1 + x_2 = A_1\cos(\omega t + \varphi_1) + A_2\cos(\omega t + \varphi_2)$$

应用三角函数的和差化积公式将上式展开并整理，可得

$$x = A\cos(\omega t + \varphi)$$

式中，A 和 φ 的值分别为

$$A = \sqrt{A_1^2 + A_2^2 + 2A_1A_2\cos(\varphi_2 - \varphi_1)} \tag{11-24}$$

$$\tan\varphi = \frac{A_1\sin\varphi_1 + A_2\sin\varphi_2}{A_1\cos\varphi_1 + A_2\cos\varphi_2} \tag{11-25}$$

这说明合振动仍是简谐运动,其振动方向和振动频率都与原来的两个分振动相同。

虽然应用三角函数公式不难求得合成结果,但是利用旋转矢量法将更简洁、直观地给出结果。如图 11-13 所示,A_1 和 A_2 代表两分振动 x_1 和 x_2 的旋转矢量,它们与 x 轴的夹角分别为 φ_1 和 φ_2,并以相同角速度 ω 逆时针旋转。矢量 A 为 A_1 和 A_2 的矢量和,表示合振动的振幅矢量。$t=0$ 时,A 与 x 轴夹角为 φ。由于 A_1 和 A_2 旋转角速度相同,所以 A_2 和 A_1 之间的夹角($\varphi_2-\varphi_1$)始终不变,旋转过程中,矢量合成的平行四边形的形状保持不变,因而 A 的大小不变,且 A 也以相同的角速度 ω 随 A_1 和 A_2 一起旋转。t 时刻,A 在 x 轴的投影 $x=x_1+x_2$,表示合振动的位移,A 就是合振动的旋转矢量,而合振动的表达式可从合矢量 A 在 x 轴上的投影形象地给出,A 和 φ 的值也可以通过三角函数关系由图简便得到。

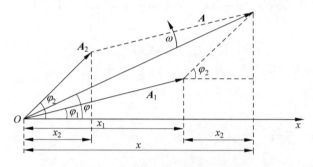

图 11-13　振动合成旋转矢量图

现在来讨论振动合成的结果。从式(11-24)可知,合振动的振幅与原来的两个分振动的相位差($\varphi_2-\varphi_1$)有关:

(1) 两振动同相,即相位差 $\varphi_2-\varphi_1=\pm 2k\pi(k=0,1,2,\cdots)$时,有

$$A=\sqrt{A_1^2+A_2^2+2A_1A_2}=A_1+A_2$$

合振幅等于两分振动振幅之和,合成振幅最大。

(2) 两分振动反相,即相位差 $\varphi_2-\varphi_1=\pm(2k+1)\pi(k=0,1,2,\cdots)$时,有

$$A=\sqrt{A_1^2+A_2^2-2A_1A_2}=|A_1-A_2|$$

合振动的振幅等于两分振动振幅之差的绝对值,合成振幅最小。如果 $A_1=A_2$,则 $A=0$,就是振动合成的结果使质点处于静止状态。

一般情况下,两分振动既不同相亦非反相,合振幅在 A_1+A_2 和 $|A_1-A_2|$ 之间。

同方向同频率简谐运动的合成原理,在讨论声波、光波及电磁辐射的干涉和衍射时经常用到。

例 11-5　有 n 个同方向、同频率的简谐运动,它们的振幅相等,初相位分别为 $0,\delta$,$2\delta,\cdots$,依次相差一个恒量 δ,其振动方程可写成

$$x_1=a\cos\omega t$$
$$x_2=a\cos(\omega t+\delta)$$
$$x_3=a\cos(\omega t+2\delta)$$
$$\vdots$$
$$x_n=a\cos[\omega t+(n-1)\delta]$$

求它们的合振动的振幅和初相。

解　对这种情况,采用旋转矢量法,可以避免繁杂的三角函数运算,有极大的优越性。如图 11-14 所示,将同时刻($t=0$)的振幅矢量 $\boldsymbol{a}_1,\boldsymbol{a}_2,\cdots,\boldsymbol{a}_n$ 首尾相接,而相邻矢量的夹角为 δ。它们构成多边形的一部分,可见合振动的振幅矢量等于各分振动振幅矢量的矢量和。

下面以 $n=3$ 为例。采用几何分析法求出合振动振幅矢量的大小和方向。作这一多边形的外接圆,其圆心为 C,半径为 R。显然,$\triangle COM$ 为等腰三角形,其顶角为 δ,底角为 $\dfrac{\pi-\delta}{2}$;$\triangle CON$ 为等腰三角形,其顶角为 $n\delta$,底角为 $\dfrac{\pi-n\delta}{2}$。于是,ON 为合振动的振幅 A,$\angle NOM$ 为合振动的初相位。

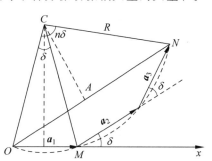

图 11-14　n 个同方向、同频率简谐运动的
合成(图中取 $n=3$)

在 $\triangle COM$ 中,有

$$\sin\frac{\delta}{2}=\frac{\dfrac{a}{2}}{R}$$

在 $\triangle CON$ 中,有

$$\sin\frac{n\delta}{2}=\frac{\dfrac{A}{2}}{R}$$

解得合振动的振幅

$$A=\frac{\sin\left(\dfrac{n\delta}{2}\right)}{\sin\left(\dfrac{\delta}{2}\right)}a$$

而合振动的初相

$$\varphi=\angle COM-\angle CON=\frac{\pi-\delta}{2}-\frac{\pi-n\delta}{2}=\frac{n-1}{2}\delta$$

所以,合振动的振动方程为

$$x=A\cos(\omega t+\varphi)$$

11.5.2　同方向不同频率简谐运动的合成及拍现象

如果两个同方向简谐运动的频率不同,在矢量图 11-13 中,$\boldsymbol{A}_1$ 和 $\boldsymbol{A}_2$ 之间的相差将随时间而改变,这时合矢量 $\boldsymbol{A}$ 的长度和角速度都将随时间而变化。合矢量 $\boldsymbol{A}$ 所代表的合振动虽然仍与原来振动的方向相同,但不再是简谐运动,而是比较复杂的运动。我们现在仅研究频率相近的两个简谐运动的合成情况,其在实际工作和生活中有着广泛的应用。这时合振动具有特殊的性质,即**合振动的振幅随时间而发生周期性变化**,这种现象称为**拍**。

我们可以用实验来演示这种现象。取两个频率相近的音叉,在其中一个上涂少许石蜡,使它的频率有很小的降低。分别敲击这两个音叉,我们听到的音强是均匀的;同时敲击这两个音叉,结果听到"嗡嗡嗡"的声音,反映出合振动的振幅存在时强时弱的周期性变化,这就是拍的现象。

设质点同时参与两个同方向,但频率分别为 ω_1 和 ω_2 的简谐运动。为突出频率不同引

起的效果,设两分振动的振幅相同,且初相均等于 0,即

$$x_1 = A\cos\omega_1 t$$

$$x_2 = A\cos\omega_2 t$$

则合振动的位移为

$$x = x_1 + x_2 = A\cos\omega_1 t + A\cos\omega_2 t$$

应用三角函数和差化积公式将上式合并,可得

$$x = 2A\cos\left(\frac{\omega_2 - \omega_1}{2}t\right)\cos\left(\frac{\omega_2 + \omega_1}{2}t\right) \tag{11-26}$$

由于 ω_1 和 ω_2 相近,式中 $\frac{\omega_2 - \omega_1}{2}$ 很小,而 $\bar{\omega} = \frac{\omega_2 + \omega_1}{2} \approx \omega_1 \approx \omega_2$,因此,合振动可以看成是振幅为 $A' = \left|2A\cos\left(\frac{\omega_2 - \omega_1}{2}t\right)\right|$、周期为平均周期 $\bar{T}$ 的振动,即

$$x = A'\cos\bar{\omega}t$$

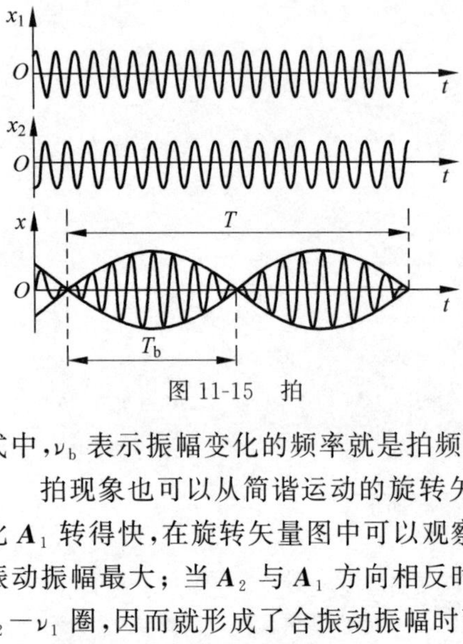

图 11-15 拍

图 11-15 画出了合振动的 x-t 图线,从图中可看出,合振动的振幅按 $A' = \left|2A\cos\left(\frac{\omega_2 - \omega_1}{2}t\right)\right|$ 随时间而缓慢地变化。由于振幅总是正值,而 A' 余弦函数的绝对值以 π 为周期,因而振幅变化的周期 T_b 可由 $\left|\frac{\omega_2 - \omega_1}{2}\right|T_b = \pi$ 决定,得

$$\nu_b = \frac{1}{T_b} = \left|\frac{\omega_2 - \omega_1}{2\pi}\right|$$

$$= |\nu_2 - \nu_1| \tag{11-27}$$

式中,ν_b 表示振幅变化的频率就是拍频。可见,拍频的数值等于两分振动频率之差。

拍现象也可以从简谐运动的旋转矢量合成图中得到说明。例如,在图 11-13 中,设 A_2 比 A_1 转得快,在旋转矢量图中可以观察到,A_2 在周而复始地追赶 A_1,当 A_2 追上 A_1 时,合振动振幅最大;当 A_2 与 A_1 方向相反时,合振动振幅最小。由于单位时间内 A_2 比 A_1 多转 $\nu_2 - \nu_1$ 圈,因而就形成了合振动振幅时而增大、时而减小的拍的现象,拍频等于 $\nu_2 - \nu_1$。

拍现象在技术上有重要的应用。例如,管弦乐中的双簧管就是利用两个簧片振动频率的微小差别来产生颤动的拍音。调整乐器时,通过使它和标准音叉出现的拍音消失来校准乐器。还可用来测量频率,如果已知一个振动的频率,使它与一个频率相近但频率未知的振动叠加,通过测量合成振动的拍频,就可求出未知振动的频率。拍现象常常用于汽车速度监视器、地面卫星跟踪等。此外,在各种电子测量仪器中,也常常用到拍的现象。

11.5.3 两个相互垂直的简谐运动的合成

当一个质点同时参与两个不同方向的振动时,质点的位移是这两个振动的位移的矢量和。在一般情况下,质点将在平面上作曲线运动。质点轨道的形状由两个振动的振幅、频率和相位差来决定。

我们主要讨论两个相互垂直的、同频率的简谐运动的合成。设这两个简谐运动分别在 x 轴和 y 轴上进行,振动方程分别为

$$x = A_1 \cos(\omega t + \varphi_1)$$
$$y = A_2 \cos(\omega t + \varphi_2)$$

在任一时刻 t，质点的位置是 (x,y)，t 改变时，质点的位置 (x,y) 也随之改变。因此，上述两方程就是用参量 t 来表示质点运动轨迹的参量方程，如果把参量 t 消去，就得到轨迹的直角坐标方程，即

$$\frac{x^2}{A_1^2} + \frac{y^2}{A_2^2} - \frac{2xy}{A_1 A_2}\cos(\varphi_2 - \varphi_1) = \sin^2(\varphi_2 - \varphi_1) \tag{11-28}$$

一般来说，上述方程是椭圆方程，因为质点的位置 (x,y) 在有限范围内变动，所以，椭圆轨道不会超出以 $2A_1$ 和 $2A_2$ 为边界的矩形范围。下面分别讨论几种相位差的特殊情况，如图 11-16 所示。

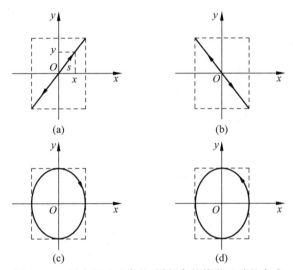

图 11-16　两个相互垂直的、同频率的简谐运动的合成

(a) $\varphi_2 - \varphi_1 = 0$；(b) $\varphi_2 - \varphi_1 = \pi$；(c) $\varphi_2 - \varphi_1 = \dfrac{\pi}{2}$；(d) $\varphi_2 - \varphi_1 = -\dfrac{\pi}{2}$

(1) 当 $\varphi_2 - \varphi_1 = 0$，即两振动同相时，式(11-28)变为

$$y = \frac{A_2}{A_1}x$$

表明质点轨迹是一条直线，通过坐标原点而斜率为 $\dfrac{A_2}{A_1}$，如图 11-16(a)所示。

(2) 当 $\varphi_2 - \varphi_1 = \pi$，即两振动反相时，式(11-28)变为

$$y = -\frac{A_2}{A_1}x$$

表明质点轨迹仍是一条直线，但斜率为 $-\dfrac{A_2}{A_1}$，如图 11-16(b)所示。

在(1)、(2)两种情况下，质点离开平衡位置的位移 s 大小为

$$s = \sqrt{x^2 + y^2} = \sqrt{A_1^2 + A_2^2}\cos(\omega t + \varphi)$$

可见合振动仍是简谐运动，频率与分振动相同，而振幅等于 $\sqrt{A_1^2 + A_2^2}$。

（3）当 $\varphi_2 - \varphi_1 = \pm \dfrac{\pi}{2}$ 时，式(11-28)可简化为

$$\frac{x^2}{A_1^2} + \frac{y^2}{A_2^2} = 1$$

即质点的轨迹是以坐标轴为主轴的椭圆，通常称为正椭圆。质点就沿着这个椭圆运动。
图 11-16(c)对应于 $\varphi_2 - \varphi_1 = \dfrac{\pi}{2}$ 的情况，即此时 x 落后 y 的相位为 $\dfrac{\pi}{2}$，图中箭头表示质点
运动方向，表明质点按顺时针方向作椭圆运动，这个运动的周期就等于分振动的周期。
而图 11-16(d)对应于 $\varphi_2 - \varphi_1 = -\dfrac{\pi}{2}$ 的情况，即 x 超前 y 的相位为 $\dfrac{\pi}{2}$，此时图中箭头表示质
点按逆时针方向作椭圆运动。注意这两种情况下质点运动方向有左旋和右旋之分。如果当
$\varphi_2 - \varphi_1 = \pm \dfrac{\pi}{2}$ 的同时，两分振动的振幅也相等，即 $A_1 = A_2$，则质点将作圆周运动。可见圆
周运动可分解为两个相互垂直的简谐运动，正是基于这种圆周运动与简谐运动的联系，我们
才有用旋转矢量表示简谐运动的描述方法。

（4）$\varphi_2 - \varphi_1$ 为其他值，此时合振动轨迹是椭圆，但不是正椭圆，而是斜椭圆。

最后讨论两个相互垂直但具有不同频率的简谐运动的合成。如果两个振动有微小的频
率差异，相位差就不是定值，合振动的轨道将不断地按照图 11-17 所示的顺序在上述的矩形
范围内由直线逐渐变成椭圆，又逐渐由椭圆变成直线，并重复进行。

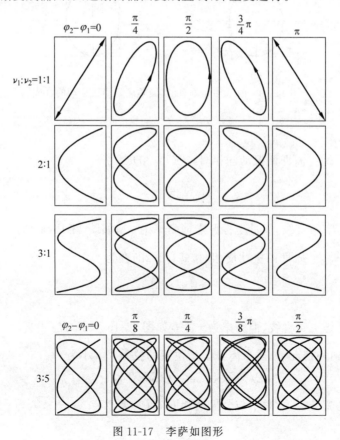

图 11-17　李萨如图形

　　如果两个振动的频率相差很大,但有简单的整数比关系,也可得到稳定、封闭的合成运动轨道。图 11-17 给出了对应不同周期比以及相位差时,振动质点的合成轨迹。这些图形称为李萨如图形。在工程技术领域,常利用李萨如图形进行频率和相位的测定。

11.6　阻尼振动、受迫振动及共振

11.6.1　阻尼振动

　　前面所讨论的简谐运动是一种理想状况,即谐振子系统作无阻尼(无摩擦和辐射损失)的自由振动,它是等幅振动。而在实际中,阻尼是不可消除的,如没有能量补充,由于机械能有损耗,其振幅将不断地衰减。这种振幅随时间不断衰减的振动称为**阻尼振动**。

　　下面讨论的是谐振子系统受到弱介质阻力而衰减的情况。**弱介质阻力**是指当振子运动速度较低时,介质对物体的阻力仅与速度大小的一次方成正比,即这时阻力为

$$f = -\gamma v = -\gamma \frac{\mathrm{d}x}{\mathrm{d}t}$$

式中,γ 称为阻力系数,与物体的形状、大小、物体的表面性质及介质性质有关。

　　仍以弹簧振子为例,这时振子的动力学方程为

$$m \frac{\mathrm{d}^2 x}{\mathrm{d}t^2} = -kx - \gamma \frac{\mathrm{d}x}{\mathrm{d}t} \tag{11-29}$$

令 $\omega_0^2 = \dfrac{k}{m}$,$2\beta = \dfrac{\gamma}{m}$,上式可写为

$$\frac{\mathrm{d}^2 x}{\mathrm{d}t^2} + 2\beta \frac{\mathrm{d}x}{\mathrm{d}t} + \omega_0^2 x = 0 \tag{11-30}$$

式中,ω_0 是系统的固有角频率;β 为阻尼因数。

　　式(11-30)的解,与阻尼的大小有关,当 $\beta \ll \omega_0$ 时,称为**欠阻尼**,其方程的解为

$$r = A_0 \mathrm{e}^{-\beta t} \cos(\omega t + \varphi) \tag{11-31}$$

式中,$\omega = \sqrt{\omega_0^2 - \beta^2}$;$A_0$ 和 φ 依然是由初始条件确定的两个积分常数。阻尼振动的位移随时间变化的曲线如图 11-18 所示,图中虚线表示阻尼振动的振幅 $A_0 \mathrm{e}^{-\beta t}$ 随时间 t 按指数衰减,阻尼越大(在 $\beta \ll \omega_0$ 范围内),振幅衰减越快,阻尼振动的准周期为

$$T = \frac{2\pi}{\omega} = \frac{2\pi}{\sqrt{\omega_0^2 - \beta^2}} > \frac{2\pi}{\omega_0} \tag{11-32}$$

可见,阻尼振动的周期比系统的固有周期长。

　　若 $\beta = \omega_0$,称为**临界阻尼**,这时式(11-30)的解为

$$x = (c_1 + c_2 t)\mathrm{e}^{-\beta t} \tag{11-33}$$

此时系统不作往复运动,而是较快地回到平衡位置并停下来,如图 11-19(b)所示。

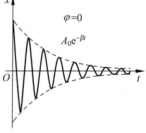

图 11-18　阻尼振动

　　若 $\beta > \omega_0$,则称为**过阻尼**,此时方程的解为

$$x = c_1 \mathrm{e}^{-(\beta - \sqrt{\beta^2 - \omega_0^2})t} + c_2 \mathrm{e}^{-(\beta + \sqrt{\beta^2 - \omega_0^2})t} \tag{11-34}$$

这时系统也不作往复运动,而是非常缓慢地回到平衡位置,如图 11-19(c)所示。

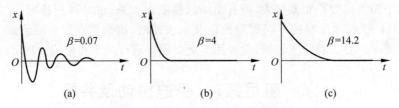

图 11-19　阻尼振动三种情况比较

(a) 欠阻尼振动；(b) 临界阻尼振动；(c) 过阻尼振动

在实用中,常利用改变阻尼的方法来控制系统的振动情况。例如,各类机器的防震器大多采用一系列的阻尼装置；有些精密仪器,如物理天平、灵敏电流计中装有阻尼装置并调至临界阻尼状态,使测量快捷、准确。

11.6.2　受迫振动

阻尼振动又称减幅振动,要使有阻尼的振动系统维持等幅振动,必须给振动系统不断地补充能量,即施加持续的周期性外力作用,振动系统在周期性外力作用下发生的振动称为**受迫振动**,这个周期性外力称为**策动力**。

为简单起见,假设策动力取如下形式：

$$F = F_0 \cos pt \tag{11-35}$$

式中,F_0 为策动力的幅值；p 为策动力的频率,这种策动力又称**谐和策动力**。

仍以弹簧振子为例,讨论弱阻尼谐振子系统在谐和策动力作用下的受迫振动,其动力学方程为

$$m \frac{\mathrm{d}^2 x}{\mathrm{d}t^2} = -kx - \gamma \frac{\mathrm{d}x}{\mathrm{d}t} + F_0 \cos pt \tag{11-36}$$

令 $\omega_0^2 = \dfrac{k}{m}, 2\beta = \dfrac{\gamma}{m}, f_0 = \dfrac{F_0}{m}$,可得

$$\frac{\mathrm{d}^2 x}{\mathrm{d}t^2} + 2\beta \frac{\mathrm{d}x}{\mathrm{d}t} + \omega_0^2 x = f_0 \cos pt \tag{11-37}$$

该方程的解为

$$x = A_0 \mathrm{e}^{-\beta t} \cos(\omega t + \varphi) + A \cos(pt + \varphi) \tag{11-38}$$

由微分方程理论可知,解的第一项实际上是式(11-30)在弱阻尼下的通解,随着时间的推移,很快就会衰减为零,故第一项称为衰减项,第二项才是稳定项,即式(11-37)的稳定解为

$$x = A \cos(pt + \varphi) \tag{11-39}$$

可见,稳定受迫振动的频率等于策动力的频率。

将式(11-39)代入式(11-37),并采用待定系数法可确定稳定受迫振动的振幅为

$$A = \frac{f_0}{\sqrt{(\omega_0^2 - p^2)^2 + 4\beta^2 p^2}} \tag{11-40}$$

这说明,稳定受迫振动的振幅与系统的初始条件无关,而是与系统固有频率、阻尼系数及策动力频率和幅值均有关。

11.6.3　共振

共振是受迫振动中一个重要而具有实际意义的现象,下面分别从位移共振和速度共振

两方面加以讨论。

1. 位移共振

由式(11-40)可知,对于一个给定振动系统,当阻尼和策动力幅值不变时,受迫振动的位移振幅是策动力角频率 p 的函数,它存在一个极值。受迫振动的位移达极大值的现象称为**位移共振**。将式(11-40)对 p 求导并令 $\dfrac{\mathrm{d}A}{\mathrm{d}p}=0$,可求出位移共振的角频率满足

$$p_\mathrm{r}=\sqrt{\omega_0^2-2\beta^2} \tag{11-41}$$

显然,共振位移的大小与阻尼有关,其关系如图 11-20 所示。

2. 速度共振

系统作受迫振动时,其速度也是与策动力角频率相关的函数,即

$$v=-pA\sin(pt+\varphi)=-v_\mathrm{m}\sin(pt+\varphi)$$

式中

$$v_\mathrm{m}=pA=\frac{pf_0}{\sqrt{(\omega_0^2-p^2)+4\beta^2 p^2}} \tag{11-42}$$

称为速度振幅,同样可求出当下式成立时:

$$p_\mathrm{v}=\omega_0 \tag{11-43}$$

速度振幅有极大值,这种现象称为**速度共振**。如图 11-21 所示,进一步的研究说明,当系统发生速度共振时,外界能量的输入处于最佳状态,即策动力在整个周期内对系统做正功,用以补偿阻尼引起的能耗。因此,速度共振又称为能量共振。在弱阻尼情况下,位移共振与速度共振的条件趋于一致,所以一般可以不必区分两种共振。

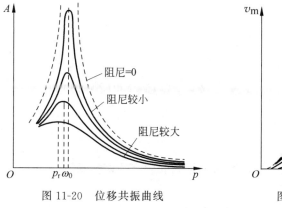

图 11-20　位移共振曲线

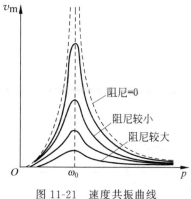

图 11-21　速度共振曲线

共振现象在光学、电学、无线电技术中应用极广。如收音机的"调谐"就是利用了"电共振"。此外,如何避免共振对桥梁、烟囱、水坝、高楼等建筑物的破坏,也是设计制造者必须考虑的问题。

本 章 小 结

1. 简谐运动表达式

$$x=A\cos(\omega t+\varphi)$$

(1) 三个特征量:

① 振幅 A,由振动系统的能量(或初始条件)决定;

② 角频率 ω(或周期 T),由系统的力学性质所决定;

③ 初相位 φ,取决于初始时刻的选择。

(2) 由初始条件确定振幅和相位:

$$A = \sqrt{x_0^2 + \left(-\frac{v_0}{\omega}\right)^2}, \quad \tan\varphi = -\frac{v_0}{\omega x_0}$$

2. 简谐运动的运动微分方程

$$\frac{\mathrm{d}^2 x}{\mathrm{d}^2 t} + \omega^2 x = 0$$

式中,ω 即为系统振动的角频率,例如

弹簧振子

$$\omega^2 = \frac{k}{m}$$

单摆

$$\omega^2 = \frac{g}{l}$$

复摆

$$\omega^2 = \frac{mgh}{J}$$

周期

$$T = \frac{2\pi}{\omega}$$

3. 简谐运动的能量

$$E = E_k + E_p = \frac{1}{2} m \left(\frac{\mathrm{d}x}{\mathrm{d}t}\right)^2 + \frac{1}{2} k x^2 = \frac{1}{2} k A^2$$

$$\overline{E}_k = \overline{E}_p = \frac{1}{2} E = \frac{1}{4} k A^2$$

4. 两个简谐运动的合成

(1) 同方向同频率的谐振动的合振动是与分振动同频率的谐振动。

合振幅:

$$A = \sqrt{A_1^2 + A_2^2 + 2A_1 A_2 \cos(\varphi_2 - \varphi_1)}$$

合振动初相位:

$$\tan\varphi = \frac{A_1 \sin\varphi_1 + A_2 \sin\varphi_2}{A_1 \cos\varphi_1 + A_2 \cos\varphi_2}$$

(2) 同方向不同频率谐振动合成时,若 $\omega_1 + \omega_2 \gg |\omega_1 - \omega_2|$,将产生拍振动,拍频

$$\nu_b = |\nu_2 - \nu_1|$$

(3) 振动方向相互垂直且同频率的谐振动的合成振动为一椭圆振动,即为

$$\frac{x^2}{A_1^2} + \frac{y^2}{A_2^2} - \frac{2xy}{A_1 A_2} \cos(\varphi_2 - \varphi_1) = \sin^2(\varphi_2 - \varphi_1)$$

具体形状由两分振动的相位差决定。

（4）振动方向相互垂直的两分振动，频率有简单整数比的合振动轨迹为李萨如图。

5. 阻尼振动受迫振动

（1）弱阻尼振动（$\beta/\omega_0 \ll 1$，ω_0 称为系统固有角频率）：

$$x = A_0 e^{-\beta t} \cos(\omega t + \varphi)$$

式中，$\omega = \sqrt{\omega_0^2 - \beta^2}$。

（2）受迫振动：稳定受迫振动的频率取决于策动力频率，其振幅和振动相位均与系统的初始条件无关。

（3）共振：

① 当策动力频率 $p_r = \sqrt{\omega_0^2 - 2\beta^2}$ 时，发生位移共振。

② 当策动力频率 $p_v = \omega_0$ 时，发生能量共振，此时，外界对系统的能量输入处于最佳状态。

阅读材料　非线性振动与混沌

我们知道，当单摆的摆角 θ 很小时，其运动方程 $\dfrac{d^2\theta}{dt^2} + \omega_0^2 \sin\theta = 0$ 可近似地写成

$$\frac{d^2\theta}{dt^2} + \omega_0^2 \theta = 0$$

这是一个线性微分方程，它的解为

$$\theta = \theta_0 \cos(\omega_0 t + \varphi_0)$$

表示单摆作简谐振动，即作线性振动。如果摆角较大，因 $\sin\theta = \theta - \dfrac{\theta^3}{3!} + \dfrac{\theta^5}{5!} - \cdots$，单摆的运动方程可写成

$$\frac{d^2\theta}{dt^2} + \omega_0^2 \left(\theta - \frac{\theta^3}{3!} + \frac{\theta^5}{5!} - \cdots\right) = 0$$

式中包含了 θ 的高次项，这是一个非线性微分方程，它的解不再代表线性振动，而是非线性振动。

振动物体在非线性回复力作用下所作的振动为非线性振动，一般来说，工程技术和日常生活中的振动都是非线性振动，仅仅在一定条件下才可近似地认为是线性振动。

1. 非线性振动概述

从动力学角度分析，发生非线性振动的原因有两个方面，即振动系统内在的非线性因素和系统外部的非线性影响。

1）内在非线性因素

振动系统内部出现非线性回复力，这是最直接的原因。比如前面提到的单摆的大角度摆动，又如弹簧振子系统在位移较小时属于线性振动，而当位移较大时，即使在弹性形变范围内，其回复力与位移之间也将呈现出非线性关系，即 $F = -k_1 x - k_2 x^2 - k_3 x^3 \cdots$。

振动系统在非线性回复力作用下，即使作无阻尼的自由振动也不是简谐振动，而是一种非线性振动。

如果振动系统的参量不能保持常数,例如描述系统"惯性"的物理量或摆长之类的参量不能保持常数,则形成参量振动一类的非线性振动。如漏摆,其在摆动过程中质量 m 和摆长 l 均在变化;而荡秋千则是转动惯量和摆长均在变化的复摆。

自激振动也是一种非线性振动,产生这种非线性振动的根本原因仍在系统本身内在的非线性因素。所谓自激振动,就是振动系统能从单向激励中自行有控地吸收能量,将单向运动能量转化成周期性振荡的能量。这种转化不是线性系统所能完成的,所以自激振动是非线性振动。例如,树梢在狂风中的呼啸、琴弦上奏出的音乐、自来水管突如其来的喘振等,都是自激振动的实例。

2) 外部的非线性影响

一种情况是非线性阻尼的影响,例如,当振子在介质中的振速过大时,受到的阻力将是速度的非线性函数,即 $f_r = -k_1 v - k_2 v^2 - k_3 v^3 - \cdots$;另一种情况是策动力为位移或速度的非线性函数,即 $F = F(x, x^2, x^3, \cdots, v, v^2, v^3, \cdots)$。

只要存在以上所说的一种非线性因素,系统的振动就是非线性的。因此,非线性振动是一种统称,针对具体不同的非线性因素,系统的振动形式是完全不同的。

此外,非线性振动与线性振动最大的区别在于:线性振动满足叠加原理,而非线性振动不满足叠加原理。

2. 混沌运动

所谓混沌运动,又称混沌,是在一个非线性方程所描述的确定性系统中出现貌似不规则的运动,其特征表现为对初态的敏感性和未来的不可预见性。而非线性方程的解取决于方程参数,可以是周期性的,也可以是混沌的;混沌解对初始条件的微小变化极为敏感,这是混沌的一个重要特征,混沌现象的出现揭示了非线性系统的解的不确定性。

下面举一个初值敏感性的例子,描述力学系统运动的微分方程在进行数值计算时,常化为代数方程,进行迭代法计算。设一个非线性迭代方程为

$$x_{n+1} = \lambda x_n (1 - x_n), \quad x = 0, 1, 2, \cdots$$

参数 λ 取值范围为 $[0, 4]$,变量 x_n 取值范围为 $[0, 1]$。

现设 λ 取定值 4,给定不同的初值 x_0 进行迭代计算,所得的结果如表 11-1 所示。

表 11-1　初值敏感性

n	$x_{n+1} = 4x_n(1 - x_n)$		
0	0.10000000000000	0.10000010000000	0.10000000000001
1	0.36000000000000	0.36000031999996	0.36000000000003
2	0.92160000000000	0.92160035839955	0.92160000000004
⋮	⋮	⋮	⋮
10	0.14783655991329	0.14771542832169	0.14783655990120
⋮	⋮	⋮	⋮
50	0.56003676322238	0.76700683636900	0.68887249265913
51	0.98558234824712	0.71482939732888	0.85730872606690
52	0.05683913228325	0.81539332017324	0.48932189710578
⋮	⋮	⋮	⋮

从表 11-1 中可以看出,给定的三个初值 x_0 差别如此之小,仅在小数点后第七位和第十四位上有差异,前几次迭代结果看不出有什么差别,迭代至 10 次后,所得的结果差别也不显著。但经 50 次迭代后,结果差别显著,第 52 次结果更是不可思议,其值飘忽不定,似有随机性。

从物理学角度说,物理量的测量总是有误差的,即人们对初值的认识总是有误差的。而在非线性系统中状态的演化对初值有敏感性,这种来源于确定论方法描述的系统中的无规则运动称为混沌,初值敏感性也称为内在随机性。

首先发现混沌运动的是美国气象学家洛伦兹(E. Lorenz),1961 年冬的一天,他用真空管计算机计算大气对流对天气影响的非线性方程。已算得了一个解,他想知道此解的长期行为,为了避免长时间等待,他不再从头算起,而把记录下来的中间数据当作初值输入,希望得到上次后半段的结果。但是,出乎预料,经过一段重复过程后,计算就偏离了原来的结果,如图 11-22 所示。洛伦兹很快就意识到这不是计算机出了毛病,问题出在他输入的数据上,他把这种天气对初值的高度敏感现象用一个很风趣的词——蝴蝶效应(butterfly effect)来表示。意思是说,今天某地一只蝴蝶拍下翅膀(相当于微弱地改变了当天的气流,即初始条件),可能隔一段时间在另一地方引起一场意想不到的大风暴。

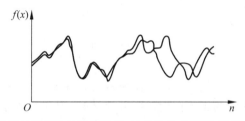

图 11-22　洛伦兹天气预报的计算图线(初始条件几乎相同,最后结果却分道扬镳)

混沌现象非常普遍,如缭绕的青烟、漂浮的云彩、闪电的路径、血管的微观网络,宇宙中的星团乃至经济的波动和人口的增长等。混沌的研究不仅涉及物理学、化学、生物学、气象学等自然范畴,还表现在经济学、人口学等社会科学中。混沌理论也较复杂,这里仅简单介绍混沌的一个主要特性。

在物理学的发展史上,由伽利略、牛顿所创立的经典力学是确定论描述的典范,到了 20 世纪初,量子力学、相对论的创立,微观粒子波粒二象性和不确定关系的发现,使人们认识到客观世界是复杂的,自然界除了牛顿力学支配的确定论过程之外,还有大量的随机过程。从 20 世纪 60 年代,由于计算机的应用,对非线性问题的研究有了突破性的进展,人们又认识到在确定性的非线性系统中有混沌现象,宣告了确定论思想的终结。以至于有科学家认为,20 世纪以混沌现象为中心课题的非线性科学的基本概念会持久地影响自然科学进程,成为继相对论、量子力学之后又一次新的革命。我国著名科学家钱学森曾经这样评价:一个层次的混沌是紧接着上一个层次有序的基础。所以没有混沌就死水一潭,不会出现结构的有序化,也就没有"生命"。连一块石头都有原子、电子层次的混沌:石头有晶体结构,这是有序;但这个结构有"活"的原子电子进进出出,这就是混沌。

习　　题

11.1　单项选择题

(1) 已知一质点沿 y 轴作简谐振动,如题 11.1(1)图所示。其振动方程为 $y = A\cos\left(\omega t + \dfrac{3\pi}{4}\right)$,与之对应的振动曲线为(　　)。

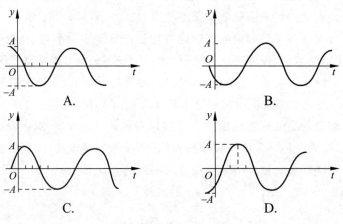

题 11.1(1)图

(2) 一弹簧振子,重物的质量为 m,劲度系数为 k,该振子作振幅为 A 的简谐振动。当重物通过平衡位置且向规定的正方向运动时开始计时,则其振动方程为(　　)。

A. $x = A\cos\left(\sqrt{\dfrac{k}{m}}\,t - \dfrac{\pi}{2}\right)$　　　　　　　　B. $x = A\cos\left(\sqrt{\dfrac{k}{m}}\,t + \dfrac{\pi}{2}\right)$

C. $x = A\cos\left(\sqrt{\dfrac{m}{k}}\,t + \dfrac{\pi}{2}\right)$　　　　　　　　D. $x = A\cos\left(\sqrt{\dfrac{m}{k}}\,t - \dfrac{\pi}{2}\right)$

(3) 当质点作频率为 ν 的谐振动时,它的动能的变化频率为(　　)。

A. ν　　　　　　　　B. 2ν　　　　　　　　C. 4ν　　　　　　　　D. $\dfrac{\nu}{2}$

(4) 一质点作简谐振动,振幅为 A,周期为 T,则质点从平衡位置运动到离最大振幅 $\dfrac{A}{2}$ 处需要的最短时间为(　　)。

A. $\dfrac{T}{4}$　　　　　　　　B. $\dfrac{T}{6}$　　　　　　　　C. $\dfrac{T}{8}$　　　　　　　　D. $\dfrac{T}{12}$

(5) 一质点作简谐振动,其运动速度与时间的曲线如题 11.1(5)图所示,若质点的振动按余弦函数描述,则其初相为(　　)。

A. $\dfrac{\pi}{6}$　　　　　　　　B. $\dfrac{5\pi}{6}$

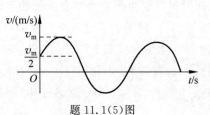

题 11.1(5)图

C. $-\dfrac{5\pi}{6}$　　　　D. $-\dfrac{\pi}{6}$　　　　E. $-\dfrac{2\pi}{3}$

11.2　填空题

(1) 弹簧振子在光滑水平面上作简谐振动时,弹性力在半个周期内所做的功为_____J。

(2) 无阻尼自由谐振动的周期和频率由_____决定。对于给定的谐振动系统,其振幅、初相由_____决定。

(3) 一竖直悬挂的弹簧振子,自然平衡时伸长量是 x_0,此振子自由振动的周期为_____。

(4) 一弹簧振子系统具有 1.0J 的振动能量,0.1m 的振幅和 1.0m/s 的最大速率,则弹簧的劲度系数为_____,振子的振动频率为_____。

(5) 一质点在 x 轴上作简谐运动,振幅 $A=4$cm,周期 $T=2$s,其平衡位置取作坐标原点。若 $t=0$ 时质点第一次通过 $x=-2$cm 处且向 x 轴负方向运动,则质点第二次通过 $x=-2$cm 处的时刻为_____.

11.3　计算题

(1) 有一弹簧振子,振幅 $A=2.0\times10^{-2}$m,周期 $T=1.0$s,初相 $\varphi=\dfrac{3}{4}\pi$。试写出它的振动位移、速度和加速度。

(2) 若简谐振动方程为 $x=0.1\cos[20\pi t+\pi/4]$m,求:①振幅、频率、角频率、周期和初相;②$t=2$s 时的位移、速度和加速度。

(3) 为了测得一物体的质量 m,将其挂到一弹簧上并让其自由振动,测得频率 $\nu_1=1.0$Hz;而当将另一已知质量为 m' 的物体单独挂在该弹簧上时,测得频率为 $\nu_2=2.0$Hz。设振动均在弹簧的弹性限度内进行,求被测物体的质量。

(4) 有两个劲度系数分别为 k_1 和 k_2 的轻弹簧,其与一质量为 m 的物体分别组成如题 11.3(4)图(a)和(b)所示的振子系统,试分别求出两系统的振动周期。

(5) 重物 A 的质量 $M=1$kg,放在倾角 $\theta=30°$ 的光滑斜面上,并用绳跨过定滑轮与劲度系数 $k=49$N/m 的轻弹簧连接,如题 11.3(5)图所示。将物体由弹簧未形变的位置静止释放,并开始计时,试求:不计滑轮质量,物体 A 的运动方程。

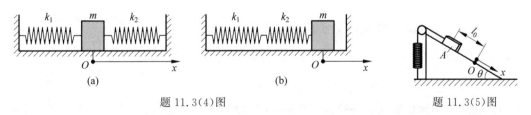

(a)　　　　　　　(b)　　　　　　　

题 11.3(4)图　　　　　　　题 11.3(5)图

(6) 一个沿 x 轴作简谐振动的弹簧振子,振幅为 A,周期为 T,其振动方程用余弦函数表示。当 $t=0$ 时,质点的运动状态分别为:

① $x_0=-A$;

② 过平衡位置向正向运动;

③ 过 $x=A/2$ 处向正向运动;

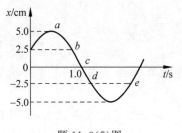

题 11.3(7)图

④ 过 $x = -A/\sqrt{2}$ 处向正向运动。

试求出相应的初相位，并写出振动方程。

(7) 已知一个谐振子的振动曲线如题 11.3(7)图所示。

① 求和 a、b、c、d、e 各状态对应的相位；

② 写出振动表达式；

③ 画出旋转矢量图。

(8) 一质量为 10×10^{-3}kg 的物体作简谐运动，振幅为 24cm，周期为 4.0s，当 $t=0$ 时位移为 $+24$cm。求：

① $t=0.5$s 时，物体所在的位置及此时所受力的大小和方向；

② 由起始位置运动到 $x=12$cm 处所需的最短时间；

③ 在 $x=12$cm 处物体的总能量。

(9) 题 11.3(9)图为两个谐振动的 x-t 曲线，试分别写出其谐振动方程。

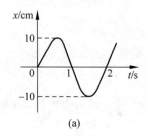
(a)

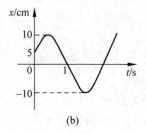
(b)

题 11.3(9)图

(10) 如题 11.3(10)图所示，质量 $m=10$g 的子弹，以 $v=1000$m/s 的速度射入一在光滑平面上与弹簧相连的木块，并嵌入其中，致使弹簧压缩而作简谐振动，若木块质量 $M=4.99$kg，弹簧的劲度系数 $k=8 \times 10^{3}$N/m，求简谐振动的振动表达式。

(11) 一物块悬挂于弹簧下端并作简谐振动，当物块位移为振幅的一半时，这个振动系统的动能占总能量的多大部分？势能占多大部分？位移多大时，动能、势能各占总能量的一半？

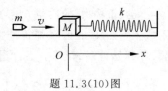

题 11.3(10)图

(12) 一个 3.0kg 的质点按下面的方程作简谐振动 $x = 5.0 \times 10^{-2} \cos\left(\dfrac{\pi}{3}t - \dfrac{\pi}{4}\right)$m，式中，$x$，$t$ 的单位分别为 m 和 s。试问：

① x 为什么值时，势能等于总能量的一半？

② 质点从平衡位置到这一位置需要多长时间？

(13) 一质量 $m=1.00 \times 10^{-2}$kg 的质点作振幅为 $A=5.00 \times 10^{-2}$m 的简谐振动，初始位置在位移 $\dfrac{1}{2}A$ 处并向着平衡位置运动，它通过平衡位置时的动能 E_k 为 3.08×10^{-5}J。

① 写出质点的振动表达式；

② 求出初始位置的势能。

(14) 有两个同方向、同频率的简谐振动，其合成振动的振幅为 0.20m，与第一振动的相

位差为 $\dfrac{\pi}{6}$，已知第一振动的振幅为 0.173m，求第二个振动的振幅以及第一、第二两振动的相位差。

(15) 已知两个同方向、同频率的简谐振动如下：

$$x_1 = 0.05\cos\left(10t + \frac{3}{5}\pi\right) \text{m}, \quad x_2 = 0.06\cos\left(10t + \frac{\pi}{5}\right) \text{m}$$

式中，x 的单位为 m；t 的单位为 s。

① 求它们合振动的振幅与初相位；

② 另有一同方向简谐振动 $x_3 = 0.07\cos(10t + \varphi)\text{m}$，问 φ 为何值时，$x_1 + x_3$ 的振幅最大？φ 为何值时，$x_2 + x_3$ 的振幅最小？

③ 用旋转矢量法表示①②的结果。

第12章 机 械 波

振动状态在空间的传播过程称为波动,简称波。波动是自然界常见的一种物质运动形式。机械振动在介质中的传播称为机械波,如水波、声波、地震波等。交变电磁场在空间中的传播称为电磁波,如无线电波、光波、X 射线等。与振动的道理相同,虽然各类波的本质不同,各有特殊的性质和规律,但在形式上它们也具有许多共同的特征和规律,如都具有一定的传播速度,都伴随着能量的传播,都能产生反射、干涉和衍射等现象。因此,我们将通过对机械波的研究来揭示各类波动的共性和规律。

本章主要研究内容为:机械波的产生,波函数和波动的能量,惠更斯原理,波的干涉,驻波以及声波的多普勒效应。

12.1 机械波的产生和传播

12.1.1 机械波的形成

机械波是机械振动在介质中的传播。因此机械波的产生首先要有作机械振动的物体,即波源;其次还要有能够传播这种振动的介质。在介质中,各个质点间是以弹性力互相联系着的。如果介质中有一个质点 A,因受外界扰动而离开平衡位置时,A 点周围的质点就将对 A 产生弹性力,使 A 回到平衡位置,并在平衡位置附近作振动。与此同时,A 点周围的质点也受到 A 所作用的弹性力,于是使周围质点也离开各自的平衡位置振动起来。这样振动依次传播,就形成了波。

机械波的产生条件如下:

(1)要有引起波动的初始振动的物体,我们将其称为**波源**。

(2)要有能够传播这种机械振动的介质,只有通过介质质点间的相互作用,才能够由近及远地使机械振动在介质中向外传播。

例如地震波,震源即波源,地壳即传播地震波的介质;声波,发声体即波源,若声音在空气中传播,那么空气就是传播声波的介质。

应当注意,波动只是振动状态的传播,"上游"的质点依次带动"下游"的质点振动。介质中各质点并不随波前进,各质点只以周期性变化的振动速度在各自的平衡位置附近振动。某时刻某质点的振动状态将在较晚的时刻于"下游"某处出现。振动状态的传播速度称为**波速**,应该注意区别波速与质点振动速度,不要把二者混淆起来;质点振动方向和波动传播方向同样不可混淆。

12.1.2　横波和纵波

　　波动按振动方向与传播方向之间的关系可分为横波和纵波。如果在波动中,质点的振动方向和波的传播方向相互垂直,这种波称为**横波**。如图 12-1 所示,绳子的一端固定,另一端握在手中不停地抖动,使手拉的一端作垂直于绳索的振动,我们就可以看到一个接一个的波形沿着绳索向固定端传播,形成绳索上的横波。对于横波,你将会看到在绳子上交替出现凸起的波峰和下凹的波谷,并且它们以一定的速度沿绳传播,这就是横波的外形特征。

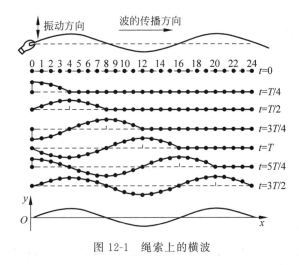

图 12-1　绳索上的横波

　　如果在波动中,质点的振动方向和波的传播方向相互平行,则这种波称为**纵波**。如图 12-2 所示,将一根相当长的弹簧水平放置,在其左端沿水平方向把弹簧左右拉推使该端作左右振动时,就可以看到该端的左右振动形态沿着长弹簧的各个环节从该端向右方传播,使长弹簧的各部分呈现由左向右移动的疏密相间的纵波波形。对于纵波,弹簧交替出现"稀疏"和"稠密"区域,并且以一定速度传播出去,这就是纵波的外形特征,因此纵波也称为**疏密波**。

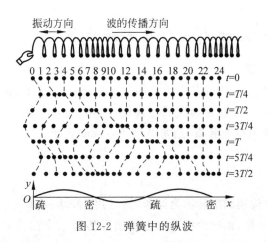

图 12-2　弹簧中的纵波

进一步说,在介质中形成横波时,必是一层介质随另一层介质发生垂直于波传播方向的平移,即发生切变。由于固体可以产生切变,因此横波能在固体中传播。在介质中产生纵波时,介质要发生拉伸压缩或膨胀压缩,即发生体变(也称容变),固体、液体和气体都可以产生体变,因此,纵波能在固体、液体和气体中传播。应该指出,所有形式复杂的波动,都可以看成是横波和纵波的叠加,如水的表面波、地震时在地球表面形成的地表波等。

12.1.3　波动几何描述

波源在三维连续介质中振动时,振动将沿各个方向传播。为了便于描述波的传播情况,我们从几何角度引入波线、波面、波前的概念。

波线是指波的传播方向,如图 12-3 所示,用有箭头的线表示。

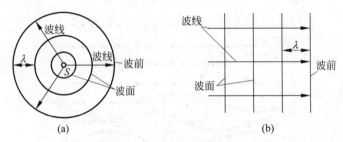

图 12-3　波线、波面、波前
(a) 球面波;(b) 平面波

波面是指波的传播过程中介质振动相位(振动状态)相同的点构成的曲面,也称为波阵面或同相面,简称波面。在任一时刻,波面可以有任意多个(但相位各不相同)。作图时,一般使相邻两波面的距离等于一个波长。

波前是指波传播过程中,某一时刻最前面的波面。波前只有一个,随着时间推移,波前以波速向前传播。

如图 12-3 所示,在各向同性介质中,波线和波面之间处处正交。根据波面的形状,波可分为球面波与平面波。当球面波传到较远的地方时,在小范围内,可以将球面波看成是平面波。

12.1.4　描述波动的三个基本物理量

1. 波的周期和频率

在波的传播过程中,介质中的各个质元都只在自己的平衡位置附近振动,每一质元都将依次重复波源的振动,所有质元都与波源有着相同的振动周期和频率。**我们把各质元的振动周期或频率称为波的周期或频率**,通常分别用 T 和 ν 表示。波动周期(或频率)描述了波在时间上的周期性。

2. 波长

振动在一个周期中传播的距离称为波长,通常用 λ 表示。对一个质元来说,相隔一个周期后,它的振动状态将复原,而这个振动状态也刚好传播一个波长的距离。因此,在波的传播方向上,相隔一个波长的两质元之间的振动状态是相同的,即振动相位是相同的。由此可见,在波的传播方向上,两个相邻的同相质元之间的距离,就是一个波长。以横波为例,如果以振动位移达到正的最大值(波峰)来标记振动状态,则相邻两个波峰之间的距离就是一个波长。同理,相邻两个振动位移的负的最大值(波谷)之间的距离也是一个波长。波长描述了波在空间上的周期性。

3. 波速

单位时间内振动状态(相位)传播的距离称为波速(或相速),用 u 表示。它与波长 λ 和周期 T(或频率 ν)的关系(图 12-4)为

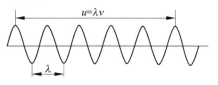

图 12-4　波长、波速和频率的关系

$$u = \frac{\lambda}{T} = \lambda\nu \qquad (12\text{-}1)$$

式(12-1)表明,波速将波在时间上和空间上的周期性联系在一起。

机械波的传播速度取决于介质的性质(弹性和惯性)。弹性模量越大,因形变引起的弹性力越大,传播速度就越大;而介质的密度越大,惯性越大,传播速度就越小。在拉紧的弦(或绳索)中的横波速度为

$$u = \sqrt{\frac{T}{\eta}} \qquad (12\text{-}2)$$

式中,T 为弦的张力;η 为弦的质量线密度。

在弹性细棒中,纵波速度为

$$u_{/\!/} = \sqrt{\frac{E}{\rho}} \qquad (12\text{-}3)$$

式中,E 为细棒的杨氏模量;ρ 为细棒的密度。

在无限大均匀各向同性固体介质中的横波速度为

$$u_{\perp} = \sqrt{\frac{N}{\rho}} \qquad (12\text{-}4)$$

式中,N 为介质切变弹性模量;ρ 为介质密度。

由于固体的切变模量小于杨氏模量,因此横波的波速小于纵波的波速,在理想气体中声波(纵波)的波速为

$$u_{\perp} = \sqrt{\frac{\gamma p}{\rho}} \qquad (12\text{-}5)$$

式中,γ 为气体的比热容比;p 为压强;ρ 为密度。

深入研究发现,波速除了与介质的性质有关外,还与温度有关。表 12-1 给出了几种介质中的声速。

表 12-1　在一些介质中的声速

介　　质	温度/℃	声速/(m/s)
空气(1.013×10^5 Pa)	0	331
空气(1.013×10^5 Pa)	20	343
氢(1.013×10^5 Pa)	1	1270
玻璃	1	5500
花岗岩	1	3950

续表

介　　质	温度/℃	声速/(m/s)
冰	1	5100
水	20	1460
铝	20	5100
黄铜	20	3500

12.2　平面简谐波

下面描述前进中的波动(一般称为行波),即用数学函数式描述介质中各质点的位移是如何随各质点的坐标和时间而改变的。这样的函数式称为行波的波函数,也常称为波动方程或波动表达式。

简谐波是简谐振动在介质中传播所形成的波,它是最简单、最基本的波。我们知道任一复杂的振动可看成是由许多简谐振动叠加而成的,同样,任一复杂的波也可以看成是由许多简谐波叠加而成的。因此讨论简谐波的规律有着重要意义。

12.2.1　平面简谐波的波函数

为简单起见,我们讨论平面简谐波,即波面是平面的简谐波,并且假定波在理想的、均匀无吸收的无限大介质中传播。如图 12-5 所示,在平面简谐波中,波线是一组垂直于波面的平行射线,因此可选用其中一根波线为代表来研究平面波的传播规律,也就是说,我们所要求的平面简谐波的波函数,就是任一波线上任一点的振动方程的通式。

如图 12-6 所示,取任一波线为 Ox 轴,平面简谐波以波速 u 沿 Ox 轴正方向传播,介质中各质点都在各自的平衡位置附近作同一频率的简谐运动。设 O 点处质点的振动方程为

$$y_O = A\cos(\omega t + \varphi) \tag{12-6}$$

式中,y_O 表示 O 点处质点在时刻 t 相对于平衡位置的位移;A 是振幅;ω 是角频率。由于研究的是平面波,且在无吸收介质中传播,所以各点振幅相等。为了写出 Ox 轴上所有质点在任一时刻的位移,我们在 Ox 轴正方向上任取一点 P,其坐标为 x。显然,当振动从 O 点传播到 P 点时,P 点处质点将以相同的振幅和频率重复 O 点处质点的振动,但在时间上要落后 $t_0 = \dfrac{x}{u}$,或者说,P 点处振动的相位要比 O 点处相位落后 ωt_0。因此,在时刻 t,P 点处的相位应为 $\omega t - \omega t_0 + \varphi$,相应的位移为

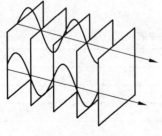

图 12-5　平面简谐波

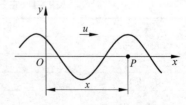

图 12-6　波函数的推导

$$y_P = A\cos(\omega t - \omega t_0 + \varphi) = A\cos\left[\omega\left(t - \frac{x}{u}\right) + \varphi\right] \tag{12-7}$$

考虑到 P 点在 Ox 轴上的任意性,可以去掉下标 P,而将上式写成

$$y = A\cos\left[\omega\left(t - \frac{x}{u}\right) + \varphi\right] \tag{12-8}$$

式(12-8)即为沿 Ox 轴正方向传播的平面简谐波的波函数,也常称为平面简谐波的波动方程或表达式。

当一列波在介质中传播时,沿着波的传播方向向前看去,前方各质点的振动要依次落后于波源的振动。因此,式(12-8)中, $-\dfrac{x}{u}$ 也可理解为 P 点的振动落后于原点振动的时间。显然,这列波若沿 x 轴负向传播,则 P 点的振动超前于原点的振动,超前的时间为 $+\dfrac{x}{u}$,此时, P 点的振动方程为

$$y = A\cos\left[\omega\left(t + \frac{x}{u}\right) + \varphi\right] \tag{12-9}$$

这是沿 x 轴负向传播的平面简谐波的表达式。

若波源不在原点,而是在 x_0 位置处,则 P 点与波源的时间差为 $\mp\dfrac{x - x_0}{u}$,则 P 点处的振动方程为

$$y = A\cos\left[\omega\left(t \mp \frac{x - x_0}{u}\right) + \varphi\right] \tag{12-10}$$

式中,当波沿 x 轴正向传播时取"$-$",沿 x 轴负向传播时取"$+$"。

将 $\omega = 2\pi\nu = \dfrac{2\pi}{T}$, $u = \dfrac{\lambda}{T} = \dfrac{\omega}{2\pi}\lambda$ 代入式(12-10),经整理,可得到如下几种常用的波函数:

$$y = A\cos\left[2\pi\left(\frac{t}{T} \mp \frac{x - x_0}{\lambda}\right) + \varphi\right] \tag{12-11}$$

$$y = A\cos\left[2\pi\nu t \mp \frac{2\pi(x - x_0)}{\lambda} + \varphi\right] \tag{12-12}$$

12.2.2 波函数的物理意义

设一平面简谐波,波源在原点 O 处,波函数方程为 $y = A\cos\left[\omega\left(t - \dfrac{x}{u}\right) + \varphi\right]$。为了深刻理解平面简谐波波函数的物理意义,下面分几种情况进行讨论。

(1) 如果 $x = x_0$ 为给定值,则 y 仅是时间 t 的函数: $y = y(t)$,波函数为

$$\begin{aligned}
y &= A\cos\left[\omega\left(t - \frac{x_0}{u}\right) + \varphi\right] \\
&= A\cos\left(\omega t - \frac{\omega}{u}x_0 + \varphi\right) \\
&= A\cos\left(\omega t - \frac{2\pi}{\lambda}x_0 + \varphi\right)
\end{aligned} \tag{12-13}$$

式(12-13)即为 x_0 处质点的振动方程,其振动初相位为 $\varphi - \dfrac{2\pi}{\lambda}x_0$。从中可以看出,随着波动的传播,介质中每个点都在作简谐运动,它们的频率和振幅都是相同的,但每个质点振动的

初相位不同,x_0 处质点的振动相位比原点 O 处质点的振动相位落后 $\dfrac{\omega x_0}{u}$ 或 $\dfrac{2\pi}{\lambda}x_0$。因此,沿着波的传播方向,与原点相距波长整数倍,即 $x_0 = \lambda, 2\lambda, 3\lambda, \cdots$ 各处质点的振动相位将落后于原点相位 2π 的整数倍,即 $\varphi' = -2\pi + \varphi, -4\pi + \varphi, -6\pi + \varphi, \cdots$,各点为振动同相的点,这正好表明波线上每隔一个波长的距离,质点的振动就重复一次,波长的确代表了波的空间周期性。

波线上任取 x_1 和 x_2 两点时,两质点之间的相位差为

$$\Delta\varphi = -\frac{2\pi}{\lambda}(x_2 - x_1) \tag{12-14}$$

(2) 如果 $t = t_0$ 为给定值,则 y 仅是坐标 x 的函数:$y = y(x)$,波函数变为

$$y = A\cos\left[\omega\left(t_0 - \frac{x}{u}\right) + \varphi\right] \tag{12-15}$$

式(12-15)给出了在 t_0 时刻波线上各质点离开各自平衡位置的位移分布情况,称为 t_0 时刻的**波形方程**。t_0 时刻的波形曲线如图 12-7 所示,它是一条简谐函数曲线,正好说明它是一列简谐波。应该注意的是,对于横波,t_0 时刻的 y-x 曲线实际上就是该时刻波线上所有质点的分布图形;而对于纵波,波形曲线并不反映真实的质点分布情况,而只是该时刻所有质点的位移分布。

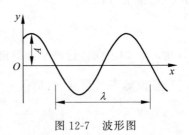

图 12-7　波形图

由以上分析可导出同一质点在相邻两个时刻的振动相位差为

$$\Delta\varphi = \omega(t_2 - t_1) = \frac{2\pi}{T}(t_2 - t_1) \tag{12-16}$$

(3) 当 x 和 t 都变化时,在这种情况下,波函数表示的是波线上所有质点的位移随时间变化的整体情况。如图 12-8 所示,实线表示 t 时刻的波形,虚线表示经过 Δt 时间后,$t + \Delta t$ 时刻的波形。从图中可见,t 时刻 x 处的振动状态(或一定的相位)经过 Δt 时间沿波线传播到了 $x + \Delta x$ 处。根据式(12-8),则有

$$\omega\left(t - \frac{x}{u}\right) + \varphi = \omega\left[(t + \Delta t) - \frac{(x + \Delta x)}{u}\right] + \varphi$$
$$= \left[\omega\left(t - \frac{x}{u}\right) + \varphi\right] + \omega\left(\Delta t - \frac{\Delta x}{u}\right)$$

得到 $\Delta x = u\Delta t$。式中,u 是波速。可见波的传播是相位的传播,也是振动这种运动形式的传播,或者说是整个波形的传播。波速 u 就是相速,也是波形向前传播的速度。显然,波函数描述了波的传播过程,这种波是行波。

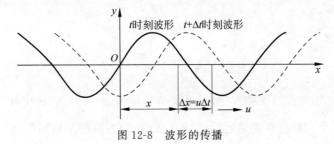

图 12-8　波形的传播

例 12-1　一平面简谐波的波动方程为 $y=0.01\cos\pi\left(10t-\dfrac{x}{10}\right)$ m。

求：（1）该波的波速、波长、周期和振幅。

（2）$x=10$m 处质点的振动方程及该质点在 $t=2$s 时的振动速度。

（3）$x=20$m 和 $x=60$m 两处质点的相位差。

解　（1）将波动方程写成标准形式

$$y=0.01\cos2\pi\left(\frac{t}{0.2}-\frac{x}{20}\right)\text{m} \tag{12-17}$$

与式(12-11)比较可得振幅 $A=0.01$m，波长 $\lambda=20$m，周期 $T=0.2$s，波速 $u=\dfrac{\lambda}{T}=100$m/s。

（2）将 $x=10$m 代入式(12-17)，整理后可得该处质点的振动方程为

$$y=0.01\cos(10\pi t-\pi)\text{m} \tag{12-18}$$

将式(12-18)对时间求导，可得距离原点 10m 处该质点的振动速度为

$$v=-0.1\pi\sin(10\pi t-\pi)\text{m/s}$$

将 $t=2$s 代入上式得 $v=0$m/s。

（3）令 $x_1=20$m 和 $x_2=60$m，则两质点的相位差为

$$\Delta\varphi=-\frac{2\pi}{\lambda}(x_2-x_1)=-\frac{2\pi}{20}(60-20)=-4\pi$$

结果表明，x_2 处质点的振动相位比 x_1 处质点落后 4π。

例 12-2　一向右传播的平面简谐波在 $t=0$ 和 $t=1$s 时的波形如图 12-9 所示，周期 $T>1$s。

（1）求波的角频率和波速。

（2）以 O 点为坐标原点写出波动方程。

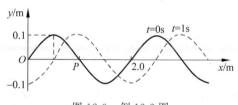

图 12-9　例 12-2 图

解　（1）由图 12-9 可知振幅和波长分别为 $A=0.1$m，$\lambda=2.0$m。在 $t=0$ 到 $t=1$s 时间内，波形沿 x 轴正方向移动了 $\dfrac{\lambda}{4}$，故波的周期和角频率分别为

$$T=4\text{s},\quad \omega=\frac{2\pi}{T}=\frac{\pi}{2}\text{rad/s}$$

由此可得波速为

$$u=\frac{\lambda}{T}=0.5\text{m/s}$$

（2）设原点 O 处质点的振动方程为

$$y_0=A\cos(\omega t+\varphi)$$

由图 12-9 可知，当 $t=0$ 时，O 处质点的振动位移与振动速度分别为

$$y_0 = 0, \quad v_0 = -v_m$$

即质点过平衡位置朝负方向运动，所以由旋转矢量法可得

$$\varphi = \frac{\pi}{2}$$

所以，此平面简谐波的波动方程为

$$y = A\cos\left(\omega t + \varphi - \omega\,\frac{x}{u}\right) = 0.1\cos\left(\frac{\pi}{2}t - \pi x + \frac{\pi}{2}\right) \text{ m}$$

12.2.3 波动方程

将平面简谐波波函数 $y = A\cos\left[\omega\left(t - \dfrac{x}{u}\right) + \varphi\right]$ 分别对 t 和 x 求二阶偏导数，可得

$$\frac{\partial^2 y}{\partial t^2} = -\omega^2 y, \quad \frac{\partial^2 y}{\partial x^2} = -\frac{\omega^2}{u^2}y$$

比较以上两式，可得

$$\frac{\partial^2 y}{\partial x^2} = \frac{1}{u^2}\frac{\partial^2 y}{\partial^2 x} \tag{12-19}$$

这就是平面波的动力学方程，也称为波动方程。可以证明，只要是平面波，它们的动力学方程的形式就是相同的，均由式(12-19)所描述。下面以细棒中传播的纵波为例，从力学分析的角度，着手建立这一动力学方程。

细棒中的质元在传播振动时，将会受到附近质元的挤压而发生形变。如图 12-10 所示，设长 $\mathrm{d}x$、截面积为 S 的固体，在外力 F 的作用下，其长度的变化量为 $\mathrm{d}y$，我们把物体单位垂直截面上所受的外力 $\dfrac{F}{S}$ 叫做应力，物体相对长度的变化量 $\dfrac{\mathrm{d}y}{\mathrm{d}x}$ 叫做应变。在弹性限度内，由胡克定律给出两者之间的线性关系为

$$\frac{F}{S} = E\,\frac{\mathrm{d}y}{\mathrm{d}x}$$

式中，与材料性质有关的比例系数 E 称为物体的杨氏弹性模量。由上式可得

$$F = ES\,\frac{\mathrm{d}y}{\mathrm{d}x} \tag{12-20}$$

如图 12-11 所示，在截面积为 S 的细棒中，传播着一列由如下波函数所描述的纵波：$y = A\cos\left[\omega\left(t - \dfrac{x}{u}\right) + \varphi\right]$。设棒的杨氏弹性模量为 E，棒的体密度为 ρ，棒沿 Ox 轴放置，在 x 处取长为 $\mathrm{d}x$ 的一段质元，其质量为

$$\mathrm{d}m = \rho \cdot \mathrm{d}V = \rho S \cdot \mathrm{d}x$$

图 12-10　固体的弹性

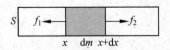

图 12-11　纵波中的应力分析

在有波传播的某一时刻 t,此两端的位移分别是 y 和 $y+\mathrm{d}y$。此时该质元长度的增量就是 $\mathrm{d}y$,而质元的线应变就是 $\dfrac{\mathrm{d}y}{\mathrm{d}x}$,考虑 y 是 x 和 t 的二元函数,因此,上述质元左端处的线应变和右端处的线应变可分别改写为

$$\left(\frac{\partial y}{\partial x}\right)_x,\quad \left(\frac{\partial y}{\partial x}\right)_{x+\mathrm{d}x}$$

则该小段质元两端所受的拉力分别为

$$f_1=ES\left(\frac{\partial y}{\partial x}\right)_x,\quad f_2=ES\left(\frac{\partial y}{\partial x}\right)_{x+\mathrm{d}x}$$

合力为

$$\mathrm{d}f=ES\left[\left(\frac{\partial y}{\partial x}\right)_{x+\mathrm{d}x}-\left(\frac{\partial y}{\partial x}\right)_x\right]=ES\frac{\partial^2 y}{\partial x^2}\mathrm{d}x$$

据牛顿第二运动定律,得

$$a=\frac{\partial^2 y}{\partial t^2}=\frac{\mathrm{d}f}{\mathrm{d}m}=\frac{ES}{\rho S\mathrm{d}x}\frac{\partial^2 y}{\partial x^2}\mathrm{d}x=\frac{E}{\rho}\frac{\partial^2 y}{\partial x^2}$$

将上式与式(12-19)比较,并令 $u^2=\dfrac{E}{\rho}$,可得

$$\frac{\partial^2 y}{\partial t^2}=u^2\frac{\partial^2 y}{\partial x^2}\quad\text{或}\quad\frac{\partial^2 y}{\partial x^2}=\frac{1}{u^2}\frac{\partial^2 y}{\partial t^2}\tag{12-21}$$

式中,u 为波在细棒中的传播速度,它取决于介质的弹性和密度。这就是从受力分析得出来的动力学方程。而 $y=A\cos\left[\omega\left(t-\dfrac{x}{u}\right)+\varphi\right]$ 就是波动方程的解。

按照偏微分方程的理论,上述方程的一般解是

$$y=F\left(t-\frac{x}{u}\right)+\phi\left(t+\frac{x}{u}\right)\tag{12-22}$$

式中,F 和 ϕ 代表两个任意的周期性函数。很容易可以看出,此解既包括沿轴正方向传播的波,也包括沿轴负方向传播的波,而且还不仅限于余弦波。

12.3　波 的 能 量

机械波在介质中传播时,波动传到的各质点都在各自的平衡位置附近振动。由于各质点有振动速度,因而它们具有振动动能,同时因介质产生形变,它们还具有弹性势能。下面以棒中传播的纵波为例,对波的能量进行简单分析。

12.3.1　波动能量的传播

1. 质元的能量

当波在弹性介质中传播时,介质中的各质元都在各自平衡位置附近振动。各质元因有振动速度而具有动能,因有形变而具有势能,也就是说,波在传播相位的同时,也传播能量。

设想一平面简谐波在密度为 ρ 的弹性介质中,沿 x 轴正向传播,其波的表达式为

$$y=A\cos\omega\left(t-\frac{x}{u}\right)$$

在介质中任取一小质元,其体积为 dV,质量为 $dm = \rho dV$,振动速度为

$$v = \frac{\partial y}{\partial t} = -A\omega \sin\omega\left(t - \frac{x}{u}\right)$$

其动能为

$$dE_k = \frac{1}{2}(dm)v^2 = \frac{1}{2}\rho A^2\omega^2\sin^2\left[\omega\left(t - \frac{x}{u}\right)\right]dV \tag{12-23}$$

同时,该体积元因形变而具有弹性势能,可以证明(后面给出证明过程),该体积元的弹性势能为

$$dE_p = \frac{1}{2}k(dy)^2 = \frac{1}{2}\rho A^2\omega^2\sin^2\left[\omega\left(t - \frac{x}{u}\right)\right]dV \tag{12-24}$$

于是该体积元内总的波动能量为

$$dE = dE_k + dE_p = \rho A^2\omega^2\sin^2\left[\omega\left(t - \frac{x}{u}\right)\right]dV \tag{12-25}$$

由式(12-23)~式(12-25)可见,波动中介质元的能量和振子的能量有显著的不同。在孤立的简谐运动系统中,动能和势能的关系是:相互转化、总量守恒。而在波动中,介质元的动能和势能的相位是相同的,也就是说,二者随时间同步变化。当质元运动到平衡位置时,动能和势能都同时达到最大值;当质元运动到最大位移处时,动能和势能都同时达到最小值。因此,对波动中任意介质元而言,它的机械能是不守恒的,即沿着波动的传播方向,该质元不断地从波源方向得到能量,同时又不断地把能量传给后面的质元。这样,能量就随着波动的行进,从介质的一部分传向另一部分,所以,波动是能量的一种传递方式,能量的传播速度与波速相同。

需要说明的是,上述结论虽然是以棒中纵波为例得出的,但对于其他纵波以及横波同样适用。

波动中介质体积元的弹性势能公式(12-24)推导过程如下:

如图 12-12 所示,体积元原长为 dx,绝对伸长量为 dy,所以体积元相对伸长量(即线应变)为 $\frac{dy}{dx}$,则该体积元所受的弹性力为

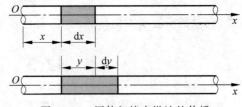

$$F = ES\frac{dy}{dx} = k\,dy$$

图 12-12   固体细棒中纵波的传播

式中,E 是棒的杨氏弹性模量,$k = \dfrac{ES}{dx}$,故体积元的弹性势能为

$$dE_p = \frac{1}{2}k(dy)^2 = \frac{1}{2}\frac{ES}{dx}(dy)^2 = \frac{1}{2}ES\,dx\left(\frac{dy}{dx}\right)^2$$

因为 $dV = S\,dx$,$u = \sqrt{\dfrac{E}{\rho}}$ 或 $E = \rho u^2$,有

$$\frac{dy}{dx} = A\frac{\omega}{u}\sin\left[\omega\left(t - \frac{x}{u}\right)\right]$$

代入得

$$dE_p = \frac{1}{2}\rho u^2(dV)A^2\frac{\omega^2}{u^2}\sin^2\left[\omega\left(t-\frac{x}{u}\right)\right] = \frac{1}{2}\rho A^2\omega^2\sin^2\left[\omega\left(t-\frac{x}{u}\right)\right]dV$$

这就是式(12-24)。如果考虑的是平面余弦弹性横波,则只要把上面推导中的 $\dfrac{dy}{dx}$ 和 F 分别理解为体积元的切变和剪切力,并用切变模量 G 代替弹性模量 E,便得到同样的结果。

2. 能量密度

为了描述介质中的能量分布情况,引入能量密度,**定义介质单位体积内的能量为波的能量密度**,用 w 表示,有

$$w = \frac{dE}{dV} = \rho\omega^2 A^2\sin^2\omega\left(t-\frac{x}{u}\right) \tag{12-26}$$

能量密度在一个周期内的平均值称为平均能量密度,用 $\bar{w}$ 表示

$$\bar{w} = \frac{1}{T}\int_0^T w\,dt = \frac{1}{T}\int_0^T \rho\omega^2 A^2\sin^2\omega\left(t-\frac{x}{u}\right)dt = \frac{1}{2}\rho\omega^2 A^2 \tag{12-27}$$

式(12-27)表明,波的平均能量密度与介质的密度、振幅的平方以及角频率的平方成正比。

12.3.2 能流和能流密度

行波在传播的同时伴随着能量的传播,犹如能量在介质中流动一样。为了表述波动能量的这一特性,引入能流的概念。我们把**单位时间内垂直通过介质中某一面积的平均能量**

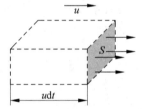

图 12-13　平均能流

称为通过该面积的平均能流,简称能流,用 $\bar{P}$ 表示。如图 12-13 所示,如果在介质中垂直于波速方向取一面积 S,则在单位时间内通过 S 面的平均能量就等于该面后方体积为 uS 的介质中的平均能量,即

$$\bar{P} = \bar{w}\cdot uS = \frac{1}{2}\rho\omega^2 A^2 uS \tag{12-28}$$

为了描述能流的空间分布和方向,引入能流密度矢量。我们把**单位时间内通过与波的传播方向垂直的单位面积的平均能量**,称为**能流密度**,用 $\boldsymbol{I}$ 表示。由式(12-28)得 $\boldsymbol{I}$ 的大小为

$$I = \frac{\bar{P}}{S} = \bar{w}u = \frac{1}{2}\rho\omega^2 A^2 u \tag{12-29}$$

$\boldsymbol{I}$ 的方向就是波速 $\boldsymbol{u}$ 的方向,因此,将式(12-29)写成矢量式应为

$$\boldsymbol{I} = \frac{\bar{\boldsymbol{P}}}{S} = \bar{w}\boldsymbol{u} = \frac{1}{2}\rho\omega^2 A^2\boldsymbol{u}$$

可见,能流密度与振幅的平方、频率的平方、介质的密度以及波速的大小成正比。平均能流密度越大,单位时间内通过单位面积的能量越多,波就越强,因此能流密度也称为波的强度,其单位为 W/m^2(瓦/米^2)。

若平面简谐波在各向同性、均匀、无吸收的理想介质中传播,可以证明其波振幅在传播过程中将保持不变。

设一平面波的传播方向如图 12-14 所示,在垂直于传播方向上取两个相等面积的平行平面 S_1 和 S_2,其平均能流分

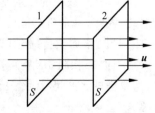

图 12-14　平面波振幅不变

别为 $\overline{P_1}$ 和 $\overline{P_2}$,因能量无损失,应有

$$\overline{P_1}=\overline{P_2}$$

即 $I_1S_1=I_2S_2$。

由式(12-29),有

$$\frac{1}{2}\rho\omega^2 A_1^2 u S_1=\frac{1}{2}\rho\omega^2 A_2^2 u S_2$$

因 $S_1=S_2$,于是有

$$A_1=A_2$$

用同样的方法可以证明,在理想介质中传播的球面波的振幅随着离波源距离的增加成反比地减小。

12.3.3　波的吸收

波在实际介质中传播时,由于波动能量总有一部分会被介质吸收,所以波的机械能会不断地减少,波强亦逐渐减弱,这种现象称为波的吸收。

设波通过厚度为 $\mathrm{d}x$ 的介质薄层后,其振幅衰减量为 $-\mathrm{d}A$,实验指出

$$-\mathrm{d}A=\alpha A\mathrm{d}x$$

经积分得

$$A=A_0\mathrm{e}^{-\alpha x} \tag{12-30}$$

式中,A_0 和 A 分别是 $x=0$ 和 x 处的波振幅;α 是常量,称为介质的吸收系数。

由于波强与波振幅平方成正比,所以波强的衰减规律为

$$I=I_0\mathrm{e}^{-2\alpha x} \tag{12-31}$$

式中,I 和 I_0 分别是 $x=0$ 和 x 处波的强度。

12.4　惠更斯原理与波的衍射

波在各向同性均匀介质中传播时,波速、波面形状、波的传播方向等均保持不变。但是,如果波在传播过程中遇到障碍物或传到不同介质的界面时,则波速、波面形状以及波的传播方向等都将发生改变,产生反射、折射、衍射、散射等现象。在这种情况下,要通过求解波动方程来预言波的行为就比较复杂了。惠更斯原理提供了一种定性的几何作图方法,在很广泛的范围内解决了波的传播方向问题。

12.4.1　惠更斯原理

在波动中,波源的振动是通过介质中的质点依次传播出去的,因此,每个质点都可以看成是新的波源。例如,在图 12-15 中,水面波传播时,遇到一障碍物,当障碍物小孔的大小与波长相近时,就可以看到穿过小孔的波是圆形的,与原来的波的形状无关。这说明小孔可以看作新的波源。

在总结这类现象的基础上,荷兰物理学家惠更斯

图 12-15　水波

(C. Huygens)于 1678 年首先提出：**介质中波动传播到的各点，都可以看成是发射子波（或称次波）的波源；在其后的任一时刻，这些子波的包络面就是新的波前。**

　　惠更斯原理不论对机械波还是对电磁波，也不论波动所经过的介质是均匀的还是非均匀的、是各向同性的还是各向异性的，都适用。只要知道某一时刻的波前与波速，就可以根据这一原理，用几何作图方法确定下一时刻的波前，从而确定波的传播方向。例如，点波源 O 发出的波，以波速 u 在均匀各向同性介质中传播，在时刻 t 的波前是半径为 R_1 的球面

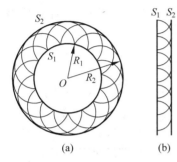

图 12-16　用惠更斯原理求波面
（a）球面波；（b）平面波

S_1，如图 12-16（a）所示。根据惠更斯原理，S_1 上各点都可以看成是发射子波的波源。以 S_1 面上各点为中心，以 $u\Delta t$ 为半径可以画出许多球形的子波，这些子波行进前方的包络面 S_2 就是 $t+\Delta t$ 时刻的波前。显然 S_2 是以 $R_1+u\Delta t$ 为半径的球面。又如，若已知平面波在时刻 t 的波前 S_1，用同样的方法也可求得 $t+\Delta t$ 时刻的波前 S_2，如图 12-16（b）所示。可以看出，只有当波动在无障碍物的均匀各向同性介质中传播时，根据惠更斯原理，波面的几何形状才能保持不变，从而传播方向保持不变。

　　应该指出，惠更斯原理并没有说明各个子波在传播中对某一点振动的相位和振幅究竟有多少贡献，不能给出沿不同方向传播的波的强度分布，后来菲涅尔对惠更斯原理作了补充，这将在光学部分介绍。

12.4.2　波的衍射

　　波在传播过程中遇到障碍物时，能绕过障碍物的边缘继续前进的现象，称为波的衍射。用惠更斯原理很容易解释这一现象，如图 12-17 所示，当平面波到达障碍物 AB 上的一条狭缝时，缝上各点可看成是发射子波的波源，各子波源都发出球形子波。这些子波的包络面已不再是平面，靠近狭缝的边缘处，波面弯曲，波线改变了原来的方向，即波绕过了障碍物继续前进。如果障碍物的缝更窄，衍射现象就更为显著。可见，衍射现象的显著与否是与障碍物（缝、遮板等）的大小和波长之比有关的。若障碍物的宽度远大于波长，衍射现象不明显；若障碍物的宽度与波长差不多，衍射现象比较明显；若障碍物的宽度小于波长，则衍射现象更加显著。在声学中，由于声音的波长与所碰到的障碍物的大小差不多，故声波

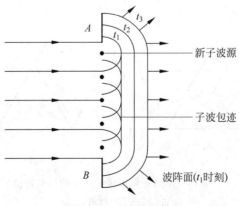

图 12-17　波的衍射

的衍射较显著,如在室内能听到室外的声音,原因之一就是声波能够绕过窗(或门)缝而传播。

机械波和电磁波都会产生衍射现象,衍射现象是波动的重要特征之一。

*12.4.3　波的反射和折射

1. 反射和折射现象

波动反射与折射也是波动的重要特征。当波传到两种介质的分界面时,一部分从界面返回到原介质,形成反射波;另一部分进入到另一种介质中,形成折射波。图 12-18 所示为波动反射与折射现象。

2. 反射定律

根据实验,反射定律为:

(1) 入射线、反射线和界面法线在同一平面内。

(2) 入射角等于反射角,即 $i=i'$。

下面用惠更斯原理来简略证明这一定律。

设一平面波以波速 u 入射到两种介质交界面上,根据惠更斯原理,入射波到达分界面上各点都可以看成是子波的波源,如图 12-19(a)所示,设在时刻 t 入射波 I 的波前为 AA_3,此后 AA_3 上的各点 A_1,A_2 发出的子波将先

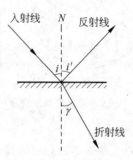

图 12-18　波的反射与折射现象

后到达分界面上的 B_1,B_2 各点。在时刻 $t+\Delta t$ 时,点 A_3 刚好到达 B_3 点,发生反射后,返回原介质中传播。形成反射波的波前 $\overline{BB_3}$(图 12-19(b))。下面分析波前 $\overline{BB_3}$ 是如何形成的。为清楚起见,取 $AB_1=B_1B_2=B_2B_3$,由于波速 u 不变,所以,在时刻 $t+\Delta t$ 从 A,B_1,B_2 各点所发射的球面子波与纸面的交线,分别是半径为 $d,\dfrac{2}{3}d$ 和 $\dfrac{1}{3}d$ 的圆弧($\overline{A_3B_3}=d=u\Delta t$)。显然,这些圆弧的包络面就是通过点 B_3 的切面 $\overline{BB_3}$ 的垂直线,即反射线 L。

由图 12-19(b)可知,反射线、入射线和界面法线都在同一平面内,根据几何关系,可知 $i=i'$,即反射角等于入射角,于是反射定律得证。

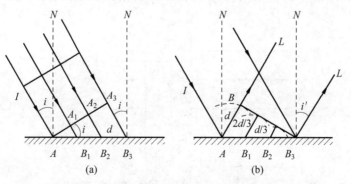

图 12-19　用惠更斯原理证明波的反射定律

(a) 时刻 t;(b) 时刻 $t+\Delta t$

3. 折射定律

根据实验,折射定律为:

(1) 入射线、折射线和界面法线在同一平面内。

(2) 入射角的正弦与折射角的正弦之比,等于波在第一种介质中的波速 u_1 与在第二种介质中的波速 u_2 之比,即

$$\frac{\sin i}{\sin \gamma} = \frac{u_1}{u_2}$$

下面用惠更斯原理来证明这一定律。

与讨论波的反射情况类似,仍用作图法先求出折射波的波前,从而确定折射线的方向,如图 12-20 所示。设 u_1,u_2 分别为波在两种介质中的波速,则在同一时间 Δt 内,波在两种介质中通过的距离分别为 $A_3B_3 = u_1\Delta t$ 和 $AB = u_2\Delta t$,所以 $\dfrac{A_3B_3}{AB} = \dfrac{u_1}{u_2}$。

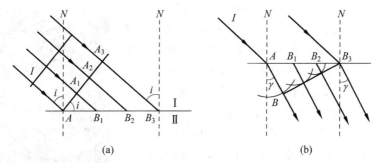

图 12-20　用惠更斯原理证明波的折射定律

(a) 时刻 t;(b) 时刻 $t + \Delta t$

从图 12-20 中可以看出,折射线、入射线和界面在同一平面内;由几何关系可知 $\angle A_3AD_3 = i$,$\angle BB_3A = \gamma$,且 $A_3B_3 = AB_3\sin i$,$AB = AB_3\sin\gamma$,因此有

$$\frac{\sin i}{\sin \gamma} = \frac{A_3B_3}{AB} = \frac{u_1}{u_2}$$

于是,折射定律得证。

12.5　波　的　干　涉

现在研究几列波同时在介质中传播并相遇时,质点的运动情况及波的传播情况。

12.5.1　波的叠加原理

实验表明,几列不同的波同时在同一介质中传播时,无论相遇与否,都保持各自原来的特性(频率、波长、振动方向等),就好像其他波不存在一样。因此,在相遇的区域内,各质元的振动是各波单独存在时在该点所引起的振动的合成,这就是波的独立传播原理或波的叠加原理。例如,在听交响乐时,我们仍能辨别出各种乐器的音调。又如,尽管天空中同时传播着许多无线电波,但我们仍可通过收音机听到自己喜爱的节目。

波的叠加原理是研究波的干涉和衍射现象的理论基础。但它并不是在任何情况下都成

立的。只有当波动方程是线性微分方程时,波的叠加原理才成立。通常讨论的波,如一般的声波和光波都满足适用条件,所以波的叠加原理适用。但强度过大的波,如飞机以超声速飞行形成的冲击波、大振幅电磁波在某些晶体内产生的倍频、强烈的爆炸声等是不满足适用条件的,所以波的叠加原理不再适用。

12.5.2　波的干涉

由波的叠加原理可知,波在介质中相遇时,相遇处质元的振动是各波引起分振动的合成。如果各波的频率、振幅、相位、振动方向等存在差别,则合成的振动是很复杂的,波叠加所得的图样也将是不稳定的。下面只讨论一种最简单而又最重要的情形——波的干涉。

人们把振动方向平行、频率相同、相位相同或相位差恒定的两列波在空间相遇时,使某些点的振动始终加强,另外一些点的振动始终减弱,形成一种稳定的强弱分布的现象,称为**波的干涉**。能产生干涉现象的波称为**相干波**,相应的波源称为**相干波源**。如图 12-21 所示为水波的干涉实验。把两个小球装在同一支架上,使小球的下端紧靠水面。当支架沿垂直水面方向以一定的频率振动时,两小球和水面的接触点就成了两个频率相同、振动方向平行、相位相同的波源,各自发出一列圆形的水面波。在它们相遇的水面上,有些地方水面起伏得很厉害(图 12-21 中亮处),说明这些地方振动加强;而有些地方水面只有微弱的起伏,甚至平静不动(图 12-21 中暗处),说明这些地方振动减弱,甚至完全抵消。

图 12-21　水波的干涉

应该指出,干涉现象是波动形式所独具的重要特征之一。因为只有波动的合成,才能产生干涉现象。干涉现象对于光学、声学等都非常重要,对于近代物理学的发展也有重大的作用。下面用波的叠加原理定量分析干涉加强和减弱的条件及强度分布。

如图 12-22 所示,设两个相干波源 S_1 和 S_2 的振动方程分别为

$$y_{10} = A_{10}\cos(\omega t + \varphi_1)$$

$$y_{20} = A_{20}\cos(\omega t + \varphi_2)$$

式中,A_{10} 和 A_{20} 为振幅;ω 和 φ_1、φ_2 分别为两波源的角频率及初相位。设波源 S_1 和 S_2 发出的两列波在均匀且各向同性介质中传播。P 是两列波相遇区域内的任一点,它与两波源的距离分别为 r_1 和 r_2,根据沿波的传播方向相位依次落后的规律,可以得出 S_1 和 S_2 单独存在时,在 P 点引起的振动分别为

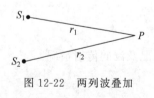

图 12-22　两列波叠加

$$y_1 = A_1\cos\left(\omega t + \varphi_1 - \frac{2\pi r_1}{\lambda}\right)$$

$$y_2 = A_2\cos\left(\omega t + \varphi_2 - \frac{2\pi r_2}{\lambda}\right)$$

式中,A_1 和 A_2 分别为两振动的振幅;λ 为波长。根据波的叠加原理,P 点振动为上述两个振动的合振动,有

$$y_P = y_1 + y_2$$

由于上述的两振动方向相同、频率相同,所以,其合振动仍为简谐运动,且频率不变。于是,可求得 P 点的振动方程为

$$y = A\cos(\omega t + \varphi) \tag{12-32}$$

式中,φ 是合振动的初相位,为

$$\tan\varphi = \frac{A_1 \sin\left(\varphi_1 - \dfrac{2\pi r_1}{\lambda}\right) + A_2 \sin\left(\varphi_2 - \dfrac{2\pi r_2}{\lambda}\right)}{A_1 \cos\left(\varphi_1 - \dfrac{2\pi r_1}{\lambda}\right) + A_2 \cos\left(\varphi_2 - \dfrac{2\pi r_2}{\lambda}\right)} \tag{12-33}$$

而 A 为合振动的振幅,为

$$A = \sqrt{A_1^2 + A_2^2 + 2A_1 A_2 \cos\Delta\varphi} \tag{12-34}$$

式中

$$\Delta\varphi = \varphi_2 - \varphi_1 - \frac{2\pi}{\lambda}(r_2 - r_1) \tag{12-35}$$

由于波的强度正比于振幅的平方,若以 I_1,I_2 和 I 分别表示两个分振动和合振动的强度,则有

$$I = I_1 + I_2 + 2\sqrt{I_1 I_2}\cos\Delta\varphi \tag{12-36}$$

从式(12-35)可以看出,若两相干波源的初相差为恒量,则相位差 $\Delta\varphi$ 仅取决于 P 点与两相干波源的相对位置,而与时间无关。也就是说,P 点振幅的大小是不随时间改变的,即在空间形成稳定的强弱分布,这正是干涉现象。由式(12-34)和式(12-35)可知,对应于

$$\Delta\varphi = \varphi_2 - \varphi_1 - \frac{2\pi}{\lambda}(r_2 - r_1) = \pm 2k\pi, \quad k = 0,1,2,\cdots \tag{12-37}$$

的空间各点,合振动振幅为 $A = A_1 + A_2 = A_{\max}$,$I = I_1 + I_2 + 2\sqrt{I_1 I_2} = I_{\max}$,合振幅和强度最大,这些点处的振动始终加强,称为干涉加强或干涉相长。而对应于

$$\Delta\varphi = \varphi_2 - \varphi_1 - \frac{2\pi}{\lambda}(r_2 - r_1) = \pm(2k+1)\pi, \quad k = 0,1,2,\cdots \tag{12-38}$$

的空间各点,合振动的振幅为 $A = |A_1 - A_2| = A_{\min}$,$I = I_1 + I_2 - 2\sqrt{I_1 I_2} = I_{\min}$,合振幅和强度最小,这些点处的合振动始终减弱,称为干涉减弱或干涉相消。

如果两相干波的初相位相同,即 $\varphi_2 = \varphi_1$,并取 $\delta = r_2 - r_1$ 表示两相干波源发出的波传到 P 点的几何路程之差(称为**波程差**),那么式(12-37)和式(12-38)又可简化为

$$\begin{cases} \delta = r_2 - r_1 = \pm 2k\dfrac{\lambda}{2} & \text{(干涉加强)} \\[2mm] \delta = r_2 - r_1 = \pm(2k+1)\dfrac{\lambda}{2} & \text{(干涉减弱)} \end{cases} \quad (k = 0,1,2,\cdots) \tag{12-39} \tag{12-40}$$

式(12-39)和式(12-40)表明,当两个相干波源同相位时,在两列波的叠加区域内,波程差 δ 等于零或半波长偶数倍的各点,振幅和强度最大;波程差 δ 等于半波长奇数倍的各点,振幅和强度最小。

从以上讨论可知,两列相干波叠加时,空间各处的强度并不简单地等于两列波强度之和,反映出能量在空间的重新分布,但这种能量的重新分布在时间上是稳定的,在空间上又

是强弱相间且具有周期性的。两列不满足相干条件的波相遇叠加称为波的非相干叠加,这时空间任一点合成波的强度就等于两列波强度的代数和,即

$$I = I_1 + I_2 \tag{12-41}$$

例 12-3 如图 12-23 所示,同一介质中有两个相干波源 S_1,S_2,振幅皆为 $A = 33\text{cm}$。当 S_1 点为波峰时,S_2 正好为波谷。设介质中波速 $u = 100\text{m/s}$,欲使两列波在 P 点干涉后得到加强,这两列波的最小频率为多大?

解 由图 12-23 可知

$$\overline{S_1P} = r_1 = 30\text{cm}$$

$$\overline{S_2P} = r_2 = \sqrt{30^2 + 40^2}\,\text{cm} = 50\text{cm}$$

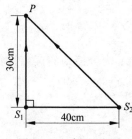

图 12-23　例 12-3 图

要使从 S_1,S_2 两个波源发出的波在 P 点干涉后得到加强,其波长必须满足

$$\Delta\varphi = \varphi_2 - \varphi_1 - \frac{2\pi}{\lambda}(r_2 - r_1) = \pm 2k\pi, \quad k = 0,1,2,\cdots$$

由题意可知 $\varphi_2 - \varphi_1 = \pi$,而 $r_2 - r_1 = (50 - 30)\text{cm} = 20\text{cm}$,代入上式可得

$$\pi - \frac{40\pi}{\lambda} = \pm 2k\pi$$

取

$$\lambda = \frac{40}{1 + 2k}$$

当 $k = 0$ 时,λ 为最大值 $\lambda_{\max}$,即

$$\lambda_{\max} = \frac{40}{1 + 2k}\bigg|_{k=0} = 40\text{cm} = 0.4\text{m}$$

故

$$\nu_{\min} = \frac{u}{\lambda_{\max}} = \frac{100}{0.4}\text{Hz} = 250\text{Hz}$$

例 12-4 如图 12-24 所示,B,C 为同一介质中的两个相干波源,相距 30m,它们产生的相干波频率为 $\nu = 100\text{Hz}$,波速 $u = 400\text{m/s}$,且振幅都相同。已知 B 点为波峰时,C 点为波谷。求 BC 连线上因干涉而静止的各点的位置。

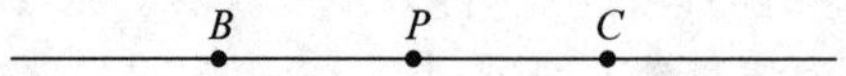

$$\overset{B}{\bullet}\qquad\overset{P}{\bullet}\qquad\overset{C}{\bullet}$$

图 12-24　例 12-4 图

解 由题意可知,两波源 B,C 的振动相位正好相反,设 $\varphi_C - \varphi_B = \pi$,而 $\lambda = \dfrac{u}{\nu} = \dfrac{400}{100}\text{m} = 4\text{m}$。设 BC 连线上的任意点 P 与两个波源的距离分别为 $\overline{BP} = r_B$,$\overline{CP} = r_C$,要使两列波传到 P 点叠加干涉而使 P 点静止,则两列波传到 P 点的相位差必须满足

$$\Delta\varphi = \varphi_C - \varphi_B - \frac{2\pi}{\lambda}(r_C - r_B) = \pm(2k + 1)\pi, \quad k = 0,1,2,\cdots$$

可得

$$r_B - r_C = \pm 2k\frac{\lambda}{2}, \quad k = 0, 1, 2, \cdots \tag{12-42}$$

具体讨论如下：

（1）若 P 点在 B 点左侧，则 $r_B - r_C = r_B - (r_B + \overline{BC}) = -30\text{m}$，它不可能为 $\lambda = 4\text{m}$ 的整数倍，即不满足式（12-42）要求，故在 B 点左侧不存在因干涉而静止的点。

（2）若 P 点在 C 点的右侧，与上面类似的讨论可知，C 点右侧也不存在因干涉而静止的点。

（3）若 P 点在 B，C 两波源之间，则 $r_B - r_C = 2r_B - (r_B + r_C) = 2r_B - \overline{BC}$，由式（12-42）可得

$$2r_B - \overline{BC} = \pm k\lambda$$

即

$$2r_B - 30\text{m} = \pm k\lambda, \quad k = 0, 1, 2, \cdots$$

所以在 B，C 之间且与波源 B 相距 $r_B = (15 \pm 2k)\text{m} = 1\text{m}, 3\text{m}, 5\text{m}, \cdots, 29\text{m}$ 的各点会因干涉而静止。

12.6　驻　　波

两列振幅相同的相干波相向传播时叠加而形成的波，叫做驻波，驻波是波干涉的一种特殊情况，在声学、光学以及工程技术和军事上都有着重要的应用。

12.6.1　驻波的产生

下面介绍产生驻波的一种实验装置。如图 12-25 所示，利用电动音叉作为波源，在音叉末端系一细线，细线通过定滑轮与一砝码相连。改变砝码的质量可以调节细线上的张力大小。音叉的振动通过细线传播出去，在细线上适当位置设置一个劈尖，入射波碰到劈尖被反射回来。这样反射波与入射波在细线上相遇，就能满足产生驻波的条件，从而在细线上形成驻波。

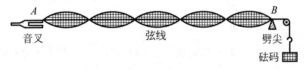

图 12-25　驻波实验装置

从图 12-25 中可以看出，由上述两列波叠加而形成驻波，波形分为几段，每段两端的点固定不动，而每段中各质点则作振幅不同、相位相同的独立振动。中间的点，振幅最大，越靠近两端的点，振幅越小。而且还发现，相邻两段的振动方向是相反的。此时绳上各点，只有段与段之间的相位突变，而没有振动状态或相位的逐点传播，即没有什么"跑动"的波形，也没有什么能量向外传播，所以称这种波为**驻波**。驻波中始终静止不动的那些点称为**波节**，振幅最大的各点称为**波腹**。

图 12-26 画出了不同时刻的入射波、反射波和合成波的波形图，图中粗线表示合成波。

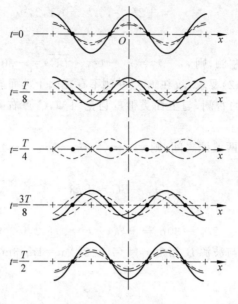

图 12-26　驻波的形成

12.6.2　驻波方程

下面以平面简谐波传播为例对驻波进行定量描述。

我们把沿 Ox 轴正向和负向传播的波在 Ox 轴原点 $x=0$ 处都处于正向最大位移的时刻,选作 $t=0$,用 A 表示它们的振幅,ω 表示它们的角频率,则它们的运动学方程分别为

$$y_1 = A\cos\left(\omega t - \frac{2\pi}{\lambda}x\right), \quad y_2 = A\cos\left(\omega t + \frac{2\pi}{\lambda}x\right)$$

合成波的方程为

$$y = y_1 + y_2 = A\cos\left(\omega t - \frac{2\pi}{\lambda}x\right) + A\cos\left(\omega t + \frac{2\pi}{\lambda}x\right)$$

$$= 2A\cos\frac{2\pi}{\lambda}x\cos\omega t \tag{12-43}$$

这就是驻波方程。其中,$\cos\omega t$ 表示谐振动,而 $\left|2A\cos\dfrac{2\pi}{\lambda}x\right|$ 即为谐振动的振幅,式中 x 与 t 被分隔于两个余弦函数中,说明此函数不满足 $y(t+\Delta t, x+u\Delta t)=y(x,t)$,因此它不表示行波,只表示各质点都在作与原频率相同的简谐振动,但各点的振幅随位置不同而不同。

12.6.3　驻波的特点

1. 驻波振幅分布的特点

由驻波方程可知,各质点的振幅为 $\left|2A\cos\dfrac{2\pi}{\lambda}x\right|$,各点振幅随 x 位置的不同而变化。

(1) 满足 $\left|\cos\dfrac{2\pi}{\lambda}x\right|=1$,即 $\dfrac{2\pi}{\lambda}x=k\pi$ 的 x 坐标处各点振幅最大,为 $2A$,这些即为波腹

点,波腹点的坐标为

$$x = k\frac{\lambda}{2}, \quad k = 0, \pm 1, \pm 2, \cdots \tag{12-44}$$

(2) 满足 $\left|\cos\frac{2\pi}{\lambda}x\right| = 0$,即 $\frac{2\pi}{\lambda}x = (2k+1)\frac{\pi}{2}$ 的 x 坐标处各点振幅为零,这些即为波节点,波节点的坐标为

$$x = (2k+1)\frac{\lambda}{4}, \quad k = 0, \pm 1, \pm 2, \cdots \tag{12-45}$$

由式(12-44)、式(12-45)可知,相邻两个波节或相邻两个波腹之间的距离都是 $\frac{\lambda}{2}$,而相邻的波节、波腹之间的距离为 $\frac{\lambda}{4}$,这就为我们提供了一种测定行波波长的方法,只要测出相邻两波节或相邻两波腹之间的距离就可以确定原来两列行波的波长了。

介于波腹、波节之间的各质点,它们的振幅则随坐标位置按 $\left|2A\cos\frac{2\pi}{\lambda}x\right|$ 的规律变化。

2. 驻波的相位分布的特点

在驻波方程式(12-43)中,振动因子为 $\cos\omega t$,但不能认为驻波中各点的振动相位也相同或如行波中那样逐点不同。x 处振动位移由 $2A\cos\frac{2\pi}{\lambda}x$ 确定,显然对应于不同的 x 值,$2A\cos\frac{2\pi}{\lambda}x$ 可正可负。如果把相邻的两波节之间的各点视为一段,则由余弦函数的取值可知,$\cos\frac{2\pi}{\lambda}x$ 的值对同一段内的各质点有相同的符号;对于分别在相邻两段内的两质点则符号相反。以 $\left|2A\cos\frac{2\pi}{\lambda}x\right|$ 作为振幅,这种符号相同或相反就表明,在驻波中,同一段上各质点振动相位相同,或相邻两段中各质点的振动相位相反。因此,驻波实际上是一种特殊的分段振动现象。

3. 驻波能量

驻波振动中既没有相位的传播,也没有能量的传播。由式(12-29)可知,入射波的波强与反射波的波强大小相等,方向相反,即介质中总的波强矢量和为零。驻波波强为零并不表示各质点在振动中能量守恒。例如,位于波节处的质点动能始终为零,势能则不断变化。当两波节间各质点的振动位移分别达到各自的正、负最大值时,各质点的动能均为零,两波节间总势能最大,波节附近因相对形变最大,势能有极大值,而波腹附近因相对形变最小,则势能有极小值;当两波节间各质点从同一方向通过平衡位置时,介质中各处的相对形变为零,势能均为零,总动能达到最大值。波腹附近则因振动速度最大而有最大动能,离波节越近,动能越小,其他时刻则动能、势能并存。这就是说,在驻波振动中,一个波段内不断地进行动能与势能的相互转换,并不断地分别集中在波腹和波节附近而不向外传播,故称为驻波。

综上所述,驻波与行波的区别见表 12-2。

表 12-2　驻波与行波的区别

比较项目	驻　波	行　波
波形	原地驻扎不动	以波速 u 向前传播
能量	在波腹与波节之间振荡、转移,不传播	以波速 u 向前传播
振幅	各点不同,有波腹、波节	各质点作等幅振动
相位	波节之间各点同相,波节两侧的点反相	以波速 u 向前传播

12.6.4　半波损失

在图 12-25 所示的实验中,反射点 B 是固定不动的,在该处形成驻波的一个波节。这一结果说明,当反射点固定不动时,反射波与入射波在 B 点是反相位的(图 12-27(a))。如果反射波在 B 点是同相位的,那么合成的驻波在 B 点应是波腹(图 12-27(b))。这就是说,当反射点固定不动时,反射波与入射波间有 π 的相位突变。因为相距半波长的两点相位差为 π,所以这个 π 的相位突变一般形象化地称为**半波损失**。如反射点是自由的,则合成的驻波在反射点将形成波腹,这时,反射波与入射波之间没有相位突变。

进一步研究表明,当波在空间传播时,在两种介质的分界面处究竟出现波节还是波腹,这将取决于波的种类和两种介质的有关性质以及入射角的大小。在波动垂直入射的情况下,如果是弹性波,则把密度 ρ 和波速 u 的乘积 ρu 较大的介质称为波密介质,乘积 ρu 较小的介质称为波疏介质。那么当波从波疏介质传播到波密介质,而在分界面处反射时,反射点出现波节,就是说,入射波在反射点时有相位 π 的突变。相位突变问题不仅在机械波反射时存在,在电磁波包括光波反射时也存在。对于光波,我们把折射率 n 较大的介质称为光密介质,折射率 n 较小的介质称为光疏介质,那么当来自光疏介质的入射光在光密介质表面垂直反射时,在反射点也有 π 相位的突变。以后在光学中还要讨论这个问题。

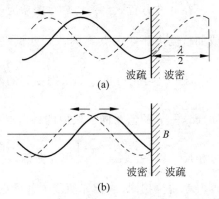

图 12-27　入射波(实线)与反射波(虚线)在反射点的相位情况

12.6.5　弦线上的驻波

驻波现象有许多实际的应用。例如,弦线的两端拉紧固定(或细棒的两端固定),当拨动弦线时,弦线中就产生经两端反射而成的两列反向传播的波,叠加后形成驻波。由于在两固定端必须是波节,因而其波长有一定限制,波长与弦长 L 必须满足条件

$$L = n\frac{\lambda_n}{2}, \quad 即 \quad \lambda_n = \frac{2L}{n}, \quad n = 1, 2, 3, \cdots$$

而波速 $u = \lambda\nu$,从而对频率也有限制,允许存在的频率为

$$\nu_n = \frac{u}{\lambda} = \frac{n}{2L}u, \quad n = 1, 2, 3, \cdots \tag{12-46}$$

就是说,只有波长(或频率)满足上述条件的一系列波才能在弦上形成驻波。

对于弦线,因 $u = \sqrt{\dfrac{T}{\eta}}$,所以

$$\nu = \frac{n}{2L}\sqrt{\frac{T}{\eta}} \tag{12-47}$$

其中与 $n=1$ 对应的频率称为基频,其后频率依次称为 2 次,3 次……谐频(对声驻波则称为基音和泛音)。各种允许频率所对应的驻波振动(即简谐振动模式)称为简正模式(或称本征模式)。相应的频率为简正频率(或称本征频率)。由此可见,对两端固定的弦,这一驻波系统,有无限多个简正模式和简正频率。一个系统的简正模式所对应的简正频率反映了系统的固有频率特性,如果外界驱使系统振动,当驱动力频率接近系统某一固有频率时,系统将被激发,产生振幅最大的驻波,这种现象也称为共振。

对一端固定、一端自由的棒(或一端封闭、一端开放的管);或对两端自由的棒(或两端开放的管),也可进行类似的分析,以确定它的简正模式(图 12-28)。此外,锣面、鼓皮也都是驻波系统,由于是二维的情况,它们的简正模式要比棒的简正模式复杂得多。

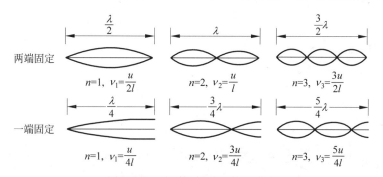

图 12-28　弦(管)振动的简正模式

例 12-5　如图 12-29 所示,沿 x 轴正向传播的平面简谐波方程为 $y = 0.2 \times \cos\left[200\pi\left(t - \dfrac{x}{200}\right)\right]$ m,两种介质的分界面 P 与坐标原点 O 相距 $d = 6.0$ m,入射波在界面上反射后振幅无变化,且反射处为固定端。

求:(1) 反射波方程;

(2) 驻波方程;

(3) 在 O 与 P 间各个波节和波腹点的坐标。

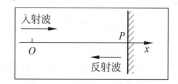

图 12-29　例 12-5 图

解　(1) 由波函数可知,入射波的振幅 $A = 0.2$ m,角频率 $\omega = 200\pi$,波速 $u = 200$ m/s,故波长 $\lambda = \dfrac{u}{\nu} = 2$ m。由题意知,反射波的振幅、频率和波速均与入射波相同。

入射波在两介质分界面 P 点处的振动方程为

$$y_入 = y\mid_{x=d} = 0.2\cos\left[200\pi\left(t - \frac{6}{200}\right)\right] = 0.2\cos(200\pi t - 6\pi) = 0.2\cos200\pi t$$

因为反射点是固定端,所以反射波在 P 点处的振动相位与入射波在该点的振动相位相

反,故有

$$y_反 = 0.2\cos(200\pi t + \pi)$$

反射波以波速 $u = 200\text{m/s}$ 向 x 轴负向传播,在 P 点处的振动方程已经由上式给出,所以反射波方程为

$$y = 0.2\cos\left[200\pi\left(t - \frac{6-x}{200}\right) + \pi\right] = 0.2\cos\left[200\pi\left(t + \frac{x}{200}\right) - 5\pi\right]$$

$$= 0.2\cos\left[200\pi\left(t + \frac{x}{200}\right) - \pi\right]$$

(2)驻波方程为

$$y = 0.2\cos\left[200\pi\left(t - \frac{x}{200}\right)\right] + 0.2\cos\left[200\pi\left(t + \frac{x}{200}\right) - \pi\right]$$

$$= 0.2\cos\left[200\pi\left(t - \frac{x}{200}\right)\right] - 0.2\cos\left[200\pi\left(t + \frac{x}{200}\right)\right]$$

$$= 0.4\sin\pi x \sin 200\pi t$$

(3)由

$$\pi x = 2k\frac{\pi}{2}, \quad k = 0, 1, \cdots, 6$$

得波节点的坐标为

$$x = 0, 1, 2, 3, 4, 5, 6$$

由

$$\pi x = (2k+1)\frac{\pi}{2}, \quad k = 0, 1, \cdots, 5$$

得波腹点坐标为 $x = \dfrac{1}{2}, \dfrac{3}{2}, \dfrac{5}{2}, \dfrac{7}{2}, \dfrac{9}{2}, \dfrac{11}{2}$。

12.7　多普勒效应

　　我们前面所讨论的都是波源与观察者相对于介质静止的情况,所以,观察者接收到的频率与波源发出的频率是相同的。但是在日常生活和科学观测中,经常会遇到波源或观察者相对于介质而运动的情况。例如,鸣笛的火车在向观察者运动时,人们会觉得汽笛的频率比火车不动时高,而当火车远离观察者运动时,人们会觉得汽笛的频率比火车不动时低。这种因波源或观察者相对于介质运动,而使观察者接收到的波的频率有所变化的现象是由多普勒在 1842 年首先发现的,故称为**多普勒效应**。下面就来分析这一现象。

　　为简单起见,我们将介质选为参考系,并假定波源、观察者的运动发生在同一直线上。设波源相对于介质的运动速度为 u_S,观察者相对于介质的运动速度为 u_R,以 u 表示波在介质中的传播速度。并规定:波源和观察者相互接近时 u_S 和 u_R 取正值,相互远离时 u_S 和 u_R 取负值。值得注意的是,波速 u 是波相对于介质的速度,它取决于介质性质,而与波源或观察者的相对运动无关,它恒为正值。先设波源的频率、观察者接收到的频率和波的频率分别用 ν_S、ν_R 和 ν 表示。这里波源的频率 ν_S 是指观察者在单位时间内发出的完全波的数量;观察者接收到的频率 ν_R 是指观察者在单位时间内接收到的完全波的数量;而波的频率 ν

是指单位时间内通过介质中某点的完全波的数量,显然,当波源、观察者均相对介质静止时,

满足 $\nu=\dfrac{u}{\lambda}$ 的关系,而只有当波源和观察者相对于介质静止时,ν_S、ν_R 和 ν 三者才是相等的。

12.7.1 波源静止,观察者以 u_R 相对于介质运动

首先,假定观察者向波源运动。在这种情况下,观察者在单位时间内接收到的完全波的数量比其静止时要多。这是因为在单位时间内原来位于观察者处的波面向右传播了 u 的距离,同时观察者自己向左运动了 u_R 的距离,这就相当于波在单位时间内通过观察者的总距离为 $u+u_R$,如图 12-30 所示。因而这时在单位时间内观察者接收的完全波的数量为

$$\nu_R = \frac{u+u_R}{\lambda} = \frac{u+u_R}{\dfrac{u}{\nu}} = \frac{u+u_R}{u}\nu$$

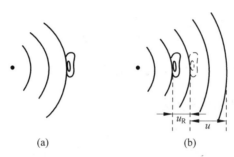

(a)   (b)

图 12-30 多普勒效应观察者运动而波源不动

(a) 在某瞬间;(b) 在 1s 后的情形

由于波源在介质中静止,所以波的频率就等于波源的频率,即 $\nu=\nu_S$,因而有

$$\nu_R = \frac{u+u_R}{u}\nu_S \tag{12-48a}$$

所以,观察者向波源运动时所接收到的频率为波源频率的 $1+\dfrac{u_R}{u}$ 倍,比波源的频率高。

同理,当观察者远离波源时,观察者接收到的频率为

$$\nu_R = \frac{u-u_R}{u}\nu_S \tag{12-48b}$$

即此时接收到的频率低于波源的频率。

12.7.2 观察者静止,波源以 u_S 相对于介质运动

波源在运动中仍按自己的频率发射波,在一个周期 T_S 内,波在介质中传播了 uT_S 距离,完成一个完整波形。设波源向着观察者运动,在这段时间内,波源位置从 S_1 移到 S_2,移过距离 $u_S T_S$,如图 12-31 所示。由于波源的运动,介质中的波长变小了,实际波长为

$$\lambda' = uT_S - u_S T_S = \frac{u-u_S}{\nu_S}$$

相应地,波的频率为

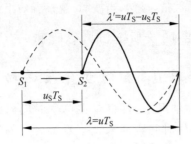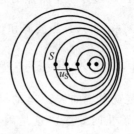

图 12-31　多普勒效应波源运动而观察者不动

$$\nu = \frac{u}{\lambda'} = \frac{u}{u - u_S}\nu_S$$

由于观察者是静止的,所以其接收到的频率就是波的频率,即

$$\nu_R = \nu = \frac{u}{\lambda'} = \frac{u}{u - u_S}\nu_S \tag{12-49a}$$

此时,观察者接收到的频率大于波源的频率。

当波源远离观察者运动时,介质中的实际波长为

$$\lambda' = uT_S + u_S T_S = \frac{u + u_S}{\nu_S}$$

同上所述,可得观察者接收到的频率为

$$\nu_R = \frac{u}{\lambda'} = \frac{u}{u + u_S}\nu_S \tag{12-49b}$$

这时,观察者接收到的频率低于波源的频率。

图 12-31 表示波源在移动时每个波动造成的波阵面,其球面不是同心的。从图上可以清楚地看出,在波源运动前方波长变短,后方波长变长。

12.7.3　波源以 u_S 运动,观察者以 u_R 运动(相向运动为正)

根据以上的讨论,由于波源的运动,介质中波的频率为

$$\nu = \frac{u}{u - u_S}\nu_S$$

由于观察者的运动,观察者接收到的频率为

$$\nu_R = \frac{u + u_R}{u}\nu$$

代入上式得观察者接收到的频率为

$$\nu_R = \frac{u + u_R}{u - u_S}\nu_S \tag{12-50}$$

当波源和观察者相向运动时,u_S 和 u_R 均取正值;当波源和观察者相背运动时,两者均取负值。如果波源和观察者是沿着它们相互垂直的方向运动,则不难推知,此时没有发生多普勒效应;又如果波源和观察者的运动方向是任意的,那么只要将速度在连线方向上的分量值代入上式即可。

多普勒效应是各种波都有的一种普遍现象,由于不同种类的波有着本质上的区别,尽管形成该效应的原理相似,但具体的计算公式不同。

多普勒效应在实际中有着广泛的应用。利用多普勒效应可以测定运动物体的速度。如监测车速,测定星球相对于地球的速度,测定云层的速度及血液流动的速度等。在医学上,还可利用超声波的多普勒效应对心脏跳动情况进行诊断。

本 章 小 结

1. 平面简谐波的表达式
（1）表达式

$$y = A\cos\left[\omega\left(t \mp \frac{x - x_0}{u}\right) + \varphi\right]$$

（2）各量关系

$$\text{周期 } T = \frac{2\pi}{\omega} = \frac{1}{\nu}; \quad \text{波速 } u = \frac{\lambda}{T} = \lambda\nu$$

2. 波动微分方程与波速公式
（1）波动微分方程

$$\frac{\partial^2 y}{\partial x^2} = \frac{1}{u^2}\frac{\partial^2 y}{\partial t^2}$$

（2）波速
固体中

$$u_{/\!/} = \sqrt{\frac{Y}{\rho}}\,(\text{纵波}), \quad u_{\perp} = \sqrt{\frac{N}{\rho}}\,(\text{横波})$$

气体中

$$u_{\perp} = \sqrt{\frac{\gamma p}{\rho}}\,(\text{纵波})$$

3. 波的能量
（1）平均能量密度

$$\bar{w} = \frac{1}{2}\rho\omega^2 A^2$$

（2）平均能流密度（即波强）

$$I = \frac{1}{2}\rho\omega^2 A^2 u$$

4. 波的叠加和干涉
1）惠更斯原理
波动传播到的各点都可以看作是发射子波的新的波源;其后任一时刻,这些子波的包迹就是新的波阵面。

2）叠加原理
几列波在同一介质中传播并相遇时,各列波均保持原来的特性（频率、波长、振动方向、传播方向)传播,在相遇点各质点的振动是各列波单独到达该处引起的振动的合成。

3）波的干涉

（1）相干条件：两列波频率相同,振动方向相同,在相遇点有恒定的相位差。

（2）干涉相长与相消的条件：

若 $\varphi_1 \neq \varphi_2$,则在相遇点的相位差

$$\Delta\varphi = \varphi_2 - \varphi_1 - \frac{2\pi}{\lambda}(r_2 - r_1) = \pm 2k\pi, \quad k = 0,1,2,\cdots \quad （干涉相长）$$

$$\Delta\varphi = \varphi_2 - \varphi_1 - \frac{2\pi}{\lambda}(r_2 - r_1) = \pm(2k+1)\pi, \quad k = 0,1,2,\cdots \quad （干涉相消）$$

若 $\varphi_1 = \varphi_2$,则波程差

$$\delta = r_2 - r_1 = \begin{cases} \pm 2k\dfrac{\lambda}{2} & （干涉加强） \\[3mm] \pm(2k+1)\dfrac{\lambda}{2} & （干涉减弱） \end{cases} \quad k = 0,1,2,\cdots$$

4）驻波

两列振幅相同、相向传播的相干波在介质中叠加后形成的稳定的分段振动形式。

（1）波节与波腹：相邻两个波节(腹)间距为 $\lambda/2$,相邻波节、波腹间距为 $\lambda/4$；相邻两波腹间各质点的振动振幅随 x 按余弦函数规律变化。

（2）相位分布特点：相邻两个波节之间所有质点振动相位相同,同步振动。任一波节两侧的质点振动相位相反,相差为 π。

（3）半波损失：波动在反射时发生的 π 相位突变现象的条件是,正入射,且由波疏介质到波密介质上反射；当有半波损失时,界面一定形成波节。

5. 多普勒效应

接收器的接收频率有赖于接收器和波源运动的现象。

$$\nu_R = \frac{u + u_R}{u - u_S}\nu_S$$

接收器与波源相互靠近时,u_R, u_S 取正值；相互远离时,u_R, u_S 取负值。

阅读材料 超声、次声和噪声

声学是物理学中最古老的学科之一。因为声音是日常生活中最常见、最"直观"的,相对来讲是一种最简单的现象,所以人们从古代开始就对它的本质有了基本正确的认识。它的基本理论早在 19 世纪中叶就已达到相当完善的地步,20 世纪初,声学开始外延式地发展,逐渐与物理以外的学科结合,建立了许多分支学科,如建筑声学、大气声学、电声学、语言声学、心理声学、生理声学、超声学、生物声学、噪声学、地声学、物理声学等。它的分支目前已超过 20 个,并且还有新的分支不断生长的趋势,难怪声学被认为是"最古老而又最年轻的学科"。

1. 超声

1）超声的产生

频率高于人类听觉上限频率(约 20000 Hz)的声波,称为超声波,或称超声。最早的超声

是 1883 年由通过狭缝的高速气流吹到一锐利的刀口上产生的,称为戈尔登·哈特曼(Galton Hartmann)哨,为了用超声对介质进行处理,此后又出现了各种形式的气哨、汽笛和液哨等机械型超声发生器(又称换能器)。由于这类换能器成本低,所以经过不断改进,至今仍广泛地应用于对流体介质的超声处理技术中。20 世纪初,电子学的发展使人们能利用某种材料的压电效应和磁致伸缩效应制成各种机电换能器。1917 年,法国物理学家郎之万(P. Langevin)用天然压电石英制成了超声换能器,并用来探索海底的潜艇。材料科学的发展,使得应用最广泛的压电换能器也从天然压电晶体过渡到价格更低廉而性能更良好的压电陶瓷、人工压电单晶、压电半导体以及塑料压电薄膜等,并使超声频率的范围从几十千赫兹提高到上千兆赫兹,产生和接收的波形也由单纯的纵波扩展到横波、扭转波、弯曲波、表面波等。近年来,频率更高的超声——特超声的产生和接收技术迅速发展,从而提供了研究物质结构的新途径。例如,在介质端面直接蒸发或溅射上压电材料(ZnO、CdS 等)薄膜或磁致伸缩的铁磁性薄膜,就能获得数百兆赫至数万兆赫的特超声。此外,用热脉冲、半导体雪崩、超导结、光学与声学相互作用等方法可以产生或接收频率更高的超声。

　　2) 超声的传播和超声效应

　　超声在介质中的传播规律(反射、折射、衍射、散射等)与一般声波大体相同,无本质的差别。超声波最明显的传播特性之一就是方向性很好,射线能定向传播。超声波的穿透本领很大,在液体、固体中传播时,衰减很小。在不透明的固体中,超声波能穿透几十米的厚度。超声波碰到杂质或介质分界面时有显著的反射。这些特性使得超声波成为探伤、定位等技术的一个重要工具。

　　此外,超声波在介质中的传播特性,如波速、衰减、吸收等,都与介质的各种宏观的非声学的物理量有着密切的联系。例如声速与介质的弹性模量、密度、温度、气体的成分等有关。声强的衰减又与材料的空隙率、黏性等有关。利用这些特性,已制成了测定这些物理量的各种超声仪器。而这些传播特性,从本质上看,都决定于介质的分子特性。例如,声速、吸收和频散与分子的能量、分子的结构等有着密切的关系。由于超声波测量方法方便,可以获得大量实验数据,所以超声技术越来越成为研究物质结构的有力工具。

　　当超声波在介质中传播时,声波与介质相互作用,正因为其频率高的特点,因此由"量变引起质变"而产生一些一般声波所不具备的超声效应,从而也决定了超声一系列特殊的应用,这些超声效应主要有以下三方面:

　　(1) 线性的交变振动作用。介质在一定频率和强度的超声波作用下作受迫振动,使介质质点的位移、速度、加速度以及介质中的应力分布等分别达到一定数值,从而产生一系列超声效应,如悬浮粒子的凝聚、声光衍射、压电或压磁材料中的感生电场或磁场,这些效应是在质点振动速度远小于介质中的声速时产生的,可用线性声学理论加以说明,故称为线性的交变机械作用。

　　(2) 非线性效应。当振幅足够大时,形成一系列非线性效应,如锯齿形波效应、辐射压力和平均黏性力等各种"直流"定向力,并由此而产生超声破碎、局部高温或促进化学反应等,这时已不能用线性理论来阐明了。

　　(3) 空化作用。液体中,特别是在液固边界处,往往存在一些小空泡,这些小泡可能是真空的,也可能含有少量气体或蒸汽,这些小泡有大有小,尺寸不一。当一定强度的超声通过液体时,液体内部产生大量小泡,只有尺寸适宜的小泡能发生共振现象,这个尺寸称为共振尺寸。原来就大于共振尺寸的小泡,在超声作用下驱出液外。原来小于共振尺寸的小泡,在超声作用下逐渐变大。接近共振尺寸时,声波的稀疏阶段使小泡比较迅速地胀大,然后在声波压缩阶段中,小泡又突然被绝热压缩直至湮灭,在湮灭过程中,小泡内部达几千摄氏度的高温和几千大气压的高压,并且由于小泡周围液体高速冲入小泡而形成强烈的局部冲击波。在小泡胀大时,由于摩擦而产生的电荷,也在湮灭过程中进行中和而产生放电现象。这就是液体内的声空化作用。在液体中进行的超声处理技术,如超声的清洗、粉碎、乳化、分散等,大多数都与空化作用有关。

3) 超声的应用

超声的应用是以其传播机理和各种效应为基础的,大致包括以下三个方面。

(1) 超声检测和控制技术。用超声波易于获得方向性极好的定向声束,采用超声窄脉冲,就能达到较高的空间分辨率,加上超声波能在不透光的材料中传播,从而已广泛地应用于各种材料的无损探伤、测厚、测距、医学诊断和成像等。另一方面,利用介质的非声学特性(如黏性、流量、浓度等)与声学量(声速、衰减和声阻抗等)之间的联系,通过对声学量的检测即可对非声学量进行检测和控制。例如声发射技术和声全息等新的应用仍在不断地涌现和发展。此外还可利用声波的频散(声速依赖于频率)关系制成将信息存储一段时间的延迟线,利用滤波作用制成将通过同一传输线的几路电话通信分隔开来的机械滤波等。

(2) 超声处理。这主要利用超声波的能量。它是通过超声对物质的作用来改变或加速改变物质的一些物理、化学、生物特性或状态。由于超声在液体中的空化作用,可用来进行超声加工、清洗、焊接、乳化、脱气、化学反应促进、医疗处理以及种子处理等,已被广泛应用于工业、农业、医学卫生等各个部门。超声对气体的主要作用之一是粒子凝聚。就是气体中较轻的粒子跟着声波快速运动而黏附在重粒子之上,致使气体中小粒子的数目减少,而重粒子最终会下落到收集板上,这在工业上已广泛用于除尘设备。

(3) 在基础领域内的应用。机械运动是最简单、最普遍的物质运动,它和其他的物质运动以及物质结构之间存在密切关系。因此超声振动这种机械振动就可成为研究物质结构的重要途径。从 20 世纪 40 年代开始,人们研究超声波在介质中的声速和衰减随频率变化的关系时,就陆续发现了它们与各种分子弛豫过程(如分子内、外自由度之间能量转换的热弛豫、分子结构状态变化的结构弛豫等)以及微观谐振过程(如铁磁、顺磁、核磁共振等)之间的关系,并形成了分子声学的分支学科。

目前已能产生并接收频率接近于点阵热振动频率的特超声,利用这种量子化声能(所谓"声子")可以研究原子间的相互作用、能量传递等问题。通过对特超声声速和衰减的测定,可以了解声波与点阵振动的相互关系及点阵振动各模式之间的耦合情况,还可用来研究金属和半导体中声子与电子、声子与超导线、声子与光子的相互作用等。至今,超声已与电磁波和粒子轰击一样,并列为研究物质微观过程的三大重要手段。与之相关联的新分支"量子声学"也正在形成。

2. 次声

1) 次声的产生和传播

次声是频率低于可听声频率(20Hz)的声波,它的频率范围大致为 $10^{-4} \sim 20\,\text{Hz}$,早在 19 世纪,人们就已记录到了自然界中一些"自然爆炸"(如火山爆发或陨石爆炸)所产生的次声波,其中最著名的是 1883 年 8 月 27 日在印度尼西亚苏门答腊和爪哇之间的喀拉喀托火山突然爆发,它产生的次声波传播了十几万千米,约绕地球三匝,历时 108h,当时有人用简单的微气压计曾记录到。次声源主要由一系列气象现象和地球物理现象造成。例如每种恶劣天气,从地区性的台风、龙卷风到普遍性的暴风雨、冰雹等都与一定的次声波相联系,并且一般是在这些天气变化发生之前数小时至一两天就可以被探测到,因此具有一定的预报价值。又如地震、火山爆发、陨石坠落、极光、日食等也伴随着次声波。特别值得一提的是一种由一定的风型和一定的地型结构综合形成的独特次声波,即所谓"山背波"。当平行于地面的气流遇到障碍物(如隆起的山包)时,气流走向会随着地形的变动而上下起伏,以致形成涡旋,这种涡旋的振荡最后发展为波动,它是产生剧烈的"晴空湍流"的重要因素,对飞机的飞行构成严重威胁,世界上不少多山地区屡次发生空难,山背波作祟的可能性非常之大。除了自然源产生次声波外,还有人为的波源,其中主要是工业和交通工具所产生的次声频段噪声,特别是超声速喷气机起飞、降落、各种爆炸尤其是核爆炸。次声波虽然听不见,但对人体危害往往可能比可听声频的噪声更大、更广泛。原因之一是人的日常行动"频率"(如举手、投足),特别是人体内脏器官的固有频率大多在几赫兹这样的次声频段。另一方面,人的"运动病"(晕车、晕船、晕机等)的"罪魁祸首"也有人认为就是这种频率的次声波。

次声波的传播速度和声波相同,在 20℃ 空气中为 344m/s。振动周期为 1s 的次声波,波长为 344m;周期为 10s 的次声波,波长就是 3440m。和声波相比较,大气对次声波的吸收是很小的。因为吸收系数与频率的二次方成正比,次声波的频率很低,因而吸收系数很小,所以次声波是大气中的优秀"通信员"。大气温度和风速随高度的增加,气温上升,在 50km 左右气温再度降低,在 80km 左右形成第二个极小值,然后复又升高。次声波主要沿着温度极小值所形成的通道(称为声道)传播。不同频率的次声波在大气声道中传播速度不同,产生频散现象,这使得在不同地点测得次声波的波形各不相同。大气中次声波的类型很多,但不外乎三种基本类型:介质粒子振动方向与波传播方向一致的纵波(声波系列);介质粒子在水平方向振动而传播方向与之垂直但也在水平方向的水平横波(行星波系列);介质粒子在铅直方向振动而在水平方向传播的铅直横波(重力波系列)。所有大气次声波不是直接属于这三种类型,就是可看成它们的组合。

2) 次声波的应用

早在第二次世界大战前,次声波已应用于探测火炮的位置,可是直到 20 世纪 50 年代次声波的应用才被人们注意,它的应用前景十分广阔,大致分为以下几个方面:

(1) 通过研究自然现象产生的次声波的特性和产生机制,更深入地认识这些现象的特性和规律,例如人们测定极光产生的次声波特性来研究极光的活动规律等。

(2) 利用接收到声源所辐射的次声波,探测它的位置、大小和其他特性。例如通过接收核爆炸、火箭发射或台风所产生的次声波去探测这些次声源的有关参量。

(3) 预测自然灾害性事件,如火山爆发、龙卷风、雷暴等。

(4) 探测大范围气象的性质和规律,其优点是可以对大气进行连续不断的探测和监视。

(5) 人和其他生物不仅能对次声波产生某种反应,而且它们的某些器官也会发出微弱的次声波,因此可以测定这些次声波的特性来了解人体或其他生物相应器官的活动情况。

3. 噪声

1) 噪声的性质

噪声是一种干扰,也就是"不需要的声音",在不同场合下有不同的含义。例如在听课时,即使美妙的音乐也是噪声,反之,在欣赏音乐时,讲话就成了噪声。但在一般情况下,噪声多是指那些在任何环境下都会引起人厌烦的、难听的并在统计上无规律的声音。

噪声的大小可用频谱来描述。谐音具有离散谱或线谱,无调声具有连续谱。通常用宽度为 1Hz 的频带内的辐射强度来表征。如果噪声的强度按频率的分布比较均匀,则往往用宽度大于 1Hz 的频带(例如 500Hz 等)内声强来描述。

按噪声的声波物理特性(如振幅、相位等)随时间的变化规律,可以分为有规噪声和无规噪声。各种机械和气流产生的噪声属于有规噪声,而交通噪声、多个声源产生的背景噪声或热扰动产生的噪声则为无规噪声。有规噪声的振幅瞬时值完全可以由机械运动和流体特性所确定,而无规噪声的振幅不能由预先给定的函数确定,只遵从某种统计分布的规律。

2) 噪声对人的影响

日益增长的工业噪声、交通噪声以及其他人为噪声源已成为一种相当严重的社会公害,污染着环境。噪声对人的危害主要集中在生理和心理两方面。

噪声的生理损伤:长期处在噪声过强的环境中,会造成人的听力损失或耳聋,甚至会导致某些疾病。按照国际标准,在 500Hz、1000Hz 和 2000Hz 三个频率的平均听力由于噪声引起下降超过 25dB 的统称为"噪声性耳聋",根据统计研究可以定出工业噪声所允许的评价标准,考虑到经济条件,现在大多数国家(包括我国和一些发达国家如美、日等)都将标准定为 90dB(A),只有少数生活水平更高的国家(如瑞士和北欧一些国家)才定为 85dB(A)。噪声除影响听力外,还能引起心血管疾病等,但目前尚缺乏统一的研究成果。

噪声的心理影响:噪声对人的心理影响表现得十分明显,如引起烦恼、降低工效、分散注意力和导致失眠等。由于这些影响涉及的因素较多,且个体差异的分散性又大大超过生理效应,所以要做更大量的统计研究。现在普遍认可的评价标准是:不致影响注意力分散的噪声级为 40(理想值)～60dB(A)(最高值);不妨碍注意力分散的噪声级为 30～50dB(A),不致"引起烦恼"的标准则视城市中不同区域而不同,并且昼夜标准各异。

此外还有噪声对语言的干扰,主要表现为降低语言的清晰度。可靠的语言通信得以进行的最低清晰度指数(AI)大约为 0.4,即每 100 个互不连贯的单字(音节)中可听清 80 个左右。新规定的环境噪声对语言的干扰级(SIL)是中心频率为 500Hz、1000Hz 和 2000Hz 的三个倍频带声压级的算术平均值(以 dB 为单位,不计小数点后的数值)。在保证 AI≈0.4 的情况下,所容许的最低 SIL 值随讲者与听者之间的距离而异,例如距离 2m 时,SIL 为 50dB,1m 时就可增加到 56dB;0.5m 时为 62dB,依此类推,一般噪声的 SIL 为 50dB 以下时,不影响正常交谈或听电话,SIL 高于 79dB 时,交谈和听电话就不可能了。

3) 噪声的控制

鉴于噪声对环境的污染,必须加以控制。由于噪声体系都是由声源、传声途径、接收者三个环节组成,所以噪声控制的种种手段也不外乎从这三个方面入手。

最根本的当然首先是对声源的控制,一般的噪声源可分为机械和气流型两大类,而前者又分为稳态振动型和冲击型两类。稳态源是由机器运转时可动部件的转动或往复运动激发起稳态振动而造成的,其辐射的声功率与振动速度、辐射面积以及辐射声阻有关。因此,要降低所辐射的噪声,就应降低这三个量的值。除了从机器本身结构上着手(如提高有关零件的加工精度、改善润滑状况、调节好静态平衡和动态平衡、减少振动表面面积和辐射体面积等)之外,还可用"减振"(加阻尼涂层甚至直接采用高阻尼合金来制造运动部件)、"隔振"(加装弹性元件使振动局限于振源附近)等措施把噪声从其根源上加以控制。关于撞击源的发声原理目前尚未完全掌握,有人将这种源的声功率分为撞击过程本身和撞击机件受击后辐射两部分。前一部分应从降低撞击头速度和锤头体积着手;后一部分则应从降低机件的振动辐射着手。例如延长冲击的接触时间,增大受击板块的质量及其阻尼、减小板块的辐射面积等。气流型的喷气噪声是由高速射流与大气混合区中产生大量湍流而造成的,它的辐射声功率与喷口直径的平方、喷口流速的 8 次方成正比。因此要想降低噪声,最有效的当然是降低喷注流速,但这样做有时是不现实的,较为可行的方法之一是改变喷口的形状。

　　传声途径的控制,从原理上讲可归为"隔、吸、消",相应的具体措施有人形象地总结为"罩、贴、挂"。"隔"就是把噪声源与接收者隔离开来,最常用的措施就是采用尺寸足够大的隔墙甚至封闭的隔声间。另外,由多孔材料构成的墙对高频有惊人的隔声本领,但却不适用于低频隔声。"吸"就是把投射到材料表面上来的声能吸收,最常用的吸声材料是多孔性材料(适用于高频)和薄板材料(适用于低频)。"消"就是在噪声通过的管壁或腔壁加上吸声材料,使声能在传播过程中逐渐衰减,也有的用电子设备产生一个与噪声振幅相等、相位相反的声音来抵消原有的噪声。

　　接收者的控制,如果在对声源和传声途径采取措施控制之后,还不能将噪声降低到标准以下时,"不得已"采取护耳器保护人耳,护耳器分为耳塞和耳罩两大类。

　　以上各种控制噪声的方法可以说大多是"消极的"或"被动的",是否可以"积极的"或"主动的"消除噪声? 早在 60 多年前就有人提出"以夷制夷"的方法,就是设法产生一种声音,其频谱与所要消除的噪声完全一样,只是所有分量的相位相反,这样叠加后就可以把噪声完全抵消掉。1953 年左右,这种设想才初步成为现实,直到 70 年代后期,由于电子技术和计算机技术的发展,这种有源消声技术在某些方面已达到相当成熟的商品化水平,但它们主要还只能局限在如管道等较小的空间范围内。

　　噪声是工业化的副产品,随着工农业和国防建设的现代化以及人民生活中机械化程度的提高,噪声也提高了,噪声已是环境三大公害(污水、污气和噪声)之一。

习　　题

12.1　单项选择题

(1) 如题 12.1(1)图所示为 $t=0$ 时刻沿 x 负方向传播的平面余弦简谐波的波形曲线,则 O 点处质点振动的初相为(　　)。

　　　A. 0　　　　　　　B. π　　　　　　　C. $\dfrac{\pi}{2}$　　　　　　　D. $\dfrac{3\pi}{2}$

(2) 一简谐波波动方程为 $y=0.03\cos 6\pi(t+0.01x)\,\mathrm{m}$,则(　　)。

A. 其振幅为 3m
B. 周期为 1/3s
C. 波速为 10m/s
D. 波沿 x 轴正方向传播

（3）一平面简谐波，沿 x 轴负方向传播，角频率为 ω，波速为 u，设 $t=\dfrac{T}{4}$ 时刻的波形如题 12.1(3)图所示，则该波的波动方程为（　　）。

A. $y=A\cos\omega\left(t-\dfrac{x}{u}\right)$

B. $y=A\cos\left[\omega\left(t-\dfrac{x}{u}\right)+\dfrac{\pi}{2}\right]$

C. $y=A\cos\omega\left(t+\dfrac{x}{u}\right)$

D. $y=A\cos\left[\omega\left(t+\dfrac{x}{u}\right)+\pi\right]$

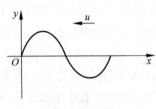
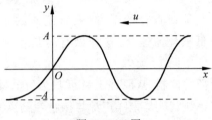

题 12.1(1)图　　　　　　　　题 12.1(3)图

（4）一平面简谐波在弹性媒质中传播，在媒质质元从平衡位置运动到最大位移处的过程中：（　　）。

A. 它的动能转化为势能
B. 它的势能转化为动能
C. 它从相邻的一段质元获得能量，其能量逐渐增大
D. 它把自己的能量传给相邻的一段质元，其能量逐渐减小

（5）设声波在媒质中的传播速度为 u，声源的频率为 ν_S。若声源 S 不动，而接收器 R 相对于媒质以速度 v_B 沿着 S、R 连线向着声源 S 运动，则位于 S、R 连线中点的质点 P 的振动频率为（　　）。

A. ν_S　　　　B. $\dfrac{u+v_B}{u}\nu_S$　　　　C. $\dfrac{u}{u+v_B}\nu_S$　　　　D. $\dfrac{u}{u-v_B}\nu_S$

12.2　填空题

（1）一平面简谐波的波动方程为 $y=A\cos(Bt-Cx)$，式中，A、B、C 为正值恒量，则其波速为＿＿＿＿，周期为＿＿＿＿，波长为＿＿＿＿。

（2）一平面简谐波的表达式为 $y=A\cos\omega\left(t-\dfrac{x}{u}\right)=A\cos\left(\omega t-\dfrac{\omega x}{u}\right)$，其中 $\dfrac{x}{u}$ 表示＿＿＿＿，$\dfrac{\omega x}{u}$ 表示＿＿＿＿，y 表示＿＿＿＿。

（3）频率为 100Hz 的波，波速为 250m/s，则在同一条波线上，相距为 0.5m 的两点振动的相位差为＿＿＿＿。

（4）一平面简谐波沿 x 轴正向传播，波动方程为 $y=A\cos\left[\omega\left(t-\dfrac{x}{u}\right)+\dfrac{\pi}{4}\right]$，则 $x_1=l_1$ 处与 $x_2=-l_2$ 处质点振动的相位差为＿＿＿＿。

（5）当波由波密介质向波疏介质传播，并在界面上反射时，分界面上形成波＿＿＿＿＿＿；反之，形成波＿＿＿＿＿＿。分界面上形成波＿＿＿＿＿＿时，我们说反射波有半波损失。

12.3　计算题

（1）据报道，1976 年唐山大地震时，当地某居民曾被猛地向上抛起 2m 高，设地震横波为简谐波，且频率为 1Hz，波速为 3km/s，它的波长多大？ 振幅多大？

（2）沿绳子传播的平面简谐波的波动方程为 $y=0.05\cos(10\pi t-4\pi x)$m，式中 x,y 以 m 计，t 以 s 计。

① 求绳子上各质点振动时的最大速度和最大加速度；

② 求 $x=0.2$m 处质点在 $t=1$s 时的相位，它是原点在哪一时刻的相位？ 这一相位所代表的运动状态在 $t=1.25$s 时刻到达哪一点？

（3）如题 12.3(3) 图所示是沿 x 轴传播的平面余弦波在 t 时刻的波形曲线。

① 若波沿 x 轴正向传播，该时刻 O,A,B,C 各点的振动相位是多少？

② 若波沿 x 轴负向传播，上述各点的振动相位又是多少？

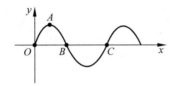

题 12.3(3) 图

（4）如题 12.3(4) 图所示，已知 $t=0$ 时和 $t=0.5$s 时的波形曲线分别为图中曲线（a）和（b），波沿 x 轴正向传播，试根据图中绘出的条件求：

① 波动方程；

② P 点的振动方程。

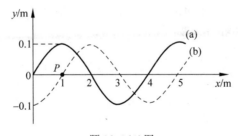

题 12.3(4) 图

（5）一列机械波沿 x 轴正向传播，$t=0$ 时的波形如题 12.3(5) 图所示，已知波速为 10m/s，波长为 2m，求：

① 波动方程；

② P 点的振动方程及振动曲线；

③ P 点的坐标；

④ P 点回到平衡位置所需的最短时间。

（6）已知平面简谐波的波动方程为 $y=A\cos\pi(4t+2x)$。

① 写出 $t=4.2$s 时各波峰位置的坐标式，并求此时离原点最近一个波峰的位置，该波

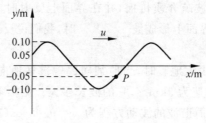

题 12.3(5)图

峰何时通过原点？

② 画出 $t=4.2\text{s}$ 时的波形曲线。

(7) 题 12.3(7)图(a)表示 $t=0$ 时刻的波形图，图(b)表示原点($x=0$)处质元的振动曲线，试求此波的波动方程，并画出 $x=2\text{m}$ 处质元的振动曲线。

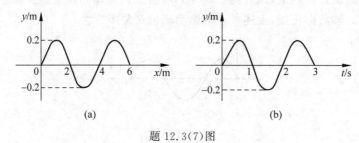

(a)　　　　　　　　　　(b)

题 12.3(7)图

(8) 一简谐空气波，沿直径为 0.14m 的圆柱形管传播，波的强度为 $9\times10^{-3}\text{W/m}^2$，频率为 300Hz，波速为 300m/s。求：

① 波的平均能量密度和最大能量密度；

② 每两个相邻同相面间的波中含有的能量。

(9) 一弹性波在介质中传播的速度 $u=10^3\text{m/s}$，振幅 $A=1.0\times10^{-4}\text{m}$，频率 $\nu=10^3\text{Hz}$。若该介质的密度为 $\rho=800\text{kg/m}$，求：

① 该波的平均能流密度；

② 1min 内垂直通过面积 $S=4\times10^{-4}\text{m}^2$ 的总能量。

(10) 如题 12.3(10)图所示，S_1 和 S_2 为两相干波源，振幅均为 A_1，相距 $\dfrac{\lambda}{4}$，S_1 较 S_2 相位超前 $\dfrac{\pi}{2}$，求：

① S_1 外侧各点的合振幅和强度；

② S_2 外侧各点的合振幅和强度。

(11) 如题 12.3(11)图所示，设 B 点发出的平面横波沿 BP 方向传播，它在 B 点的振动方程为 $y_1=2\times10^{-3}\cos(2\pi t)\text{m}$；$C$ 点发出的平面横波沿 CP 方向传播，它在 C 点的振动方程为 $y_2=2\times10^{-3}\cos(2\pi t+\pi)\text{m}$，本题中 y 以 m 计，t 以 s 计。设 $BP=0.4\text{m}$，$CP=0.5\text{m}$，波速 $u=0.2\text{m/s}$，求：

① 两波传到 P 点时的相位差；

② 当这两列波的振动方向相同时，P 处合振动的振幅。

题 12.3(10)图　　　　　　題 12.3(11)图

(12) 在弦上传播的横波,它的波动方程为 $y_1 = 0.1\cos(13t + 0.0079x)$ m。试写出一个波动方程,使它表示的波能与这列已知的横波叠加形成驻波,并在 $x = 0$ 处为波节。

(13) 汽车驶过车站时,车站上的观测者测得汽笛声频率由 1200Hz 变到了 1000Hz,设空气中声速为 330m/s,求汽车的速率。

第 5 篇　波 动 光 学

　　光学是物理学中发展较早的一个分支学科，是一门十分重要的学科。据统计，人们获取信息约有 90% 需通过视觉，而视觉的产生必须借助于光。光（主要指可见光）是各种生物生活不可或缺的最普通的要素，但人类对它的规律和本性的认识却经历了漫长的过程。

　　公元前 400 多年，我国的《墨经》中有八条论述，对光的几何性质已有了较为完全的描述。它阐述了影、小孔成像、平面镜、凹面镜、凸面镜成像，还说明了焦距和物体成像的关系，这比古希腊欧几里得的《光学》早百余年。

　　17 世纪后半叶，人们对光的本性的认识曾有两派不同的学说：一派是牛顿所主张的微粒说（至 18 世纪末一直占主导地位），认为光是一股粒子流；一派是惠更斯所倡导的波动说，认为光是机械振动在"以太"介质中的传播。由于当时科学水平的局限，这两种观点都没有正确地反映光的客观本质。

　　从光学发展史上看，最早提出光的波动思想的是法国数学家和物理学家笛卡儿，他认为光本质上是一种在以太中传播的"压力"。而首先明确倡导光的波动说的是意大利的格里马第，他通过实验发现，光通过小孔以后在屏幕上产生的影子比直线传播预料产生的影子要宽一些，由此认为光是一种能够作波浪运动的精细流体。

　　19 世纪初，逐步发展起来的波动光学体系已初步形成，其中以英国的托马斯·杨和法国的菲涅耳的著作为代表。杨氏用双狭缝实验显示了光的干涉现象，测定了光的波长并圆满地解释了"薄膜的颜色"现象；菲涅耳认为光振动是一种连续介质——以太的机械弹性振动，并于 1835 年以杨氏干涉原理为基础补充了惠更斯波动说，提出了惠更斯-菲涅耳原理，进一步解释了光的干涉和衍射现象。1808 年，法国人马吕斯发现了光的偏振现象，托马斯·杨根据这一发现提出光是一种横波。光的干涉、衍射和偏振现象，表明光具有波动性,并且是横波,至此,光的波动说获得了普遍承认。1860年,麦克斯韦的理论研究指出,电场和磁场的变化,不能局限在空间的某部分,而是以一定的速度传播着,且其在真空中的传播速度等于实验测定的光速——$3 \times 10^8 \, \text{m/s}$,于是麦克斯韦预言:光是一种电磁波。这一结论在1888年被赫兹的实验所证实,人们才认识到光不是机械波,而是电磁波,波动光学的理论得以完善。而光的直线传播只是光传播过程的特殊情形。

19世纪末至20世纪初,人们又发现一系列新现象,如热辐射、光电效应、康普顿效应等,不能用光的波动理论来解释。1900年,普朗克提出了能量子假说成功地解释了黑体辐射的实验规律,开创了量子光学的新纪元。1905年,爱因斯坦提出了光量子假说,认为光是由大量以光速运动的粒子流——光子组成的,圆满地解释了光电效应;之后康普顿又假定光子不仅具有能量,而且具有动量,成功解释了康普顿效应。

光究竟是"微粒"还是"波动"?近代科学实践证明,光是一种十分复杂的客体,关于光的本性问题,只能用它所表现出来的性质和规律来回答:光在某些方面的行为像"波动",另一些方面的行为却像"粒子",即它具有波动和粒子的两重性质,这就是所谓光的波粒二象性。光的这种二重性,已被证实也是一切微观粒子所具有的基本属性。

光的干涉、衍射和偏振现象在现代科学技术中的应用十分广泛,如长度的精密测量、光谱学的测量与分析、光测弹性研究、晶体结构分析等。尤其是20世纪60年代以来,激光的问世和激光技术的迅速发展,开拓了光学研究和应用的新领域,如全息技术、信息光学、集成光学、光纤通信以及强激光下的非线性光学效应研究等,推动了现代科技的新发展。

光学是研究光的本性、光的传播和光与物质相互作用等规律的学科。其内容通常分为几何光学、波动光学和量子光学三部分。以光的直线传播为基础,研究光在透明介质中的传播规律的光学称为几何光学;以光的波动性质为基础,研究光的传播及规律的光学称为波动光学;以光的粒子性为基础,研究光与物质相互作用规律的光学称为量子光学。本篇只是从光是一种电磁波开始来研究光的性质,介绍光源和光波,详细讲述光的干涉、衍射和偏振等各种现象及其遵从的规律,它的量子性将在"第6篇 量子力学"中加以介绍。

第13章 光的干涉

通过对"第12章 机械波"的学习我们已经知道,干涉现象是波的一种叠加效应。当频率相同、振动方向相同、相位差恒定的两列波在空间传播时,在重叠的区域会形成稳定的、强弱不变的波形。在对光的研究中,人们发现,满足一定条件的两列光相遇时,在它们传播的重叠区域内也会出现稳定的明暗分布,这就是光的干涉现象。能产生干涉现象的光称为相干光。

本章从光是一种电磁波开始,介绍光源和光波,主要讨论光的相干条件、明暗条纹分布的规律及典型的光的干涉实验。

13.1 光源及光的相干性

在电磁学中已经了解到,19世纪60年代,麦克斯韦系统地总结了电磁学已有的成果,建立了系统的电磁场理论麦克斯韦方程组,并且预言了电磁波的存在。之后的理论和实验又进一步证明了光是一种电磁波,使人们对光的本质认识大大地深入了一步。

13.1.1 光是电磁波

光是一种电磁波,诸多实验现象及精确测定表明,光具有波动特有的干涉、衍射现象,在真空中传播的速率与电磁波在真空中传播的速率一致,都说明光是电磁波。

介质中的光速 $u=\dfrac{1}{\sqrt{\varepsilon\mu}}=\dfrac{c}{\sqrt{\varepsilon_r\mu_r}}$,真空中的光速 $c=\dfrac{1}{\sqrt{\varepsilon_0\mu_0}}=2.9979\times10^8\,\mathrm{m/s}$。光速实验数值与上式结果符合得很好。1983年,国际计量大会决定采用的真空中光速值为 $c=2.99792458\times10^8\,\mathrm{m/s}$。

如图13-1所示,可见光是一种波长很短的电磁波,在电磁波谱中只占很窄的频段。可见光的波长范围为 $400\sim760\,\mathrm{nm}$,其频率范围为 $7.5\times10^{14}\sim3.9\times10^{14}\,\mathrm{Hz}$。不同波长的可见

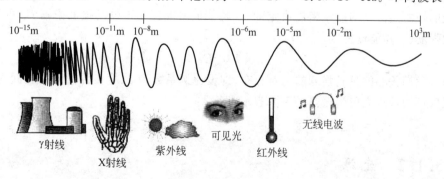

图 13-1 电磁波谱

光给人以不同颜色的感觉,波长从长到短,相应的颜色从红到紫。理论上,具有单一频率的光称为单色光,实际上,波长范围很窄的光即可认为是单色光。各种频率不同的光复合起来称为复合光。

表 13-1 中列出了可见光七种颜色的波长和频率范围。人眼对不同波长的光的相对灵敏度不同。可见光区的峰值波长约为 550nm 的黄绿光,人眼对这种波长的光最灵敏,相对灵敏度-波长曲线如图 13-2 所示。

表 13-1　可见光七种颜色的波长和频率范围

光色	波长/nm	频率/Hz	中心波长/nm
红	760~622	$3.9\times10^{14}\sim4.8\times10^{14}$	660
橙	622~597	$4.8\times10^{14}\sim5.0\times10^{14}$	610
黄	597~577	$5.0\times10^{14}\sim5.4\times10^{14}$	570
绿	577~492	$5.4\times10^{14}\sim6.1\times10^{14}$	540
青	492~470	$6.1\times10^{14}\sim6.4\times10^{14}$	480
蓝	470~455	$6.4\times10^{14}\sim6.6\times10^{14}$	460
紫	455~400	$6.6\times10^{14}\sim7.5\times10^{14}$	430

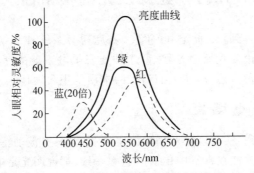

图 13-2　人眼相对灵敏度-波长曲线

可见光的一个主要特点是对人的眼睛能引起视觉。实验表明,引起视觉和光化学效应的是光波中的电场矢量 E。而一般带电粒子运动时($v\ll c$)受到的电场作用要比受到的磁场作用大得多,以致受到的磁场作用可忽略不计。因此,常把 E 矢量称为光矢量。所以通常用 E 矢量而不用 H 矢量表示光强。

光的强弱是由平均能流密度决定的,平均能流密度正比于电场强度振幅 E_0 的平方,所以光的强度(平均能流密度)

$$I\propto E_0^2$$

通常我们关心的是光强度的相对分布,即设比例系数为 1,故在传播光的空间内任一点光的强度可用该点光矢量振幅的平方表示,即

$$I=E_0^2 \tag{13-1}$$

13.1.2　光源

能发光的物体称为光源。常用的光源有两类:普通光源和激光光源。

任何物体的发光过程都伴随着物体内部的能量变化。从微观上看,物体发光的基本单元——原子或分子等可以有各种不同的能量状态,当原子或分子从高能态跃迁到低能态时,就会释放出能量。如果这种能量是以光的形式释放的,物体就发光。当然,要维持物体持续发光,必须由外界不断地向物体提供能量,使原子或分子重新激发到高能态,这种过程叫做激励。激励所需要的能量可以是电能、化学能、核能或热能,也可以是光辐射。

1. 普通光源

普通光源按照发光最基本单元激发方式的不同,有以下几类:

(1) 热辐射——任何热物体都辐射电磁波,在温度较低时,热物体主要辐射红外线,温度高的热物体可以发射可见光、紫外线等。太阳、白炽灯都属于热辐射发光光源。

(2) 电致发光——电能直接转换为光能的现象称为电致发光。闪电、霓虹灯以及半导体 PN 结的发光过程都是电致发光过程。利用电致发光原理,制造发光二极管等各种电致发光器件,是用途广泛的显示光源。

(3) 气体放电发光——用光激发引起的发光现象称为光致发光。光致发光最普遍的应用是日光灯。它是通过灯管内气体放电产生的紫外线激发管壁上的荧光粉而发射可见光。这种发光过程叫做荧光。有些物质在光的激发作用后,可以在一段时间内持续发光,这种发光过程叫做磷光。常用的夜光表上的磷光物质的发光就属于此类。

(4) 化学发光——由于化学反应而发光的过程称为化学发光。例如,燃烧过程,腐物中的磷在空气中缓慢氧化而发出的光都属于化学发光。萤火虫的发光是特殊类型的化学发光过程,称为生物发光。

2. 新型光源

介绍两种光源与普通光源有不同发光机理,在现代国防、现代科技和国民经济上用途广泛。

(1) 同步辐射光源——同步加速器产生的同步辐射光,又称同步光,1947 年首次发现。这种光强度大、亮度高,方向性和偏振性好,频率从红外到软 X 射线范围内连续可调,配合单色仪,可得到一定波长的单色光,而且易实现脉冲化,脉冲宽度可达到 0.1ns 或更小。由于这一系列的优异性能,它的应用不仅遍及物理学、化学、生物学等基础科学,而且越来越广泛地用于材料科学、表面科学、计算科学、医学、显微及光刻等技术。同步加速装置已成为性能良好的新型光源。1990 年初,我国在合肥已建成专门产生同步光的同步辐射加速器,北京正负电子对撞机也提供同步光。

(2) 激光光源——1960 年发明第一个激光器以来,激光已成为一种性能优良、应用广泛的新型光源。激光是"受激辐射的光放大"的简称,其特点是:① 具有高单色性和高相干性,激光可用作精密测量长度和时间的标准,并广泛用于信息光学和流速测量;② 方向性好,激光可用来定位、准直、导向、测距和通信等;③ 亮度高,其亮度甚至达到太阳亮度的 10^{10} 倍,激光可用来钻孔、焊接、切割、手术,甚至用于核聚变以及军用武器等。

普通光源的发光机理是处于激发态的原子或分子的自发辐射。光源中的原子(分子)吸收外界能量后处于较高能量的激发态,这个状态是不稳定的,当它们由激发态返回到较低能量状态时,常把多余的能量以电磁波的形式辐射出来。这个辐射过程是很短的,为 $10^{-9} \sim 10^{-8}$s。一般来说,各个原子或分子的激发与辐射是彼此独立的、随机的,是间歇性的,也就是说,同一瞬间不同原子或分子发射的电磁波,或同一原子或分子先后发射的电磁波,其频率、振动方向和初相位不可能完全相同;另一方面,光源中每个原子(分子)每次发射的电磁波为持续时间极短、长度有限的波列。按傅里叶分析,一个有限长度的波列可以表示为许多不同频率、不同振幅的简谐波的叠加。因此,普通光源发出的光并不是具有单一波长的单色光,而是由许多单色光组成的复色光,光强分布有一定的波长范围。为满足实际中要求单色性好的光,常采用滤光片或各种光谱分析设备从复色光中获取波长范围很窄的准单色光。但这样获得的准单色光,其发光基本单元发出的光振动的方向一般各不相同,相位一般也都不相同,或相位差不能保持恒定。因此,两个普通光源所发出的光或同一光源不同部分发出的光都是不相干的,即使是同一个原子(分子),在不同时刻所发出的波列彼此独立,互不相关,不满足相干条件,都不会产生干涉现象。

13.1.3　光波的叠加

由"第 12 章　机械波"可知,波动具有叠加性,两个相干波源发出的两列相干波,在相遇的区间将产生干涉现象,如机械波、无线电波的干涉现象。对于两列光波,在它们的相遇区域满足什么条件才能观察到干涉现象呢?

设两个频率相同、光矢量 E 方向相同的光源发出的光振幅和光强分别为 E_{10}、E_{20} 和 I_1、I_2,它们在空间某点 P 处相遇,光源到 P 点的距离分别为 r_1、r_2,光源的初相为 φ_{10}、φ_{20},P 点合成光矢量的振幅 E、光强 I 根据合成振幅公式和式(13-1)可分别表示为

$$E^2 = E_{10}^2 + E_{20}^2 + 2E_{10}E_{20}\cos\Delta\varphi \tag{13-2}$$

$$I = I_1 + I_2 + 2\sqrt{I_1 I_2}\cos\Delta\varphi \tag{13-3}$$

式中,$\Delta\varphi = \varphi_2 - \varphi_1$ 为两光振动在 P 点的相位差。由于原子(分子)每次发光持续的时间极短,人眼和感光仪器还不可能在这极短的时间内对两波列之间的干涉作出响应。人眼所观察到的光强是在一段时间 τ 内的平均值

$$\overline{\cos\Delta\varphi} = \frac{1}{\tau}\int_0^\tau \cos(\varphi_2 - \varphi_1)\mathrm{d}t \tag{13-4}$$

对于光强可分两种情况讨论。

1. 非相干叠加

由于原子(分子)发光的间歇性和随机性,在 τ 时间内,在叠加处随着光波列的大量更替,来自两个独立光源的两束光,或同一光源的不同部分所发出的光的相位差 $\Delta\varphi$ "瞬息万变",它可以是 $0 \sim 2\pi$ 之间的一切数值,且机会均等,因而 $\overline{\cos\Delta\varphi} = 0$,故

$$I = I_1 + I_2 \tag{13-5}$$

表明来自两个独立光源的两束光,或同一光源的不同部分所发出的光,叠加后的光强等于两束光单独照射时的光强之和,观察不到干涉现象。

2. 相干叠加

如果利用某些方法使得两束相干光相遇,那么在相遇的区域各点的相位差 $\Delta\varphi(=\varphi_2 - \varphi_1)$ 有恒定值,则合成后的光强为

$$I = I_1 + I_2 + 2\sqrt{I_1 I_2}\cos\Delta\varphi$$

因相位差恒定,所以各点的光强不变。但不同位置上各点光强的大小将由两列波传播到这

些点产生的相位差决定,即空间各点处光强分布由干涉项 $2\sqrt{I_1 I_2}\cos\Delta\varphi$ 决定,将会出现某些地方光强始终加强($I > I_1 + I_2$),某些地方光强始终减弱($I < I_1 + I_2$)的现象。若 $I_1 = I_2$,则合成后的光强为

$$I = 2I_1(1 + \cos\Delta\varphi) = 4I_1\cos^2\frac{\Delta\varphi}{2} \tag{13-6}$$

当 $\Delta\varphi = \pm 2k\pi$ 时,这些点光强最大($I = 4I_1$),称为干涉相长,为亮纹中心;当 $\Delta\varphi = \pm(2k+1)\pi$ 时,这些点光强最小($I = 0$),称为干涉相消。光强随相位差变化的情况如图 13-3 所示。

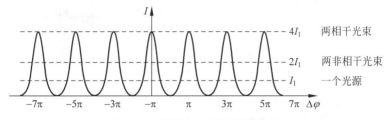

图 13-3　两光叠加时的光强分布

综上所述,只有两束相干光叠加才能观察到干涉现象。那么,怎样才能获得两束相干光呢? 原则上可以将光源上同一发光点发出的光波分成两束,使之经历不同的路径再会合叠加。由于这两束光是出自**同一原子(分子)的同一次发光**,所以它们的频率和初相位必然完全相同,在相遇点,两束光的相位差是恒定的,而振动方向一般总有相互平行的振动分量,从而满足相干条件,可以产生干涉现象。

获得相干光的具体方法有两种: **分波阵面法和分振幅法**。分波阵面法是从同一波阵面上的不同部分产生次级波相干,如杨氏双缝干涉;分振幅法是利用光在透明介质薄膜表面的反射和折射将同一束光分割成振幅较小的两束相干光,如薄膜干涉。下面将一一介绍。

目前,由于激光的出现,使光源的相干性大大提高,已能实现两个独立激光束的干涉。快速光电接收器的出现,使人们可以看到很多过去看不到的短暂的干涉现象。

13.2　杨氏双缝干涉

13.2.1　杨氏双缝干涉分析

1801 年,英国物理学家托马斯·杨首先用实验方法获得了两列相干的光波,观察到了光的干涉现象。使光的波动理论得到实验证实,这一实验的历史意义是重大的。

实验装置如图 13-4 所示,在普通单色光源(如钠光灯)前面,先放置一个开有小孔 S 的屏,再放置一个开有两个小孔 S_1 和 S_2 的屏,这两个小孔相距很近,并且与小孔 S 等距,就可以在较远的接收屏上观察到干涉图样。根据惠更斯原理,小孔 S 可看作是发射球面波的单色点光源。小孔 S_1、S_2 处于该球面波的同一波阵面上,则它们的相位永远相同。显然, S_1、S_2 是满足相干条件的两个单色同相相干点光源,由它们发出的子波将在相遇区域发生干涉。为提高干涉条纹的亮度,后来人们改用狭缝代替小孔,即用柱面波代替球面波,这种实验就叫双缝干涉实验。当使用激光束照射双缝时,可在屏幕上获得清晰明亮的干涉条纹。

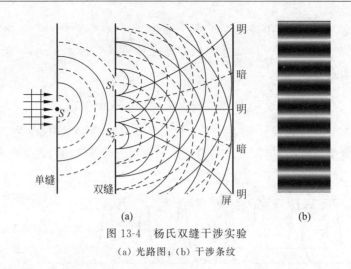

图 13-4　杨氏双缝干涉实验

(a) 光路图；(b) 干涉条纹

下面对双缝干涉条纹的分布作定量分析。如图 13-5 所示，双缝 S_1 与 S_2 之间的距离为 d，到屏幕 E 的距离为 D，MO 是 S_1、S_2 的中垂线。在屏 E 上任取一点 P，设 P 点离 O 点的距离为 x，P 点到 S_1、S_2 的距离分别为 r_1、r_2，$\angle PMO = \theta$。在实验中，一般 $D \gg d$（例如 $D \approx 1\text{m}$，而 $d \approx 10^{-4}\text{m}$），即 θ 很小，所以从 S_1 与 S_2 发出的光到达 P 点的波程差为

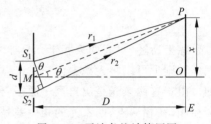

图 13-5　干涉条纹计算用图

$$\delta = r_2 - r_1 \approx d\sin\theta \approx d\tan\theta = d\,\frac{x}{D} \tag{13-7}$$

根据相干波叠加，干涉加强或干涉减弱的条件，有

$$\delta = r_2 - r_1 = \begin{cases} \pm k\lambda, & k = 0,1,2,\cdots \quad (\text{干涉加强}) \\ \pm(2k-1)\dfrac{\lambda}{2}, & k = 1,2,\cdots \quad (\text{干涉减弱}) \end{cases} \tag{13-8}$$

即 P 点到双缝的波程差为波长的整数倍时，P 点处将出现明条纹，其中，k 称为干涉级，$k = 0$ 的明条纹称为零级明纹或中央明纹，$k = 1,2,\cdots$ 对应的明条纹分别称为第 1 级明纹、第 2 级明纹、……；P 点到双缝的波程差为半波长的奇数倍时，P 点处出现暗条纹，$k = 1,2,\cdots$ 对应的暗条纹分别称为第 1 级暗纹、第 2 级暗纹、……；波程差为其他值的各点，光强介于明与暗之间。因此，可以在屏 E 上看到明暗相间的稳定的干涉条纹。

由式(13-7)和式(13-8)，可得条纹中心在屏上的位置：

明纹中心的位置

$$x = \pm k\,\frac{D}{d}\lambda, \quad k = 0,1,2,\cdots \tag{13-9}$$

暗纹中心的位置

$$x = \pm(2k-1)\,\frac{D}{d}\,\frac{\lambda}{2}, \quad k = 1,2,\cdots \tag{13-10}$$

条纹间距

$$\Delta x = x_{k+1} - x_k = \frac{D}{d}\lambda \tag{13-11}$$

从以上分析,双缝干涉条纹特点如下:

(1) 屏上明暗条纹的位置,是对称分布于屏幕中心 O 点两侧且平行于狭缝的明暗相间的直条纹。

(2) 条纹间距与干涉级 k 无关,相邻明纹和相邻暗纹间距相等。条纹间距 Δx 的大小与入射光波长 λ 及缝屏间距 D 成正比,与双缝间距 d 成反比。

因此,当 D,d 一定时,用不同波长的单色光照射双缝,入射光波长越小,条纹越密;波长越大,条纹越疏。

如果用白光入射,则屏幕上除中央明纹因各单色光重合而显示白色外,其他各级条纹会由于各单色光出现明纹的位置不同,从中央向两侧由紫到红排列,形成彩色光谱。

杨氏双缝干涉实验中使用的小孔或狭缝都很窄,才能在屏上出现清晰的干涉条纹,但不够明亮,它们的边缘效应往往会对实验产生影响而使问题复杂化。后来菲涅耳、洛埃等人进行了很多实验,提出可使问题简化的获得相干光束的方法。

例 13-1　杨氏双缝的间距为 0.2mm,距离屏幕为 1m。

(1) 若第一到第四级明纹距离为 7.5mm,求入射光波长。

(2) 若入射光的波长为 600nm,求相邻两明纹的间距。

解　根据公式 $x = \pm\dfrac{D}{d}k\lambda$,$k = 0,1,2,\cdots$,计算如下。

(1) $\Delta x_{1,4} = x_4 - x_1 = \dfrac{D}{d}(k_4 - k_1)\lambda$

$$\lambda = \frac{d}{D} \cdot \frac{\Delta x_{1,4}}{k_4 - k_1} = \frac{0.2 \times 10^{-3}}{1} \times \frac{7.5 \times 10^{-3}}{4 - 1}\text{m} = 5 \times 10^{-7}\text{m} = 500\text{nm}$$

(2) $\Delta x = \dfrac{D}{d}\lambda = \dfrac{1 \times 6 \times 10^{-7}}{0.2 \times 10^{-3}}\text{m} = 3 \times 10^{-3}\text{m} = 3\text{mm}$

例 13-2　用白光作光源观察杨氏双缝干涉。设缝间距为 d,缝面与屏距离为 D,求能观察到的清晰可见光谱的级次。

解　在 400～760nm 范围内,明纹条件为

$$\delta = \frac{xd}{D} = \pm k\lambda$$

最先发生重叠的是某一级次的红光和高一级次的紫光:

$$k\lambda_{\text{红}} = (k+1)\lambda_{\text{紫}}$$

所以

$$k = \frac{\lambda_{\text{紫}}}{\lambda_{\text{红}} - \lambda_{\text{紫}}} = \frac{400}{760 - 400} = 1.1$$

清晰的可见光谱只有一级,如图 13-6 所示。

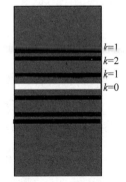

图 13-6　光谱重叠

13.2.2　洛埃镜干涉

洛埃镜是一块平面镜或金属平板,它的装置如图 13-7 所示。从狭缝 S 发出的光,一部分直接射向屏 E,另一部分以近 90° 的入射角掠射到镜面 M 上,然后反射到屏幕 E 上。S' 是 S 在镜中的虚像,镜面反射光可以看成是虚光源 S' 发出的,S' 和 S 构成一对相干光源,于是在屏上叠加区域内出现明暗相间的等间距的干涉条纹。

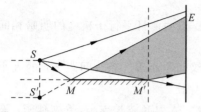

图 13-7   洛埃镜实验装置简图

洛埃镜实验的实验结果分析方法与杨氏双缝干涉实验相似，但在屏幕上观察到的干涉条纹却与杨氏双缝干涉不同。将屏幕 E 前移至 M' 处，则在接触处屏上出现的是暗纹。这表明，该处由 S 直接射到屏上的光和经镜面反射后的光相遇，虽然两束光的波程相同，但相位正好相反，干涉相消。这只能分析为光从空气掠射到玻璃表面发生反射时，反射光的相位出现了 π 的突变。这就是说光从**光疏介质**（折射率较小的介质）**掠射向光密介质**（折射率较大的介质）界面发生反射时，会发生**"半波损失"**。

*13.2.3   菲涅耳双镜干涉

1. 菲涅耳双面镜

菲涅耳双面镜实验装置如图 13-8 所示，由一对紧靠在一起的夹角 ε 很小的平面镜 M_1 和 M_2 构成。狭缝光源 S 与两镜面的交棱 C 平行，于是从光源 S 发出的光，经 M_1 和 M_2 反射后成为两束相干光波，在它们的重叠区域内的屏幕 E 上就会出现等距的平行条纹。设 S_1 和 S_2 为 S 对 M_1 和 M_2 所成的两个虚像，则在屏幕上的干涉条纹就如同是由相干的虚光源 S_1 和 S_2 发出的光波所产生的一样，因此可利用杨氏双缝干涉的结果计算这里的明暗条纹位置及条纹间距。

2. 菲涅耳双棱镜

菲涅耳双棱镜实验装置如图 13-9 所示，双棱镜的截面是一个等腰三角形，两底角（上、下两棱镜的顶角）各 1°左右。由狭缝光源 S 发出的光波，经双棱镜折射，将分成两束相干光波，这两束光可等效地看作由两个虚光源 S_1 和 S_2 所发出。上、下棱镜的顶角 α 很小，S_1 和 S_2 之间的距离也很小，和杨氏双缝实验相似。

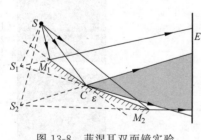

图 13-8   菲涅耳双面镜实验

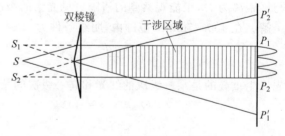

图 13-9   菲涅耳双棱镜实验

13.3   光程及光程差

在前面的内容中，我们在研究相干波的干涉现象时，两波相遇产生的相位差是决定因素。当两相干光都在同一均匀介质中传播时，它们在相遇处叠加时的相位差，仅取决于两者的几何路程之差。但是，当光通过不同介质时，例如，光从空气透入薄膜时，两相干光间的相位差就不能单纯由它们的几何路程之差来决定。因此，为了方便计算相干光在不同介质中传播相遇时的相位差,需要引入光程和光程差这两个基本概念。

13.3.1　光程

单色光在不同介质中的传播速度是不同的,在折射率为 n 的介质中,光速为 $u=\dfrac{c}{n}$。因此,在相同时间 t 内,光波在不同介质中传播的路程是不同的。若时间 t 内光波在介质中传播的路程为 r,则相应在真空中传播的路程应为

$$x = ct = \frac{cr}{u} = nr \tag{13-12}$$

说明在相同的时间内,光在介质中传播的路程 r 可折合为光在真空中传播的路程 nr。另一方面,单色光在不同的介质传播时,频率 ν 是不变的,在介质中光波波长为

$$\lambda' = \frac{u}{\nu} = \frac{c}{n\nu} = \frac{\lambda}{n}$$

式中,λ 为真空中光波的波长。在不同的介质中,同一频率的单色光的波长是不同的。但是,光波传播一个波长的距离,相位都改变 2π。因此,在改变相同相位 $\Delta\varphi$ 的条件下,光波在不同介质中传播的路程是不同的。若光波在介质中传播的路程为 r,相应在真空中传播的路程为 x,有

$$\Delta\varphi = \frac{2\pi r}{\lambda'} = \frac{2\pi x}{\lambda} \tag{13-13}$$

$$x = \frac{\lambda r}{\lambda'} = nr \tag{13-14}$$

说明在相位变化相同的条件下,光在介质中传播的路程 r 可折合为光在真空中传播的路程 nr。

综上所述,光程是为方便计算引入的一个折合量。**将光在某一介质中所经过的几何路程 r 和该介质的折射率 n 的乘积 nr 称为光程。**

$$光程 = nr \tag{13-15}$$

当光经过多种介质时

$$光程 = \sum_i n_i r_i \tag{13-16}$$

引入光程概念后,可将光在介质中经过的路程折算为光在真空中的路程,这样便可统一用真空中的波长 λ 来比较两束光经历不同介质时引起的相位改变。

下面由一个简单的例子来进一步了解引入光程这一概念的意义。

如图 13-10 所示,S_1 和 S_2 为初相位相同的相干光源,光束 S_1P 和 S_2P 分别在折射率为 n_1 和 n_2 的两个介质中传播,相应的路程为 r_1 和 r_2,在 P 点两光束相遇,其相位差为

$$\Delta\varphi = \frac{2\pi r_2}{\lambda'_2} - \frac{2\pi r_1}{\lambda'_1} = \frac{2\pi n_2 r_2}{\lambda} - \frac{2\pi n_1 r_1}{\lambda}$$

即

$$\Delta\varphi = \frac{2\pi}{\lambda}(n_2 r_2 - n_1 r_1) \tag{13-17}$$

说明引入光程概念后,计算通过不同介质的相干光的相位差,可不用介质中的波长,而统一采用真空中的波长 λ 进行计算。

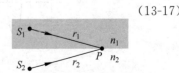

图 13-10　两相干光在不同介质中传播

13.3.2 光程差

上例中,令

$$\delta = n_2 r_2 - n_1 r_1$$

δ 称为**光程差**,当 $n_2 = n_1 = 1$,即两束光在真空中传播时,可得

$$\delta = r_2 - r_1 \tag{13-18}$$

这是前面定义的波程差的公式。所以,波程差就是特殊情形下的光程差。

上例中,两光束在 P 点相遇,其相位差为

$$\Delta\varphi = \frac{2\pi}{\lambda}\delta \tag{13-19}$$

这是讨论光的干涉问题时常用到的一个基本关系式,应该注意,**引入光程后,不论光在哪种介质中传播,式(13-19)中的 λ 均为光在真空中的波长。**此外,上例中两相干光源初相位是相同的,仅考虑两束光经过不同介质路程引起的相位差,也就是说,**如果两相干光源不是同相位的,则还应加上两相干光源的相位差才是两束光在 P 点的相位差。**

这样,对于两同相的相干光源发出的两相干光,其干涉条纹的明暗条件便可由两光的光程差 δ 决定,即

$$\delta = \begin{cases} \pm k\lambda, & k = 0,1,2,\cdots \quad (\text{加强(明)}) \\ \pm(2k+1)\dfrac{\lambda}{2}, & k = 0,1,2,\cdots \quad (\text{减弱(暗)}) \end{cases} \tag{13-20}$$

13.3.3 薄透镜不附加光程差

在观察干涉、衍射现象时,经常要用到透镜。不同光线通过透镜可改变传播方向,那么会不会引起附加的光程差呢?

下面以正薄透镜为例简单介绍**物点和像点之间的等光程性**。

图 13-11 中,从物点 S 发出的球面波,在某时刻的同一波面上各点的光程是相等的。各条光线通过透镜在另一侧形成最明亮的像点 S',说明从物点 S 到像点 S' 的各条光线,虽然

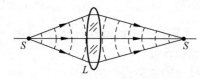

图 13-11 薄透镜物点至像点的
各光线是等光程的

传播的路程不同,经过介质的情况也不尽相同,但光程是相同的,否则各光线到达 S' 点时将出现光程差,叠加后将不会成为最明亮的像点。由此可得出结论,从薄透镜光轴上物点发出的各光线至像点的光程是相等的。这一结论对不在光轴上的物点和像点也适用。平行光通过薄透镜后,将会聚在焦平面上,同一波面上的各点到会聚点也是等光程的,如图 13-12 所示。

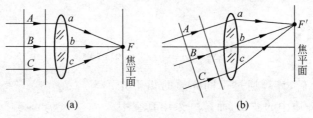

图 13-12 平行光通过薄透镜不附加光程差
(a) 平行于主光轴;(b) 不平行于主光轴

例 13-3 在杨氏双缝干涉实验中,入射光的波长为 λ,现在 S_2 缝上放置一片厚度为 d、折射率为 n 的透明介质,试问原来的零级明纹将如何移动? 如果观测到零级明纹移到了原来的 k 级明纹处,求该透明介质的厚度 d。

解 如图 13-13 所示,有透明介质时,从 S_1 和 S_2 到观测点 P 的光程差为

$$\delta = (r_2 - d + nd) - r_1$$

零级明纹相应的 $\delta = 0$,其位置应满足

$$(r_2 - d + nd) - r_1 = 0$$

原来没有介质时 k 级明纹的位置满足

$$r_2 - r_1 = k\lambda, \quad k = 0, \pm 1, \pm 2, \cdots$$

所以

$$d = \frac{-k\lambda}{n-1}$$

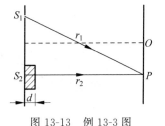

图 13-13 例 13-3 图

13.4 薄 膜 干 涉

本节介绍分振幅法,薄膜干涉就是使用分振幅法获得相干光的一种实验方法。

13.4.1 薄膜干涉分析

薄膜是指透明介质形成的厚度很薄的一层介质膜。薄膜干涉现象在日常生活和生产技术中都经常见到。如雨后马路上的油膜在日光的照射下呈现出的彩色条纹、高级相机镜头表面上见到的彩色花纹等都是日光的薄膜干涉图样。

先讨论薄膜干涉现象的一般情况。

选取厚度均匀的介质膜,如图 13-14 所示,在折射率为 n_1 的均匀介质中,有一折射率为 n_2 的平行平面透明介质膜(厚度为 e)。设 $n_2 > n_1$,从单色扩展光源(或面光源)上的 S 点发出一条光线 a,以入射角 i 投射到薄膜上的 A 点。这时,光线 a 将会分成两部分:一部分在 A 点反射,成为反射光线 a_1;另一部分则以折射角 γ 折射入薄膜内,经下表面 C 点反射后到达 B 点,再经过上表面透射回原介质成为光线 a_2,这两条光线因出自同一光源中的同一点 S,所以它们是相干光。它们的能量也是从同一条入射光线 a 发出来的。由于波的能量与振幅有关,这种获得相干光的方法又称为分振幅法。

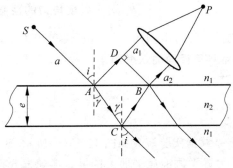

图 13-14 薄膜干涉

下面利用光程差的概念来分析薄膜干涉的加强和减弱条件。

光线 a 从 A 点开始分成两路光线 a_1 和 a_2，且从光线 a_1 中的 D 点和光线 a_2 中的 B 点以后两路光是等光程的，所以两束光之间的光程差为

$$\delta = n_2(AC + CB) - n_1 AD + \frac{\lambda}{2} \qquad (13\text{-}21)$$

式中，$\frac{\lambda}{2}$ 是指两光线在上表面反射时，因半波损失而产生的附加光程差。

由图 13-14 中几何关系知

$$AC = CB = \frac{e}{\cos\gamma}$$

$$AD = AB\sin i = 2e\tan\gamma\sin i$$

根据折射定律

$$n_1 \sin i = n_2 \sin\gamma$$

因此光程差为

$$\delta = 2n_2 \frac{e}{\cos\gamma} - 2n_1 e\tan\gamma\sin i + \frac{\lambda}{2} = 2n_2 e\cos\gamma + \frac{\lambda}{2}$$

$$= 2e\sqrt{n_2^2 - n_1^2\sin^2 i} + \frac{\lambda}{2} \qquad (13\text{-}22)$$

于是，决定 a_1 和 a_2 两反射光线会聚点是明还是暗的干涉条件为

$$\delta = 2e\sqrt{n_2^2 - n_1^2\sin^2 i} + \frac{\lambda}{2}$$

$$= \begin{cases} k\lambda, & k = 1,2,\cdots & （加强（明）） \\ (2k+1)\dfrac{\lambda}{2}, & k = 0,1,2,\cdots & （减弱（暗）） \end{cases} \qquad (13\text{-}23)$$

同理，在透射光中也有干涉现象，式(13-23)对透射光仍然适用。但应注意：透射光之间的附加光程差与反射光之间的附加光程差产生的条件恰好相反，当反射光之间有 $\frac{\lambda}{2}$ 的附加光程差时，透射光之间则没有；反之，当反射光之间没有附加光程差时，透射光之间却有 $\frac{\lambda}{2}$ 的附加光程差。所以对同样的入射光来说，当反射方向的干涉加强时，透射方向的干涉便减弱，反之亦然。

由光程差 $\delta = 2e\sqrt{n_2^2 - n_1^2\sin^2 i} + \frac{\lambda}{2}$ 可见，对于**厚度均匀的薄膜**（e 处处相等）来说，**光程差随入射光线的倾角 i 而变**。因此，不同的干涉明条纹和暗条纹，相应地具有不同的倾角，而同一干涉条纹上的各点都具有相同的入射倾角。所以，**在厚度均匀的薄膜上产生的这种干涉条纹称为等倾干涉条纹**。

13.4.2　等倾干涉

实际上，观察等倾干涉条纹的实验装置如图 13-15(a)所示，S 为一个面光源，M 为半反半透平面镜，L 为透镜，H 为置于透镜焦平面上的屏。考虑发光面上一点发出的光线。以相同倾角入射到膜表面上的光线应该在同一圆锥面上，它们的反射线经透镜会聚后应分别

相交于透镜焦平面上的同一个圆周上,如图 13-15(b)所示。

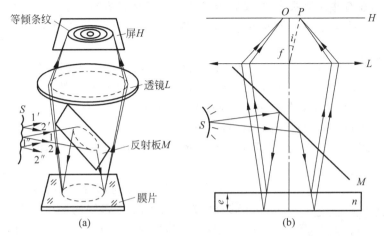

图 13-15 等倾干涉

(a) 实验装置;(b) 光路

光源上每一点发出的光束都产生一组相应的干涉环。由于方向相同的平行光线将被透镜会聚到焦平面上的一点,而与光线从何处来无关,所以由光源上不同点发出的光线,凡有相同倾角的光线形成的干涉环都将重叠在一起,总光强为各个干涉环光强的非相干叠加,因而明暗对比更为鲜明,这也是观察等倾干涉条纹时使用面光源的原因。

由式(13-21)可得,等倾干涉的光程差相干条件是

$$\delta = 2e\sqrt{n_2^2 - n_1^2 \sin^2 i} + \frac{\lambda}{2}$$

$$= \begin{cases} k\lambda, & k = 1,2,\cdots & (\text{加强(明)}) \\ (2k+1)\dfrac{\lambda}{2}, & k = 0,1,2,\cdots & (\text{减弱(暗)}) \end{cases} \qquad (13\text{-}24)$$

由式(13-24)可知,入射角 i 越大,光程差 δ 越小,且相邻条纹间的距离也不相同。等倾干涉条纹是一组内疏外密的圆环,如图 13-16 所示。

如果观察从薄膜下方透过的光线,也可以看到干涉条纹,它和图 13-16 所显示的反射干涉条纹是互补的,即反射光为明环处,透射光为暗环。如果用复色光入射,将看到彩色条纹,比如日光下的肥皂泡会呈现色彩的变化。

利用薄膜等倾干涉可以有很多具体的应用,尤其是可用来提高光学仪器的透射率或反射本领。一般来说,光照射到光学元件表面时,其能量要分成反射和透射两部分,于是透射过来的光能(强度)或反射出的光能都要相对原光能减少。例如,一个由六个透镜组成的高级照相机,因光的反射而损失的能量占原光能的一半左右。因此在现代光学仪器中,为了减少光能在光学元件的玻璃表面上的反射损失,常在镜面上镀一层均匀的透明介质薄膜(常用氟化镁(MgF_2),折射率 $n = 1.38$),利用薄膜干涉使反射光减弱,以增强其透射率。这种能使透射增强的薄膜叫做

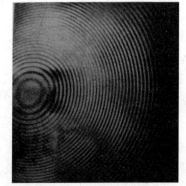

图 13-16 等倾干涉条纹

增透膜。

另一方面,在有些光学系统中,又要求某些光学元件具有较高的反射本领。例如,激光器中的反射镜,要求对某种频率的单色光的反射率在 99% 以上。为了增强反射能量,常在玻璃表面镀上一层高反射率的透明介质薄膜,利用薄膜干涉使反射光的光程差满足干涉相长条件,从而使反射光增强,这种薄膜叫做**增反膜**。由于反射光能量约占入射光能量的 5%,为达到具有高反射率的目的,常在玻璃表面交替镀上折射率高低不同的多层介质膜,一般镀到 13 层,有的高达 15 层、17 层,宇航员头盔和面甲上都镀有对红外线具有高反射率的多层膜,以屏蔽宇宙空间中极强的红外线照射。

例 13-4　如图 13-17 所示,在照相机玻璃镜头的表面涂有一层透明的氟化镁(MgF_2)薄膜,试问:

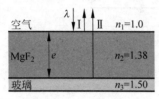

图 13-17　增透膜

(1) 为了使入射白光中对某种照相底片最敏感的波长为 550nm 的黄绿光透射增强,此薄膜的最小厚度应为多少?

(2) 若取 $k=1$,此增透膜在可见光范围内有没有增反?已知玻璃折射率为 1.50,氟化镁折射率为 1.38。

解　(1) 因为 $n_1 < n_2 < n_3$,所以 MgF_2 上下两表面反射光各经历一次半波损失。

光程差为

$$2n_2 e = (2k+1)\lambda/2, \quad e = \frac{(2k+1)}{4n_2}\lambda$$

薄膜最小厚度,取 $k=0$,有

$$e = \frac{\lambda}{4n_2} = \frac{550}{4 \times 1.38}\text{mm} = 100\text{nm}$$

(2) $k=1$ 时,$e_1 = \frac{3\lambda}{4n_2} = 300\text{nm}$

反射光相干相长的条件:

$$\lambda_k = \frac{2e_1 n_2}{k} = \frac{2 \times 300 \times 1.38}{k}$$

$k=1, \lambda_1 = 828\text{nm}$;$k=2, \lambda_2 = 414\text{nm}$;$k=3, \lambda_3 = 276\text{nm}$。

可见光波长范围 400~760nm,波长 414nm 可见光有增反。反射光为紫色光。

13.5　等 厚 干 涉

本节讨论在薄膜厚度不均匀的介质膜上产生的干涉现象,其干涉条纹称为**等厚干涉条纹**。

13.5.1　等厚干涉分析

如图 13-18 所示,厚度不均匀、折射率为 n_2 的介质薄膜,置于折射率为 n_1 的介质中,使平行光束几乎垂直入射到薄膜表面上,经薄膜上、下两表面反射后得到 1 和 2 两条光线,在薄膜上表面叠加而产生干涉现象。由式(13-22),可得到 1 和 2 两条光线的光程差为

$$\delta = 2e\sqrt{n_2^2 - n_1^2 \sin^2 i} + \frac{\lambda}{2} = 2n_2 e \cos\gamma + \frac{\lambda}{2} \tag{13-25}$$

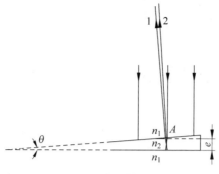

图 13-18 薄膜等厚干涉

式中，e 为 A 点区域内薄膜的近似厚度。

于是，薄膜上反射光线的干涉条件为

$$\delta = 2n_2 e \cos\gamma + \frac{\lambda}{2}$$

$$= \begin{cases} k\lambda, & k=1,2,\cdots & (\text{干涉相长（明）}) \\ (2k+1)\dfrac{\lambda}{2}, & k=0,1,2,\cdots & (\text{干涉相消（暗）}) \end{cases} \quad (13\text{-}26)$$

在实际应用时，通常使光线垂直入射膜面，即 $i = \gamma = 0$，在这种情况下，式(13-26)变为

$$\delta = 2n_2 e + \frac{\lambda}{2} = \begin{cases} k\lambda, & k=1,2,\cdots & (\text{干涉相长（明）}) \\ (2k+1)\dfrac{\lambda}{2}, & k=0,1,2,\cdots & (\text{干涉相消（暗）}) \end{cases} \quad (13\text{-}27)$$

可以看出，两条光线在相遇点的光程差只取决于该处薄膜的厚度 e。因此，**在薄膜厚度相同的地方，两反射光的光程差都相等，都与一定的干涉级 k 相对应**。因此这些条纹称为等厚干涉条纹。这样的干涉称为**等厚干涉**。

如果入射光为复色光，则由于各种波长的光各自形成一套单色干涉条纹，相互错开，因而在薄膜表面形成色彩绚丽的花纹。

薄膜等厚干涉是测量和检验精密机械零件或光学元件的重要方法，在现代科学技术中有着广泛的应用，下面介绍两种有代表性的等厚干涉实验装置。

13.5.2 劈尖

一个放在空气中的劈尖形状的介质薄片或薄膜，称为**劈尖**。它的两个表面是平面，其间有一个很小的夹角 θ 称为劈尖楔角。例如，使用两块平面玻璃片，将它们的一端互相叠合，另一端垫入一个薄纸片或一根细丝，如图 13-19(a)所示，则在两玻璃片之间就形成一端薄、一端厚的空气薄层，这是一个劈尖形的空气膜，称为空气劈尖。空气膜的两个表面即两块玻璃片的内表面。两玻璃片的叠合端交线称为棱边。在平行于棱边的直线上各点，空气膜的厚度 e 是相等的。

当平行单色光竖直向下照射玻璃片时，就可在劈尖表面观察到明暗相间的干涉条纹，如图 13-19(b)所示。这是由空气膜的上、下表面反射出来的两列光波叠加干涉形成的。

考虑劈尖上厚度为 e 处，由上、下表面反射的两相干光的光程差为

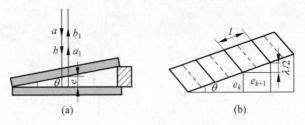

图 13-19　劈尖干涉

(a) 空气劈尖；(b) 劈尖干涉条纹

$$\delta = 2e + \frac{\lambda}{2} \tag{13-28}$$

式中，$\frac{\lambda}{2}$ 是光在空气膜的下表面反射时的半波损失。因此两表面反射光的干涉条件为

$$\delta = 2e + \frac{\lambda}{2} = \begin{cases} k\lambda, & k=1,2,\cdots & （干涉相长（明）） \\ (2k+1)\dfrac{\lambda}{2}, & k=0,1,2,\cdots & （干涉相消（暗）） \end{cases} \tag{13-29}$$

可见，凡劈尖上厚度相同的地方，上、下两表面反射光的光程差都相等。

在两玻璃片的接触处，即棱边处，厚度 $e=0$，两反射光的光程差为 $\frac{\lambda}{2}$，所以棱边处应为**暗纹**，实验事实正是如此。

如果玻璃片的表面是严格的几何平面，即劈尖的表面是严格的平面，则平行于棱边的直线上的各点，空气膜的厚度都相同，由上面的分析可知，两相干光的光程差也一样，干涉条纹是平行于棱边的一系列明暗相间的直条纹，如图 13-19(b)所示，如果玻璃片的表面不平整，则干涉条纹将在凸凹不平处发生弯曲，由此可以检验玻璃是否磨得很平。

在劈尖干涉的直条纹中，任何两条相邻明纹或暗纹之间的距离 l 都是相同的，即条纹间距相等，这是因为

$$l\sin\theta = e_{k+1} - e_k = \frac{1}{2}(k+1)\lambda - \frac{1}{2}k\lambda = \frac{\lambda}{2} \tag{13-30}$$

说明：

(1) 对一定波长的单色光入射，劈尖的干涉条纹间隔 l 仅与楔角 θ 有关。θ 越小，则 l 越大，干涉条纹越稀疏；θ 越大，则 l 越小，干涉条纹越密集。因此，只能在 θ 很小的劈尖上方可观察到清晰的干涉条纹，否则，干涉条纹将密集得无法分辨。

(2) 任何两相邻明纹或暗纹之间的空气膜厚度差为 $\frac{\lambda}{2}$。所以，在某处的空气膜的厚度改变 $\frac{\lambda}{2}$ 的过程中，将观察到该处干涉条纹由亮逐渐变暗又逐渐变亮（或由暗逐渐变亮后又逐渐变暗），好像干涉条纹移动了一条似的。若观察到干涉条纹移动了 N 条，则该处空气膜厚度将改变 $N\frac{\lambda}{2}$ 的距离。

如果构成劈尖的介质膜不是空气，而是其他透明物质（液体、二氧化硅等），其上、下表面两反射光的光程差计算方法类同，但附加光程差的计算应具体问题具体分析。

例 13-5　利用劈尖干涉可以测量微小角度。如图 13-20 所示,折射率 $n=1.40$ 的劈尖在某单色光的垂直照射下,测得两相邻明条纹之间的距离是 $l=0.25\text{cm}$。已知单色光在空气中的波长 $\lambda=700\text{nm}$,求劈尖的顶角 θ。

解　按照劈尖明条纹公式两条相邻条纹出现的条件,有

$$2ne_k+\frac{\lambda}{2}=k\lambda,\quad 2ne_{k+1}+\frac{\lambda}{2}=(k+1)\lambda$$

$$\Delta e=e_{k+1}-e_k=\frac{\lambda}{2n}$$

$$l\sin\theta=e_{k+1}-e_k$$

$$\sin\theta=\frac{\lambda}{2nl}=\frac{7\times10^{-5}}{2\times1.40\times0.25}=10^{-4}$$

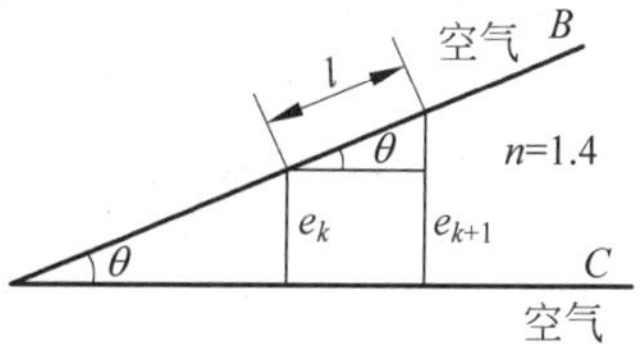

因 $\sin\theta$ 很小,所以 $\theta\approx\sin\theta=10^{-4}\text{rad}$

图 13-20　利用劈尖干涉测微小角度

例 13-6　利用空气劈尖的等厚干涉条纹可以检测工件表面存在的极小的加工纹路。在经过精密加工的工件表面放一光学平面玻璃,使其间形成空气劈尖形膜,用单色光照射玻璃表面,如图 13-21(a)所示,并在显微镜下观察到干涉条纹,如图 13-21(b)所示。试根据干涉条纹的弯曲方向,判断工件表面是凹还是凸的;并证明凹凸深度可用下式求得:$\Delta h=\dfrac{b}{a}\cdot\dfrac{\lambda}{2}$,式中,$\lambda$ 为照射光的波长。

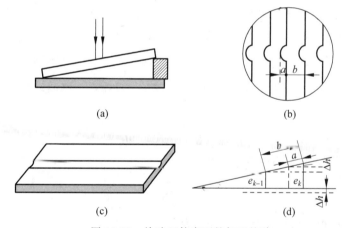

(a)　　　　　　　(b)

(c)　　　　　　　(d)

图 13-21　检验工件表面的加工纹路

(a)装置示意图;(b)干涉条纹;(c)工件上的柱面形凹痕;(d)计算凹痕深度图

解　如果工件表面是精确的平面,等厚干涉条纹应是等距离的平行直条纹。现在观察到的干涉条纹弯向空气膜的左端。因此,可判断工件表面是下凹的。由图 13-21(c)还可以看出,工件上有垂直干涉条纹方向的柱面形凹痕。

由图 13-21(d)中几何关系可得

$$\frac{a}{b}=\frac{\Delta h}{e_k-e_{k-1}}=\frac{\Delta h}{\lambda/2}$$

所以

$$\Delta h=\frac{a}{b}\cdot\frac{\lambda}{2}$$

13.5.3 牛顿环

将一曲率半径相当大的平凸透镜叠放在一平板玻璃上,如图 13-22(a)所示,则在透镜与平板玻璃之间形成一个上表面为球面、下表面为平面的空气薄层。当单色平行光垂直照射时,由于空气薄层上、下两表面反射光发生干涉,在空气薄层的上表面可以观察到以接触点 O 为中心的明暗相间的环形干涉条纹,如图 13-22(b)所示。这些圆环状干涉条纹称为**牛顿环**,由于以接触点 O 为中心的任一圆周上空气薄层的厚度是相等的,因此,它是等厚条纹的又一特例。若用白光照射,则条纹呈彩色。

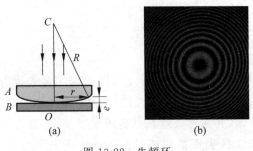

图 13-22 牛顿环

(a) 装置示意图;(b) 干涉条纹

下面分析牛顿环明暗环的半径 r、波长 λ 及平凸透镜凸面曲率半径 R 三者之间的关系。空气薄层的任一厚度 e 处,上、下两表面反射光的相干条件为

$$\delta = 2e + \frac{\lambda}{2} = \begin{cases} k\lambda, & k = 1, 2, \cdots & (\text{明纹}) \\ (2k+1)\dfrac{\lambda}{2}, & k = 0, 1, 2, \cdots & (\text{暗纹}) \end{cases} \tag{13-31}$$

又由图 13-22(a)可得

$$r^2 = R^2 - (R - e)^2 = 2eR - e^2$$

因 $R \gg e$,可略去 e^2 项,于是空气薄层厚度为

$$e = \frac{r^2}{2R} \tag{13-32}$$

代入光程差公式,可得干涉明暗环半径分别为

$$\begin{cases} r = \sqrt{\dfrac{(2k-1)R\lambda}{2}}, & k = 1, 2, \cdots & (\text{明环}) \\ r = \sqrt{kR\lambda}, & k = 0, 1, 2, \cdots & (\text{暗环}) \end{cases} \tag{13-33}$$

式(13-33)表明,k 值越大,环的半径越大,但相邻明环(或暗环)的半径之差越小,即随着牛顿环半径的增大,条纹变得越来越密。

在透镜与平板玻璃的接触点 O 处,因厚度 $e = 0$,两反射光的光程差为 $\dfrac{\lambda}{2}$,所以牛顿环的中心是**暗斑**(因实际接触处不可能是点而是圆面)。

在实验室中,常用牛顿环来测量光波波长或测量平凸透镜的曲率半径 R,方法是分别测出两个暗环的半径 r_k 和 r_{k+m},代入暗环半径公式后,联立导出

$$R = \frac{r_{k+m}^2 - r_m^2}{m\lambda} \tag{13-34}$$

牛顿环从透射光也可以观察到干涉圆环,但与反射光恰好相反,中心处是一亮斑。

例 13-7　用钠灯($\lambda = 589.3\text{nm}$)观察牛顿环,看到第 k 条暗环的半径为 $r = 4\text{mm}$,第 $k+5$ 条暗环半径 $r_{k+5} = 6\text{mm}$,求所用平凸透镜的曲率半径 R。

解　根据牛顿环暗环公式有 $r = \sqrt{kR\lambda}$

$$r_k = \sqrt{kR\lambda}, \quad r_{k+5} = \sqrt{(k+5)R\lambda}$$

可得

$$\lambda = \frac{r_k^2}{kR} = \frac{r_{k+5}^2}{(k+5)R}$$

$$k = 4, \quad R = 6.79\text{m}$$

例 13-8　当牛顿环装置中的透镜与玻璃间充满某种液体时,原先第 10 级亮环的半径由 1.40cm 变化到 1.25cm,则该液体的折射率是多少?

解　牛顿环中充满液体时,明环公式为

$$r = \sqrt{\frac{(2k-1)R\lambda}{2n}}$$

$$\frac{r_1}{r_2} = \frac{\sqrt{n}}{\sqrt{n_0}} = \sqrt{n}$$

$$n = \left(\frac{r_1}{r_2}\right)^2 = \left(\frac{1.40}{1.25}\right)^2 = 1.25$$

13.6　迈克耳孙干涉仪

在现代科学技术中,广泛应用干涉原理来测量微小长度、角度等,迈克耳孙干涉仪就是一种典型的精密测量仪器,它的构造和原理如图 13-23 所示。

M_1 和 M_2 是两块精细磨光的平面镜,分别装置在相互垂直的两臂上,其中,M_2 是固定的,M_1 由一螺钉控制,可在导轨上作微小移动。G_1 和 G_2 是两块材料相同、厚薄一样的玻璃片,均与两臂成 $45°$,其中,G_1 表面镀有半透明的薄银层,其作用是使入射到 G_1 的光束一半反射,一半透过,所以 G_1 称为分光板。

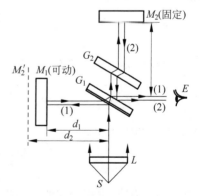

来自光源 S 的光束,穿过透镜 L 后,变成平行光向 G_1,进入 G_1 的光线在薄银层上分成两束,一束在薄银层上反射后向 M_1 传播,用光束(1)表示,经 M_1 反射后再穿过 G_1 向 E 传播而进入人眼,另一束则透过薄银层及 G_2 向 M_2 传播,用光束(2)表示,经 M_2 反射后再次

图 13-23　迈克耳孙干涉仪

穿过 G_2 后由 G_1 的薄银层反射也进入人眼 E。显然,进入人眼的光束(1)和(2)是两相干光束,于是在 E 处可观察到干涉条纹。G_2 的作用是使光束(2)也与光束(1)一样,都是三次穿过玻璃片,这样可以避免两束光因在玻璃中经过的路程不等而引起较大的光程差。因此,

G_2 又称为补偿片。

　　设想薄银层所形成的 M_2 的虚像为 M_2',所以从 M_2 处反射的光可以看成是从虚像 M_2' 发出来的,于是在 M_2' 和 M_1 之间就构成一个"空气薄膜",从薄膜的两个表面 M_1 和 M_2' 反射的光束(1)和光束(2)的干涉,就可当作薄膜干涉来处理。如果 M_1 和 M_2 严格地相互垂直,那么相应地,M_2' 与 M_1 严格地相互平行,因而 M_2' 与 M_1 相当于形成一等厚的空气层,则干涉条纹为一系列同心圆环状的等倾条纹,如图 13-24(a)～(e)所示;如果 M_1 和 M_2 不是严格地相互垂直,则 M_2' 与 M_1 之间有微小夹角而形成的"空气薄膜"就是劈尖状,形成的干涉条纹将近似为平行的等厚条纹,如图 13-24(f)～(j)所示,与各干涉条纹相对应的 M_2' 与 M_1 的位置如图 13-24(a')～(j')所示。

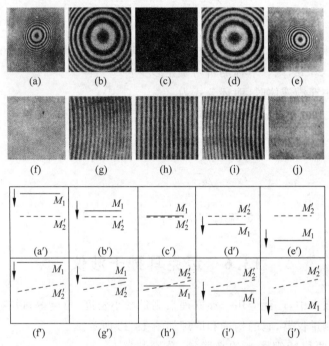

图 13-24　迈克耳孙干涉仪中观察到的几种典型条纹

　　根据劈尖干涉的理论,当调节 M_1 向前或向后平移 $\dfrac{\lambda}{2}$ 距离时 $\left(\text{"空气薄膜"的厚度变化为}\right.$ $\left.\dfrac{\lambda}{2}\right)$,就可观察到干涉条纹平移了一个条纹。因此,数一数在视场中移动的条纹数目 ΔN,便可知移动的距离为

$$d = \Delta N \frac{\lambda}{2} \tag{13-35}$$

式(13-35)表明,根据条纹的移动数 ΔN 和单色光波长 λ,便可算出 M_1 移动的距离,可用来测量微小长度的变化,其精确度可达 $\dfrac{\lambda}{2} \sim \dfrac{\lambda}{200}$,比一般方法的精密度高很多。此外,也可由 M_1 移动的距离来测定光波的波长。

　　迈克耳孙干涉仪设计精巧,主要特点是两相干光束在空间上是完全分开的,并且可以移动反射镜或通过在光路中加入另外的介质的方法改变两光束的光程差,这就使干涉仪具有广泛的用途,如用于测长度,测折射率和检查光学元件的质量等。它是许多近代干涉仪的原型。1881 年,迈克耳孙曾用他的干涉仪做了著名的迈克耳孙-莫雷实验,得到的否定结果是相对论的实验基础之一。1907 年,迈克耳孙因发明干涉仪和测定光速而获得诺贝尔物理学奖。

例 13-9 当把折射率为 $n = 1.40$ 的薄膜放入迈克耳孙干涉仪的一臂时,如果产生了 7.0 条条纹的移动,求薄膜的厚度。(已知钠光的波长为 $\lambda = 589.3\text{nm}$)

解 设薄膜的厚度为 t,因迈克耳孙干涉仪光线由镜面反射,每条光臂走两次,则两臂间的光程差为

$$\delta = 2(n-1)t$$

由于条纹每移动一条对应光程差变化一个波长,所以有

$$2(n-1)t = N\lambda$$

则薄膜的厚度

$$t = \frac{N \cdot \lambda}{2(n-1)} = \frac{7 \times 589.3 \times 10^{-9}}{2 \times (1.40 - 1)}\text{m} = 5.156 \times 10^{-6}\text{m}$$

*13.7 光的时空相干性

13.7.1 空间相干性

在杨氏双缝实验中,当我们把狭缝加宽时,发现干涉条纹明暗对比度下降,甚至干涉条纹完全消失。这说明光源的宽度对干涉图样有很大影响。下面加以分析说明。

杨氏双缝实验示意图如图 13-25 所示,宽度为 b 的狭缝光源与双缝 S_1、S_2 平行,并对称放置。整个狭缝光源可看作由许多并排的线状光源组成。这些线状光源独立发出的光波彼此是不相干的,在通过双缝后都各自在屏 E 上产生一套干涉条纹,条纹间距相等。各套条纹彼此错开,在条纹重叠处总光强应是各条纹光强的非相干叠加。例如,狭缝中部线光源 S_0 产生的

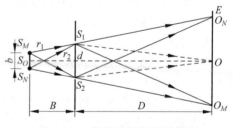

图 13-25 杨氏双缝实验示意图

中央明纹在屏上 O 处,两线光源 S_M 和 S_N 产生的中央明纹在屏上 O_M 和 O_N 处,其他线光源产生的中央明纹分列 O 的两侧,位于 O_M 和 O_N 之间。当狭缝光源宽度很小时,O、O_N、O_M 大致重合,即各套干涉条纹并没有错开,因而屏上干涉条纹十分清晰。但随着狭缝光源逐渐变宽,各套条纹错开变大,光强的非相干叠加使条纹明暗对比度逐渐下降。当狭缝光源加宽到边缘线光源 S_M 和 S_N 所产生的第一级暗纹正好落在 S_0 所产生的中央明纹 O 处时,干涉条纹已完全不能分辨,屏上总光强均匀分布。这时,狭缝光源的宽度 b 已成为杨氏双缝干涉光源宽度的极限了。以 S_M 为例,由图 13-25 可知,此时,S_M 发出的两束光,在 O 处会合形成暗纹,两束光的光程差应等于半波长,即

$$(r_2 + S_2O) - (r_1 + S_1O) = r_2 - r_1 = \frac{\lambda}{2}$$

$$r_2^2 = B^2 + \left(\frac{d}{2} + \frac{b}{2}\right)^2, \quad r_1^2 = B^2 + \left(\frac{d}{2} - \frac{b}{2}\right)^2$$

所以

$$r_2^2 - r_1^2 = bd, \quad r_2 - r_1 = \frac{bd}{r_2 + r_1} \approx \frac{bd}{2B} (因 B \gg d、b)$$

因此,得

$$\frac{bd}{2B} = \frac{\lambda}{2}, \quad b = \frac{B}{d}\lambda$$

或

$$d = \frac{B}{b}\lambda$$

上式表明,在杨氏双缝实验中,只有当 $b < \dfrac{B}{d}\lambda$ 时,才能获得干涉条纹。若光源较宽,则必须加大光源到狭缝的距离 B,或减小两缝的间距 d。从另一方面说,具有一定宽度 b 的光源发出的光波,只有当波阵面上两点距离 $b < \dfrac{B}{d}\lambda$ 时,这两点发出的次波才是相干的。这一性质称为光场的空间相干性。

激光光源,光面上各处发射的光都是相干的,不受此限制。用激光直接照射双缝就能得到清晰的干涉条纹。

13.7.2 时间相干性

用迈克耳孙干涉仪做实验时发现,当 M_1 和 M_2' 之间的距离超过一定限度后,就观察不到干涉现象。这是为什么呢?在解释光源发光机理时已提到,各个原子发光是独立的、随机的、间歇性的,一切实际光源发射的光是一个个的波列,每个波列有一定长度。例如,在迈克耳孙干涉仪的光路中,点光源先后发出两个波列 a 和 b,每个波列都被分光板分为 1 和 2 两个波列,用 a_1、a_2、b_1、b_2 表示。当两光路光程差不太大时,如图 13-26(a)所示,由同一波列分出来的两波列如 a_1 和 a_2,b_1 和 b_2 等可以重叠,这时能够发生干涉。但如果两光路的光程差太大,如图 13-26(b)所示,则由同一波列分出来的两波列不再重叠,而相互重叠的却是不同波列 a、b 分出来的波列,例如 a_2 和 b_1。这时就不能发生干涉。这就是说,两光路之间的光程差超过了波列长度 L,就不再发生干涉。因此,两个分光束产生干涉效应的最大光程

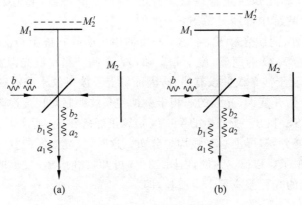

(a)   (b)

图 13-26 时间相干性

差 δ_m，为波列长度 L，这称为该光源所发射光的相干长度。与相干长度对应的时间 $\Delta t = \dfrac{L}{c}$，称为相干时间。当同一波列分出来的 1、2 两波列到达观察点的时间间隔小于 Δt 时，这两波列叠加后发生干涉现象，否则就不发生。为了描述所用光源相干性的好坏，常用相干长度或相干时间来衡量。

另外，原子发出的长度有限的电磁波列，按傅里叶分析，一个有限长度的波列可以分解为许多不同频率、不同振幅的简谐波的叠加。因此，所谓"单色光源"，发出的光并不是严格单一频率或单一波长的光，它的光强分布有一定频率范围（波长范围），这种光称为"准单色光"。通常用最大光强的一半所包含的波长范围 $\Delta\lambda$ 来表征准单色光的单色程度，如图 13-27 所示。$\Delta\lambda$ 称为准单色光的谱线宽度。$\Delta\lambda$ 越小，谱线的单色性越好。

由傅里叶积分可以得出相干长度 L 和谱线宽度 $\Delta\lambda$ 之间的关系为

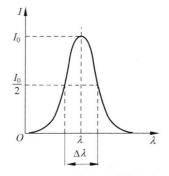

图 13-27　单色光的谱线宽度

$$L = \frac{\lambda^2}{\Delta\lambda}$$

上式说明，用相干长度来描述光的相干性，或用线宽 $\Delta\lambda$ 来描述光的单色性，二者是从不同角度来描述光的时间相干性问题，其实质是一样的，上式把它们统一起来了。对一定波长的光，线宽 $\Delta\lambda$ 越小，单色性越好，相干长度 L 越大，相干性越好。例如，汞灯 $\lambda = 546.07\text{nm}$ 谱线，线宽约 0.01nm，相干长度 L 约 3cm；单模稳频 He-Ne 激光器，$\lambda = 632.8\text{nm}$，$\Delta\lambda$ 约 10^{-8}nm，相干长度 L 约 40km。

本 章 小 结

1. 光是一种电磁波，具有干涉、衍射现象。
2. 可见光的波长范围为 $400 \sim 760\text{nm}$，频率范围为 $7.5\times10^{14} \sim 3.9\times10^{14}\text{Hz}$。
3. 光的干涉

干涉条件：同时满足频率相同，振动方向相同，相位差恒定。

具体方法：分波阵面法和分振幅法。

4. 光程

$$光程 = nr$$

相位差

$$\Delta\varphi = \frac{2\pi}{\lambda} \times 光程差 \quad （\lambda \text{ 为光在真空中的波长}）$$

半波损失：光由光疏媒质入射到光密媒质在分界面上反射时，相发生 π 的突变，相当于反射光比入射光的光程多走或少走了 $\dfrac{\lambda}{2}$，故称半波损失。

透镜不引起附加光程差。

5. 杨氏双缝（分波面法）

干涉加强、减弱条件：（k 为干涉级）

$$\delta = r_2 - r_1 = \begin{cases} \pm k\lambda, & k=0,1,2,\cdots \quad (\text{干涉加强}) \\ \pm(2k-1)\dfrac{\lambda}{2}, & k=1,2,\cdots \quad (\text{干涉减弱}) \end{cases}$$

干涉明纹、暗纹位置:

$$\begin{cases} x = \pm k\dfrac{D}{d}\lambda, & k=0,1,2,\cdots \quad (\text{明纹中心}) \\ x = \pm(2k-1)\dfrac{D}{d}\dfrac{\lambda}{2}, & k=1,2,\cdots \quad (\text{暗纹中心}) \end{cases}$$

条纹间距:

$$\Delta x = \frac{D}{d}\lambda$$

干涉图样:一组明暗相间的等间距等亮度的平行直条纹。

6. 劈尖——等厚干涉(膜厚不均匀,垂直入射 $i=0$)(分振幅法)

干涉加强、减弱条件:

$$\delta = 2ne\left(+\frac{\lambda}{2}\right) = \begin{cases} k\lambda, & k=1,2,\cdots \quad (\text{明纹中心}) \\ (2k+1)\dfrac{\lambda}{2}, & k=0,1,2,\cdots \quad (\text{暗纹中心}) \end{cases}$$

条纹间距:

$$l = \frac{\lambda}{2n\theta}$$

相邻明条纹(或暗条纹)对应薄膜厚度差:

$$\frac{\lambda}{2n}$$

干涉图样:是一系列平行于劈尖棱边的明暗相间的直条纹,且棱边处为暗纹。

空气劈尖:一个劈尖形的空气膜,对应公式中 $n=1$。

7. 牛顿环——等厚干涉(膜厚不均匀,垂直入射 $i=0$)(分振幅法)

干涉加强、减弱条件:

$$\delta = 2ne\left(+\frac{\lambda}{2}\right) = \begin{cases} k\lambda, & k=1,2,\cdots \quad (\text{明环中心}) \\ (2k+1)\dfrac{\lambda}{2}, & k=0,1,2,\cdots \quad (\text{暗环中心}) \end{cases}$$

干涉明纹、暗纹位置:

$$\begin{cases} r = \sqrt{\dfrac{(2k-1)R\lambda}{2n}}, & k=1,2,\cdots \quad (\text{明环}) \\ r = \sqrt{\dfrac{kR\lambda}{n}}, & k=0,1,2,\cdots \quad (\text{暗环}) \end{cases}$$

干涉图样:是一系列以接触点为中心的同心圆环,中心处是暗斑。透射光干涉图样与反射光的正好相反。

空气牛顿环:环状空气膜,相应公式中 $n=1$。

8. 迈克耳孙干涉仪(分振幅法)

$$d = \Delta N\frac{\lambda}{2} \quad (\Delta N \text{ 为条纹的移动数})$$

阅读材料　托马斯·杨和菲涅耳

　　光的波动理论的建立,是许多科学家努力的结果,奠基人中特别需要纪念的是托马斯·杨(Thomas Young,1773—1829 年)和菲涅耳(Augustin-Jean Fresnel,1788—1827 年)。

　　在 17 世纪下半叶,实验上已经观察到了光的干涉、衍射、偏振等光的波动现象,理论上惠更斯提出的波动理论也取得了很大成功,但由于惠更斯的波动理论没有建立起波动过程的周期性概念,同时又认为光是纵波,在解释光的干涉、衍射和偏振现象时遇到了困难。

托马斯·杨

　　牛顿在光学方面的成就也是很大的,在光的波动方面,他发现的"牛顿环"本该是波动性的证明,但他当时并没能用波动说加以正确的解释。世人都说他主张微粒说,其实他并没有明确坚持光是微粒或光是波动的观点。而且他有时还似乎用周期性来解释某些光的现象。不过,或许由于他这位权威未能明确倡导波动说,更可能是由于他的质点力学理论获得了极大的成功,在整个 18 世纪,光的波动说处于停滞状态,光的微粒说占据统治地位。

　　托马斯·杨的工作,使光的波动说重新兴起,并且第一次测量了 7 种颜色光的波长,建立了三原色原理,提出了波动光学的基本原理。

　　托马斯·杨是一位英国医生,曾获医学博士学位。他天资聪颖,有神童之称。他兴趣广泛,勤奋好学,博学多艺。他除了以物理学家闻名于世外,在其他许多领域都有所成就。他从小就广泛阅读各种书籍,对古典书、文学书以及科学著作无所不好,并能一目数行;他精通绘画、音乐,几乎掌握当时的全部乐器;他一生研究过力学、数学、光学、声学、生理光学、语言学、动物学、埃及学等,可以说是一位百科全书式的学者。

　　他在英国著名的医学院学习生理光学专业,1793 年发表了《对视觉过程的观察》。在哥廷根大学学习期间,受德国自然哲学学派的影响,开始怀疑微粒说,并钻研惠更斯的论著。学习结束后,他一边行医,一边从事光学研究,逐渐形成了自己对光的本质的看法。

　　1801 年他巧妙地进行了一次光的干涉实验,即著名的杨氏双孔干涉实验。在他发表的论文中,以干涉原理为基础,建立了新的波动理论,并成功地解释了牛顿环,精确地测定了光的波长。

　　1803 年,托马斯·杨把干涉原理应用于解释衍射现象。1807 年发表了《自然哲学与机械学讲义》(*A Course of Lectures on Natural Philosophy and the Mechanical Arts*),书中综合论述了他在光的实验和理论方面的研究,描述了他著名的双缝干涉实验。但是,他认为光是在以太媒质中传播的纵波。纵波概念和光的偏振现象相矛盾,然而,托马斯·杨并未放弃光的波动说。

　　托马斯·杨的理论,当时受到了一些人的攻击,而未能被科学界理解和承认。在将近 20 年后,当菲涅耳用他的干涉原理发展了惠更斯原理,并取得了重大成功后,托马斯·杨的理论才获得应有的地位。

菲涅耳

菲涅耳是法国物理学家和道路工程师，他从小身体虚弱多病，但读书非常用功，学习成绩一直很好，数学尤为突出。

菲涅耳从 1814 年开始研究光学，对光的衍射现象从实验和理论上进行了研究，并于 1815 年向科学院提交了关于光的衍射的第一篇研究报告。

1818 年，巴黎科学院举行了一次以解释光的衍射现象为内容的科学竞赛，年轻的菲涅耳出乎意料地取得了优胜，他以光的干涉原理补充了惠更斯原理，提出了惠更斯-菲涅耳原理，完善了光的衍射理论。

竞赛委员会的成员泊松(S. D. Poisson)是微粒说的拥护者，他运用菲涅耳的理论导出了一个奇怪的结论：光经过一个不透明的小圆盘衍射后，在圆盘后面的轴线上一定距离处，会出现一个点斑。泊松认为这是十分荒谬的，并宣称他驳倒了波动理论。菲涅耳接受了这一挑战，立即用实验证实了这个理论预言。后来人们称这一亮斑为泊松亮斑。

但是波动说在解释光的偏振现象时还是存在着很大困难。一直在为这一困难寻求解决办法的托马斯·杨在 1817 年觉察到，如果光是横波或许问题能得到解决。他把这一想法写信告诉了阿拉果(D. F. Arago,1786—1853 年)，阿拉果立即转告给菲涅耳。菲涅耳当时已经独立地领悟到了这一思想，对托马斯·杨的想法非常赞赏，并立即用这一假设解释了偏振光的干涉，证明了光的横波特性，使光的波动说进入了一个新时期。

利用光的横波特性，菲涅耳还得到了一系列重要结论。他发现了光的圆偏振和椭圆偏振现象，提出了光的偏振面旋转的唯象理论；他确立了反射和折射的定量关系，导出了著名的菲涅耳反射、折射公式，由此解释了反射时的偏振；他还建立了双折射理论，奠定了晶体光学的基础，等等。

菲涅耳具有高超的实验技巧和才干，他长年不懈地勤奋工作，获得了许多内容深刻和结论正确的结果，菲涅耳双镜实验和双棱镜实验就是例子。

1819—1827 年，经过 8 年的艰苦努力，他设计出一种特殊结构的透镜系统，大大改进了灯塔照明，为海运事业的发展作出了贡献。正当他在科学事业上硕果累累的时候，却不幸因肺病医治无效而逝世，终年仅 39 岁。

由于他在事业上的巨大成就，巴黎科学院授予他院士称号，英国皇家学会选他为会员，并授予他伦福德奖章，人们称他为"物理光学的缔造者"。

习　题

13.1　单项选择题

(1) 在双缝干涉实验中，为使屏上的干涉条纹间距变大，可以采取的办法是(　　　)。

    A. 使屏靠近双缝   B. 使两缝的间距变小

    C. 把两个缝的宽度稍微调窄   D. 改用波长较小的单色光源

(2) 如题 13.1(2)图所示,用波长 λ 的单色光照射双缝干涉实验装置,若将一折射率为 n 的透明劈尖 b 插入光线 2 中,劈尖 b 缓慢地向上移动时(只遮住 S_2),屏 C 上的干涉条纹(　　)。

　　A. 间隔变大,向下移动　　　　　　　　B. 间隔变小,向上移动

　　C. 间隔不变,向下移动　　　　　　　　D. 间隔不变,向上移动

(3) 一束波长为 λ 的单色光由空气垂直入射到折射率为 n 的透明薄膜上,透明薄膜放在空气中,要使反射光得到干涉加强,则薄膜最小的厚度为(　　)。

　　A. $\dfrac{\lambda}{4}$　　　　　　　B. $\dfrac{\lambda}{4n}$　　　　　　　C. $\dfrac{\lambda}{2}$　　　　　　　D. $\dfrac{\lambda}{2n}$

(4) 如题 13.1(4)图所示,两个直径有微小差别的彼此平行的滚柱之间的距离为 L,夹在两块平晶的中间,形成空气劈尖,但单色光垂直入射时,产生等厚干涉条纹,如果滚柱之间的距离 L 变小,则在 L 范围内干涉条纹的(　　)。

　　A. 数目减小,间距变大　　　　　　　　B. 数目不变,间距变小

　　C. 数目增加,间距变小　　　　　　　　D. 数目减小,间距不变

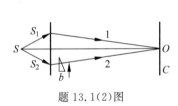

题 13.1(2)图

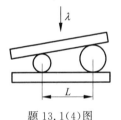

题 13.1(4)图

(5) 若把牛顿环装置(都是由折射率为 1.50 的玻璃制成),由空气移至折射率为 1.33 的水中,则干涉条纹(　　)。

　　A. 变密　　　　　　　　　　　　　　　B. 变稀

　　C. 中央暗斑变成亮斑　　　　　　　　　D. 间距不变

(6) 在迈克耳孙干涉仪的一条光路中,放入一折射率为 n 的透明介质薄膜后,测出两束光的光程差的改变量为一个波长 λ,则薄膜的厚度是(　　)。

　　A. $\dfrac{\lambda}{2}$　　　　　　　B. $\dfrac{\lambda}{2n}$　　　　　　　C. $\dfrac{\lambda}{n}$　　　　　　　D. $\dfrac{\lambda}{2(n-1)}$

13.2　填空题

(1) 已知两束相干光(光在真空中的波长为 λ),在相遇点的光程差为 δ,则相差 $\Delta\varphi =$ _____。

(2) 由两块平玻璃构成空气劈尖形膜,左边为棱边,用单色平行光垂直入射。若上面的平玻璃以垂直于下平玻璃的方向离开平移,则干涉条纹将向_____平移,并且条纹的间距将_____。

(3) 如题 13.2(3)图所示,在杨氏双缝实验中,入射波长为 λ,已知 P 点处第四级明条纹,则 S_1 和 S_2 到 P 点的光程差为_____。若将整个装置放入某种透明液体中,P 点

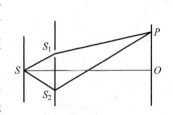

题 13.2(3)图

为第五级明条纹,则该液体的折射率 $n=$ _____。

(4) 用迈克耳孙干涉仪测微小的位移。若入射光波波长 $\lambda=6289\text{Å}$[①],当动臂反射镜移动时,干涉条纹移动了 2048 条,反射镜移动的距离 $d=$ _____。

(5) 牛顿环的干涉圆条纹,离圆心越远则相邻圆条纹之间的距离越 _____。图样里面的条纹级次 _____,外面的条纹级次 _____。当透镜离开平板玻璃(空气膜厚度增加)时,圆条纹将 _____ 镜心方向移动。

13.3 计算题

(1) 在杨氏双缝实验中,双缝间距 $d=0.20\text{mm}$,缝屏间距 $D=1.0\text{m}$,试求:

① 若第二级明条纹离屏中心的距离为 6.0mm,计算此单色光的波长 λ;

② 相邻两明条纹间的距离 Δx。

(2) 在双缝装置中,用一很薄的云母片($n=1.58$)覆盖其中的一条缝,结果使屏幕上的第七级明条纹恰好移到屏幕中央原零级明纹的位置。若入射光的波长为 550nm,求此云母片的厚度。

(3) 洛埃镜干涉装置如题 13.3(3)图所示,镜长 30cm,狭缝光源 S 在离镜左边 20cm 的平面内,与镜面的垂直距离为 2.0mm,光源波长 $\lambda=7.2\times10^{-7}\text{m}$,试求位于镜右边缘的屏幕上第一条明条纹到镜边缘的距离。

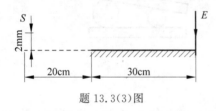

题 13.3(3)图

(4) 一平面单色光波垂直照射在厚度均匀的薄油膜上,油膜覆盖在玻璃板上。油的折射率为 1.30,玻璃的折射率为 1.50,若单色光的波长可由光源连续可调,可观察到 500nm 与 700nm 这两个波长的单色光在反射中消失。试求油膜层的厚度。

(5) 在折射率 $n_1=1.52$ 的镜头表面涂有一层折射率 $n_2=1.38$ 的 MgF_2 增透膜,如果此膜适用于波长 $\lambda=550\text{nm}$ 的光,问膜的厚度最小应取何值?

(6) 有一劈尖,折射率 $n=1.40$,劈尖角 $\theta=10^{-4}\text{rad}$。在某一单色光的垂直照射下,可测得两相邻明纹之间的距离为 0.25cm,试求:

① 此单色光在空气中的波长;

② 相邻两明条纹间劈尖膜的厚度差是多少?

③ 如果劈尖长为 3.5cm,那么总共可出现多少条明条纹和多少条暗条纹?

(7) 制造半导体元件时,常常要精确测定硅片上二氧化硅(SiO_2)薄膜的厚度,这时可把二氧化硅薄膜的一部分腐蚀掉,使其形成劈尖,利用等厚条纹测出其厚度。已知 SiO_2 的折射率为 1.50,入射光波长为 589.3nm,观察到 7 条暗纹(如题 13.3(7)图所示)。二氧化硅薄膜的厚度 e 多少?(Si 折射率为 3.42)

(8) ①若用波长不同的光观察牛顿环,$\lambda_1=6000\text{Å}$,$\lambda_2=4500\text{Å}$,观察到用 λ_1 时的第 k 个暗环与用 λ_2 时的第 $k+1$ 个暗环重合,已知透镜的曲率半径是 190cm。求用 λ_1 时第 k 个暗环的半径;②又如在牛顿环中用波长为 5000Å 的第

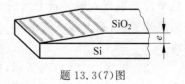

题 13.3(7)图

---

① $1\text{Å}=10^{-10}\text{m}$。

5 个明环与用波长为 λ_2 的第 6 个明环重合,求未知波长 λ_2。

(9) 当牛顿环装置中的透镜与玻璃之间的空间充以液体时,第 10 个亮环的直径由 $D_1 = 1.40 \times 10^{-2}$ m 变为 $D_2 = 1.27 \times 10^{-2}$ m,求液体的折射率。

(10) 利用迈克耳孙干涉仪可测量单色光的波长。当 M_1 移动距离为 0.322mm 时,观察到干涉条纹移动数为 1024 条,求所用单色光的波长。

(11) 把折射率为 $n = 1.632$ 的玻璃片放入迈克耳孙干涉仪的一条光路中,观察到有 150 条干涉条纹向一方移过。若所用单色光的波长为 $\lambda = 500$nm,求此玻璃片的厚度。

第14章 光的衍射

第 13 章我们讨论了光的干涉现象,本章继续讨论光的衍射现象。光在传播过程中遇到障碍物时,能绕过障碍物的边缘继续前进,这种偏离直线传播的现象称为光的**衍射现象**。和干涉一样,衍射也是波动的一个重要基本特征,它为光的波动说提供了有力的证据。当激光问世以后,人们利用其衍射现象开辟了许多新的领域。

14.1 光的衍射现象及惠更斯-菲涅耳原理

在讨论机械波时我们已经知道,衍射现象显著与否取决于孔隙(或障碍物)的线度与波长的比值。当孔隙(或障碍物)的线度与波长的数量级差不多时,才能够观察到明显的衍射现象。而对于光波,由于其波长远小于一般障碍物或孔隙的线度,因此光的衍射现象通常情况下不易观察到,而光的直线传播却给人留下了深刻的印象。

14.1.1 光的衍射现象及分类

如图 14-1 所示,是单色光照射到不同形状小孔和剃须刀片时在远处屏幕上形成的衍射图样。

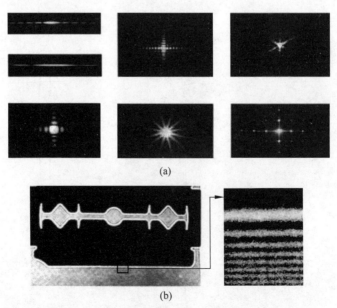

(a)

(b)

图 14-1 光照射不同障碍物或孔隙的衍射图样
(a) 不同形状小孔;(b) 剃须刀片

在实验中,采用高亮度的激光或普通的强点光源,并使屏幕的面积足够大,则可以将光的衍射现象演示出来。图 14-2 是一个光通过单缝的实验,S 为一单色点光源,K 是一个可调节的狭缝,E 为屏幕。实验发现,当 S,K,E 三者的位置固定的情况下,屏幕 E 上的光斑宽度取决于缝 K 的宽度。当缝 K 的宽度逐渐缩小时,屏 E 上的光斑也随之缩小,这体现了光的直线传播特征,如图 14-2(a)所示。但缝 K 宽度继续缩小时($<10^{-4}$ m),屏 E 上的光斑不但不缩小,反而增大起来,这说明光波已"绕"到狭缝的几何阴影区,光斑的亮度也由原来的均匀分布变成一系列的明暗条纹(单色光源)或彩色条纹(白光光源),条纹边缘也失去了明显的界限,变得模糊不清,如图 14-2(b)所示。

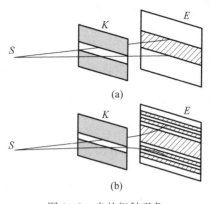

图 14-2　光的衍射现象

(a) 直线传播;(b) 衍射现象

衍射系统是由光源、衍射屏和接收屏组成的,通常根据三者相对位置的大小,把衍射现象分为两类:一类是光源和接收屏(或其中之一)与衍射屏的距离为有限远时的衍射,称为菲涅耳衍射,也称近场衍射,如图 14-3(a)所示;另一类是光源和接收屏与衍射屏的距离都是无限远时的衍射,即入射到衍射屏和离开衍射屏的光都是平行光的衍射,称为夫琅禾费衍射,也称远场衍射,如图 14-3(b)所示。本章着重讨论单缝和光栅的夫琅禾费衍射及应用。

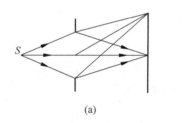

图 14-3　衍射分类

(a) 近场衍射;(b) 远场衍射

14.1.2　惠更斯-菲涅耳原理

惠更斯原理指出:波阵面上的每一点都可看成是发射子波的新波源,任意时刻子波的包迹即为新的波阵面。惠更斯原理可以解释光通过衍射屏时为什么传播方向会改变,但不能解释为什么会出现衍射条纹,更不能计算条纹的位置和光强的分布。这方面,菲涅耳用子波相干叠加的概念发展了惠更斯原理。菲涅耳认为:**从同一波阵面上各点发出的子波,在传播过程中相遇时,也能相互叠加而产生干涉现象,空间各点波的强度,由各子波在该点的相干叠加所决定。**这一观点发展了惠更斯原理,称为**惠更斯-菲涅耳原理。**

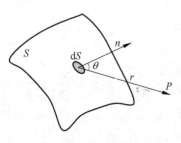

图 14-4　惠更斯-菲涅耳原理

根据菲涅耳"子波相干叠加"的设想,如果已知光波在某时刻的波阵面 S,如图 14-4 所示,则空间任意点 P 的光振动可由波阵面上各面元 dS 发出的子波在该点叠加后的合振动来表示。菲涅耳指出,每一面元 dS 发出的子波在 P 点引起的振动的振幅与 dS 成正比,与 P 点到 dS 的距离 r 成反比,还与 r 和 dS 的法线 n 之间的夹角 θ 有关。若取 $t=0$ 时波阵面 S 上各点初相位为零,则 dS 在 P 点引起的光振动可表示为

$$dE = C\frac{K(\theta)}{r}\cos 2\pi\left(\frac{t}{T} - \frac{r}{\lambda}\right)dS \qquad (14-1)$$

式中,C 为比例系数;$K(\theta)$ 为随角增大而缓慢减小的函数,称为倾斜因子。当 $\theta=0$ 时, $K(\theta)$ 最大;当 $\theta \geqslant \frac{\pi}{2}$ 时,$K(\theta)=0$,因而子波叠加后振幅为零。因此可以说明为什么子波不能向后传播。

波阵面上所有面元 dS 发出的子波在 P 点引起的合振动为

$$E = \int dE = \int C\frac{K(\theta)}{r}\cos 2\pi\left(\frac{t}{T} - \frac{r}{\lambda}\right)dS \qquad (14-2)$$

这便是惠更斯-菲涅耳原理的数学表达式。它是研究衍射问题的理论基础,可以解释并定量计算各种衍射场的分布,但计算相当复杂。下面采用菲涅耳提出的半波带法来讨论单缝夫琅禾费衍射现象,以避免繁杂的计算。

14.2　单缝的夫琅禾费衍射

14.2.1　单缝的夫琅禾费衍射实验

如图 14-5 所示为单缝夫琅禾费衍射实验。在衍射屏 K 上开有一个细长狭缝,单色光源 S 发出的光经透镜 L_1 后变为平行光束,射向单缝后产生衍射,再经透镜 L_2 聚集在焦平面处的屏幕 E 上,呈现出一系列平行于狭缝的衍射条纹。

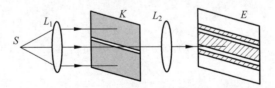

图 14-5　单缝夫琅禾费衍射实验装置

下面用菲涅耳半波带法来分析产生明暗条纹的条件。

14.2.2　菲涅耳半波带法

设衍射屏 K 上的单缝 AB 宽度为 a,如图 14-6 所示(为方便理解,特将缝 AB 放大),在平行单色光的垂直照射下,单缝所在处平面 AB,也是入射光束的一个波阵面(同相位面),按照惠更斯原理,波阵面上的每一点都可以发射子波,并以球面波的形式向各方向传播。显然每一子波源发出的光线有无穷多条,每个可能的方向都有,这些光线都称为衍射光线。例如,图 14-6 中 A 点上的1、2、3 光线就代表该点发出的所有方向中的任意3个传播方向。而波阵面上各点发出的各条衍射光中具有相同传播

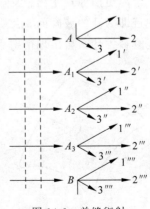

图 14-6　单缝衍射

方向的光线则互相构成各方向的平行光束。如图 14-6 所示,光线 1,1′,1″,1‴,…构成一束平行光束,光线 2,2′,2″,2‴,…构成另一方向的一束平行光束,依此类推。每一个方向的平行光束与原入射方向间的夹角用 φ 表示,φ 称为**衍射角**。按几何光学原理,各平行光束经过透镜 L_2 后,会聚于焦平面 E 上的不同位置。由于每一束平行光线中所包含的光线均来自同一光源 S,根据惠更斯-菲涅耳原理,各平行光线间有干涉作用,因而在屏幕上形成明暗条纹。下面按不同衍射角的平行光束来分析明暗条纹形成条件。

首先,考虑沿入射光方向传播的衍射光束(1),如图 14-7 所示,这些衍射光线从 AB 面发出时的相位是相同的,而经过透镜又不会引起附加光程差,它们经透镜会聚于焦点 P_0 时,相位仍然相同,因此它们在 P_0 处的光振动是相互加强的,于是在 P_0 处出现明条纹,为中央明条纹中心。

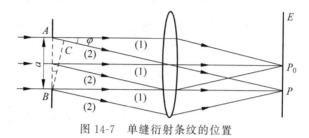

图 14-7　单缝衍射条纹的位置

其次,考虑一束与原入射方向成 φ 角的衍射光束(2),它们经透镜后会聚于屏幕上的 P 点。显然,由单缝 AB 上各点发出的衍射光到达 P 点的光程各不相同,因而各子波在 P 点的相位也各不相同。其光程差可做这样的分析:过 B 作平面 BC 与衍射光束(2)垂直,由透镜的等光程性可知,BC 面上各点到达 P 点的光程都相等,因此各衍射光到达 P 点时的相位差就等于它们在 BC 面上的相位差,它决定于各衍射光从 AB 面上相应位置到 BC 面间的光程差,如图 14-8 所示。例如,单缝边缘 A,B 两点衍射光间的光程差为 $AC = a\sin\varphi$,显然,这是沿 φ 角方向各衍射光线之间的最大光程差,其他各衍射光间的光程差连续变化。衍射角 φ 不同,最大光程差 AC 也不相同,P 点的位置也不同。由菲涅耳半波带法分析可知,屏幕上不同点的强度分布,正是取决于此最大光程差。

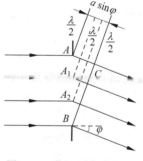

图 14-8　菲涅耳半波带法

菲涅耳将波阵面 AB 分割成许多面积相等的波带来研究。其方法是:将 AC 用一系列平行于 BC 的平面来划分,这些平面中两相邻平面间的距离等于 $\dfrac{\lambda}{2}$,如图 14-8 所示。这些平面同时也将单缝处的波阵面 AB 分成 AA_1、A_1A_2、A_2B 等整数个波带,称为**半波带**。由于这些波带的面积相等,所以波带上子波源的数目也相等。任何两个相邻的波带上对应点所发出的光线到达 BC 面的光程差均为 $\dfrac{\lambda}{2}$,即相位差为 π,经透镜会聚在 P 点时,将一一相互抵消。

如果 AC 是半波长的偶数倍,则可将单缝上的波面 AB 分成偶数个半波带,于是在 P 点将出现暗条纹;如果 AC 是半波长的奇数倍,则可将单缝上的波面 AB 分成奇数个半波带,每相邻半波带发出的衍射光都成对——抵消,最后剩下一个半波带的光线没有被抵消,于是在 P 点将出现明条纹。

综上所述,当平行单色光垂直单缝入射时,单缝衍射明暗条纹的条件为

$$a\sin\varphi = \begin{cases} 0 & (\text{中央明纹}) \\ \pm k\lambda & (\text{暗条纹}) \\ \pm(2k+1)\dfrac{\lambda}{2} & (\text{明条纹}) \end{cases}, \quad k = 1,2,3,\cdots \tag{14-3}$$

式中,k 为级数;正、负号表示衍射条纹对称分布于中央明纹的两侧。

必须指出,对于任意衍射角 φ 来说,AB 一般不能恰好被分成整数个半波带,即 AC 不一定等于 $\dfrac{\lambda}{2}$ 的整数倍,对应于这些衍射角的衍射光束,经透镜会聚后,在屏幕上的光强介于最明与最暗之间。因而在单缝衍射条纹中,强度的分布并不是均匀的。如图 14-9 所示,中央明纹最亮,条纹也最宽(约为其他明条纹宽度的两倍),即两个第 1 级暗纹中心的间距,在 $a\sin\varphi_0 = -\lambda$ 与 $a\sin\varphi_0 = \lambda$ 之间。当 φ_0 很小时,$\varphi_0 \approx \sin\varphi_0 = \pm\dfrac{\lambda}{a}$,因此中央明纹的角宽度(条纹对透镜中心所张的角度)即为 $2\varphi_0 = 2\dfrac{\lambda}{a}$。有时也用半角宽度描述,即

$$\varphi_0 = \frac{\lambda}{a} \tag{14-4}$$

这一关系称为衍射反比律。以 f 表示透镜的焦距,则在屏幕上观察到的中央明纹的线宽度为

$$\Delta x_0 = 2f\tan\varphi_0 = 2\frac{\lambda}{a}f \tag{14-5}$$

显然,其他明条纹的角宽度近似为

$$\Delta\varphi = (k+1)\frac{\lambda}{a} - k\frac{\lambda}{a} = \frac{\lambda}{a} \tag{14-6}$$

其他明条纹的线宽度为

$$\Delta x = \frac{\lambda}{a}f \tag{14-7}$$

而各级明条纹的亮度随着级数的增大而迅速减小。这是因为 φ 角越大,AB 波面被分成的

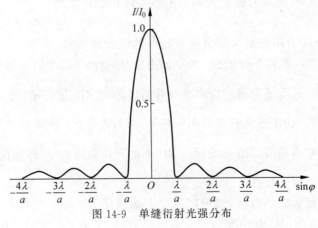

图 14-9 单缝衍射光强分布

波带数越多,每个波带的面积也相应减小,透过来的光能量也相应减小,因而从未被抵消的波带上发出的光在屏幕上产生的明条纹的亮度越弱。

当缝宽 a 一定时,对同一级衍射条纹,波长 λ 越大,则衍射角 φ 越大,因此,若用白光入射时,除中央明纹的中部仍是白色外,其两侧将出现一系列由紫到红的彩色条纹,称为衍射光谱。

由中央明纹角宽度线宽度公式可知,对波长 λ 一定的单色光来说,当 a 越小时(a 不能小于 λ),对应于各级条纹的 φ 角就越大,即衍射现象越明显;当 a 越大时,各级条纹所对应的 φ 角将越小,这些条纹都密集于中央明纹附近而逐渐分辨不清,也就是衍射现象越不明显。如果 $a \gg \lambda$,各级衍射条纹将全部并入 P_0 附近,形成单一的明条纹,这就是透镜所造成的单缝的像。这个像相当于 φ_0 趋于零时平行光束所造成的,也就是说,它是由入射到 AB 面的平行光束直线传播所引起的。由此可见,中央条纹的中心就是几何光学的像点。这样,我们在调节衍射实验的实际操作中,可借助几何光学的成像规律,迅速找到中央明纹的位置。一般我们只能看到光的直线传播现象,是因为光的波长极短,而障碍物上缝的宽度相对波长来说大很多,因而衍射现象极不明显。只有当缝较窄,以至于其缝宽可与波长相比拟时,衍射现象才较为显著。

例 14-1 如图 14-10 所示,用波长 $\lambda = 500\text{nm}$ 的单色平行光,垂直地照射到宽度 $a = 0.5\text{mm}$ 的单缝上,在缝后置一焦距 $f = 0.5\text{m}$ 的凸透镜。

(1) 求屏上中央明纹的宽度;

(2) 求屏上第一级明纹的宽度。

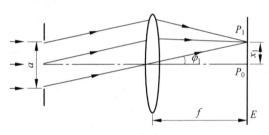

图 14-10 例 14-1 图

解 (1)根据单缝夫琅禾费衍射条纹的明暗纹条件知,中央明纹的宽度为 $k = +1$ 与 $k = -1$ 两条暗纹间的距离,设为 $2x_1$,由公式 $a\sin\varphi_1 = k\lambda$,可得

$$\sin\varphi_1 = \frac{\lambda}{a} = \frac{0.5 \times 10^{-6}}{0.5 \times 10^{-3}} = 10^{-3}$$

由于 $\sin\varphi_1$ 很小,所以 $\sin\varphi_1 \approx \tan\varphi_1$,由图 14-10 可知

$$\tan\varphi_1 = \frac{x_1}{f}$$

$$x_1 = f\tan\varphi_1 \approx f\sin\varphi_1 = 0.5 \times 10^{-3}\text{m}$$

中央明纹的宽度为

$$2x_1 = 2 \times 0.5 \times 10^{-3}\text{m} = 1.0 \times 10^{-3}\text{m}$$

(2)第一级明纹的宽度为 $k = 1$ 与 $k = 2$ 两条暗纹间的距离,即

$$\Delta x = x_2 - x_1 = f\tan\varphi_2 - f\tan\varphi_1 \approx f\sin\varphi_2 - f\sin\varphi_1$$

$$= f\left(\frac{2\lambda}{a} - \frac{\lambda}{a}\right) = 0.5 \times 10^{-3}\text{m}$$

第一级明纹的宽度为中央明纹宽度的一半。

14.3　光学仪器的分辨本领

14.3.1　圆孔夫琅禾费衍射

在单缝夫琅禾费衍射实验装置中,若用一个小圆孔代替狭缝,也会产生衍射现象。如图 14-11(a)所示,当单色平行光垂直照射小圆孔 K 时,在透镜 L 焦平面处的屏幕 E 上可以观察到圆孔夫琅禾费衍射图样,其中央是一明亮圆斑,周围为一组明暗相间的同心圆环,由第一级暗环所围成的中央光斑称为艾里斑,艾里斑的直径为 d,其半径对透镜光心的张角 θ 称为艾里斑的半角宽度。圆孔夫琅禾费衍射图样的光强分布如图 14-11(b)所示,其中艾里斑的光强约占整个入射光强的 80% 以上。根据理论计算,如图 14-11(c)所示,艾里斑的半角宽度 θ 与圆孔直径 D 及入射波长 λ 的关系为

$$\theta \approx \sin\theta = 1.22\frac{\lambda}{D} = \frac{\dfrac{d}{2}}{f} \tag{14-8}$$

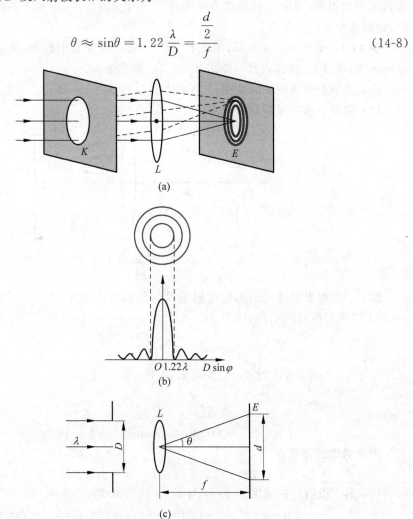

图 14-11　圆孔夫琅禾费衍射

(a) 实验装置示意图;(b) 光强分布;(c) 计算用图

式中，f 为透镜焦距。由式(14-8)可知，圆孔直径 D 越小，或入射波长 λ 越大，则衍射现象越明显。

14.3.2 光学仪器的分辨本领

从几何光学来看，物体通过透镜成像时，每一个物点都有一个对应的像点。只要适当选择透镜的焦距，任何微小物体都可见到清晰的图像。然而，从波动光学来看，组成各种光学仪器的透镜等部件，均相当于一个透光小孔，因此，我们在屏上见到的像是圆孔的衍射图样，粗略地说，见到的不是一个像点，而是一个具有一定大小的艾里斑。如果两个物点相距很近，其相对应的两个艾里斑很可能有部分重叠而不易分辨，可能会被看成是一个像点。这就是说，光的衍射现象限制了光学仪器的分辨能力。

例如，用显微镜观察一个物体上的 a、b 两点时，从 a、b 发出的光，经显微镜的物镜成像时，将形成两个艾里斑，分别为 a 和 b 的像。如果这两个艾里斑分得比较开，相互之间没有重叠，或重叠较小时，我们就能够分辨出 a、b 两点的像，从而可判断原有物点是两个点，如图 14-12(c)所示。如果两点靠得很近，以至于两个艾里斑相互之间大部分重叠，这时我们将不能分辨出是两个物点的像，即原有物点 a、b 不能被分辨，如图 14-12(a)所示。那么可分辨和不可分辨的标准是什么呢？**瑞利指出，对于任何一个光学仪器，如果一个物点衍射图样的艾里斑中央最亮处恰好与另一个物点的衍射图样的第一个最暗处相重合，则认为这两个物点恰好可以被光学仪器所分辨**。以显微镜为例，如图 14-12(b)所示，这里屏幕上的总光强分布可由两衍射图样的光强分布直接相加(因为两发光点是不相干的)，其重叠部分中心的光强约为每一艾里斑最大光强的 80%，一般人的眼睛刚好能够分辨出这种光强差别，因而判断出这是两个物点的像。这时的两物点对透镜光心的张角称为光学仪器的最小分辨角，用 θ_0 表示。它正好等于每个艾里斑的半角宽度，即

$$\theta_0 = 1.22 \frac{\lambda}{D} \tag{14-9}$$

最小分辨角的倒数 $1/\theta_0$ 称为光学仪器的分辨率。由式(14-9)可知，光学仪器的分辨率与仪器的孔径 D 成正比，与光波的波长 λ 成反比。所以，在天文观测中，为了分清远处靠得很近的几个星体，需要采用孔径很大的望远镜。而对于显微镜，为了提高分辨率，则尽量采用波

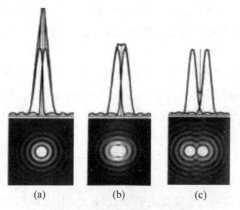

图 14-12 光学仪器的分辨能力

(a) 不可分辨；(b) 恰可分辨；(c) 可分辨

长短的紫光。近代物理的实验证实,电子也具有波动性,而且其波长可与固体中原子间距相比拟(约为 0.1~0.01nm 数量级),因此,电子显微镜的分辨率要比普通光学显微镜的分辨率高数千倍。

例 14-2　在通常的亮度下,人眼瞳孔的直径约为 3mm,在可见光中,人眼感受最灵敏的波长是 550nm 的黄绿光。

(1) 人眼的最小分辨角是多大?

(2) 如果在黑板上画两根平行直线,相距 2mm,问坐在距黑板多远处的同学恰能分辨?

解　(1) 根据光学仪器最小分辨角公式,可得人眼的最小分辨角为

$$\theta_0 = 1.22 \frac{\lambda}{D} = 1.22 \times \frac{5.5 \times 10^{-7}}{3 \times 10^{-3}} \text{rad} = 2.2 \times 10^{-4} \text{rad}$$

(2) 设人距黑板为 x,平行直线间距为 l,两条线对人眼的张角为

$$\theta_0 \approx \frac{l}{x}$$

若恰能分辨,就有 $\theta = \theta_0$,所以

$$x = \frac{l}{\theta_0} = \frac{2 \times 10^{-3}}{2.2 \times 10^{-4}} \text{m} = 9.1 \text{m}$$

14.4　光　栅　衍　射

从前面的讨论可知,原则上可以利用单色光通过单缝时所产生的衍射条纹来测定该单色光的波长。但为了测量的准确性,要求衍射条纹必须分得很开,条纹既细且明亮。然而对单缝衍射来说,这两个要求难以同时达到。因为若要条纹分得开,单缝 a 的宽度就要很小,这样通过单缝的光能量就少,以至于条纹不够明亮且难以看清楚;反之,若加大缝宽 a,虽然观察到的衍射条纹较明亮,但条纹间距变小,不容易分辨。所以实际上测定光波波长时,往往不是使用单缝,而是采用能满足上述测量要求的衍射光栅。

14.4.1　光栅衍射分析

由大量等间距、等宽度的平行狭缝所组成的光学元件称为光栅,也称**衍射光栅**。光栅是一种利用多缝衍射原理使光发生色散的光学元件,是光谱仪、单色仪及许多光学精密测量仪器的重要元件。

光栅的种类很多,常用的有两类:用于透射光衍射的叫做透射光栅,如图 14-13(a)所示,用于反射光衍射的叫做反射光栅,如图 14-13(b)所示。透射光栅一般是在一块玻璃片上刻画许多等间距、等宽度的平行刻痕,刻痕处相当于毛玻璃不易透光,刻痕之间的光滑部分可以透光,相当于一个单缝,如图 14-13(a)所示。缝的宽度 a 和刻痕的宽度 b 之和,即 $d = a + b$ 称为**光栅常量**。现代用的衍射光栅,在 1cm 内,可刻上 $10^3 \sim 10^4$ 条缝,所以一般的光栅常量约为 $10^{-5} \sim 10^{-6}$ m 的数量级。

如图 14-14 所示,平行单色光垂直照射到光栅上,由光栅射出的光线经透镜后,会聚于屏幕上,因而在屏幕上出现平行于狭缝的明暗相间的光栅衍射条纹。这些条纹的特点是:**明条纹很亮很窄,相邻明纹间的暗区很宽**,衍射图样十分清晰,如图 14-15(f)所示。

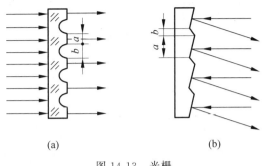

图 14-13　光栅

（a）透射光栅；（b）反射光栅

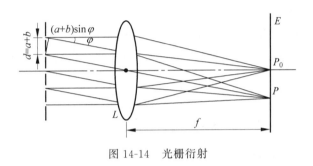

图 14-14　光栅衍射

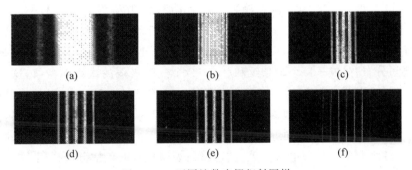

图 14-15　不同缝数光栅衍射图样

（a）1 缝；（b）2 缝；（c）3 缝；（d）5 缝；（e）6 缝；（f）20 缝

　　光栅是由许多单缝组成的,每个缝都在屏幕上各自形成单缝衍射图样,由于各缝的宽度均为 a,故它们形成的衍射图样都相同,且在屏幕上完全重合。例如,各缝中 φ 角为零的衍射光(垂直透镜入射的平行光)经透镜 L 后,都会聚在透镜主光轴的焦点上,即图 14-14 中的 P_0 点,这就是各单缝衍射的中央明纹的中心位置。另一方面,各单缝的衍射光在屏幕上重叠时,由于它们都是相干光,所以缝与缝之间的衍射光将产生干涉,其干涉条纹的明暗分布取决于相邻两缝到会聚点的光程差。因此,分析屏幕上形成的光栅衍射条纹,既要考虑到各单缝的衍射,又要考虑单缝衍射与多缝干涉的总效果。

1. 光栅公式

　　首先讨论明条纹的位置,当平行单色光垂直照射光栅时,每个缝均向各方向发出衍射光,发自各缝具有相同衍射角 φ 的一组平行光都会聚于屏上同一点,如图 14-14 中的 P 点,这些光波叠加彼此产生干涉,称为多光束干涉。从图 14-14 中可以看出,任意相邻两缝射出的衍射角为 φ 的两衍射光到达 P 点处的光程差均为$(a+b)\sin\varphi$,如果此值恰好是入射光波长 λ 的整数倍,则这两束衍射光在 P 点将满足相干加强条件。这时,其他任意两缝沿该衍射角 φ 方向射出的两衍射光,到达 P 点处的光程差也一定是 λ 的整数倍,于是所有各缝沿该衍射角 φ 方向射出的衍射光在屏上会聚时,均相互加强,形成明条纹。这时在 P 点的合振幅应是来自一条缝的衍射光的振幅的 N 倍(N 表示光栅缝的总数),合光强则是来自一条缝的光强的 N^2 倍,所以光栅的多光束形成的明条纹的亮度要比一条缝发出的光的亮度大得多。光栅缝的数目越多,则明条纹越明亮。由此可见,光栅衍射的明条纹位置应满足

$$(a+b)\sin\varphi = k\lambda, \quad k = 0, \pm 1, \pm 2, \cdots \tag{14-10}$$

式(14-10)称为**光栅公式**或光栅方程。k 为明条纹级数,这些明条纹细窄而明亮,通常称为主极大;$k=0$,为零级主极大;$k=1$,为第 1 级主极大;其余依次类推。正、负号表示各级主极大在零级主极大两侧对称分布。从光栅公式可以看出,在波长一定的单色光照射下,光栅常量越小,各级明条纹的 φ 角越大,因而相邻两个明条纹分得越开。

2. 暗纹条件

在光栅衍射中,相邻两主极大之间还分布着一些暗条纹是由各缝射出的衍射光因干涉相消而形成的。可以证明,当 φ 角满足下述条件时则出现暗条纹:

$$(a+b)\sin\varphi = \left(k + \frac{n}{N}\right)\lambda, \quad k = 0, \pm 1, \pm 2, \cdots \tag{14-11}$$

式中,k 为主极大级数;N 为光栅总缝数;n 为正整数,取值为 $n=1,2,\cdots,(N-1)$。由式(14-11)可知,在两个主极大之间,分布着$(N-1)$个暗条纹。显然,在这$(N-1)$个暗条纹之间的位置光强不为零,但其强度比各级主极大的光强要小得多,称为次明纹。所以在相邻两主极大之间分布有$(N-1)$个暗条纹和$(N-2)$个光强极弱的次级明条纹,这些明条纹几乎是观察不到的,因此实际上在两主极大之间是一片连续的暗区。从式(14-11)可知,缝数越多,暗条纹也越多,因而暗区越宽,明条纹越窄。对给定尺寸的光栅,总缝数越多,明条纹越亮。图 14-15 所示为几种不同缝数光栅衍射图样的照片。对光栅常量一定的光栅,入射光波长越大,各级明条纹的衍射角也越大,这就是光栅具有的色散分光作用。

3. 单缝衍射对光强分布的影响

以上讨论多光束干涉时,并没有考虑各缝衍射对屏上条纹强度分布的影响。实际上,由于单缝衍射,在不同的 φ 方向,衍射光的强度是不同的,所以光栅衍射的不同位置的明条纹,是来源于不同光强度的衍射光的干涉加强。就是说,**多光束干涉的明条纹要受单缝衍射的调制**。单缝衍射光强大的方向明条纹的光强也大,单缝衍射光强小的方向明条纹的光强也小。图 14-16(a)是只考虑多光束干涉的光强分布,图 14-16(b)是各单缝衍射的光强分布,图 14-16(c)是受单缝衍射调制的多光束干涉的光强分布,即光栅衍射条纹的光强分布。光栅衍射各级明条纹强度的包络线与单缝衍射的强度曲线类似。

4. 缺级现象

考虑到各单缝衍射对屏上条纹强度分布的影响,设想光栅中只留下一个缝透光,其余全部遮住,这时屏上呈现的是单缝衍射条纹。不论留下哪个缝,屏上的单缝衍射条纹都一样,而且条纹位置也完全重合,这是因为同一衍射角 φ 的平行光经过透镜都聚集于同一点。因

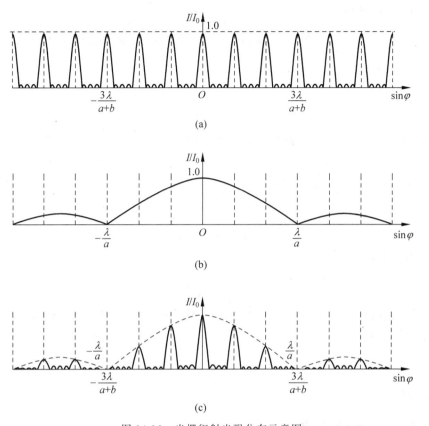

图 14-16 光栅衍射光强分布示意图

(a) 多光束干涉的光强分布；(b) 单缝衍射的光强分布；(c) 光栅衍射的光强分布

此满足光栅公式(14-10)的 φ 角,若同时满足单缝衍射的暗纹条件公式(14-3),即

$$(a+b)\sin\varphi = k\lambda, \quad k = 0, \pm 1, \pm 2, \cdots$$

$$a\sin\varphi = \pm k'\lambda, \quad k' = 1, 2, \cdots$$

这时,对应的衍射角 φ,由于各狭缝所射出的光都各自满足暗纹条件,当然也就不存在缝与缝之间出射光的干涉加强。虽然满足光栅公式,对应衍射角 φ 的主极大条纹并不出现,这称为光谱线的**缺级现象**,缺级现象缺少的级数 k 为

$$k = \frac{a+b}{a}k', \quad k' = 1, 2, 3, \cdots \tag{14-12}$$

例如,当 $(a+b) = 3a$,缺级的级数为 $k = 3, 6, 9, \cdots$,如图 14-16 所示。一般只要 $\dfrac{a+b}{a}$ 为整数时,则对应的 k 级明条纹位置一定出现缺级现象,呈现暗区。由此可见光栅公式只是产生主极大条纹的必要条件,而不是充分条件。**光栅衍射是干涉和衍射的综合结果,多光束干涉要受到单缝衍射的调制。**

例 14-3 用波长为 590nm 的钠光垂直照射到每厘米刻有 5000 条缝的光栅上,在光栅后放置一焦距为 20cm 的会聚透镜,试求:

(1) 第 1 级与第 3 级明条纹的距离;

(2) 最多能看到第几级明条纹。

解 (1) 光栅常量

$$d = \frac{L}{N} = \frac{1 \times 10^{-2}}{5000} \text{m} = 2 \times 10^{-6} \text{m} = 2000 \text{nm}$$

由光栅公式 $(a+b)\sin\varphi = k\lambda$,则有

$$\sin\varphi_1 = \frac{\lambda}{a+b}, \quad \sin\varphi_3 = \frac{3\lambda}{a+b}$$

又因 $\tan\varphi = \dfrac{x}{f}$,则第1级与第3级明条纹的距离为

$$\Delta x = x_3 - x_1 = f(\tan\varphi_3 - \tan\varphi_1) = f\left(\frac{\sin\varphi_3}{\sqrt{1 - \sin^2\varphi_3}} - \frac{\sin\varphi_1}{\sqrt{1 - \sin^2\varphi_1}}\right)$$

将已知条件代入上式,可得

$$\Delta x = 0.32 \text{m}$$

(2) 由光栅公式 $(a+b)\sin\varphi = k\lambda$,得

$$k = \frac{(a+b)\sin\varphi}{\lambda}$$

k 的最大值出现在 $\sin\varphi = 1$ 处,而当 $\varphi = 90°$ 时,屏幕上实际看不到条纹,所以 k 应取小于该值的最大整数,故

$$k < \frac{(a+b)}{\lambda} = \frac{2 \times 10^{-6}}{5.9 \times 10^{-7}} = 3.4 \tag{14-13}$$

故最多能看到第3级明条纹。

14.4.2　光栅光谱

由光栅公式可知,在光栅常量一定的情况下,衍射角 φ 的大小与入射光波的波长有关。因此当白光通过光栅后,各种不同波长的光将产生各自分开的主极大明条纹。屏幕上除零级主极大明条纹由各种波长的光混合仍为白色外,其两侧将形成各级由紫到红对称排列的彩色光带,这些光带的整体称为**光栅光谱**,如图14-17所示。对于同一级的条纹,由于波长短的光衍射角小,波长长的光衍射角大,所以光谱中紫光靠近零级主极大,红光则远离零级主极大。在第2级和第3级光谱中,发生了重叠,级数越高,重叠情况越复杂,实际上很难区分。

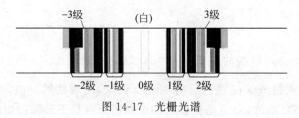

图 14-17　光栅光谱

如果入射光是波长不连续的复色光,则用汞灯做光源照射时,将出现与各波长对应的各级线状光谱。

由于光栅可以把不同波长的光分隔开,且光栅衍射条纹宽度窄,测量误差较小,所以常用它做分光元件,其分光性能比棱镜要优越得多。

*14.5 X射线衍射

X射线又称伦琴射线,是伦琴于1895年发现的。它是一种人眼看不见的具有很强穿透能力的电磁波,波长在0.01~10nm之间。图14-18所示为X射线管的结构示意图。K是发射电子的热阴极,A是阳极。两极间加数万伏高压,阴极发射的电子在强电场作用下加速,高速电子撞击阳极(靶)而产生X射线。

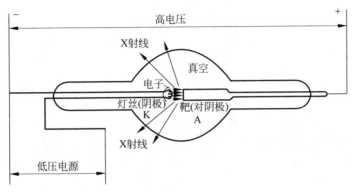

图 14-18 X射线管

X射线既然是一种电磁波,也应该与可见光一样有干涉和衍射现象。但由于它的波长太短,用普通光栅观察不到X射线的衍射现象,而且也无法用机械方法制造出光栅常量与波长相近的光栅。1912年,德国物理学家劳厄想到晶体内的原子是有规则排列的,天然晶体实际上就是光栅常量很小的天然三维空间光栅。利用晶体作为光栅,劳厄成功地进行了X射线衍射实验。他让一束X射线穿过铅板上的小孔照射到晶体上,如图14-19所示,结果晶片后面的感光胶片上形成一定规则分布的斑点,称为劳厄斑点。实验的成功既证明了X射线的波动性质,也证明了晶体内原子是按一定的间隔、规则排列的。从此,开始广泛利用X射线作为晶体结构分析。

1913年,英国布拉格父子提出了另一种研究X射线的衍射方法。他们认为,晶体是由一系列彼此相互平行的原子层构成的。当X射线照射晶体时,晶体点阵中的原子(或离子)便成为发射子波的波源,向各个方向发出衍射波(也称散射波),这些衍射波都是相干波,它们的叠加可分两种情况来研究:一是从同一原子层中各原子发出衍射波的相干叠加(称为点间干涉);二是不同原子层中各原子发出衍射波的相干叠加(称为面间干涉)。布拉格父子证明了:只有在以晶面为镜面并满足反射定律的方向上,点间干涉和面间干涉才能同时满足衍射主极大。

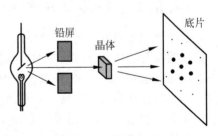

图 14-19 劳厄实验

如图14-20所示,设两原子层之间的距离为 d,称为晶格常数(或晶面间距),当一束平行相干的X射线以掠射角 φ 入射时,则相邻两原子反射线的光程差为

$$AC + BC = 2d\sin\varphi$$

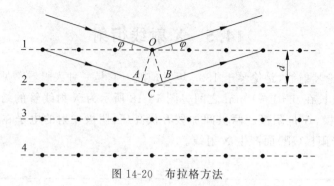

图 14-20   布拉格方法

显然,符合下述条件时:

$$2d\sin\varphi = k\lambda, \quad k = 1,2,3,\cdots \tag{14-14}$$

各层晶面的反射线都将相互加强,形成亮点。式(14-14)就是著名的布拉格公式。

从式(14-14)可知,如果已知 d 和 φ,则可算出 X 射线的波长 λ;同理,若已知 X 射线的波长 λ 和 φ,则可推算出晶体的晶格常数 d。沿这两方面分别发展起来的 X 射线光谱分析法和 X 射线晶体结构分析法,无论在物质结构的研究中,还是在工程技术上都有极大的应用价值。

*14.6   全 息 照 相

全息照相的“全息”是指物体发出的光波的全部信息,即包括波长、振幅(或光强)和相位,与普通照相相比,全息照相的基本原理、拍摄过程和观察方法都不相同。

全息照相(简称全息)原理是 1948 年英国科学家伽伯(Dennis Gabor)为了提高电子显微镜的分辨本领而提出的。他曾用汞灯作光源成功地拍摄了第一张全息照片。其后,由于缺乏强相干光源以及某些技术上的困难,直到 1960 年激光问世以后,全息技术才获得迅速发展,并成为一门应用广泛的重要新技术。

14.6.1   全息照片的拍摄和再现

普通照相是根据几何光学原理,将来自物体表面各点的光经透镜成像于底片上。底片所记录的仅是物体各点的光强即振幅信息,彩色照相底片还记录了颜色即光波长信息,但都不能把相位信息记录下来,所以普通照片只能得到二维的平面图像,不能获得逼真的立体图像。如果将普通照相底片撕去一角,则所记录的图像也就不完整了。

全息照相是以干涉、衍射等波动光学理论为基础的无透镜拍摄,底片上所记录的是物体所发光波的全部信息(包括振幅和相位),因而可以再现物体逼真的立体形象。同时全息图中的每一个局部都包含了物体整体的光信息,因此,如果底片有缺损,也不会影响完整物像的再现。

全息摄影过程有两个步骤:第一步是“记录”过程;第二步是“再现”过程。下面分别予以介绍。

1. 全息记录

全息照片的拍摄是利用光的干涉原理。基本光路如图 14-21 所示。将激光器的输出光分成两束,一束直接投射到感光底片上,称为参考光束;另一束先投射到物体上,然后再由物体反射(或透射)后到达感光底片,称为物光束。参考光和物光在底片上相遇叠加,形成复杂的干涉条纹。因为从物体上各点反射出来的物光,其振幅和相位各不相同,所以感光片上各处的干涉条纹也不相同。振幅不同使条纹变黑程度不同;相位不同则使条纹的密度、形状各异。因此,感光底片上记录的是物光波和相位的全部信息。但它不像普通照相底片能直接显示物体的形象,而是一张张形状迥异的干涉条纹图,简称全息图,如图 14-22 所示。

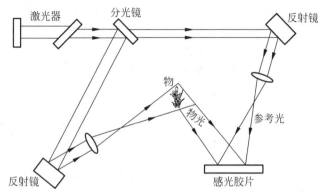

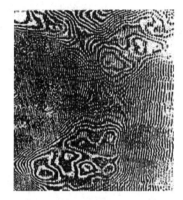

图 14-21　全息照片的拍摄示意图　　　　图 14-22　全息底片外观图

全息图的干涉条纹是怎样记录相位信息的呢?如图 14-23 所示,设 O 为物体上某一发光点,它发出的光和参考光在底片上形成干涉条纹。设 a、b 为某相邻的两条暗纹(底片冲洗后变为透光缝)所在处,与 O 点相距为 r。要形成暗纹,则 a、b 两处的物光和参考光必须相反。设参考光是垂直入射(也可以斜入射)的平行光波,则参考光在 a、b 两处的相位是相同的,所以到达 a、b 两处的物光的光程差必定相差一个波长 λ,才能保证 a、b 两处均为暗纹。由图 14-23 所示几何关系知

$$\delta = \lambda = \sin\theta \Delta x$$

即

$$\Delta x = \frac{\lambda}{\sin\theta} = \frac{\lambda r}{x} \tag{14-15}$$

式(14-15)说明,在底片上同一处,来自物体上不同发光点的光,由于它们的 λ 或 θ 不相同,与参考光形成的干涉条纹的间距就不同,因此底片上各处干涉条纹的间距及条纹走向就反映了物光波相位的不同信息,实际上反映了物体上各发光点的位置差别。整个全息图上记录下来的干涉条纹,事实上是物体表面各发光点发出的物光与参考光所形成的许多干涉条纹的叠加。

2. 全息图像的观察

全息摄影的第二步是全息图像的再现和观察。这时,只需用拍摄该照片时所用的同一波长的照明光沿原参考光方向照射底片即可,如图 14-24 所示。当我们在照片的背面看时,就可看到在原位置处原物体完整的立体形象,而照片本身就像一个窗口一样。产生这样的效果,是因为全息底片上各处的透射率不同,它就相当于一个"透射光栅",照明光透过后将产生衍射,而衍射光波将再现物光波,因而获得栩栩如生的原物图像。仍以两相邻的条纹 a

和 b 为例,这时它们是两条透光缝,照明光透过它们将发生衍射。沿原方向前进的光波不产生成像效果,只是其强度受到照片的调制而不再均匀。沿原来从物体 O 点发来的物光方向的那两束衍射光,其光程差也一定是一个波长 λ,这两束光波被人眼会聚将叠加形成 $+1$ 级极大,这一极大正对应于发光点 O。由发光点 O 原来在底片上各处造成的透光条纹透过的光,其衍射总效果会使人眼感到原来 O 点处有一发光点 O'。物体上所有发光点在照片上产生的透光条纹对入射照明光的衍射,就会使人眼看到在原来位置处的一个完整的原物立体虚像。更有趣的是,当人眼换一个位置观察时,会看到物体的侧面像,而且原来被其他物体挡住的地方这时也能显露出来。由于在拍摄时物体上任一发光点发出的物光在整个底片上各处都和参考光发生干涉,因而底片上各处都有该发光点的信息记录。所以,即使是取底片上的一小块残片来观察,也照样能看到立体形象。这些都是普通照片望尘莫及的。

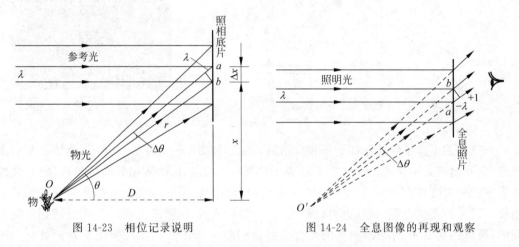

图 14-23　相位记录说明　　　　　　图 14-24　全息图像的再现和观察

此外,用照明光照射全息照片时,还可以得到下一个原物的实像,如图 14-25 所示。与立体虚像的构成完全相似,从 a、b 两缝透过的和沿原来物光对称方向的那两束衍射光,其光程差也是 λ,它们将在和 O' 点对于全息照片对称的位置 O'' 会聚成 -1 级干涉极大。从照片上各处由 O 点发出的光形成的透光条纹所衍射的相应方向的光将会聚于 O'' 点而成为 O 点的实像(也是原物的实像处)。不过,实像与原物人眼看上去前、后、左、右、里、外各边都颠倒了位置,是一种“幻视像”,没什么实用价值。

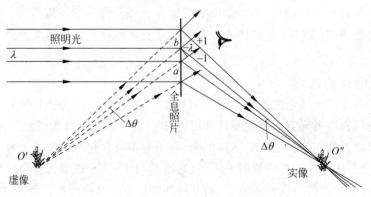

图 14-25　全息照片的实像

14.6.2　全息术的应用

由于全息照相有诸多新特点,因而它的应用也极其广泛。

1. 全息显微术

普通高倍率显微镜无法同时观察有深度分布的悬浮粒子,尤其对不停运动的微生物极难跟踪测量。全息术则克服这一困难,用短脉冲激光在一张底片上相继记录一系列全息图。再现时,可用显微镜对全息图的三维再现图像层层聚焦,按记录时的顺序逐次观察粒子的运动状态及瞬时分布。

2. 全息信息储存

在拍摄全息照片时,改变参考光束的方向,可以将不同物体摄制在同一张底片上。再现时,只要偏转照明光束,就能将各物体互不干扰地显现出来。一张底片可以储存许多信息,如文字、图表或其他资料等,全息照片正在发展成为信息存储器,其存储量要比目前使用的其他存储器高 1～2 个数量级。

3. 全息干涉计量

利用两次曝光或连续曝光,可以将物体的微小形变、高速运动,如风洞中流体的流动,容器内的爆炸过程等记录在同一张底片上,再现时可以同时获得多个相互交叠而略有差异的物体光波像。多个像的光波发生干涉,分析干涉条纹,便可推算出物体变化的具体信息。

此外,还有全息电影、全息电视、全息 X 射线显微镜、特征字符识别等,均可用全息术。

除光学全息外,还发展了红外、微波、超声全息术,这些全息技术在军事侦察或监视上具有重要意义。如对可见光不透明的物体,往往对超声波"透明",因而超声全息可用于水下侦察或监视,也可用于医疗透视以及工业无损探伤。

本 章 小 结

1. 惠更斯-菲涅耳原理

波阵面上各点都可看成子波波源,其后波场中各点波的强度由各子波在该点的相干叠加决定。

2. 单缝夫琅禾费衍射(半波带法)

单色光垂直入射时,明暗纹中心位置:

$$a \sin\varphi = \begin{cases} \pm(2k+1)\dfrac{\lambda}{2} & \text{(明纹中心)} \\ \pm k\lambda & \text{(暗纹中心)} \end{cases}, \quad k=1,2,3,\cdots$$

中央明纹范围:

$$-\lambda < a\sin\varphi < \lambda$$

明纹宽度:

中央明纹半角宽度

$$\varphi_0 = \frac{\lambda}{a}$$

线宽度

$$\Delta x_0 = 2\frac{\lambda}{a}f$$

中央明纹宽度是其他各级明纹宽度的两倍。中央明纹又宽又亮。

3. 圆孔衍射

艾里斑的半角宽度为

$$\theta = 1.22\frac{\lambda}{D}$$

光学仪器分辨率为

$$\frac{1}{\theta} = \frac{D}{1.22\lambda}$$

4. 光栅衍射

光栅衍射图样是单缝衍射和多缝干涉的综合效应,多光束干涉要受到单缝衍射的调制。

(1) 光栅常量:

光栅空间的周期性

$$d = a + b$$

(2) 光栅公式:

$$(a+b)\sin\varphi = k\lambda, \quad k = 0, \pm 1, \pm 2, \cdots$$

(3) 缺级现象:当衍射角 φ 同时满足单缝衍射暗纹公式和光栅方程主极大时,将出现主极大缺级现象。

(4) 缺级条件:

$$k = \frac{a+b}{a}k', \quad k' = 1, 2, 3, \cdots$$

式中,k 为光栅主极大明纹级次;k' 为单缝衍射暗纹级次。

(5) 光栅光谱:当复色光入射光栅时,由于光波长不同,同一级的亮线将出现在不同的衍射角上。这样,不同颜色的同级明纹将按波长顺序排列成光栅光谱。

5. X 射线衍射

布拉格公式:

$$2d\sin\varphi = k\lambda, \quad k = 1, 2, 3, \cdots$$

阅读材料 光纤及其应用

光纤是光导纤维的简称。这是用石英、玻璃或特制塑料拉成的柔软细丝,直径在几微米(光波波长的几倍)到 $120\mu m$ 之间。像水流过导管一样,光能沿着这种细丝在其内部传播,因而这种细丝被称为光导纤维。

光纤之所以能导光,是因为折射率沿细丝截面的径向有不同的数值:靠中心的折射率 n_1 大于外皮的折射率 n_2。有的光纤的折射率沿径向分布是"阶跃型"的,即 $n_1 \sim n_2$ 的改变有明显的分界,如图 14-26(a)所示;有的光纤的折射率沿径向分布是"渐变型"的,即从中心到外皮折射率逐渐变小,如图 14-26(b)所示。由于折射率的这种分布特点,从一端进入光纤的光线,根据几何光学全反射的规律,就能沿着光纤传播(当然,会有一部分散射出光纤)。

在阶跃型光纤内,光线沿折线前进。在渐变型光纤内,光线沿光滑曲线前进。由于光纤可以弯曲成任意形状,因而使得人们能任意改变光的传播方向。这是光纤得到广泛实际应用的基本特点之一(当光纤的直径小到接近光波波长时,其内部光的传播规律已不能用几何光学说明,而需要用类似微波的波导的电磁场理论说明)。

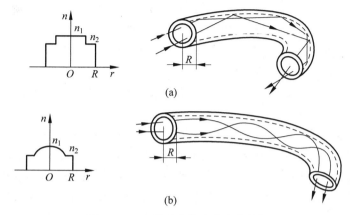

图 14-26　光纤及光线在其中的传播

(a)阶跃型;(b)渐变型

　　实际应用中,常把几十根或成百根光纤并在一起做成光缆。在光缆中,各条光纤只传送进入自己的光线而不互相交叉。这样,如果光缆两端各条光纤的排列次序严格对应,则可以利用它来传像,即其一端的图像可以通过弯曲的光缆在另一端显示出来(图 14-27)。医生用来照明和窥视人体器官(如胃、膀胱等)内部的内窥镜就是利用了光缆的这种性质。

　　光纤的一种现代重要应用领域是通信技术。现已得到普遍应用的电通信技术是用电磁波(无线电波段)作载波,把信息变成电信号加在载波上,使之在导线、导管(或在大气)中传播。近十余年来逐渐推广的光纤通信技术,则是用光波作载波,把信息变成光信号加在载波光纤上,使之沿光纤传播。

　　光纤通信的主要优点是容量大,传输距离远。通信理论指出,传输的信息量与载波的频率有直接关系。增加载波的频率,就可以增大信息量。光的频率很高(10^{14} Hz),比微波频率($10^8 \sim 10^{10}$ Hz)还要高几个数量级。因此,光纤通信容量比无线电波通信容量大得多。譬如电话,如果

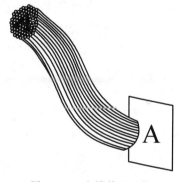

图 14-27　光缆传送图像

每个话路需要的频带宽度为 10kHz(即声音的频率范围),理论上光纤通信可同时容纳 100 亿个互不干扰的话路。再如彩色电视,若每套电视节目的频带宽度为 10MHz,则光纤通信可同时传送 1000 万套电视节目而互不干扰。这些都可达到现有通信的万倍以上。实现光纤通信系统工程管理后,不但可以扩大现有多种通信的容量,而且可以开辟许多新的通信业务,如可视电话、电视报纸、综合性通用数据通信系统等。

　　光在光纤中传播时,由于介质的吸收、散射和辐射等原因,光强不可避免地要随传播距离的增加而减小。此外由于色散等原因,会引起信号畸变而失真。所以,在远距离通信时,

需要在途中每隔一定距离设置一中继器来对所传播的信号放大和整形。

研究表明,光纤的损耗与所传光波的波长有关,如某些波长附近光纤的损耗最低,这些波段称为光纤的低损耗"窗口",或"工作窗口"。典型的窗口数值有:$0.65\sim0.73\mu m$,$0.75\sim0.85\mu m$,$1.1\sim1.6\mu m$ 等。对应于这些窗口波长,可以选用适当的激光光源,这将大大降低光强的损耗。目前已能制造损耗为 $3\sim0.2dB/km$ 的低损耗光纤(相当于每千米光强损耗 $50\%\sim5\%$),这为光纤通信的普遍应用提供了重要条件。

除了通信容量大、损耗低因而传输距离远这些优点外,光纤通信还有其他优点,例如抗电磁干扰能力强,保密性好(这都是因为用光作为信息携带者的缘故),光纤抗腐蚀、抗辐射能力强,节省有色金属(这是因为光纤材料是资源丰富的硅酸盐),重量轻,铺设较容易,节省建设费用等。

利用光作为通信手段可以追溯至 1880 年,当时著名的电话发明家贝尔发明了一种利用光波作载波的光电话。它利用在大气中传播的光,传输距离只有 213m。1963 年,曾有人用激光做大气通信实验,因未取得满意结果而搁置。1966 年,英籍华人高锟提出用光纤实现光通信的设想,并预见可以生产出一种有实用意义的低损耗光纤。根据他的理论,美国康宁公司于 1970 年 8 月研制出了损耗为 20dB/km(约 99%)的石英光纤,把光纤通信推上了实用阶段。20 世纪 80 年代,美、日、英等国已建造了几千千米的光纤通信系统,加上和计算机的联用,使现代信息技术有了突飞猛进的发展。

1988 年 12 月,美、英、法合建的穿越大西洋的海底光缆铺设成功,并于 1989 年春投入商业使用。这条光缆长达 6000 多 km,每隔 70km 设置一个中继器(一般电费每隔几千米就需要一个中继器),光缆内芯由 16 条光纤组成。这条光缆可以使 8 万人在大西洋两岸同时通话。和它相比,1956 年投入使用的美欧海底电缆只能容纳 36 对话路,在 32 年的使用寿命中,总共通话 1000 万次。如今这条光缆,两天之内就能通话 1000 万次。

1972 年前后,我国开始进行光纤通信研究。现在已能制出低损耗的光纤,并在各处铺设了光缆线路。全国范围内的"八横八纵"联系各城市的光缆线路也已在 1999 年初建成。

最后可以指出的是,光纤通信还带动了集成光路及激光等新技术的发展。集成光路和集成电路类似,是把若干微型的光学元件制作在一块衬底上,构成具有比较复杂功能的光路。集成光路体积小,性能稳定,是大规模光电系统和光通信系统所需要的集成器件。目前这方面的研究已形成一个专门的学科,叫做集成光学。

习　题

14.1　单项选择题

(1) 在夫琅禾费单缝衍射实验中,对于给定的入射单色光,当缝宽度变小时,除中央亮纹的中心位置不变外,各级衍射条纹(　　)

　　A. 对应的衍射角变小　　　　　　　　B. 对应的衍射角变大

　　C. 对应的衍射角也不变　　　　　　　D. 光强也不变

(2) 在单缝的夫琅禾费衍射实验中,屏上第三级暗纹对应的波面可划分为多少个半波带?若将缝宽缩小一半,原来第三级暗纹处将会是什么条纹?(　　)。

　　A. 6 个半波带,1 级明纹　　　　　　　B. 3 个半波带,2 级暗纹

    C. 6 个半波带,1 级暗纹   D. 3 个半波带,2 级明纹

    (3) 波长为 λ 的单色光垂直入射于光栅常量为 d、缝宽为 a、总缝数为 N 的光栅上,取 $k=0,\pm 1,\pm 2,\cdots$,则决定出现主极大的衍射角 θ 的公式可写成( )。

    A. $Na\sin\theta=k\lambda$ B. $a\sin\theta=k\lambda$ C. $Nd\sin\theta=k\lambda$ D. $d\sin\theta=k\lambda$

    *(4) 在光栅光谱中,假如所有偶数级次的主极大都恰好在单缝衍射的暗纹方向上,因而实际上不出现,那么此光栅每个透光缝宽度 a 和相邻两缝间不透光部分宽度 b 的关系为( )。

    A. $a=0.5b$ B. $a=b$ C. $a=2b$ D. $a=3b$

    (5) 一束白光垂直照射在一光栅上,在形成的同一级光栅光谱中,偏离中央明纹最远的是( )。

    A. 紫光   B. 绿光   C. 黄光   D. 红光

14.2 填空题

    (1) 将波长为 λ 的平行单色光垂直投射于一狭缝上,若对应于衍射图样的第一级暗纹位置的衍射角的绝对值为 θ,则缝的宽度等于_____。

    (2) 用半波带法讨论单缝衍射暗条纹中心的条件时,与中央明条纹旁第二个暗条纹中心相对应的半波带的数目是_____。

    (3) 波长为 $\lambda=5500\text{Å}$ 的单色光垂直入射于光栅常量 $d=2\times 10^{-4}\text{cm}$ 的平面衍射光栅上,可能观察到光谱线的最高级次为第_____级。

    (4) 一束单色光垂直入射在光栅上,衍射光谱中央出现 5 条明纹。若已知此光栅缝宽度与不透明部分宽度相等,那么在中央明纹一侧的两条明纹分别是第_____级和第_____级谱线。

    (5) 惠更斯-菲涅耳原理的基本内容是:波阵面上各面积元所发出的子波在观察点 P 的_____,决定了 P 点的合振动和光强。

14.3 计算题

    (1) 在单缝衍射图样中,中轴线上方的第 1 级极小与中轴线下方的第 1 级极小间距为 5.2mm,已知透镜焦距为 800mm,入射的单色光波长为 546nm,试求缝的宽度。

    (2) 用橙黄色的平行光垂直照射一宽为 $a=0.60\text{mm}$ 的单缝,缝后凸透镜的焦距 $f=40.0\text{cm}$,观察屏幕上形成的衍射条纹。若屏上离中央明条纹中心 1.40mm 处的 P 点为一明条纹。

    ① 求入射光的波长;

    ② 求 P 点处条纹的级数;

    ③ 从 P 点看,对该光波而言,狭缝处的波面可分成几个半波带?

    (3) 用 $\lambda=590\text{nm}$ 的钠黄光垂直入射到每毫米有 500 条刻痕的光栅上,问最多能看到第几级明条纹?

    (4) 白光垂直入射于每厘米有 4000 条缝的光栅,则利用这个光栅可以产生多少级完整的光谱?($\lambda_{红}=750\text{nm},\lambda_{紫}=400\text{nm}$)

    (5) 波长 $\lambda=600\text{nm}$ 的单色光垂直入射到一光栅上,第二、第三级明条纹分别出现在 $\sin\varphi_2=0.20$ 与 $\sin\varphi_3=0.30$ 处,第四级缺级。求:

    ① 光栅常量;

② 光栅上狭缝的最小宽度;

③ 在 $90° > \varphi > -90°$ 范围内,实际呈现的全部级数。

(6) 波长 $\lambda = 6000\text{Å}$ 的单色光垂直入射到一光栅上,测得第二级主极大的衍射角为 $30°$,第三级缺级。

① 光栅常量 $(a+b)$ 等于多少?

② 透光缝可能的最小宽度 a 等于多少?

③ 在选定了上述 $(a+b)$ 和 a 之后,求在衍射角 $\frac{\pi}{2} > \varphi > -\frac{\pi}{2}$ 范围内可能观到的全部主极大的级次。

(7) 一双缝,两缝间距为 0.1mm,每缝宽为 0.02mm,用波长为 480nm 的平行单色光垂直入射双缝,双缝后放一焦距为 50cm 的透镜。

① 求透镜焦平面上单缝衍射中央明条纹的宽度;

② 单缝衍射的中央明条纹包迹内有多少条双缝衍射明条纹?

(8) 已知天空中两颗星相对于一望远镜的角距离为 $4.84 \times 10^{-6}\text{rad}$,它们都发出波长为 550nm 的光,则望远镜的口径至少要多大,才能分辨出这两颗星?

*(9) 已知入射的 X 射线束含有 $0.095 \sim 1.3\text{nm}$ 范围内的各种波长,晶体的晶格常数为 0.275nm,当 X 射线以 $45°$ 入射到晶体时,则对哪些波长的 X 射线能产生强反射?

*(10) 如果题 14.3(10)图中入射的 X 射线束不是单色的,而是含有由 $0.095 \sim 0.130\text{nm}$ 这一波带中的各种波长。晶体的晶格常量 $a_0 = 0.275\text{nm}$,则与图中所示的晶面族相联系的衍射的 X 射线束是否会产生?

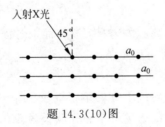

题 14.3(10)图

第15章 光的偏振

光的干涉和衍射现象显示了光的波动性,但这些现象还不能告诉我们光是纵波还是横波。光的偏振现象从实验上清楚地显示出光的横波性,这一点和光的电磁理论的预言完全一致。可以说,光的偏振现象为光的电磁波本性提供了进一步的证据。

光的偏振现象在自然界中普遍存在。光的反射、折射以及光在晶体中传播时的双折射都与光的偏振现象有关。利用光的这种性质可以研究晶体的结构,也可用于测定机械结构内部应力分布情况。激光器就是一种偏振光源。此外如糖量计、偏振光立体电影、袖珍计算器及电子手表的液晶显示等都属偏振光的应用。

15.1 自然光及偏振光

15.1.1 横波的偏振性

波可以分成纵波和横波。横波的传播方向和质点的振动方向垂直,通过波的传播方向且包含振动矢量的那个平面称为振动面。显然,振动面与包含传播方向在内的其他平面不同,波的振动方向相对传播方向没有对称性,这种不对称叫做**偏振**。实验表明,只有横波才有偏振现象。

光的电磁理论指出,光是电磁波,引起视觉和光化学效应的是其中的电场矢量 E,称为光的振动矢量(也称电矢量或光矢量),其方向与光的传播方向垂直。当光的传播方向确定以后,光振动在与光传播方向垂直的平面内的振动方向仍然是不确定的,光矢量可能有各种不同的振动状态,这种振动状态通常称为光的偏振态。按照光的振动状态不同,可以把光分为五类:自然光、线偏振光、部分偏振光、椭圆偏振光和圆偏振光。下面仅对前三种光分别予以说明。

15.1.2 自然光

普通光源发出的光是大量原子或分子发光的总和,不同的原子或同一原子不同时刻发出的光波不仅初相位彼此毫无关联,其振动方向也是彼此互不相关,随机分布。从宏观上看,光源发出的光中包含了所有方向的光振动,没有哪个方向的光振动比其他方向占优势。在垂直于光的传播方向的平面内,沿各个方向振动的光矢量都有,平均来说,光振动对光的传播方向是轴对称而又均匀分布的。在各个方向上,光矢量对时间的平均值是相等的。也就是说,光振动的振幅在垂直于光波的传播方向上,既有时间分布的均匀性,又有空间分布的均匀性,具有这种特性的光就称为**自然光**,如图15-1(a)所示。为研究方便起见,常把自然光中各个方向的光振动都分解为方向确定的两个相互垂直的分振动。这样,就可将自然光表示成两个相互垂直的、振幅相等的、独立的光振动,如图 15-1(b)所示。这种分解不论在哪两个相互垂直的方向上进行,其分解的结果都是相同的,显然,每一独立光振动的光强都等于自然光光强的一半。但应注意,由于自然光光振动的随机性,这两个相互垂直的光矢量之间没有恒定的相位差,因而它们不能相干。图 15-1(c)是自然光的表示法,图中的短线和点分别表示在纸面内和垂直于纸面的光振动,点和短线交替均匀画出,表示光矢量对称且均匀分布。

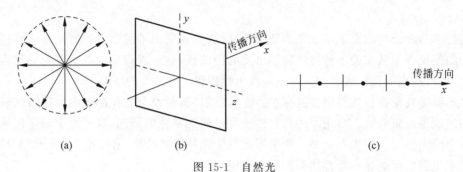

图 15-1 自然光

(a) 光振动分布;(b) 光振动分解方向;(c) 图示表示法

15.1.3 线偏振光

如果光波的光矢量的振动方向始终不变,只沿一个固定方向,则这种光称为**线偏振光**。在光学实验中,采用某些装置将自然光中相互垂直的两个分振动之一完全移去,就可以获得线偏振光,所以线偏振光又称为完全偏振光。因线偏振光中沿传播方向各处的光矢量都在同一振动面内,故线偏振光也称为平面偏振光,简称偏振光。图 15-2(a)表示光振动方向在纸面内的线偏振光,图 15-2(b)表示光振动方向垂直于纸面的线偏振光。

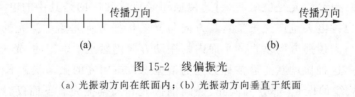

图 15-2 线偏振光

(a) 光振动方向在纸面内;(b) 光振动方向垂直于纸面

因为不可能把一个原子所发射的光波分离出来,所以我们在实验中获得的线偏振光,是包含众多原子的光波中光振动方向相互平行的分量。

15.1.4 部分偏振光

在将自然光中相互垂直的两个分振动之一移去得不完全时,可得到一种介于自然光和线偏振光之间的偏振光,这种光在垂直于光的传播方向的平面内,各方向的振动都有,但它们的振幅大小不相等,称为**部分偏振光**。部分偏振光可以看成为线偏振光与自然光的混合。常将其表示成某一确定方向的光振动较强,而与之垂直的方向的光振动较弱,这两个方向光振动的强弱对比度越高,表明其越接近完全偏振光。图 15-3(a)表示纸面内的光振动较强的部分偏振光,图 15-3(b)表示垂直于纸面的光振动较强的部分偏振光。

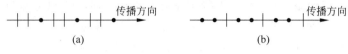

图 15-3　部分偏振光

(a) 纸面内的光振动较强；(b) 垂直于纸面的光振动较强

在同一方向上传播的两列频率相同的线偏振光,如果它们的振动方向相互垂直,且具有固定的相位差 $\Delta\varphi$,则当 $\Delta\varphi = k\pi(k = 0, \pm1, \cdots)$ 时,它们合成光矢量末端的轨迹是一条直线,这时两列线偏振光合成后仍为线偏振光；当它们振幅不相等,$\Delta\varphi \neq k\pi$,或振幅相等,$\Delta\varphi \neq k\pi$ 且 $\Delta\varphi \neq (2k+1)\dfrac{\pi}{2}$ 时,合成光矢量末端的轨迹是椭圆,这时两列线偏振光的合成是椭圆偏振光；当它们振幅相等,$\Delta\varphi = (2k+1)\dfrac{\pi}{2}$ 时,合成光矢量末端的轨迹是圆,这时两列线偏振光合成为圆偏振光。我们规定,如果迎着光源看,光矢量顺时针旋转,则称为右旋椭圆或圆偏振光；如果光矢量逆时针旋转,则称为左旋椭圆或圆偏振光。

15.2　起偏及检偏

普通光源发出的光都是自然光。从自然光中获得偏振光的装置称为起偏器,利用偏振片从自然光获取偏振光是最简单的方法。除此之外,利用光的反射和折射或晶体、棱镜也可以获取偏振光。

15.2.1　偏振片的起偏和检偏

偏振片是在透明的基片上蒸镀一层某物质(如硫酸金鸡纳碱、碘化硫酸奎宁等)的晶粒制成的。这种晶粒对相互垂直的两个分振动光矢量具有选择吸收的性能,即对某一方向的光振动有强烈的吸收,而对与之垂直的光振动则吸收很少,晶粒的这种性质称为二向色性。因此偏振片基本上只允许某一特定方向的光振动通过,这一方向称为偏振片的**偏振化方向**,也叫透光轴。如图 15-4 所示,当自然光垂直照射偏振片 P_1 时,透过 P_1 的光就成为光振动方向平行于该偏振片透光轴方向的线偏振光,这一过程称为**起偏**。透过的线偏振光的光强只有入射自然光光强的一半。

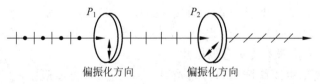

图 15-4　起偏和检偏

偏振片也可用来检验某一光束是否为线偏振光,称为**检偏**。用来检验光的偏振状态的装置称为检偏器。图 15-4 中的偏振片 P_2 就是一种检偏器。由偏振片的通光特点可知：①当透过偏振片 P_1 所形成的线偏振光再垂直入射偏振片 P_2 时,如果偏振片 P_2 的透光轴与线偏振光的振动方向相同,则该线偏振光可全部透过偏振片 P_2,在偏振片 P_2 的后面能观察到光;②如果把偏振片 P_2 绕入射线偏振光的传播方向旋转 90°,即当偏振片 P_2 的透光轴与线偏振光的振动方向垂直时,由于线偏振光全部被偏振片 P_2 吸收,在偏振片 P_2 的后面就观察不到光。也就是说,让偏振片 P_2 绕入射线偏振光的传播方向缓慢转动一周时,就会发现透过偏振片 P_2 的光强不断改变,并经历两次光强最大和两次光强为零的过程。因此,通过让偏振片 P_2 绕入射光线的传播方向缓慢转动一周,其后光强的变化情况,可以检验出入射光线的偏振化状态。

如果入射到偏振片 P_2 上的是自然光,当偏振片 P_2 绕入射自然光的传播方向缓慢转动一周时,会发现透过偏振片 P_2 的光强不会发生任何改变;如果入射到偏振片 P_2 上的是部分偏振光,当偏振片 P_2 绕入射部分偏振光的传播方向缓慢转动一周时,则会观察到透过偏振片 P_2 的光强出现两次最强和两次最弱,但不会出现光强为零的状况。

15.2.2 马吕斯定律

1809 年,马吕斯在研究线偏振光通过检偏器后的透射光光强时发现,如果入射线偏振光的光强为 I_0,透过检偏器后,透射光的光强 I 为

$$I = I_0 \cos^2 \alpha \qquad (15\text{-}1)$$

式中,α 是线偏振光的振动方向与检偏器的透光轴方向之间的夹角。式(15-1)称为**马吕斯定律**。现证明如下。

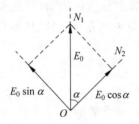

图 15-5　马吕斯定律证明

如图 15-5 所示,ON_1 表示入射线偏振光的振动方向,ON_2 表示检偏器的透光轴方向,两者的夹角为 α。入射线偏振光的光矢量振幅为 E_0,将此光矢量沿 ON_2 及垂直于 ON_2 的方向分解为两个分量,它们的大小分别为 $E_0 \cos\alpha$ 和 $E_0 \sin\alpha$,其中只有平行于检偏器透光轴方向 ON_2 的分量可以透过检偏器。由于光强和振幅的平方成正比,所以透过检偏器的透射光强 I 和入射线偏振光的光强 I_0 之比为

$$\frac{I}{I_0} = \frac{(E_0 \cos\alpha)^2}{E_0^2} = \cos^2 \alpha$$

即 $I = I_0 \cos^2 \alpha$。

如果入射到检偏器的线偏振光是起偏器产生的透射光,如图 15-4 所示情况,那么上式中的 α 角就等于起偏器与检偏器两透光轴方向之间的夹角。

从马吕斯定律可以看出,线偏振光通过偏振片后,光强随入射线偏振光的振动方向和偏振片的透光轴方向之间的夹角 α 的改变而改变。当 $\alpha = 0$ 时,$I = I_0$,透过偏振片的光强最大;当 $\alpha = 90°$ 时,$I = 0$,没有光透过偏振片。

例 15-1　一光束由线偏振光和自然光混合而成,当它通过偏振片时,发现透射光的光强随着偏振片透光轴方向的取向可变化 5 倍。求入射光束中两种成分的光的相对强度。

解　设光束中线偏振光的强度为 I_1,自然光的光强为 I_0,则总光强 $I = I_1 + I_0$。

通过偏振片后,自然光的光强为 $\dfrac{I_0}{2}$,且与偏振片的透光轴取向无关。

线偏振光的最大光强出现在偏振片的透光轴取向平行于线偏振光的振动方向时,大小

为 I_1；线偏振光的最小光强出现在偏振片的透光轴取向垂直于线偏振光的振动方向时,大小为零。

故透过偏振片的混合光强最大为

$$I_{max} = \frac{I_0}{2} + I_1$$

最小为

$$I_{min} = \frac{I_0}{2}$$

所以有

$$\frac{I_0}{2} + I_1 = 5 \times \frac{I_0}{2}$$

由此得到

$$I_1 : I_0 = 2 : 1$$

即线偏振光,$I_1 = \frac{2}{3} I$；自然光,$I_0 = \frac{1}{3} I$。

15.3　反射和折射时光的偏振

自然光在两种各向同性的介质分界面上反射和折射时,反射光和折射光都将成为部分偏振光。在特定情况下,反射光有可能成为完全偏振光,即线偏振光。

如图 15-6 所示,MM' 是两种介质的分界面,S 是一束自然光的入射线,R 和 R' 分别为反射线和折射线,i 为入射角,γ 为折射角。我们可以把自然光分解为两个相互垂直的光振动,一个与入射面垂直(图中用黑点表示),称为垂直振动；另一个和入射面平行(图中用短线表示),称为平行振动。实验发现,在反射光束中,垂直振动多于平行振动,而在折射光束中,平行振动多于垂直振动,即反射光和折射光均为部分偏振光。

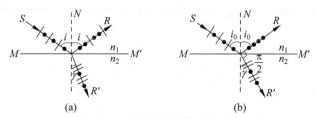

图 15-6　反射和折射时光的偏振

(a) 一般角入射；(b) 起偏角入射

理论和实验都证明,反射光的偏振化程度和入射角有关,当入射角等于某一特定值 i_0,且满足下式时:

$$\tan i_0 = \frac{n_2}{n_1} \tag{15-2}$$

反射光中只有垂直入射面的分振动,称为线偏振光；而折射光仍为部分偏振光,但这时折射光的偏振化程度最强,如图 15-6(b)所示,式(15-2)称为**布儒斯特定律**,i_0 称为**布儒斯特角或起偏角**,式中,n_1、n_2 为界面上、下介质的折射率。例如,自然光从空气射向折射率为 1.50

的玻璃面反射时,起偏角为 56.3°。

根据折射定律,$n_1\sin i_0 = n_2\sin\gamma$,又由布儒斯特定律有

$$\tan i_0 = \frac{\sin i_0}{\cos i_0} = \frac{n_2}{n_1}$$

可得

$$\sin\gamma = \cos i_0$$

故

$$i_0 + \gamma = \frac{\pi}{2}$$

这说明当入射角为起偏角时,反射光与折射光相互垂直。

自然光以起偏角入射时,反射光虽然是线偏振光,但光强很弱。以自然光从空气入射到玻璃界面为例,反射光此时的光强只占入射自然光中垂直振动光强的 15%,折射光占入射自然光中垂直振动光强的 85% 和平行振动的全部光强。所以,折射光的光强很强,但它的偏振化程度却不高。

为了增强反射光强度和折射光的偏振化程度,可以把许多相互平行的玻璃片重叠而成玻璃片堆,如图 15-7 所示。当自然光以起偏角 i_0 入射到玻璃片堆上时,不仅光从空气入射到玻璃片的各层界面上时,反射光都是垂直入射面的光振动,而且光从玻璃片入射到空气层的各界面上时,因为其入射角 $\gamma_0 = \frac{\pi}{2} - i_0$,即 $\tan\gamma_0 = \tan\left(\frac{\pi}{2} - i_0\right) = \cot i_0 = \frac{n_1}{n_2}$,所以对这个界面,$\gamma_0$ 又是起偏角,即光从玻璃片入射到空气层各界面上时,反射光也都是垂直于入射面的光振动。这样,折射光中的垂直振动因多次反射而不断减弱,因而其偏振化程度将会逐渐增强,当玻璃片足够多时,最后透射出来的光就极近似为平行入射面的线偏振光。同时,由于玻璃片堆各层反射光的累加,反射光的光强也得到增强。利用这种方法,可以获得两束振动方向相互垂直的线偏振光。

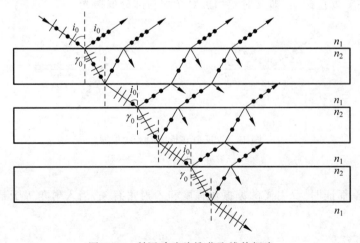

图 15-7　利用玻璃片堆获取线偏振光

例 15-2　利用布儒斯特定律可以测定不透明介质(如珐琅等釉质)的折射率。当一束平行自然光从空气中以 58° 角入射到某介质材料表面上时,检验出反射光是线偏振光,求该

介质的折射率。

解 根据布儒斯特定律

$$\tan i_0 = \frac{n_2}{n_1}$$

所以

$$n_2 = n_1 \tan i_0 = \tan 58° = 1.60$$

例 15-3 如图 15-8 所示,自然光由空气入射到折射率为 $n_2 = 1.33$ 的水面上,入射角为 i 时使反射光为完全偏振光。现将一块玻璃浸入水中,其折射率为 $n_3 = 1.5$,若光由玻璃表面反射的光也为完全偏振光,求水面与玻璃之间的夹角 α。

解 根据反射光成为完全偏振光的条件,即

$$i + \gamma = 90°, \quad i = 90° - \gamma$$

由图 15-8 可知,$i_2 = \gamma + \alpha$,α 为所求角。

由折射定律可得

$$\sin \gamma = \frac{n_1}{n_2} \sin i = \frac{n_1}{n_2} \cos \gamma$$

即

$$\tan \gamma = \frac{n_1}{n_2} = \frac{1}{1.33}$$

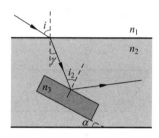

图 15-8 例 15-3 图

所以

$$\gamma = 36°56'$$

又因 i_2 是布儒斯特角,由布儒斯特定律可得

$$\tan i_2 = \frac{n_3}{n_2} = \frac{1.5}{1.33}$$

所以

$$i_2 = 48°26'$$

故

$$\alpha = i_2 - \gamma = 48°26' - 36°56' = 11°30'$$

*15.4 双折射现象

15.4.1 双折射现象及寻常光和非常光

在日常生活经验中,熟悉的现象是当一束光照射到两种各向同性的介质(如空气和玻璃)的分界面上时,要发生反射和折射,并且反射光和折射光仍各为一束光。但是当光射入各向异性晶体(如方解石晶体)后,可以观察到有两束折射光,这种现象称为光的**双折射现象**。如图 15-9(a)所示,把一块方解石晶体放在印有一行字的纸面上,从上往下透过方解石看字时,见到每个字都变成了相互错开的两个字,即每个字都有两个像。这就是光线进入方解石后产生的两束折射光所致。图 15-9(b)表示光在方解石晶体内的双折射。显然,晶体越厚,透射出来的光线分得越开。

实验发现,除立方晶系外,光线进入晶体时,一般都将产生双折射现象。

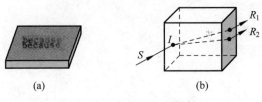

图 15-9 方解石的双折射

（a）现象；（b）光路

进一步的研究表明，两束折射光线中的一束始终遵守折射定律，无论入射线的方向如何，其入射角 i 与折射角 γ 的正弦之比始终为恒量，即 $\dfrac{\sin i}{\sin \gamma}=\dfrac{n_2}{n_1}=$ 恒量，这一束折射光为寻常光，

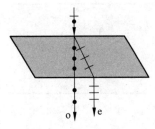

图 15-10 寻常光和非常光

通常用 o 表示，简称 o **光**；另一束折射光不遵守普通的折射定律，它不一定在入射面内，而且入射角 i 改变时，$\dfrac{\sin i}{\sin \gamma}$ 的量值不是一个常数，这束光通常称为非常光，用 e 表示，简称 e **光**。让一束自然光垂直于方解石表面入射（$i=0$）时，o 光沿原方向前进，e 光则一般偏离原方向前进，如图 15-10 所示。这时，如果使方解石晶体以入射光线为轴旋转，将发现 o 光不动，而 e 光却随之绕轴旋转。用检偏器检验表明，o 光和 e 光都是线偏振光。

15.4.2 晶体的光轴与光线的主平面

晶体内存在着一个特殊方向，光沿这个方向传播时不产生双折射，即 o 光和 e 光重合，在该方向 o 光和 e 光的折射率相等，光的传播速度相等。这个特殊的方向称为晶体的**光轴**。如天然的方解石晶体是斜平行六面体，两棱之间的夹角约为 78° 或 102°。从其三个钝角面相会合的顶点引出一条直线，并使其与三棱边都成等角，这一直线方向就是方解石的光轴方向。如图 15-11 所示，图 15-11(a) 是各棱边都相等的方解石晶体，图 15-11(b) 为各棱边不相等的方解石晶体。应该注意，"光轴"不是一条直线，而是强调其"方向"。

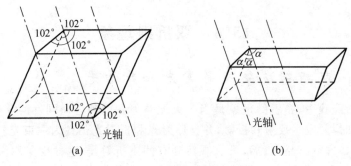

图 15-11 方解石晶体的光轴

只有一个光轴的晶体称为单轴晶体，如方解石、石英等。有些晶体具有两个光轴方向，称为双轴晶体，如云母、蓝宝石等。

晶体中某条光线与晶体的光轴所组成的平面称为该光线的主平面。o 光和 e 光各有自己的主平面。实验发现,o 光的光振动垂直于 o 光的主平面,e 光的光振动在 e 光的主平面内,一般情况下,o 光和 e 光的主平面并不重合,它们之间有一不大的夹角。只有当光线沿光轴和晶体表面法线所组成的平面入射时,这两个主平面才严格重合,且就在入射面内,这时,o 光和 e 光的光振动方向相互垂直。这个由光轴和晶体表面法线方向组成的平面称为晶体的主截面。在实际应用中,一般都选择光线沿主截面入射,以使双折射现象的研究更为简化。

15.4.3 用惠更斯原理解释双折射现象

双折射现象是由于在晶体中 o 光和 e 光的传播速度不同而引起的。在单轴晶体中,o 光沿各个方向传播的速度相同,而 e 光沿各个方向传播的速度是不同的,唯有沿光轴方向 o 光和 e 光的传播速度相同,在垂直于光轴方向 o 光和 e 光的传播速度相差最大,假想在晶体内有一子波源,由它发出的光波在晶体内传播,则 o 光的波面是球面,而 e 光的波面是旋转椭球面,两个波面在光轴方向上相切。用 v_o 表示 o 光的传播速度,v_e 表示 e 光沿垂直于光轴方向的传播速度。对于 $v_o > v_e$ 的一类晶体,如石英,称为正晶体,如图 15-12(a)所示;另一类晶体 $v_o < v_e$,如方解石,称为负晶体,如图 15-12(b)所示。

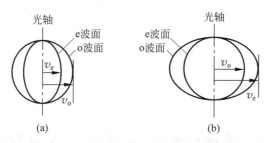

图 15-12 正晶体和负晶体的子波波阵面
(a) 正晶体;(b) 负晶体

根据折射率的定义,对于 o 光,$n_o = \dfrac{c}{v_o}$ 表示 o 光的主折射率,它是与方向无关,只由晶体材料决定的常数。对于 e 光,通常把真空中的光速 c 与 e 光沿垂直光轴方向的传播速度 v_e 之比 $n_e = \dfrac{c}{v_e}$,称为 e 光的主折射率。

知道了晶体光轴方向和 n_o,n_e 两个主折射率,应用惠更斯作图法,就可确定单轴晶体中 o 光和 e 光的传播方向,从而说明双折射现象。

图 15-13(a)为平行光以入射角 i 倾斜入射到方解石晶体的情况。AC 是平面波的一个波面,当入射波 C 传到 D 时,AC 波面上除 C 点外的其他各点,都已先后到达晶体表面 AD 并向晶体内发出子波,其中 A 点发出的 o 光球面子波和 e 光旋转椭球面子波波面如图 15-13(a)所示,两子波面相切于光轴上的 G 点。AD 间各点先后发出的球面子波波面的包迹平面 DE 就是 o 光在晶体中的新波面,AE 线即为 o 光在晶体中的折射线方向;各旋转椭球面子波波面的包迹平面 DF 就是 e 光在晶体中的新波面,AF 线即为 e 光在晶体中的折射方向。从图 15-13(a)中可见 o 光和 e 光的传播方向不同,因而在晶体中出现了双折射现象。值得注意的是,e 光的传播方向不与它的波面垂直。图 15-13(b)和(c)为平行光垂

直入射到晶体表面的情况。在图 15-13(c)中,o 光和 e 光的传播方向是相同的,但传播速度和折射率均不相同,仍属双折射现象。这一情况与光在晶体内沿光轴方向传播时具有同速度、同折射率而无双折射现象是有区别的。

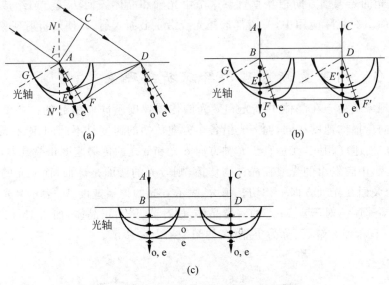

(a)   (b)

(c)

图 15-13　平面波射入方解石的双折射现象

(a) 平面波倾斜地射入方解石的双折射现象;(b) 平面波垂直射入方解石的双折射现象;

(c) 平面波垂直射入方解石(光轴在折射面内并平行于晶面)的双折射现象

*15.5　偏振光的干涉及人为双折射现象

目前在矿物学、冶金学和生物学比较广泛使用的偏振光显微镜,其基本原理就是利用偏振光的干涉。又如光测弹性的方法,属于人为双折射现象的应用,也涉及偏振光的干涉。本节讨论有关这两个方面的基本原理。

15.5.1　椭圆偏振光与圆偏振光及波片

利用振动方向相互垂直的两个同频率简谐振动和合成可以获得椭圆偏振光和圆偏振光。如图 15-14 所示,P 为偏振片,C 为单轴薄晶片,其光轴平行于晶面且与 P 的透光轴夹角为 θ。单色自然光通过偏振片后成为线偏振光,设其振幅为 E,光振动方向与晶片光轴方向的夹角为 θ,该线偏振光垂直于光轴进入晶片后分解为 o、e 两光,仍沿原方向前进(此时

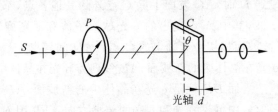

图 15-14　椭圆偏振光的获得

o、e 光两主平面重合，且就在它们的传播方向与光轴所在的平面内），o 光的光振动垂直于主平面（垂直于光轴），e 光的光振动平行于光轴，其振幅分别为 $E_o = E\sin\theta$，$E_e = E\cos\theta$。由于两光在晶体中的传播速度不同，晶片对 o、e 光的主折射率（e 光在垂直于光轴方向的折射率）n_o 和 n_e 也不相同，所以通过厚度为 d 的晶片后，它们之间出现相位差

$$\Delta\varphi = \frac{2\pi}{\lambda}(n_o - n_e)d \tag{15-3}$$

式中，λ 是入射单色光的波长。这样两束频率相同、振动方向相互垂直，且具有一定相位差的两个光振动就合成为椭圆偏振光。合成光矢量末端的轨迹在一般情况下是一个椭圆。适当选择晶片厚度 d，使得相位差

$$\Delta\varphi = \frac{2\pi}{\lambda}(n_o - n_e)d = \frac{\pi}{2}$$

则通过晶片后的合成光为正椭圆偏振光。由于这时 o、e 光通过偏振片后的光程差为

$$\Delta = (n_o - n_e)d = \frac{\lambda}{4}$$

所以这样厚度的晶片称为 1/4 波片。显然，这是对特定波长而言。

图 15-14 中的波片 C 为 1/4 波片，且为 $\theta = \frac{\pi}{4}$ 时，晶体中 o 光和 e 光的振幅相等，即 $E_o = E_e$，此时通过晶片后的光将变成圆偏振光。

如果将晶片 C 换成 1/2 波片，θ 仍保持 $\frac{\pi}{4}$，则 o 光、e 光通过晶片后的相位差为 π，且振幅相等，合成后仍为线偏振光，不过振动方向将旋转 90°。

15.5.2　偏振光的干涉

只要满足相干条件，和自然光一样，偏振光也可以产生干涉现象。图 15-15 是观察偏振的装置。P_1、P_2 是两个透光轴互相垂直的偏振片，C 为薄晶片，其光轴平行于晶体表面。单色自然光垂直入射于偏振片 P_1，通过 P_1 后成为线偏振光，入射到晶片时分解为 o 光和 e 光，通过晶片后则成为光振动方向相互垂直且具有一定相位差的两束光。这两束光射入偏振片 P_2 时，只有与 P_2 透光轴平行的分振动才可以通过，这样就得到了两束相干的线偏振光。

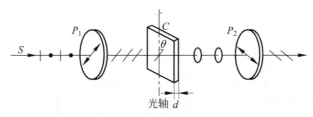

图 15-15　偏振光的干涉

图 15-16 是通过偏振片 P_1、薄晶片 C 和偏振片 P_2 的光的振幅矢量图。其中，P_1、P_2 为两偏振片的透光轴方向，为晶片 C 的光轴方向，E 为入射晶片的线偏振光的振幅。通过晶片 C 后两束光振幅分别为 $E_o = E\sin\theta$，$E_e = E\cos\theta$，它们的振动方向为 o 光垂直于光轴 C，e 光平行于光轴 C。这两束光透过 P_2 后的振幅分别为

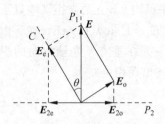

图 15-16　偏振光干涉振幅矢量图

$$E_{2o} = E_o \cos\theta = E \sin\theta \cos\theta$$

$$E_{2e} = E_e \sin\theta = E \cos\theta \sin\theta$$

二者振幅相等。由以上分析可知,透过偏振片 P_2 的两束频率相同、振动方向相同、振幅相同和相位差恒定的相干光,可以观察到的光强决定于两束透射光的总相位差:

$$\Delta\varphi = \frac{2\pi}{\lambda}(n_o - n_e)d + \pi \tag{15-4}$$

式中,等号右边第一项为两光通过厚度为 d 的晶片所产生的相位差;第二项是由于 E_{2o} 和 E_{2e} 方向相反而引起的附加相位差。由此可知干涉的明暗纹条件为

$$\Delta\varphi = \frac{2\pi}{\lambda}(n_o - n_e)d + \pi = \begin{cases} 2k\pi, & k=1,2,\cdots(\text{加强,视场最亮}) \\ (2k+1)\pi, & k=1,2,\cdots(\text{减弱,视场最暗}) \end{cases} \tag{15-5}$$

如果晶片 C 是劈尖形状,则视场将出现明暗相间的干涉条纹。

如果所用入射光源为白光,则对应不同波长的光,满足各自的干涉条纹,在视场中将呈现彩色干涉图样,这种现象称为色偏振。

15.5.3　人为双折射现象

某些非晶体在受到外界作用(如机械力、电场或磁场等作用)时,失去各向同性的性质,也呈现出双折射现象。

1. 光弹性效应——应力双折射

本来是透明的各向同性的介质在机械应力作用下,显示光学上的各向异性,这种现象称为光弹性效应,有时也称为机械双折射或应力双折射。对物体施以压力或张力时,其有效光轴都在应力方向上,并且引起的双折射与应力成正比。设 n_o 和 n_e 分别为受力介质对 o 光和 e 光的折射率,则由实验可得

$$n_o - n_e = KP$$

式中,K 为比例系数,取决于介质的性质;P 是应力(压强)。

两偏振光通过厚度为 d 的介质后所产生的相位差为

$$\Delta\varphi = \frac{2\pi}{\lambda}(n_o - n_e)d \tag{15-6}$$

式中,λ 为光在真空中的波长。

利用光弹效应可以研究机械物体内部应力的分布情况。把待分析的机械零件用透明材料制成模型,并按实际使用时的受力情况对模型施力,于是在各受力部分产生相应的双折射。把模型放在正交的起偏器与检偏器之间就可以观察到干涉条纹,根据条纹的色彩和形状可计算出应力分布情况,这种方法称为光弹性方法。它在工程技术上已得到广泛应用。

2. 克尔效应——电致双折射

克尔于 1875 年发现,某些非晶体或液体在强电场作用下,使分子定向排列,从而获得类似于晶体的各向异性性质,这一现象称为克尔效应。

图 15-17 所示是装有平板电极且储有非晶体或液体(如硝基苯)的容器,叫做克尔盒。P_1、P_2 是两个正交的偏振片,使用时最好让它们的偏振化方向与电场方向分别成 45°角。电源未接通时,视场是暗的。接通电源后,视场由暗转明,说明在电场作用下,非晶体变成双折射晶体。实验表明,盒内非晶体或液体在电场的作用下获得单轴晶体的性质,其光轴方向与电场 E 的方向平行,入射单色光波长 λ 与 n_o 和 n_e 之间的关系是

$$n_o - n_e = KE\lambda$$

式中,K 为克尔常数,与材料有关。

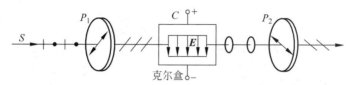

图 15-17　克尔效应

利用克尔效应可制成光的断续器——光开关。这种开关的优点在于几乎没有惯性,它能随着电场的产生和消失迅即开启和关闭(不超过 10^{-9}s),因而可使光强的变化非常迅速。这种光断续器已经广泛用于高速摄影、光速测量及电影、电视等装置,近年来更多地用作脉冲激光器的 Q 开关。

在强磁场的作用下,非晶体也能呈现双折射现象,称为磁致双折射,详细内容不再介绍。

*15.6　旋　光　现　象

1811 年,阿拉果发现,当线偏振光通某些透明介质时,线偏振光的振动面将旋转一定角度,这种现象称为振动面的旋转,也称旋光性。能使振动面旋转的物质称为旋光物质,如石英、糖和酒石酸等溶液都是旋光物质。实验证明,振动面旋转的角度取决于旋光物质的性质、厚度或浓度以及入射光的波长等。

图 15-18 所示是研究物质旋光性的装置。图中 F 是滤光器,用以获取单色光。C 是旋光物体,例如,晶面与光轴垂直的石英片。当旋光物质放在两个相互正交的偏振片 P_1 和 P_2 之间时,将会看到视场由原来的黑暗变为明亮。将偏振片 P_2 绕光的传播方向旋转某一角度后,视场又将由明亮变为黑暗。这说明线偏振光透过旋光物体后仍然是线偏振光,但是振动面旋转了一个角度,旋转角等于偏振片 P_2 旋转的角度。

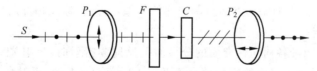

图 15-18　观察旋光现象的实验装置

应用上述方法,实验结果表明:

(1) 不同的旋光物质可以使线偏振光的振动面向不同的方向旋转。面对光源观察,使振动面向右(顺时针方向)旋转的物质称为右旋物质;使振动面向左(逆时针方向)旋转的物

质称为左旋物质。如石英晶体,由于结晶形态的不同,具有右旋和左旋两种类型;葡萄糖为右旋糖;果糖为左旋糖。溶液的左右旋光性是其中分子本身特殊结构引起的。左右旋分子,如蔗糖分子,它们的原子组成都一样,都是 $C_6H_{12}O_7$,但空间结构不同。这两种分子叫同分异构体,它们的结构互为镜像(见图 15-19)。令人费解的是人工合成的同分异构体,如左旋糖和右旋糖,总是左右旋分子各半,而来自生命物质的同分异构体,如由甘蔗或甜菜榨出来的蔗糖以及生物体内的葡萄糖则都是右旋糖。生物总是选择右旋糖消化吸收,而对左旋糖不感兴趣。

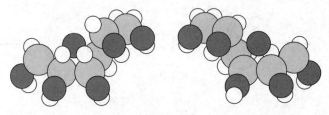

图 15-19　蔗糖分子的两种同分异构体结构

(2) 振动面的旋转角 φ 与波长有关,当波长给定时,则与旋光物质的厚度 d 有关。它们满足关系式:

$$\varphi = \alpha d \tag{15-7}$$

式中,d 以 mm 计;α 称旋光恒量,与物质的性质、入射光的波长等有关。如 1mm 厚的石英片能产生的旋转角,红光为 $15°$,黄光为 $21.7°$,紫光为 $51°$。

(3) 偏振光通过糖溶液、松节油时,振动面的旋转角可用下式表示:

$$\varphi = \alpha c d \tag{15-8}$$

式中,α 和 d 的意义同式(15-7);c 是旋光物质的浓度。在制糖工业中,测定糖溶液浓度的糖量计就是根据这一原理制成的。

本 章 小 结

1. 光是横波。按光振动状态不同分为自然光、线偏振光、部分偏振光。

2. 马吕斯定律

光强为 I_0 的线偏振光通过偏振片后,若不考虑吸收,则透射光强为

$$I = I_0 \cos^2 \alpha$$

式中,α 是入射线偏振光的振动方向与偏振片的偏振化方向(透光轴方向)之间的夹角。

3. 布儒斯特定律

自然光入射到两种各向同性介质的分界面上反射和折射时,反射光和折射光都是部分偏振光,反射光中垂直入射面的光振动多于平行入射面的光振动,折射光中平行入射面的光振动多于垂直入射面的光振动。

在反射光束中,若入射角 i_0 满足下式时:

$$\tan i_0 = \frac{n_2}{n_1}$$

反射光为完全偏振光,其光振动方向垂直入射面。入射角 i_0 称为起偏角或布儒斯特角。

*4. 光的双折射

一束自然光进入各向异性晶体后分成两束,称为光的双折射。其中一束遵循折射定律,折射率不随入射方向改变,称为寻常光(o 光);另一束不遵守折射定律,折射率随入射方向改变称为非常光(e 光)。寻常光和非常光都是线偏振光,且二者光振动方向相互垂直。

*5. 旋光现象

旋光现象是指线偏振光通过物质时振动面发生旋转的现象。旋转角度与光束通过物质的路径长度成正比。

阅读材料　液　　晶

1. 液晶的结构

早在 1888 年奥地利植物学家赖尼策尔(F. Reinitzer)就发现了液晶,但液晶的实际应用只是 20 世纪 50 年代以后的事情。

液晶是介于各向同性液体和各向异性液体之间的一种新的物质状态。在一定温度范围内,它既具有液体的流动性、黏度、形变等力学性质,又具有晶体的热(热效应)、光(光学各向异性)、电(电光效应)、磁(磁光效应)等物理性质。

液晶材料主要是脂肪族、芳香族、硬脂酸等有机物。液晶也存在于生物结构中,日常适当浓度的肥皂水溶液就是一种液晶。现已知道的液晶化合物有几千种,由于生成条件不同,液晶可分为两大类:只存在于某一温度范围内的液晶相称为热致液晶;某些化合物溶解于水或有机溶剂后呈现的液晶相称为溶致液晶。溶致液晶和生物组织有关,研究液晶和活细胞的关系,是现今生物物理研究的内容之一。

液晶的分子有盘状、碗状等形状,但多为细长棒状。根据分子的排列方式,液晶可以分为近晶相、向列相和胆甾相三种(图 15-20)。向列相和胆甾相是具有光学特性的液晶,应用最多。

1) 近晶相液晶

近晶相液晶的分子呈棒状,分层叠合,每层分子长轴方向是一致的,且与层面垂直,如图 15-20(a)所示。各层之间的距离可以变动,但各层之中的分子只能在本层中活动。

2) 向列相液晶

向列相液晶又称线型液晶。这种液晶中的分子也呈棒状,排列非常像一把筷子,分子长轴互相平行,但并不成层,如图 15-20(b)所示。具有僵硬棒状分子形态的化合物都能显示线型液晶态。分子长轴方向就是光轴。

3) 胆甾相液晶

胆甾相液晶中的许多分子也是分层排列的,逐层叠合,每层中分子长轴方向一致,且与层面平行,如图 15-20(c)所示。相邻两层间分子长轴方向有逐层微小扭转角(约 15′),各层分子长轴方向,沿着层的法线方向连续均匀旋转,使液晶整体结构形成螺旋结构。构形参数为螺距 p,它是分子长轴方向扭转 360°时的两个层面的距离(螺距 p 无法直接测定,有人估计为 $0.2 \sim 20 \mu m$,也有人认为在 $40 \mu m$,差异较大)。胆甾相液晶的光轴垂直层面。

液晶是一种完全不平常的相态。液晶各相态之间可以进行相变。把某种有机化合物

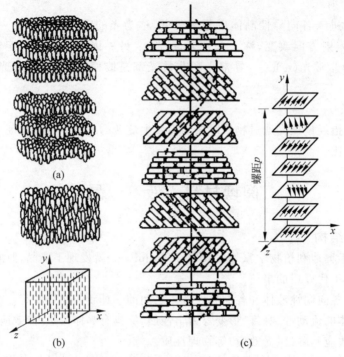

图 15-20 液晶分子的排列方式示意图

(a) 近晶相液晶；(b) 向列相液晶；(c) 胆甾相液晶

(例如胆甾烯基壬酸酯)夹在玻璃片间,加热到某一温度就熔解成液晶状态,放在两偏振片间,在白光下就可看到偏振光的色偏振效应。继续加热就变成液体状态,偏光色效应也消失,则显示出各向同性液体的性质。液晶状态不只具有一种相,也具有两种以上的相。胆甾烯基壬酸酯的相变温度如下:

$$结晶 \underset{78℃}{\rightleftharpoons} 近晶相 \underset{79℃}{\rightleftharpoons} 胆甾相 \underset{90℃}{\rightleftharpoons} 各向同性液体$$

当然不是一切化合物都会有这种液晶态。只有当分子形态是较长的棒状或平板状或其他在两个垂直方向上的形态大小相差比较大的分子,同时分子形态比较僵硬而不易改变,并且有较大的偶极矩时才会产生液晶态。

2. 液晶的光学特性

1) 液晶的双折射性

液晶是非线性光学材料,具有双折射性质。向列相液晶的分子长轴方向就是光轴方向,且为单轴正晶体,即 $n_e > n_o$,一般向列相液晶的 $\Delta n = n_e - n_o$。在 0.1 以上,随材料和温度的不同而异,而方解石的 $\Delta n = -0.172$,石英仅为 0.008,因此液晶的双折射性还是比较明显的。胆甾相液晶的光轴垂直于层面而平行于螺旋轴,且为单轴负晶体。白光沿螺旋轴入射于胆甾相液晶,将分解为两束圆偏振光,其中旋转方向与螺旋方向相同的一束发生全反射,另一束透射。

2) 液晶的电光效应和磁光效应

液晶一般具有抗磁性,其磁化率 χ 也是各向异性的,即平行于分子长轴的磁化率 $\chi_{\parallel}$ 和

垂直于分子长轴的磁化率 $\chi_\perp$ 不同，$\chi_\parallel$ 和 $\chi_\perp$ 均为负值，且 $|\chi_\parallel| < |\chi_\perp|$，$\Delta\chi_\parallel = \chi_\parallel - \chi_\perp \approx$ 10^7。同样，液晶的介电常量也是各向异性的，$\Delta\varepsilon = \varepsilon_\parallel - \varepsilon_\perp$ 有正有负，取决于液晶的分子结构、极化率等因素，当对液晶施加电场或磁场时，液晶分子受外场影响容易改变取向，导致改变其化学性质，从而改变其光学性质。这种现象称为液晶的电光效应和磁光效应。目前应用最广泛的液晶的电光效应有下列几种：

（1）扭曲效应。在正交偏振片之间安排用特殊处理过的玻璃基片做成的液晶盒，上下基片分子沿面排列，方向互相垂直，盒中盛有正性（$\Delta\varepsilon > 0$）的向列相液晶。液晶盒内的偏振方向随分子排列方向而扭转。未加电压时，光可以通过。如图 15-21 所示。当外加电压超过阈值时，分子沿电场方向排列而光不能再通过。

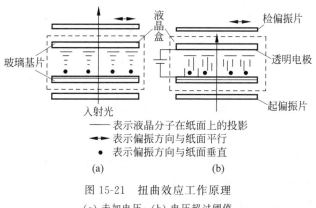

图 15-21　扭曲效应工作原理
（a）未加电压；（b）电压超过阈值

（2）记忆效应。在液晶盒中对负性（$\Delta\varepsilon < 0$）的胆甾相液晶作沿面排列，其螺旋轴与基片垂直，如图 15-22(a) 所示，呈透明状态。在直流（或低频）电压作用下，螺旋轴改变方向，如图 15-22(b) 所示，对光产生强烈散射。在取消电压后，这种改变了结构而对光强烈散射的状态可维持相当长的时间。如果再施加高频电压，可以使它恢复到原透明状态。

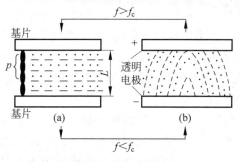

图 15-22　记忆效应工作原理
p—螺距；f_c—截止频率

（3）宾主效应。在向列相液晶中掺入少量二向色性的染料时，染料分子会随同液晶分子定向排列。在沿面排列液晶盒中，电压为零时，染料分子与液晶分子都平行基片排列，对可见光有一吸收峰，如图 15-23(a) 所示。当电压达到阈值时，分子平行电场而排列（$\Delta\varepsilon > 0$ 的情形），这时吸收峰值大为降低，如图 15-23(b) 所示，因此可观察到彩色变化。因此染料量少,而且以液晶的方向为准,故称染料为"宾",液晶为"主",该现象因此而称为"宾主效应"。

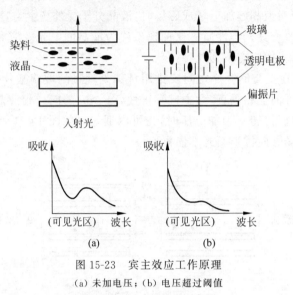

图 15-23 宾主效应工作原理

(a) 未加电压;(b) 电压超过阈值

(4) 动态散射。在向列相液晶盒中,当在两极间加上直流或低频电压后,夹在电极间的液晶由透明变得混浊不透明。断电后,液晶又恢复透明状态,这种现象称为动态散射,这就是为什么在外加电场下,向列相液晶能强烈散射全色光波(白光)而变成不透明。动态散射的原因并不完全清楚,但有人认为在外加电场下,液晶化合物中所含少量水分(例如 0.1% 含水量已足够)离解出来的带电粒子(H^+ 与 OH^-)不断冲击液晶分子,从而破坏了原来液晶分子的有规则排列,产生局部的涡流区。局部涡流区使光线反射而成不透明区。断电后,液晶分子又恢复有规则排列,因而就呈现出原来的透明状态。

3. 胆甾相液晶的选择反射

胆甾相液晶是单轴负晶体。把胆甾相液晶夹在两片玻璃之间并放在黑纸上,在白光下观察液晶面上的反射光。当从不同角度观察时,可以看到不同颜色的反射光。例如,视线与玻璃片表面的法线的夹角很小时,看到红色,在夹角逐渐增大时,可依次看到橙色、绿色、蓝色等。由此可见,视线离法线越倾斜时看到的反射光波长越短,这一现象就是液晶对于不同波长的光具有选择反射特性的现象。

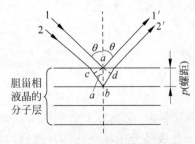

图 15-24 液晶的选择反射的解释

胆甾相液晶具有选择反射的特性是由于它的分子结构呈螺旋形排列的缘故。图 15-24 表示两平行光线 1 和 2 分别在相隔螺距为 p 的任意两分子层上的 a 点和 b 点的反射,设入射角和反射角为 θ,作 ac 垂直于 bc,ad 垂直于 bd,显然光线 $1'$ 和 $2'$ 之间的光程差等于 $2np\cos\alpha$,n 为液晶的折射率。当光程差等于某一单色光的波长时,则这个单色光的反射光线 $1'$ 和 $2'$ 相互加强的波长是

$$\lambda_m = 2np\cos\alpha = 2np\cos\left(\arcsin\frac{\theta}{n}\right)$$

由此可见,对于较小的反射角 θ,λ_m 就较长。反之,对于较大的反射角 θ,λ_m 就较短。这和实际观察的结果是相符的。

同样,在白光照射下,液晶的透射光也可看到彩色图像。实验表明,透射光的颜色与反射光的颜色存在一定的互补色对应关系。例如,在某一入射角下,看到橙色反射光时,则对应的透射光为蓝绿色,即橙色光的互补色光。实验还表明,液晶的反射光和透射光都是圆偏振光,所以液晶的选择反射又称为圆偏振二色光。

胆甾相液晶选择反射光的颜色随温度的变化非常显著,这一特性被广泛应用于无损探伤以及检查多层印制电路板中的短路等。

4. 液晶的旋光性

在某些晶体中,也具有旋光性。旋光率不仅与波长有关,且与温度有关。胆甾相液晶的旋光本领特别大,达 $18000°/\text{mm}$,并且随着温度的升高而显著减少。例如,夹在聚氟乙烯透明膜片间的胆甾相液晶,在 27℃时,使偏振光的振动面旋转 45°,在 29℃时,就减为 15°。利用胆甾相液晶旋光性的温度效应,可做成辐射型热像变换装置以及各种探测器,如红外线夜视器等,把看不见的电磁波和机械波直接转变成为图像,这对于红外线(夜视)、激光、X 射线及超声波、微波等研究工作以及它们的实际应用,都具有重要意义。

5. 液晶的应用

1) 液晶显示

根据不同的用途,可采用不同的电光效应。由于液晶显示驱动电压低(几伏)、功耗极小(几个微瓦每平方厘米),而且结构简单、重量轻、体积小、价格便宜,因此应用极其广泛。例如,利用向列相液晶的动态散射可制成液晶数码板。它可以代替氖气数码板和半导体 LED 数码管。数码板的数码字的笔画,是由一组涂在玻璃上的互相分离的透明电极所组成,如图 15-25(a)所示。每个透明电极接上导线,当其中某几个电极加上电压后,这几笔便显示出来,从而组成某一数码字。例如"5"字,就是由 1、2、3、6、5 这几个电极组成(图 15-25(b))。液晶数码板看起来比较明显、清楚。液晶显示技术已应用于全电路电子手表,用来指示时、分、秒和日历等。

2) 液晶光学器件

根据液晶的各种光学性质,可以制作旋光片、光偏向器、液晶透镜片等光学器件。一般旋光片和滤色片是用胆甾相液晶来制作的。它实现的旋光性具有易控制、无色散的优点。光偏向器利用了液晶的强烈双折射性和它的几何尺寸容易选择等特点,可望在集成光学系统中得到应用。液晶透镜是

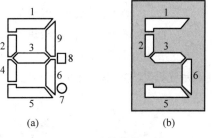

图 15-25 液晶数码显示

(a) 液晶数码板;(b) 显示数码"5"

将液晶盒的两块平面玻璃中的一块改用凸面玻璃,盒内液晶分子均匀水平排列,当透镜式液晶盒加上电压时,由于液晶分子的排列方式受电场作用而发生改变,使液晶的表面折射率发生变化,从而改变了透镜的焦距。目前,对于透镜盒内电场分布不均匀问题,尚未

很好解决。

6. 液晶检测

　　一般液晶分子是棒状结构,且都具有偶极矩。如果先使液晶分子均匀地水平或垂直排列,则利用电场或磁场会引起液晶分子紊乱排列,就能把电场或磁场的有无转变成可见的图像。超声波的作用也能改变液晶分子的排列,也可把超声波图像变换为可见图像。利用这些性质,便可对电场、磁场、超声波等进行相关的测量。

　　液晶的理论研究尚需进一步突破,液晶的应用尚待进一步实用化,新的应用领域也有待进一步开发,但是液晶科学已发展成为一门引人注目的新兴学科。

习 题

15.1　单项选择题

(1) 一束光强为 I_0 的自然光垂直穿过两个平行放置的偏振片,穿过两个偏振片后的透射光强变为 $\dfrac{I_0}{4}$,这两块偏振片的偏振化方向夹角为(　　)。

　　A. 30°　　　　　　　B. 45°　　　　　　　C. 60°　　　　　　　D. 90°

(2) 自然光以 58°的入射角照射到不知其折射率的某一透明介质表面时,反射光为线偏振光,则可知(　　)。

　　A. 折射光为线偏振光,折射角为 32°

　　B. 折射光为部分偏振光,折射角为 32°

　　C. 折射光为线偏振光,折射角不能确定

　　D. 折射光为部分偏振光,折射角不能确定

(3) 两偏振片堆叠在一起,一束自然光垂直入射于其上时没有光线通过,当其中一偏振片慢慢转动 180°时,透射光强度发生的变化为(　　)。

　　A. 单调增加

　　B. 先增加,后又减少至零

　　C. 先增加,后减少,再增加

　　D. 先增加,然后减少,再增加,再减少至零

(4) 光由空气射入折射率为 n 的玻璃。在题 15.1(4)图所示的各种情况中(黑点和短线分别表示光振动方向垂直和平行于纸面),图中 $i \neq i_0$,$i_0 = \arctan n$。其中正确的是(　　)。

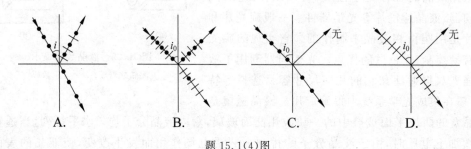

A.　　　　　　　　　B.　　　　　　　　　C.　　　　　　　　　D.

题 15.1(4)图

*(5) $ABCD$ 为一块方解石的一个截面，AB 为垂直于纸面的晶体平面与纸面的交线。光轴方向在纸面内且与 AB 成一锐角 θ，如题 15.1(5)图所示。一束平行的单色自然光垂直于 AB 端面入射。在方解石内折射光分解为 o 光和 e 光，o 光和 e 光的（　　）。

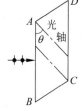

  A. 传播方向相同，电场强度的振动方向互相垂直

  B. 传播方向相同，电场强度的振动方向不互相垂直

  C. 传播方向不同，电场强度的振动方向互相垂直

  D. 传播方向不同，电场强度的振动方向不互相垂直

题 15.1(5)图

15.2　填空题

(1) 马吕斯定律的数学表达式为 $I=I_0\cos^2\alpha$。式中，I 为通过检偏器的透射光的强度；I_0 为入射_____的强度；α 为入射光_____方向和检偏器_____方向之间的夹角。

(2) 当一束自然光以布儒斯特角入射到两种介质的分界面上时，从偏振状态来说，反射光为_____，其振动方向_____于入射面，折射光为_____。

(3) 光的_____和_____现象反映了光的波动性质。光的偏振现象说明光波是_____。

(4) 一束光垂直照射在偏振片上，以入射光线为轴转动偏振片，观察光线通过偏振片后的光强变化过程。若入射光是_____光，则将看到光强不变；若入射光是_____光，则将看到明暗交替变化，有时出现全暗；若入射光是_____光，则将看到明暗交替变化，但不出现全暗。

(5) 光由空气射入折射率为 n 的玻璃。在题 15.2(5)图所示的各种情况中，用黑点和短线把反射光和折射光的振动方向表示出来，并标明是线偏振光还是部分偏振光。图中 $i\neq i_0$，$i_0=\arctan n$。

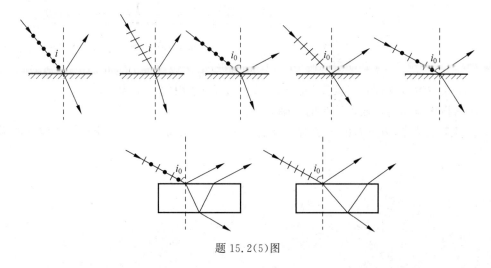

题 15.2(5)图

15.3　计算题

(1) 使自然光通过两个偏振化方向夹角为 $60°$ 的偏振片时，透射光强为 I_1，现在在这两个偏振片之间再插入一偏振片，它的偏振化方向与前两个偏振片均成 $30°$，则此时透射光 I 与 I_1 之比为多少？

(2) 自然光入射到两个重叠的偏振片上。如果透射光强为：①透射光最大强度的 1/3；②入射光强的 1/3，则这两个偏振片透光轴方向间的夹角为多少？

(3) 一束自然光从空气入射到折射率为 1.40 的液体表面上，其反射光是完全偏振光，则：①入射角等于多少？②折射角为多少？

(4) 已知光在某一物质界面的全反射临界角是 45°，这种物质在界面同侧的起偏角是多大？

*(5) 在单轴晶体中，e 光是否总是以 c/n_e 的速率传播？哪个方向以 c/n_o 的速率传播？

*(6) 是否只有自然光入射晶体时才能产生 o 光和 e 光？

*(7) 如果一个 1/2 波片或 1/4 波片的光轴与起偏器的偏振化方向成 30°，如题 15.3(7)图所示，则从 1/2 波片还是从 1/4 波片透射出来的光将是线偏振光、圆偏振光还是椭圆偏振光？为什么？

*(8) 将厚度为 1mm 且垂直于光轴切出的石英晶片，放在两平行的偏振片之间，对某一波长的光波，经过晶片后振动面旋转了 20°。则石英晶片的厚度变为多少时，该波长的光将完全不能通过？

*(9) 一束平行的自然光从空气中垂直入射到石英上，石英(正晶体)的光轴在纸面内，方向如题 15.3(9)图所示，试用惠更斯作图法示意地画出折射线的方向，并标明 o 光和 e 光及其光矢量振动方向。

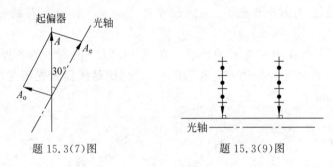

题 15.3(7)图　　　　题 15.3(9)图

*(10) 用方解石制作对钠黄光(波长 $\lambda = 589.3$nm)适用的 1/4 波片。

① 请指出应如何选取该波片的光轴方向；

② 对于钠黄光，方解石的主折射率分别为 $n_o = 1.658$、$n_e = 1.486$，求此 1/4 片的最小厚度 d。

第6篇 量子力学

随着生产和实验技术的发展,到20世纪初,人们从大量精确的实验中发现了许多新现象,这些新现象用经典物理理论是无法解释的,其中主要的有热辐射、光电效应和原子的线光谱。为了解释这些新现象,人们突破经典物理概念,建立起一些新概念,如微观粒子的能量量子化的概念,又如光及微观粒子都具有波和粒子二象性的概念等。以这些新概念为基础,建立了描述微观粒子运动规津的理论——量子物理。从此,人们对微观粒子的运动规津认识进入了一个全新的阶段。如今,量子物理已成为近代物理,包括原子与分子物理、核物理、粒子物理以及固体物理等的基础,也成为许多交叉学科,如量子化学、材料物理等的基础,量子物理还被广泛应用于高新技术及工、农、医等领域。本篇将介绍热辐射、光电效应和康普顿效应、氢原子光谱、一维定态薛定谔方程等。

第 16 章　早期量子论

16.1　黑体辐射和普朗克量子假设

16.1.1　热辐射及基尔霍夫辐射定律

实验表明,任何物体在任何温度下都在不断地向周围空间发射电磁波,其波谱是连续的。室温下,物体在单位时间内辐射的能量很少,而且辐射大多分布在波长较长的区域。随着温度升高,单位时间内辐射的能量迅速增加,辐射能中短波部分所占比例也逐渐增大。如对金属和碳而言,温度升至 800K 以上时,可见光成分逐渐显著,随着温度再升高,物体由暗红色,逐渐变为赤红、黄、白、蓝白色等。物体的这种由其温度所决定的电磁辐射称为热辐射。物体在辐射电磁波的同时,也吸收投射到它表面的电磁波。当辐射和吸收达到平衡时,物体的温度不再变化而处于热平衡状态,这时的热辐射称为平衡热辐射。理论和实验表明,物体的辐射本领越大,其吸收本领也越大,反之亦然。

1. 热辐射

1）热辐射的概念

任何物体在任何温度下都要发射各种波长的电磁波。场中由于物体中的分子、原子受到热激发,而发射的电磁辐射现象称为热辐射。

2）单色发射本领（单色辐出度）

根据实验,当物体的温度一定时,在一定时间内从物体表面一定面积上发射出来的、波长在某一范围的辐射能有一定的量值。令 $\mathrm{d}E_\lambda$ 为单位时间内从物体表面单位面积上发射出来的、波长在 $\lambda \sim \lambda + \mathrm{d}\lambda$ 内的辐射能,则 $\mathrm{d}E_\lambda$ 与 $\mathrm{d}\lambda$ 之比定义为单色发射本领,用 $e(\lambda, T)$ 表示:

$$e(\lambda, T) = \frac{\mathrm{d}E_\lambda(T)}{\mathrm{d}\lambda}$$

对给定的物体, $e(\lambda, T)$ 是波长和温度的函数,单位为 $\mathrm{W/m^3}$。

3）全发射本领（辐射出射度）

物体表面单位面积上在单位时间内发射出来的含各种波长的总辐射能量称为全发射本领,用 $E(T)$ 表示,单位为 $\mathrm{W/m^2}$。

$$E(T) = \int_0^\infty e(\lambda, T) \mathrm{d}\lambda$$

投射到物体表面的电磁波,可能被物体吸收,也可能被反射和透射。能够全部吸收各种波长辐射能而完全不发生反射和透射的物体称为绝对黑体,简称黑体。显然,在相同温度下,黑体的吸收本领最大,因而辐射本领也最大;而且,黑体的单色辐出度 $e(\lambda, T)$ 仅与波长

λ 和温度 T 有关,与其材料、大小、形状以及表面状况等无关,对黑体热辐射的研究是热辐射研究中最重要的课题。但是这种理想黑体在自然界中并不存在,实际中,用不透明材料制成带有小孔的空腔物体作为黑体的模型。

4) 吸收率与反射率

当外来辐射能入射到某一不透明物体表面上时,一部分被吸收,一部分从物体表面上反射(如果物体是透明的,还有一部分透过物体)。如果用 $I(\lambda,T)$、$A(\lambda,T)$、$R(\lambda,T)$ 分别表示波长在 $\lambda\sim\lambda+\mathrm{d}\lambda$ 内的入射能量、被吸收能量和被反射的能量,则由能量守恒定律知:

$$I(\lambda,T)=A(\lambda,T)+R(\lambda,T)$$

两边除以 $I(\lambda,T)$,得到

$$\frac{A(\lambda,T)}{I(\lambda,T)}+\frac{R(\lambda,T)}{I(\lambda,T)}=1$$

我们定义 $a(\lambda,T)=\dfrac{A(\lambda,T)}{I(\lambda,T)}$ 为温度为 T 的物体对波长为 $\lambda\sim\lambda+\mathrm{d}\lambda$ 内的单色辐射能的吸收率;$r(\lambda,T)=\dfrac{R(\lambda,T)}{I(\lambda,T)}$ 为温度为 T 的物体对波长为 $\lambda\sim\lambda+\mathrm{d}\lambda$ 内的单色辐射能的反射率。

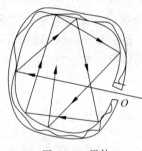

图 16-1 黑体

因此,$a(\lambda,T)+r(\lambda,T)=1$。在日常生活中,白天遥望远处楼房的窗口,会发现窗口特别幽暗,就类似于黑体。这是因为光线进入窗口后,要经过墙壁多次反射吸收,很少再能从窗口射出。在金属冶炼炉上开一个观测炉温的小孔,如图 16-1 所示,这里小孔也很近似于一个绝对黑体的表面。

2. 绝对黑体

如果一物体在任何温度下对任何波长的入射辐射能全部吸收而不反射,则这一物体称为绝对黑体,简称黑体。显然对黑体有 $a_0=1,r_0=0$。

3. 基尔霍夫辐射定律

早在 1866 年,基尔霍夫就发现,物体的辐射出射度与物体的吸收率之间有内在的联系。他首先从理论上推知,吸收率 $a(\lambda,T)$ 较高的物体,其单射发射本领 $e(\lambda,T)$ 也较大,然而比值 $\dfrac{e(\lambda,T)}{a(\lambda,T)}$ 是一恒量,这一恒量与物体性质无关,其大小仅取决于物体的温度和光的波长。具体地说,设有不同物体 $1,2,\cdots$ 和黑体 B,它们在温度 T 下,其波长为 λ 的单色发射本领分别为

$$e_1(\lambda,T),e_2(\lambda,T),\cdots,e_B(\lambda,T)$$

相应的吸收比为

$$a_1(\lambda,T),a_2(\lambda,T),\cdots,a_B(\lambda,T)=1$$

那么,在热平衡时

$$\frac{e_1(\lambda,T)}{a_1(\lambda,T)}=\frac{e_2(\lambda,T)}{a_2(\lambda,T)}=\cdots=\frac{e_B(\lambda,T)}{1}=e_B(\lambda,T)$$

推出

$$\frac{e(\lambda,T)}{a(\lambda,T)}=e_B(\lambda,T)$$

即任何物体的单色发射本领和吸收率之比,等于同一温度和波长下绝对黑体的单色发射本领,这一理论称为基尔霍夫辐射定律。

16.1.2 绝对黑体的辐射定律

1. 黑体单色发射本领 $e_0(\lambda,T)$ 的实验测定

从基尔霍夫辐射定律知,要了解一物体的热辐射性质,必须知道黑体的发射本领,因此确定绝对黑体单色发射本领 $e_0(\lambda,T)$ 曾经是热辐射研究的中心问题。

根据实验可确定不同温度下的 $e_0(\lambda,T)$ 与 λ 的曲线。结果如图 16-2 所示。

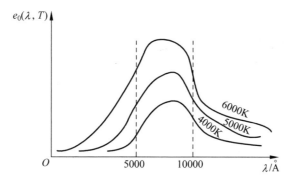

图 16-2 黑体单色发射本领 $e_0(\lambda,T)$ 随波长 λ 的变化关系

2. 根据实验得出两条黑体辐射定律

1) 斯忒藩-玻耳兹曼定律

如图 16-2 所示,绝对黑体在温度 T 下的全发射本领(即为温度 T 的曲线下面积)为 $E_0(T)=\int_0^\infty e_0(\lambda,T)\mathrm{d}\lambda$,可知随温度 T 升高,全发射本领 E_0 也升高,实验结果为

$$E_0(T)\propto T^4$$

即

$$E_0(T)=\sigma T^4,\quad \sigma=5.67\times10^{-8}\,\mathrm{W/(m^2\cdot K^4)}$$

此定律称为斯忒藩-玻耳兹曼定律。σ 称为斯忒藩-玻耳兹曼常量(用此定律可求 T)。

2) 维恩位移定律

由上面可知,每一曲线有一极大值,令对应 $e_0(\lambda,T)$ 极大值的 $\lambda=\lambda_m$,则实验结果确定 λ_m 与 T 的关系为

$$\lambda_m T=b,\quad b=2.8978\times10^{-3}\,\mathrm{m\cdot K}$$

这称为维恩位移定律。

以上介绍的黑体辐射规律是由实验给出的。接着,物理学家就是要从理论上找出符合实验曲线的函数关系式 $e(\lambda,T)=f(\lambda,T)$,也就是找出 $f(\lambda,T)$ 的具体函数形式。20 世纪末,很多物理学家都试图在经典物理学的基础上解决这一问题,但是所有这些尝试都遭到了失败,明显地暴露出经典物理学的缺陷。因此,1900 年 4 月,英国物理学家开尔文说,黑体辐射实验是物理学"晴朗天空上一朵令人不安的乌云"。

16.1.3 普朗克量子假设

为了解决上述困难,德国物理学家普朗克在 1900 年提出了一个全新的表达式,但是,为了得到这一公式,就必须引入一个与经典物理学完全不相容的新概念,这就是普朗克在1900 年 12 月 14 日提出的量子假设。

1. 普朗克假设要点

(1) 把构成黑体的原子、分子看成带电的线性谐振子。

(2) 频率为 ν 的谐振子具有的能量只能是最小能量(能量子)$h\nu$ 的整数倍,即

$$E = nh\nu, \quad n = 1, 2, \cdots$$

式中,n 称为量子数;$h = 6.63 \times 10^{-34} \text{J} \cdot \text{s}$ 为普朗克常量。以后可以看到,h 在近代物理中的重要性与光速 c 相当。谐振子具有上式所容许的某一能量时,对应的状态称为定态。

(3) 谐振子与电磁场交换能量时,即在发射或吸收电磁波时,是量子化的,是一份一份的,按 $\Delta E = (\Delta n)h\nu$ 的形式,从一个定态跃迁到另一个定态。

普朗克量子假设与经典物理学有根本性的矛盾,因为根据经典理论,谐振子的能量是不应受任何限制的,能量被吸收或发射也是连续进行的,但按照普朗克量子假设,谐振子的能量是量子化的,即它们的能量是能量子 $h\nu$ 的整数倍。普朗克假设与经典理论不相容,但是它能够很好地解释黑体辐射等实验。此假设成为了现代量子理论的开端。

2. 黑体辐射公式

普朗克在其假设前提下,推出了如下的黑体辐射公式:

$$e_0(\lambda, T) = \frac{2\pi hc^2}{\lambda^5} \frac{1}{e^{\frac{hc}{\lambda kT}} - 1} \tag{16-1}$$

式中,λ 为波长;T 为热力学温度;k 为玻耳兹曼常量;c 为光速;h 为普朗克常量。利用普朗克公式可推出斯忒藩-玻耳兹曼定律和维恩位移定律。这一公式称为普朗克公式,它与实验结果符合得很好。

经典物理认为构成物体的带电粒子在各自平衡位置附近振动成为带电的谐振子,这些谐振子既可以发射,也可以吸收辐射能。普朗克假设,谐振子的能量不可能具有经典物理学所允许的任意值,一个频率为 ν 的谐振子只能处于一系列离散的状态,在这些状态中,谐振子的能量是某一最小能量 $\varepsilon = h\nu$ 的整数倍,即 $h\nu, 2h\nu, 3h\nu, \cdots, nh\nu, n$ 为正整数,称为量子数。其中 h 是普朗克常量,$\varepsilon = h\nu$ 称为能量子。这一能量离散的概念,称为能量量子化。按照这个假设,一个频率为 ν 的谐振子的最小能量是 $h\nu$,它在与周围的辐射场交换能量时,也只能整个地吸收或放出一个个能量子。

普朗克的量子假设,突破了经典物理学的观念,第一次提出了微观粒子具有离散的能量值,打开了人们认识微观世界的大门,在物理学发展史上起了划时代的作用。在这个基础上,经过许多人的努力,终于逐步认识了辐射的粒子性、描述微观粒子(分子、原子、电子等)的一些物理量具有的量子化特性,最终形成了反映微观粒子运动规律的量子物理学。普朗克在他的量子假设基础上,从理论上导出了普朗克公式。实际上,普朗克的贡献远远超出物理学范畴,它启发人们在新事物面前,敢于冲破传统思想观念的束缚,勇于建立新观点、新概念,建立新理论。由于对量子理论的卓越贡献,普朗克获得了 1918 年诺贝尔物理学奖。

16.2　光电效应及爱因斯坦的光子理论

1887 年,赫兹发现了光电效应。18 年后,爱因斯坦发展了普朗克关于能量量子化的假设,提出了光量子的概念,从理论上成功地说明了光电效应的实验,为此,爱因斯坦获得了 1912 年的诺贝尔物理学奖。1917 年发表的《关于辐射的量子理论》一文中,爱因斯坦又提出了受激辐射理论,后来成为激光科学技术的理论基础。

在光照射下,电子从金属逸出,这种现象称为光电效应。

16.2.1　实验装置

如图 16-3 所示,S 为抽成真空的玻璃容器,容器内装有阴极 K 和阳极 A,阴极 K 为一金属板,W 为石英窗(石英对紫外光吸收最少),单色光通过 W 照射在 K 上时,K 便释放电子,这种电子称为光电子。

如果在 A、K 之间加上电势差 V,光电子在电场作用下将由 K 移向 A,形成 AKBA 方向的电流,称为光电流,A、K 间的电势差 V 及电流 I 由伏特计及电流计读出。

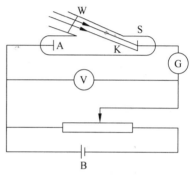

图 16-3　光电效应实验装置

16.2.2　光电效应的实验规律

1. 光电流和入射光光强的关系

实验指出,以一定强度的单色光照射到 K 上时,V 越大,则光电流 I 就越大,当 V 增加到一定时,I 达到饱和值 I_s(图 16-4)。这说明 V 增加到一定程度时,从阴极释放出电子已经全部都由 K 移向 A,V 再增加也不能使 I 增加了。

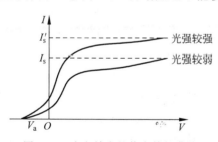

图 16-4　光电效应的伏安特性曲线

实验结果表明:饱和光电流 I_s 与入射光强度成正比(图 16-4)。设 n 为阴极 K 单位时间内释放的电子数,则

$$I_s = ne$$

可以得出这样的结论,单位时间内,K 释放电子数正比于入射光强(这是第一条实验定律)。由图 16-4 可知,V 减小时,I 也减小,但当 V 减小到 0,甚至为负时($V > V_a$),I 也不为零,这说明从 K 逸出来的电子有初动能,在负电场存在时,它克服电场力做功,而到达 A,产生 I。当 $V = V_a$ 时,$I = 0$,V_a 称为遏止电压。

2. 光电子最大初动能与入射光频率之间的关系

当 $V < 0$ 时,外电场使光电子减速,即电子克服电场力做功,当 $V = V_a$ 时,产生光电流的临界状态,此时,从 K 释放的光电子最大初动能为

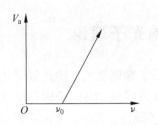

图 16-5　光电子最大初动能与入射
　　　　光频率的关系曲线

$$\frac{1}{2}mV_m^2 = eV_0 \qquad (16\text{-}2)$$

实验表明，V_a 与入射光频率 ν 呈线性增加，如图 16-5 所示，V_a 可表示为

$$V_a = k(\nu - \nu_0)$$

式中，ν_0 为 ν 轴上截距；k 为斜率。

由上述二式有

$$\frac{1}{2}mV_m^2 = ek(\nu - \nu_0) \qquad (16\text{-}3)$$

光电子最大动能随入射光的频率增加而线性增加，而与光的强度无关(这是第二条规律)。

3. 是否发生光电效应与入射光频率的关系

由于动能大于零，$\frac{1}{2}mV_m^2 > 0$，可以得到

$$\nu_0 \geqslant \frac{\nu_a}{k}$$

ν_0 称为光电效应的红限(或截止频率)，不同材料 ν_0 不同。只要 $\nu > \nu_0$ 就能发生光电效应，而 $\nu < \nu_0$ 时不能。能否发生光电效应只与频率 ν 有关，而与入射光光强无关(这是第三条规律)。

4. 光电效应发生与时间的关系

实验表明：从光线开始照射 K 直到 K 释放电子，无论光强如何，几乎都是瞬时的，并不需要经过一段显著的时间，据现代的测量，这时间不超过 10^{-9} s。发生光电效应是瞬时的(这是第四条规律)。

16.2.3　经典理论解释光电效应遇到的困难

光电效应的实验结果和光的波动理论之间存在着尖锐的矛盾。上述四条实验规律，除第一条用波动理论可以勉强解释外，对其他三条的解释，波动理论都碰到了无法克服的困难。

(1) 按光的波动说，金属在光的照射下，金属中的电子受到入射光 E 振动的作用而作受迫振动，这样将从入射光中吸收能量，从而逸出表面，逸出时初动能应取决于光振动振幅，即取决于光强，光强越大，光电子初动能就越大，所以光电子初动能应与光强成正比。但是，实验结果表明，光电子初动能只与光的频率有关，而与光强无关。显然这与第二条规律相矛盾。

(2) 按经典波动光学理论，无论何种频率的光照射在金属上，只要入射光足够强，使电子获得足够的能量，电子就能从金属表面逸出来。这就是说，光电效应发生与光的频率无关，只要光强足够大，就能发生光电效应。但是，实验表明，只有在 $\nu > \nu_0$ 时，才能发生光电效应。显然这与第三条规律相矛盾。

(3) 按照经典理论，光电子逸出金属表面所需的能量是直接吸收照射到金属表面上光的能量。当入射光的强度很弱时，电子需要有一定时间来积累能量，因此，光射到金属表面后，应隔一段时间才有光电子从金属表面逸出来。但是，实验结果表明，发生光电效应是

瞬时的,显然,这与第四条规律相矛盾。

16.2.4　爱因斯坦光子假设

前面已经介绍了普朗克量子假说。根据这一假说,普朗克在理论上圆满地导出了热辐射的实验规律,为了解释光电效应的实验事实,1905 年,爱因斯坦在普朗克量子假设的基础上,进一步提出了关于光的本性的光子假说。

1. 爱因斯坦假说

(1) 光束是一粒一粒以光速 c 运动的粒子流,这些粒子称为光量子,也称为光子,每一光子能量为 $\varepsilon = h\nu$。

(2) 光的强度(能流密度:单位时间内通过单位面积的光能)取决于单位时间内通过单位面积的光子数 N,频率为 ν 的单色光,能流密度为 $S = Nh\nu$。

爱因斯坦光子的概念与普朗克量子概念有着联系和区别。爱因斯坦推广了普朗克能量量子化的概念,这就是联系。区别是:两人所研究对象不同,普朗克把黑体内谐振子的能量看作是量子化的,它们与电磁波相互作用时吸收和发射的能量也是量子化的;爱因斯坦认为,空间存在的电磁波的能量本质就是量子化的。

2. 爱因斯坦光电效应方程

按照光子假设,光电效应可解释如下:金属中的自由电子从入射光中吸收一个光子的能量 $h\nu$ 时,一部分消耗在电子逸出金属表面需要的逸出功 A 上,另一部分转换成光电子的动能 $\frac{1}{2}mv_m^2$,按能量守恒有

$$h\nu = \frac{1}{2}mv^2 + A \tag{16-4}$$

式(16-4)称为爱因斯坦光电效应方程。由此出发,我们可以解释光电效应的实验结果。

3. 用光子假说解释光电效应实验规律

(1) 光强增加而频率不变时,由于 $h\nu$ 的份数多,所以被释放电子数目多,说明单位时间内从阴极逸出的电子数与光强成正比,这解释了第一条规律。

(2) 由光电效应方程知,光电子的初动能与入射光频率成正比,这解释了第二条规律。

(3) 由光电效应方程知,在一个截止频率 ν_0,只有 $\nu > \nu_0$ 时,才有 $\frac{1}{2}mv_m^2 > 0$,即才能发生光电效应,否则不能。这解释了第三条规律。

(4) 按光子假说,当光投射到物体表面时,光子的能量 $h\nu$ 被一个电子所吸收,不需要任何积累能量时间,这就很自然地解释了光电效应瞬时产生的规律(第四条规律)。

至此,我们可以说,原先由经典理论出发解释光电效应实验所遇到的困难,在爱因斯坦光子假设提出后,都已被解决了。不仅如此,通过爱因斯坦对光电效应的研究,使我们对光的本性的认识有了一个飞跃,光电效应显示了光的粒子性。

16.2.5　光子的能量及动量

光子假说不仅成功地说明了光电效应等实验,而且加深了人们对光的本性的认识。许

多实验表明,光具有波动性,而包括上面提到的一些实验在内的许多实验又表明光是粒子(光子)流,具有粒子性,这就说明光兼有波粒二象性。

光子不仅具有能量,而且具有质量和动量等一般粒子共有的特性。光子的质量 m 可由相对论质能关系式求出,即

$$m = \frac{E}{c^2} = \frac{h\nu}{c^2} = \frac{h}{c\lambda}$$

光子动量为

$$p = mc = \frac{h\nu}{c^2}c = \frac{h\nu}{c} = \frac{h}{\lambda}$$

根据 $m = \dfrac{m_0}{\sqrt{1 - \dfrac{\nu^2}{c^2}}}$,对光子 $\nu = c$,而 $m\left(= \dfrac{h\nu}{c^2}\right)$ 有限,所以 m_0 光子静止质量为零。光子具有动量这一点已在光压实验中得到证实。上两式将描述光的粒子特性的能量和动量与描述其波动特性的频率和波长之间,通过普朗克常量紧密联系了起来。

例 16-1 钠截止频率对应的波长为 500nm,用 400nm 的光照射,遏止电压等于多少?

解 由 $\dfrac{1}{2}mv_m^2 = h\nu - A$

$$\frac{1}{2}mv_m = eV$$

得

$$V_a = \frac{1}{e}(h\nu - A) = \frac{1}{e}\left(h\frac{c}{\lambda} - h\frac{c}{\lambda_0}\right) = \frac{hc}{e}\left(\frac{1}{\lambda} - \frac{1}{\lambda_0}\right)$$

$$= \frac{6.62 \times 10^{-34}}{1.60 \times 10^{-19}}\left(\frac{1}{400 \times 10^{-9}} - \frac{1}{500 \times 10^{-9}}\right)\text{V}$$

$$= 0.62\text{V}$$

例 16-2 小灯泡消耗的功率为 $P = 1\text{W}$,设这功率均匀地向周围辐射出,平均波长为 $\lambda = 0.5\mu\text{m}$。试求在距离 $d = 10\text{km}$ 处,在垂直于光线的面积元 $S = 1\text{cm}^2$ 内每秒钟所通过的光子数。

解 在所考虑的球面上,功率密度为

$$\omega = \frac{P}{4\pi d^2}$$

在面积元 $S = 1\text{cm}^2$ 上的功率为

$$A = wS = \frac{PS}{4\pi d^2}$$

所求粒子数为

$$n = \frac{A}{h\nu} = \frac{PS}{4\pi d^2}$$

$$= \frac{1 \times 10^{-4} \times 0.5 \times 10^{-6}}{4 \times 3.14 \times (10 \times 10^3)^2 \times 6.62 \times 10^{-34} \times 3 \times 10^8}$$

$$= 2.0 \times 10^5$$

即每秒通过约 20 万个光子。

16.3　康普顿效应

电磁辐射与物质相互作用时,可能会发生若干种不同的效应,有发光现象,有光电效应,有本节将要讨论的康普顿效应,还可能产生正负电子对等。它们是不同能量的光子与物质中的分子、原子、电子、原子核相互作用的结果。各种现象发生的概率与入射光子的能量有密切关系。入射光子能量较低时($h\nu < 0.5\text{MeV}$),以光电效应为主;高能 γ 光子($h\nu > 1.02\text{MeV}$)可以与原子核发生作用,产生正负电子对;当入射光子具有中等能量时,产生康普顿效应的概率较大。

1922—1923 年,美国物理学家康普顿(Compton)研究了 X 射线经过金属、石墨等物质散射后的光谱成分,结果介绍如下。

16.3.1　实验装置

康普顿效应实验装置如图 16-6 所示。由单色 X 射线源 R 发出的波长为 λ_0 的 X 射线,通过光阑 D 成为一束狭窄的 X 射线束,这束 X 射线投射到散射物 C 上,用摄谱仪 S 可探测到不同方向的散射 X 射线的波长。

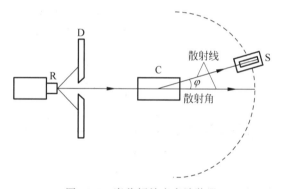

图 16-6　康普顿效应实验装置

16.3.2　实验结果

(1) 在散射线中,除有与入射光波长 λ_0 相同的散射线外,还有比 λ_0 大的散射线(出现 $\lambda > \lambda_0$ 的散射称为康普顿散射),波长改变量为($\lambda - \lambda_0$),随散射角 φ 的增大而增大,在同一入射波长和同一散射角下,($\lambda - \lambda_0$)对各种材料都相同。

(2) 在原子量小的物质中,康普顿散射较强;在原子量大的物质中,康普顿散射较弱。

16.3.3　经典理论解释的困难

按照经典电磁理论解释,当电磁波通过物体时,将引起物体内带电粒子的受迫振动,每个振动着的带电粒子将向四周辐射,这就成为散射光。从波动观点来看,带电粒子受迫振动的频率等于入射光的频率,所发射光的频率(或波长)应与入射光的频率相等。可见,光的波动理论能够解释波长不变的散射而不能解释康普顿效应。

16.3.4 用光子理论解释

如果应用光子的概念,并假设光子和实物粒子一样,能与电子等发生弹性碰撞,那么,康普顿效应能够在理论上得到与实验相符的解释。解释如下:

(1) 一个光子与散射物质中的一个自由电子或束缚较弱的电子发生碰撞后,光子将沿某一方向散射,这一方向就是康普顿散射方向。当碰撞时,光子有一部分能量传给电子,散射的光子能量就比入射光子的能量少;因为光子能量与频率之间有 $\varepsilon = h\nu$ 关系,所以散射光频率减小了,即散射光波长增加了(散射角 φ 随波长($\lambda - \lambda_0$)增加而增大,可通过公式解释)。

(2) 轻原子中的电子一般束缚较弱,重原子中的电子只有外层电子束缚较弱,内部电子束缚是非常紧的,所以,原子量小的物质,康普顿散射较强,而原子量大的物质,康普顿散射较弱。

16.3.5 康普顿效应公式的推导

如图 16-7 所示,一个光子和一个自由电子做完全弹性碰撞,由于自由电子速率远小于光速,所以可认为碰撞前电子静止。设光子频率为 ν_0,沿 $+x$ 方向入射,碰撞后,光子沿 φ 角方向散射出去,电子则获得了速率 v,并沿与 $+x$ 方向夹角为 θ 角的方向运动,由于光速很大,所以电子获得速度也很大,可以与光速比较,此电子称为反冲电子。

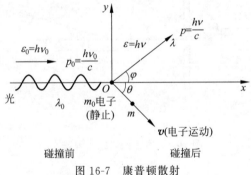

图 16-7 康普顿散射

由光子和电子组成的系统动量及能量守恒,设 m_0 和 m 分别为电子的静止质量和相对论质量,有

$$h\nu_0 + m_0 c^2 = h\nu + mc^2 \tag{16-5}$$

$$\begin{cases} x \text{ 方向:} \dfrac{h\nu_0}{c} = \dfrac{h\nu}{c}\cos\varphi + mv\cos\theta \\[2mm] y \text{ 方向:} 0 = \dfrac{h\nu}{c}\sin\varphi - mv\sin\theta \end{cases} \tag{16-6}$$

由式(16-6)有

$$\left(\frac{h\nu_0}{c} - \frac{h\nu}{c}\cos\varphi\right)^2 = m^2 v^2 \cos^2\theta \tag{16-7}$$

$$\left(\frac{h\nu}{c}\sin\varphi\right)^2 = m^2 v^2 \sin^2\theta \tag{16-8}$$

由式(16-7)加上式(16-8)得

$$\frac{h^2\nu_0^2}{c^2} - 2h^2\frac{1}{c^2}\nu_0\nu\cos\varphi + \frac{h^2\nu^2}{c^2}\cos^2\varphi + \frac{h^2\nu^2}{c^2}\sin^2\varphi = m^2v^2$$

即

$$mv^2c^2 = h^2\nu^2 + h^2\nu_0^2 - 2h\nu_0\nu\cos\varphi \qquad (16\text{-}9)$$

式(16-5)可化为

$$mc^2 = h(\nu_0 - \nu) + m_0c^2$$

两边平方,有

$$m^2c^4 = h^2\nu_0^2 + h^2\nu^2 - 2h^2\nu_0\nu + 2h(\nu_0 - \nu)m_0c^2 + m_0^2c^4 \qquad (16\text{-}10)$$

由式(16-10)减去式(16-9)得

$$m^2c^4\left(1 - \frac{v^2}{c^2}\right) = m_0^2c^4 - 2h^2\nu_0\nu(1 - \cos\varphi) + 2h(\nu_0 - \nu)m_0c^2 \qquad (16\text{-}11)$$

考虑到 $m = \dfrac{m_0}{\sqrt{1 - \dfrac{v^2}{c^2}}}$,式(16-11)变为

$$m_0^2c^4 = m_0^2c^4 - 2h^2\nu_0\nu(1 - \cos\varphi) + 2h(\nu_0 - \nu)m_0c^2$$

即

$$m_0c^2(\nu_0 - \nu) = h\nu_0\nu(1 - \cos\varphi) \qquad (16\text{-}12)$$

式(16-12)除以 $m_0c\nu_0\nu$ 得

$$\frac{c}{\nu} - \frac{c}{\nu_0} = \frac{h}{m_0c}(1 - \cos\varphi)$$

$$\Delta\lambda = \lambda - \lambda_0 = \frac{h}{m_0c}(1 - \cos\varphi) = \frac{2h}{m_0c}\sin^2\frac{\varphi}{2}$$

即

$$\Delta\lambda = \lambda - \lambda_0 = \frac{2h}{m_0c}\sin^2\frac{\varphi}{2} \qquad (16\text{-}13)$$

由此可见,$\lambda > \lambda_0$,而且 λ 与 λ_0 无关,且随散射角 φ 增大而增大。φ 相同,λ_0 相同,则 λ 就相同,与散射物质无关。

(1) 康普顿效应的发现,以及理论分析和实验结果的一致,不仅有利证明了光子假设是正确的,并且证实了在微观粒子的相互作用过程中,也严格遵守着能量守恒和动量守恒。

(2) 光电效应和康普顿效应等实验现象,证实了光子的假设是正确的,光具有粒子性。但在光的干涉、衍射、偏振等现象中,又明显地表现出来光的波动性。这说明光既具有波动性,又具有粒子性。一般说来,光在传输过程中,波动性表现较明显;光和物质作用时,粒子性表现比较明显。光所表现的这两种性质,反映了光的本性。然而,光的这方面的性质是经典物理学不能容许的。

康普顿散射的理论和实验完全一致,在更加广阔的频率范围内更加充分地证明了光子理论的正确性;又由于在公式推导中引用了动量守恒和能量守恒定律,从而证明了微观粒子相互作用过程也遵循这两条基本定律。由于发现康普顿效应,并对其做了正确解释,康普

顿获得了 1927 年的诺贝尔物理学奖。

例 16-3 已知 X 射线的能量为 0.060MeV,受康普顿散射后:

(1) 在散射角为 $\dfrac{\pi}{2}$ 的方向上,X 射线波长是多少?

(2) 反冲电子动能是多少?

解 (1) 入射的 X 射线波长为

$$\lambda_0 = \frac{hc}{\varepsilon_0} \quad \left(\varepsilon = h\nu = \frac{hc}{\nu}\right)$$

$$= \frac{6.62 \times 10^{-34} \times 3 \times 10^8}{0.06 \times 10^6 \times 1.6 \times 10^{-19}} \text{m}$$

$$= 2.07 \times 10^{-11} \text{m}$$

$$\Delta\lambda = \lambda - \lambda_0$$

$$= \frac{2h}{m_0 c} \sin^2 \frac{\varphi}{2}$$

$$= \left(\frac{2 \times 6.62 \times 10^{-34}}{9.1 \times 10^{-31} \times 3 \times 10^8} \sin^2 \frac{\pi}{4}\right) \text{m}$$

$$= 0.24 \times 10^{-11} \text{m}$$

得 $\qquad \lambda = \lambda_0 + \Delta\lambda = (2.07 + 0.24) \times 10^{-11} \text{m} = 2.31 \times 10^{-11} \text{m}$

(2) 反冲电子的动能为

$$E_k = E_0 - E = h\nu_0 - h\nu$$

$$= 6.62 \times 10^{-34} \times 3 \times 10^8 \times \left(\frac{1}{0.207 \times 10^{-10}} - \frac{1}{0.231 \times 10^{-10}}\right) \text{J}$$

$$= 9.97 \times 10^{-16} \text{J}$$

$$= 6.23 \times 10^3 \text{eV}$$

爱因斯坦光电效应和康普顿散射的发现和成功的解释,重大意义在于它们确认了光不仅具有波动性,而且还具有粒子性,最终解决了一个两百多年来的重大科学争论,光是波,还是粒子? 惊人的回答是,光既是波又是粒子! 康普顿效应在核物理、粒子物理、天体物理、X 光晶体学等许多学科都有重要应用。另外在医学中,康普顿效应还被用来诊断骨质疏松等病症。

16.4 玻尔的氢原子理论

自 1897 年发现电子并确定是原子的组成粒子以后,物理学的中心问题之一就是探索原子内部的奥秘。人们逐步弄清了原子的结构及其运动变化的规律,认识了微观粒子的波粒二象性,建立了描述分子、原子等微观系统运动规律的理论体系——量子力学。下面将介绍玻尔的氢原子理论。

16.4.1 原子光谱的实验规律

实验发现,各种元素的原子光谱都由分布的谱线所组成,并且谱线的分布具有确定的规律。氢原子是最简单的原子,其光谱也是最简单的。对氢原子光谱的研究是进一步研究原子、分子光谱的基础,而后者在研究原子、分子结构及物质分析等方面都有重要的意义。

光谱分为下面三类:

(1) 线光谱:谱线是分明、清楚的,表示波长的数值有一定间隔。所有物质的气态原子(而不是分子)都辐射线光谱,因此这种原子之间基本无相互作用。

(2) 带状光谱:谱线是分段密集的,每段中相邻波长差别很小,如果摄谱仪分辨本领不高,密集的谱线看起来并在一起,整个光谱好像是由许多段连续的带组成。它是由没有相互作用的或相互作用极弱的分子辐射的。

(3) 连续光谱:谱线的波长具有各种值,而且相邻波长相差很小,或者说是连续变化的(如太阳光是连续光谱)。实验表明,连续光谱是由固态或液态的物体发射的,而气体不能发射连续光谱。液体、固体与气体的主要区别在于它们的原子间相互作用非常强烈。

1. 氢原子光谱

19 世纪后半期,许多科学家测量了许多元素线光谱的波长,大家都试图通过对线光谱的分析来了解原子的特性,以及探索原子结构。人们对氢原子光谱做了大量研究,它的可见光谱如图 16-8 所示。其中,从光波向短波方向数的前 4 个谱线分别叫做 H_α、H_β、H_γ、H_δ,实验测得它们对应的波长分别为:$H_\alpha = 656.3\text{nm}$,$H_\beta = 486.1\text{nm}$,$H_\gamma = 434.0\text{nm}$,$H_\delta = 410.2\text{nm}$。

在 1885 年从某些星体的光谱中观察到的氢光谱谱线已达 14 条。同年,瑞士数学家巴尔末(J. J. Balmer),发现氢原子光谱在可见光部分的谱线,可归结于下式:

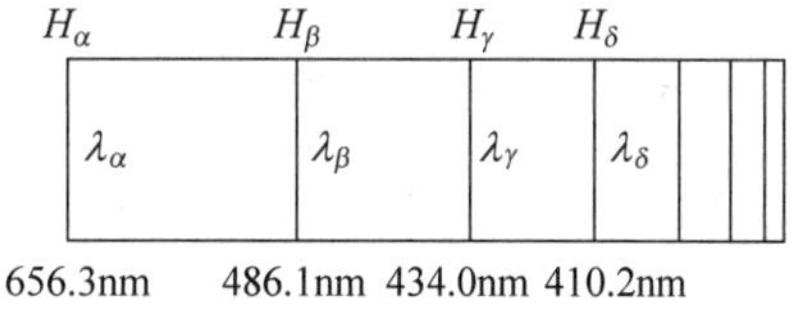

图 16-8　氢原子光谱图

$$\frac{1}{\lambda} = R\left(\frac{1}{2^2 - n^2}\right), \quad n = 3, 4, 5, \cdots$$

式中,λ 为波长;$R = 1.097 \times 10^7 \text{m}^{-1}$ 称为里德伯常量。我们把可见光区所有谱线的总体称为巴尔末系。巴尔末是第一个发现氢原子光谱可组成线系的。

1896 年,里德伯用波数来代替巴尔末公式中的波长,从而得到光谱学中常见的形式:波数=单位长度内含有完整波的数目,有

$$\tilde{\nu} = \frac{1}{\lambda} = R\left(\frac{1}{2^2} - \frac{1}{n^2}\right), \quad n = 3, 4, 5\cdots \tag{16-14}$$

在氢原子光谱中,除了可见光的巴尔末系之外,后来又发现在紫外光部分和红外光部分也有光谱线,各谱线系可概括为

$$\tilde{\nu} = \frac{1}{\lambda} = R\left(\frac{1}{n_f^2} - \frac{1}{n_i^2}\right), \quad n_f = 1, 2, 3, 4, 5; \; n_i = n_f + 1, n_f + 2, \cdots \tag{16-15}$$

式中,$n_f = 1, 2, 3, 4, 5$ 依次代表莱曼系、巴尔末系、帕邢系、布喇开系、普丰德系。可以得出以下结论:式(16-15)表示氢原子中电子从第 n_i 个状态向第 n_f 状态跃迁时发光波长的倒数;n_f 值不同,对应不同线系;同一 n_f 值不同 n_i 值,则对应同一线系不同谱线。

2. 里兹并合原理

对氢原子,波数 $\tilde{\nu}$ 可表示为

$$\tilde{\nu} = T(n_f) - T(n_i) \tag{16-16}$$

式中，$T(n_f) = \dfrac{R}{n_f^2}$，$T(n_i) = \dfrac{R}{n_i^2}$，它们均称为谱项。可见，波数可用两个谱项差表示，式(16-16)称为里兹并合原理。

对氢原子光谱情况可以总结出以下几点：

(1) 光谱是线状的，谱线有一定位置。

(2) 谱线间有一定的关系，如可构成谱线系。同一谱线系可用一个公式表示。

(3) 每一条谱线的波数可以表示为两个谱项差。

在 1911 年新西兰裔英国籍物理学家、化学家卢瑟福(Rutherford)关于原子的核式结构得到证明以前，人们对于原子结构所知甚少，因此氢原子光谱的上述规律在相当长时间内未能从理论上给予说明。

在原子的核式结构模型建立以后，按照原子的有核模型，根据经典电磁理论，绕核运动的电子将辐射与其圆运动频率相同的电磁波，因而原子系统的能量将逐渐减少。计算可得，如果电子在半径为 r 的圆周上绕核运动，则氢原子的能量为 $E = \dfrac{-e^2}{8\pi\varepsilon_0 r}$，显然，随能量减少，电子轨道半径将不断减小；与此同时，电子圆周运动频率(因而辐射频率)将连续增大。因此原子光谱应是连续的带状光谱，并且最终电子将落到原子核上，因此不可能存在稳定的原子。这些结论显然与实验事实相矛盾，从而表明依据经典理论无法说明原子线光谱规律等。

16.4.2　玻尔的氢原子理论

1808 年，道尔顿为了阐述化学上的定比定律和倍比定律创立原子论，认为原子是组成一切元素的最小单位，是不可分的。1897 年，汤姆逊通过阴极射线实验发现电子，这个实验以及其他实验证实了电子是一切原子的组成部分，原子是可分的。但是电子是带负电的，而正常原子是中性的，所以在正常原子中一定还有带正电的物质，这种带正电的物质在原子中是怎样分布的呢？这个问题成了 19 世纪末 20 世纪初物理学的重要研究课题之一，它也困扰了许多物理学家。

1903 年，英国物理学家汤姆逊首先提出原子的模型来回答了这个问题。此模型称为汤姆逊模型。内容简述如下：原子是球形的，带正电的物质电荷和质量均匀分布在球内，而带负电的电子浸泡在球内，并可在球内运动，球内电子数目恰与正电部分的电荷电量值相等，从而构成中性原子。但是，此模型存在许多问题，如电子为什么不与正电荷"融合"在一起并把电荷中和掉呢？而且这个模型不能解释氢原子光谱存在的谱线系。不仅如此，汤姆逊模型与许多实验结果不符，特别是 α 粒子的散射实验(见图 16-9)。1909 年，卢瑟福进行了 α 粒子散射模型，实验发现，绝大多数粒子穿透金属箔后沿原来方向(即散射角 $\varphi = 0$)或沿散射角很小的方向(一般 φ 为 2°～3°)运动，但是，也有 1/8000 的 α 粒子，其散射角大小为 90°，甚至接近 180°，即被弹回原入射方向。如果按汤姆逊模型来分析，不可能有 α 粒子的大角散射，因此此模型与实验不符，所以很快被人们放弃。

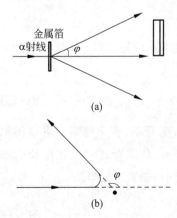

图 16-9　α 粒子的散射实验

(a) α 粒子散射前；(b) α 粒子散射后

1911 年,卢瑟福在 α 粒子散射的基础上提出了原子的核式结构,它被人们所公认。

1. 原子的核式结构

1) 原子核式结构

原子中心有一带电的原子核,它几乎集中了原子的全部质量,电子围绕这个核转动,核的大小与整个原子相比很小。

对氢原子,电子质量占原子质量的 1/1873 倍。原子线度约 10^{-10} m,原子核线度 $10^{-15}\sim 10^{-14}$ m。

原子核式模型的实验基础:α 粒子散射实验。

2) 原子核式结构能解释实验结果

按此模型,原子核是很小的,在 α 粒子散射实验中,绝大多数 α 粒子穿过原子时,因受核作用很小,故它们的散射角很小。只有少数 α 粒子能进入到距原子核很近的地方。这些 α 粒子受核作用(排斥)较大,故它们的散射作用也很大,极少数 α 粒子与原子核时的碰撞,故它们的散射角接近 180°。

3) 原子核模型与经典电磁理论的矛盾

如果核式模型正确的话,则经典电磁理论不能解释下列问题:

(1) 原子的稳定性问题。按照经典电磁理论,凡是作加速运动的电荷都发射电磁波,电子绕原子核运动时是有加速度的,原子就应不断发射电磁波(即不断发光),它的能量要不断减少,因此电子就要作螺旋线运动来逐渐趋于原子核,最后落入原子核上(以氢原子为例,电子轨迹半径为 10^{-10} m,大约只要经过 10^{-10} s 的时间,电子就会落到原子核上),这样,原子不稳定了,但实际上原子是稳定的,这是一个矛盾。

(2) 原子光谱的分立性问题。按经典电磁理论,加速电子发射的电磁波的频率等于电子绕原子核转动的频率,由于电子作螺旋线运动,它转动的频率连续地变化,故发射电磁波的频率也应该是连续光谱,但实验指出,原子光谱是线状的,这又是一个矛盾。

原子核模型与经典电磁理论的矛盾不能说明原子核模型不正确,只是经典电磁理论不再适用于原子内部的运动,这是可以理解的。因为经典电磁理论是从宏观现象的研究中给出来的规律,这种规律一般不适用于原子内部的微观过程,因此,我们必须建立适用于原子内部微观现象的理论。

2. 玻尔理论的基本假设

玻尔根据卢瑟福原子核模型和原子的稳定性出发,应用普朗克的量子概念,于 1913 年提出了关于氢原子内部运动的理论,成功地解释了氢原子光谱的规律性。

玻尔理论的基本假设是:

(1) 电子在原子中可在一些特定的圆周轨迹上运动,不辐射光,因为具有恒定的能量,这些状态称为稳定状态或定态。

(2) 电子绕核运动时,只有在电子角动量 $L=\dfrac{h}{2\pi}$ 的整数倍的那些轨道上才是稳定的,即

$$L = \frac{nh}{2\pi}, \quad n = 1, 2, 3, \cdots \tag{16-17}$$

或

$$L = mVr = n\frac{h}{2\pi} \tag{16-18}$$

式中,h 为普朗克常数;r 为轨道半径;n 称为量子数;V 为电子速度。

(3)光电子从高能态 E_i 向低能态 E_f 轨道跃迁时,发射单色光的频率为

$$\nu = \frac{E_i - E_f}{h} \tag{16-19}$$

说明如下:

① 假设(1)是经验性的,它解决了原子的稳定性问题;假设(2)表述的角动量量子化原先是人为加进去的,后来知道它可以从德布罗意假设得出;假设(3)是从普朗克量子假设引申来的,因此是合理的,它能解释线光谱的起源。

② 此假设提出了与经典理论不相容的概念:定态概念,虽然电子作加速运动,但不辐射能量;量子化概念,角动量及能量不连续,是量子化的;频率条件,频率是由初终二态原子的能级差决定的,这与经典理论中原子发射光的频率等于电子绕核运动的效率相违背。

16.4.3　用玻尔理论计算氢原子轨道半径及能量

1. 氢原子轨道半径

设电子速度为 V,轨迹半径为 r,质量为 m,由 $F_{向} = F_{库}$,可以得到

$$m\frac{V^2}{r} = \frac{e^2}{4\pi\varepsilon_0 r^2} \tag{16-20}$$

由量子化条件 $mVr = n\dfrac{h}{2\pi}$,得 $V = \dfrac{nh}{2\pi mr}$,代入式(16-20)中有

$$m\left(\frac{nh}{2\pi mr}\right)^2 = \frac{e^2}{4\pi\varepsilon_0 r}$$

由此得电子轨迹半径为

$$r_n = \frac{n^2 h^2 \varepsilon_0}{\pi m e^2}, \quad n = 1, 2, 3, \cdots \tag{16-21}$$

当 $n = 1$ 时,$r_1 = \dfrac{h^2 \varepsilon_0}{\pi m e^2} \approx 5.3 \times 10^{-11}\,\mathrm{m}$,$r_1$ 称为玻尔半径。电子轨迹半径可表示为

$$r_n = \frac{n^2 h^2 \varepsilon_0}{\pi m e^2} = n^2 r_1 \tag{16-22}$$

可见,电子轨迹只能取分立值 $r_1, 4r_1, 9r_1, 16r_1, \cdots$,如图 16-10 所示。由此可以看出,电子运动轨迹半径是量子化的,即电子运动轨道量子化。

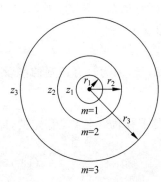

图 16-10　电子轨迹

2. 氢原子能量

氢原子能量等于电子动能与势能之和,当电子处于第 n 个轨迹上时,有

$$E_k = \frac{1}{2}mV_n^2$$

$$E_p = -\frac{e^2}{4\pi\varepsilon_0 r_n}$$

得到

$$E_n = E_k + E_p = \frac{1}{2}mV_n^2 - \frac{e^2}{4\pi\varepsilon_0 r_n} \tag{16-23}$$

由式(16-20)知，$\dfrac{1}{2}mV_n^2 = \dfrac{e^2}{8\pi\varepsilon_0 r_n}$，代入式(16-23)中有

$$E_n = -\frac{e^2}{8\pi\varepsilon_0 r_n} = -\frac{e^2}{8\pi\varepsilon_0\left(\dfrac{n^2 h^2 \varepsilon_0}{\pi m e^2}\right)} = -\frac{1}{n^2}\frac{me^4}{8\varepsilon_0^2 h^2}, \quad n = 1,2,3,\cdots \tag{16-24}$$

$n=1$ 时，$E_1 = -\dfrac{me^4}{n^2 8\varepsilon_0^2 h^2} = -13.6\text{eV}$，$E_1$ 是氢原子最低能量，称为基态能量。$n>1$ 时称为激发态。电子在第 n 个轨道上时，氢原子能量为

$$E_n = -\frac{me^4}{n^2 8\varepsilon_0^2 h^2} = \frac{1}{n^2}E_1 \tag{16-25}$$

氢原子的能量只能取下列分立值：E_1，$\dfrac{1}{4}E_1$，$\dfrac{1}{9}E_1$，$\dfrac{1}{16}E_1$，$\cdots$，这些不连续能量称为能级。基态能级能量最低，原子最稳定。随量子数 n 增大，能量 E_n 也增大，能量间隔减小。当 $n\to\infty$ 时，$r_n\to\infty$，$E_n\to\infty$，能级趋于连续，原子趋于电离。$E>0$ 时，原子处于电离状态，这时能量可连续变化。如图 16-11 所示为氢原子的能级图。

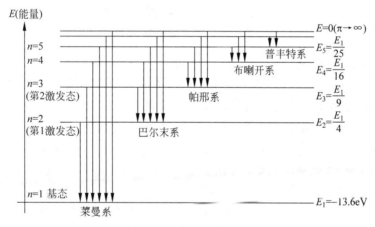

图 16-11　氢原子能级图

　　使原子或分子电离所需要的能量称为电离能。根据玻尔理论算出的基态氢原子能量值与实验测得的基态氢原子的电离能值 13.6eV 相符。将电子通过一定电势差加速后，使其与原子碰撞，若电子具有的动能刚好使原子电离，则上述加速电势差称为这种原子的电离电势。显然，基态氢原子的电离电势为 13.6V。

　　按玻尔理论，$E_n = -\dfrac{me^4}{n^2 8\varepsilon_0^2 h^2}$，电子从 n_i 态向 n_f 态跃迁时，根据频率公式有

$$v = \frac{1}{h}(E_i - E_f)$$

波长倒数为

$$\frac{1}{\lambda} = \frac{1}{hc}(E_i - E_f) = \frac{1}{hc}\left(-\frac{me^4}{n_i^2 8\varepsilon_0^2 h^2} + \frac{me^4}{n_f^2 8\varepsilon_0^2 h^2}\right)$$

$$= \frac{me^4}{8\varepsilon_0^2 h^3 c}\left(\frac{1}{n_f^2} - \frac{1}{n_i^2}\right) = R\left(\frac{1}{n_f^2} - \frac{1}{n_i^2}\right) \tag{16-26}$$

式中,$R = R_{理} = \dfrac{me^4}{8\varepsilon_0^2 h^3 c} = 1.097373 \times 10^7\,\mathrm{m}^{-1}$。又知 $R_{实} = 1.096776 \times 10^7\,\mathrm{m}^{-1}$(见里德伯公式中 R 值),可见,$R_{理}$ 与 $R_{实}$ 符合。这样,玻尔理论很好地解释了氢原子光谱的规律性。

由以上讨论可知,继普朗克提出谐振子能量量子化的假设之后,玻尔理论又指出原子中电子的轨道角动量、能量、电子轨道半径等也都是量子化的。

16.4.4　对玻尔理论的评价

1. 玻尔理论建立的基础与成功之处

(1) 光谱的实验资料和经验规律。

(2) 以实验为基础的原子的核式结构模型。

(3) 从黑体辐射发展出来的量子论。

玻尔在以上基础上研究了原子内部的情况,在原子物理学中跨出了一大步。它的成功在于圆满地解释了氢原子及类氢类系的谱线规律。玻尔理论不仅讨论了氢原子的具体问题,这还包含着关于原子的基本规律,玻尔的定态假设和频率条件不仅对一切原子是正确的,而且对其他微观客体也是适用的,因而是重要的客观规律。

2. 玻尔理论的缺陷

玻尔理论不能解释结构稍微复杂一些的谱线结构(如碱金属结构的情况),也不能说明氢原子光谱的精细结构和谱线在匀强磁场中的分裂现象。1915—1916 年,索末菲和威尔逊,各自独立地把玻尔理论推广到更一般的椭圆轨迹,考虑到相对论校正,并考虑到在磁场中轨迹平面的空间取向,推出一般的量子化条件,对这些理论,虽然能够得出初步的解释,但对复杂一点的问题,如氦和碱土元素等光谱,以及谱线强度、偏振、宽度等问题,仍无法处理。这突出地暴露了玻尔-索末菲理论的严重局限性。

在玻尔-索末菲理论中,一方面把微观粒子(电子、原子等)看作经典力学的质点,用坐标和轨迹等概念来描述其运动,并用牛顿定律计算电子的规律;另一方面,又人为地加上一些与经典理论不相容的量子化条件来限定稳定状态的轨迹,但没有对这些条件提出适当的理论解释。所以,玻尔-索末菲理论是经典理论对量子化条件的混合体,理论系统不自洽。这些成了玻尔-索末菲理论的缺陷。

尽管如此,玻尔-索末菲理论在处理光电子系统和碱金属问题时,在一定程度上还是可以得到很好的结果。这在人们对原子结构的探索中是重要的里程碑。

例 16-4　氢原子从 $n = 10$、$n = 2$ 的激发态跃迁到基态时发射光子的波长是多少?

解　因 $\dfrac{1}{\lambda} = R\left(\dfrac{1}{n_f^2} - \dfrac{1}{n_i^2}\right)$,且依题意知 $n_f = 1$,所以

$$\lambda = \left[R\left(\frac{1}{1^2} - \frac{1}{n^2}\right)\right]^{-1}$$

$$n=10: \lambda_1 = \left[1.097 \times 10^7 \left(\frac{1}{1^2} - \frac{1}{10^2}\right)\right]^{-1} \text{m} = 0.921 \times 10^{-7} \text{m} = 92.1 \text{nm}$$

$$n=2: \lambda_2 = \left[1.097 \times 10^7 \left(\frac{1}{1^2} - \frac{1}{2^2}\right)\right]^{-1} \text{m} = 1.215 \times 10^{-7} \text{m} = 121.5 \text{nm}$$

例 16-5　求出氢原子巴尔末系的最长和最小波长。

解　巴尔末系波长倒数为

$$\frac{1}{\lambda} = R\left(\frac{1}{2^2} - \frac{1}{n^2}\right), \quad n=3,4,5,\cdots$$

(1) $n=3$ 时，$\lambda = \lambda_{max}$：

$$\lambda_{max} = \left[1.097 \times 10^7 \left(\frac{1}{2^2} - \frac{1}{3^2}\right)\right]^{-1} \text{m} = 6.563 \times 10^{-7} \text{m} = 656.3 \text{nm}$$

(2) $n=\infty$ 时，$\lambda = \lambda_{min}$：

$$\lambda_{min} = \left[1.097 \times 10^7 \left(\frac{1}{2^2} - \frac{1}{\infty^2}\right)\right]^{-1} \text{m} = 3.646 \times 10^{-7} \text{m} = 364.6 \text{nm}$$

例 16-6　求氢原子中基态和第一激发态电离能。

解　氢原子能级为

$$E_n = \frac{1}{n^2} E_1, \quad n=1,2,3,\cdots$$

(1) 基态电离能等于电子从 $n=1$ 激发到 $n=\infty$ 时所需能量

$$W_1 = E_\infty - E_1 = \frac{E_1}{\infty} - \frac{E_1}{1^2} = -E_1 = 13.6 \text{eV}$$

(2) 第一激发态电离能等于电子从 $n=2$ 激发到 $n=\infty$ 时所需能量

$$W_1 = E_\infty - E_2 = \frac{E_1}{\infty} - \frac{E_1}{2^2} = -E_2 = -\frac{13.6}{2^2} = 3.4 \text{eV}$$

本 章 小 结

1. 普朗克提出能量量子化：

$$\varepsilon = h\nu \text{（最小一份能量值）}$$

2. 光的粒子性是由黑体辐射、光电效应和康普顿效应(散射)三个实验最终确定的。

3. 爱因斯坦提出光子假说：光束是光子流。

光电效应方程：

$$h\nu = \frac{1}{2}mv^2 + A$$

其中，逸出功 $A = h\nu_0$（ν_0 为红限频率）；最大初动能 $\frac{1}{2}mv^2 = eU_a$（U_a 遏止电压）。

4. 玻尔的三个基本假设是定态条件假设、频率条件假设 $\nu = \dfrac{E_i - E_f}{h}$、量子化条件假设

$\oint p\, dq = nh$ 或 $\oint p\, dq = \left(n + \dfrac{1}{2}\right)h$（索末菲等推广的量子化条件）。

阅读材料　丹麦科学家玻尔

玻尔(Niels Henrik David Bohr,1885—1962),丹麦物理学家。他于 1913 年在原子结构问题上迈出了革命性的一步,提出了定态假设和频率法则,从而奠定了这一研究方向的基础。玻尔指出:

(1) 在原子系统的设想的状态中存在着所谓的"稳定态"。在这些状态中,粒子的运动虽然在很大程度上遵守经典力学规律,但这些状态稳定性不能用经典力学来解释,原子系统的每个变化只能从一个稳定态完全跃迁到另一个稳定态。

(2) 与经典电磁理论相反,稳定原子不会发生电磁辐射,只有在两个定态之间跃迁才会产生电磁辐射。辐射的特性相当于以恒定频率作简谐振动的带电粒子按经典规律产生的辐射,但频率与原子的运动不是单一关系,而是由下面的关系来决定 $k\nu = E' - E''$。这就是玻尔的原子能。

玻尔 1885 年 10 月 7 日出生于丹麦的哥本哈根。他父亲是一位生理学教授,思想开明。为使两个儿子从小就热爱自然科学,经常与朋友们一起就科学、哲学、文化及政治等问题进行有趣的讨论,以熏陶玻尔和它的弟弟海拉德。除此之外,玻尔的父亲还极为重视两个儿子的体质,培养他们的体育兴趣。所以,玻尔和弟弟在少年时代就成了著名的足球运动员,长大以后,他弟弟还进入了国家足球队,而玻尔还养成了乒乓球、帆船和滑雪等终身爱好。

玻尔在童年时代是一个行动缓慢但做事专心的孩子。他在学校里各门功课都很好,尤其是物理学和数学。他还酷爱文学,但本族语学得很费力。他一生都用功克服这一困难,花了很多时间一遍一遍地抄写手稿,不管是科学论文、大会发言稿,还是给朋友的信件。这反映了玻尔对准确性的迫切要求和使自己的著作能传递尽可能多信息的强烈愿望。为了培养玻尔的动手能力,他父亲为他购置了车床和工具。心灵手巧的玻尔很快就熟练地掌握了金工技术,并敢于修理一切损坏了的东西,家里的钟表或自行车坏了,都是玻尔自己动手修理。

在中学时代,玻尔虽然是班里的第一名,但他从来不爱虚荣。

他思维非常迅速,自然地、毫不拘束地发展着自己的才能,并毫不动摇地选择了自己的道路——做一个物理学家。

1903 年,玻尔顺利地从中学毕业,进入了哥本哈根大学自然科学系。起初,他酷爱在大学的实验室里做实验,到二年级时,他决定参加丹麦皇家科学协会组织的优秀论文竞赛,并获得了卡尔斯堡基金会的一笔助学金,从而有机会到英国剑桥大学卡文迪许实验室,跟随当时最有权威的物理学家 J.J.汤姆逊进行深造。

但玻尔和 J.J.汤姆逊处得并不融洽,原因是玻尔和 J.J.汤姆逊第一次见面时就指出了 J.J.汤姆逊 一篇论文中一些他认为错误的地方。于是,他在 1912 年春转到了曼彻斯特大学的卢瑟福实验室工作。

实验室里有许多被卢瑟福发现和吸引来的优秀青年人才,如盖革、马考瓦、马斯登、埃万斯、拉歇尔、法扬斯、莫寒莱、海鸟希、查兑克、达尔文等,玻尔和他们相处得非常好,并和其中大部分人成了终生朋友。这当中关系最好的,除了卢瑟福之外,就是海鸟希了。这位匈牙利物理学家是一位十分机敏可爱的交谈伙伴,时时处处成为集体的中心。他帮助玻尔了解实验室,熟悉实验室的每个成员,并且海鸟希还精通化学,而玻尔正好极需要这方面的知识。

　　玻尔在卢瑟福的实验室工作了四个多月,于 1912 年 7 月底回国,因为他将在 8 月 1 日举行婚礼。在卢瑟福实验室工作的四个多月里,玻尔收获极大,他对卢瑟福衷心敬重,无论在为人方面还是在治学方面,卢瑟福都是他的楷模。两位伟大的物理学家之间深厚而纯朴的友谊就这样开始了,这一友谊延续了四分之一世纪,直到卢瑟福过早地离世。

　　1912 年 9 月,玻尔到哥本哈根大学担任编外副教授,主讲热力学的力学基础。玻尔在讲课中表现出一个教师的非凡才干,不管多难理解的问题,他都讲得清清楚楚且富有趣味。

　　在上课的同时,玻尔继续在理论上进行探索,1913 年,他发表了著名的论文《原子和分子的结构》,成为他迈向科学王国的伟大起步。

　　1914 年 10 月,玻尔又应邀到英国曼彻斯特大学任副教授,主讲热力学、运动学、电磁学和电子理论,并继续进行实验研究和原子结构理论及带电粒子制动理论的研究,取得了丰硕的成果。随着玻尔声望的不断提高,哥本哈根大学决定为玻尔设立理论物理学教授职位,于是,玻尔于 1916 年夏天回国,成为哥本哈根大学理论物理学教授。第二年,他又被选为丹麦皇家科学协会会员。

　　1918 年 11 月,第一次世界大战结束后,卢瑟福又邀请玻尔去担任他们不久前专门设置的哲学博士职务,但玻尔为了发展丹麦的物理学研究而婉言谢绝了。1920 年 9 月,在玻尔的不懈努力下,哥本哈根大学终于建成了理论物理研究所,这个研究所成了吸引年轻而有富有天才的理论学家和实验物理学家研究原子及微观世界问题的中心。

　　1922 年,玻尔因对研究原子的结构和原子的辐射所作的重大贡献而获得诺贝尔物理学奖。为此,整个丹麦都沉浸在喜悦之中,举国上下都为之庆贺,玻尔成了最著名的丹麦公民。为了支持正义与和平,玻尔将自己的诺贝尔金质奖章捐给了芬兰战争。后来,人们又为他募集黄金重铸了一枚,永远陈列在丹麦博物馆里。

　　1924 年 6 月,玻尔被英国剑桥大学和曼彻斯特大学授予科学博士名誉学位,剑桥哲学学会接受他为正式会员,12 月又被选为俄罗斯科学院的外国通信院士。

　　1927 年初,海森堡、玻恩、约尔丹、薛定谔、狄拉克等成功地创立了原子内部过程的全新量子力学理论,玻尔对量子力学的创立起了巨大的促进作用。1927 年 9 月,玻尔首次提出了"互补原理",奠定了哥本哈根学派对量子力学解释的基础,并从此开始了与爱因斯坦持续多年的关于量子力学意义的论战。爱因斯坦提出一个又一个的想象实验,力求证明新理论的矛盾和错误,但玻尔每次都巧妙地反驳了爱因斯坦的反对意见。这场长期的论战从许多方面促进了玻尔观点的完善,使他在以后对互补原理的研究中,不仅运用到物理学中,而且运用到其他学科。

　　1943 年 9 月,希特勒政权准备逮捕玻尔,为了避免遭到迫害,玻尔在反抗运动参加者的帮助下冒着极大的危险逃到了瑞典。在瑞典,他帮助安排了几乎所有的丹麦籍犹太人逃出了希特勒毒气室的虎口。过了不久,林德曼来电报邀请玻尔到英国工作,玻尔在乘坐一架小型飞机飞往英国的途中险些因缺氧而丧生。在英国待了两个月后,根据美国总统罗斯福和英国首相丘吉尔签署的魁北克协议,美国和英国物理学家应密切合作共同工作。于是玻尔被任命为英国的顾问,与查德威克等一批英国原子物理学家远涉重洋去了美国,参加了制造原子弹的曼哈顿计划。玻尔由于担心德国率先造出原子弹,给世界造成更大的威胁,所以也和爱因斯坦一样,以科学顾问的身份积极推动了原子弹的研制工作。

　　但他坚决反对在对日战争中使用原子弹,也坚决反对在今后的其他战争中使用原子弹,始终坚持和平利用原子能的观点。他积极与美国和英国的国务活动家取得联系,参加了禁止核试验,争取和平、民主和各民族团结的斗争。对于原子弹给日本造成的巨大损失,他感到非常内疚,并为此发表了《科学与文明》和《文明的召唤》两篇文章,呼吁各国科学家加强合作,和平利用原子能,对那些可能威胁世界安全的任何行为进行国际监督,为各民族今后无忧无虑地发展自己的科学文化而斗争。

1945 年 8 月 20 日,玻尔又回到了丹麦,继续担任理论物理研究所所长,并被重新选为丹麦皇家科学协会主席。在以后的日子里,玻尔不仅积极参加和领导原子物理的理论研究,而且继续致力于发展原子能的和平利用。随着时间的推移,玻尔为争取和平事业和国际合作而进行的斗争广为人们所知,他的威信越来越高,影响越来越大。因此,1957 年他理所当然地被授予第一届"和平利用原子能"奖。

玻尔成了丹麦的骄傲,全国广泛举行了庆祝他诞辰 60 周年和 70 周年的活动。在庆祝他 60 周年诞辰时,为他建立了 40 万丹麦克朗的独立基金,以便他用来鼓励各种研究活动。在祝他 70 周年诞辰时,国王授予他丹麦一级勋章,政府和皇家科学协会决定设立铸有他头像的玻尔金质奖章,用来奖励那些有卓越贡献的现代物理学家。

玻尔在暮年时,仍然积极参加组织活动和社会活动,为巩固各国科学家的国际合作而到处奔波,直到 1962 年 11 月 18 日与世长辞。

从此,人们失去了一位天才的科学家和思想家,一位争取世界和平的战士,一位纯朴、诚实、善良、平易近人的全人类的朋友。世界上许多国家的有关机构给丹麦皇家科学协会发来了无数唁电、信函,沉痛悼念这位科学巨人。

1962 年 12 月 14 日,纪念玻尔的大会隆重举行,丹麦国王夫妇、玻尔的妻子、儿子、儿媳及许多玻尔的朋友和同事出席了大会。大会的报告介绍了玻尔对物理学和哲学的发展所作的不朽贡献,以及他的活动对皇家科学协会的重大意义。夜晚,大家自发地聚集在一起,倾谈对玻尔的怀念。

为了纪念玻尔,哥本哈根大学理论物理研究所被命名为尼尔斯·玻尔研究所。

习 题

16.1 单项选择题

(1) 已知一单色光照射在钠表面上,测得光电子的最大动能是 1.2eV,而钠的红限波长是 540nm,那么入射光的波长是( )。

    A. 535nm   B. 500nm   C. 435nm   D. 355nm

(2) 在均匀磁场 B 内放置一极薄的金属片,其红限波长为 λ_0。今用单色光照射,发现有电子放出,有些放出的电子(质量为 m,电荷的绝对值为 e)在垂直于磁场的平面内作半径为 R 的圆周运动,那么此照射光光子的能量是( )。

    A. $\dfrac{hc}{\lambda_0}$ B. $\dfrac{hc}{\lambda_0}+\dfrac{(eRB)^2}{2m}$ C. $\dfrac{hc}{\lambda_0}+\dfrac{eRB}{m}$ D. $\dfrac{hc}{\lambda_0}+2eRB$

(3) 用频率为 ν 的单色光照射某种金属时,逸出光电子的最大动能为 E_k;若改用频率为 2ν 的单色光照射此种金属,则逸出光电子的最大动能为( )。

    A. $2E_k$ B. $2h\nu - E_k$ C. $h\nu - E_k$ D. $h\nu + E_k$

(4) 在康普顿效应实验中,若散射光波长是入射光波长的 1.2 倍,则散射光光子能量 ε 与反冲电子动能 E_k 之比 ε / E_k 为(　　)。

　　A. 2　　　　　　B. 3　　　　　　C. 4　　　　　　D. 5

(5) 要使处于基态的氢原子受激发后能发射莱曼系(由激发态跃迁到基态发射的各谱线组成的谱线系)的最长波长的谱线,至少应向基态氢原子提供的能量是(　　)。

　　A. 1.5eV　　　　B. 3.4eV　　　　C. 10.2eV　　　　D. 13.6eV

16.2　填空题

(1) 光子波长为 λ,则其能量＝_____;动量的大小＝_____;质量＝_____。

(2) 当波长为 300nm 的光照射在某金属表面时,光电子的能量范围为 $0 \sim 4.0 \times 10^{-19}$ J。在做上述光电效应实验时遏止电压为 $|U_a|$＝_____ V;此金属的红限频率 ν_0＝_____ Hz。

(3) 以波长为 $\lambda = 0.207 \mu m$ 的紫外光照射金属钯表面产生光电效应,已知钯的红限频率 $\nu_0 = 1.21 \times 10^{15}$ Hz,则其遏止电压 $|U_a|$＝_____ V。

(4) 若一无线电接收机接收到频率为 10^8 Hz 的电磁波的功率为 $1 \mu W$,则每秒接收到的光子数为_____。

(5) 钨的红限波长是 230nm,用波长为 180nm 的紫外光照射时,从表面逸出的电子的最大动能为_____ eV。

16.3　计算题

(1) 功率为 P 的点光源,发出波长为 λ 的单色光,在距光源为 d 处,每秒钟落在垂直于光线的单位面积上的光子数为多少? 若 $\lambda = 663$nm,则光子的质量为多少?

(2) 当电子的德布罗意波长与可见光波长($\lambda = 550$nm)相同时,求它的动能是多少电子伏特。(电子质量 $m_e = 9.11 \times 10^{-31}$ kg,普朗克常量 $h = 6.63 \times 10^{-34}$ J·s,1eV＝1.60×10^{-19} J)

(3) 若不考虑相对论效应,则波长为 550nm 的电子的动能是多少电子伏特?(普朗克常量 $h = 6.63 \times 10^{-34}$ J·s,电子静止质量 $m_e = 9.11 \times 10^{-31}$ kg)

第 17 章 量子力学基础

17.1 微观粒子的波粒二象性

17.1.1 德布罗意假设

光的干涉和衍射等现象为光的波动性提供了有力的证据,而新的实验事实——黑体辐射、光电效应和康普顿效应则为光的粒子性(即量子性)提供了有力的论据。在 1923—1924 年,光的波粒二象性作为一个普遍的概念,已为人们所理解和接受。法国物理学家路易·德布罗意(Louis de Broglie)认为,如同过去对光的认识比较片面一样,对实物粒子的认识或许也是片面的,二象性并不只是光才具有的,实物粒子也具有二象性。德布罗意说:"整个世纪以来,在光学上,比起对波动的研究,是过于忽视了粒子方面的研究;在物质粒子理论上,是否发生了相反的错误呢?是不是我们把关于粒子的图像想得太多,而过分地忽视了波的图像?"德布罗意把光中对波和粒子的描述应用到实物粒子上,做了如下假设。

每一运动着的实物粒子都有一波与之相联系,粒子的动量与此波波长的关系如同光子情况一样,即

$$p = \frac{h}{\lambda} \tag{17-1}$$

$$\lambda = \frac{h}{p} = \frac{h}{mv} \tag{17-2}$$

式(17-1)或式(17-2)称为德布罗意公式,与实物粒子相联系的波称为德布罗意波。讨论:以电子为例,电子经电场加速后,设加速电压 U,电子速率 $v \ll c$ 时,德布罗意波长为

$$\lambda = \frac{h}{p} = \frac{h}{m_0 v}$$

此时有

$$\frac{1}{2} m_0 v^2 = eU$$

$$\lambda = \frac{h}{\sqrt{2m_0 e}} \cdot \frac{1}{\sqrt{U}} = \frac{6.62 \times 10^{-34}}{\sqrt{2 \times 9.1 \times 10^{-31} \times 1.6 \times 10^{-19}}} \frac{1}{\sqrt{U}}$$

$$= \frac{12.2 \times 10^{-10} \, \text{m}}{\sqrt{U}} = \frac{1.22}{\sqrt{U}} \text{nm}$$

即

$$\lambda = \frac{1.22}{\sqrt{U}} \text{nm}$$

式中,U 的单位为 V。

德布罗意用物质波概念分析了玻尔量子化条件的物理基础。他将电子在玻尔轨道上的

运动与这个电子的物质波沿轨道的传播相联系,指出:一个无辐射的稳定圆轨道的周长必须等于电子的物质波波长的整数倍,即满足驻波条件,此即玻尔理论中的角动量量子化条件。这样,就由物质波驻波条件,比较自然地得出了玻尔量子化条件。由此还可以推知氢原子定态能量也是量子化的,请读者自己研究。

17.1.2　德布罗意波的实验证实及电子衍射实验

实物粒子的波动性,当时是作为一个假设提出来的,直到 1927 年被戴维孙和革末的电子衍射实验所证实。戴维孙和革末做电子束在晶体表面散射的实验时,观察到了和 X 射线在晶体表面衍射相类似的电子衍射现象,从而证实了电子具有波动性。证实物质波的实验近年来又做过许多,其中大多设计精巧、实验难度很高、效果非常突出,反映了近年来科学实验技术的飞速进步。该实验情况如下。

1. 实验装置

如图 17-1 所示,K 是发射电子的灯丝,D 是一组光栅缝,M 是单晶体,B 是集电器,G 是电流计。灯丝与栅缝之间有电压 U,从 K 发射的电子经电场加速,经光栅变成平行光束,以入射角 φ 射到单晶 M 上,并在 M 上向各方向散射,其中沿 φ 方向反射的电子进入集电器 B 中,反射电子流的强度由电流计 G 量出,集电器只接受满足反射定律的电子,目的是改变这一情况下反射电子强度和 U 之间的关系。实验中 φ 角保持不变(2 个 φ 角),改变 U 而测 I。

2. 实验结果

I 与 U 的关系如图 17-2 所示,可知,$\sqrt{U}$ 单调增加时,I 不是单调变化,而是有一系列极大值,这说明电子从晶体上沿 φ 角方向反射时,对电压 U 的值有选择性,即遵守反射定律的电子对电压有选择性。

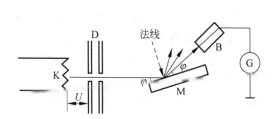

图 17-1　电子衍射实验装置示意图

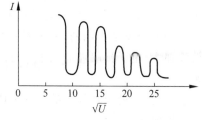

图 17-2　电子流强度 I 与加速电势差 U 的关系

3. 实验结果说明了电子具有波动性

如果只认为电子具有粒子性,则上述结果难以理解,那么,如何去认识电子的这种行为呢? 我们知道,X 射线在晶体上反射加强时,有下列规律,即布拉格公式

$$2d\sin\varphi = k\lambda, \quad k = 1, 2, \cdots$$

式中,λ 为入射光波长;d 为晶格常数。将这一事实与上述结果对照一下,电子的反射和 X 射线的反射极为相似,因此,要解释上述实验结果,要考虑电子的波动性。假设电子具有波动性,反射时也服从布拉格公式,其波长代以德布罗意波长,用上面公式可得结果,看看是否能解释上面的实验结果。

德布罗意波长为

$$\lambda = \frac{h}{p} = \frac{h}{m\sqrt{\dfrac{2eU}{m}}} = \frac{h}{\sqrt{2me}} \cdot \frac{1}{\sqrt{U}}$$

$$= 2d\sin\varphi = \frac{k}{\sqrt{U}} \cdot \frac{h}{\sqrt{2me}}, \quad k = 1, 2, \cdots$$

即加速电压满足此式时,电子流强度 I 有极大值,由此计算所得加速电压 U 的各个量值和实验相符,因而证实了德布罗意假设的正确性。

电子既然有波动性,自然会联系到原子、分子和中子等其他粒子,是否也具有波动性。用各种气体分子做类似的实验,完全证实了分子也具有波动性,德布罗意公式也仍然是成立的。后来,中子的衍射现象也被观察到。现在德布罗意公式已改为表示中子、电子、质子、原子和分子等粒子的波动性和粒子性之间关系的基本公式。

17.1.3　德布罗意波的统计解释

既然电子、中子、原子等微观粒子具有波粒二象性,那么如何解释这种波动性呢?

为了理解实物粒子的波粒二象性,我们不妨重新分析一下光的衍射情况。根据波动光观点,光是一种电磁波,在衍射图样中,亮处表示波的强度大,暗处表示波的强度最小。而波的强度与振幅平方成正比。所以,图样亮处波的振幅平方大,图样暗处波的振幅平方小。根据光子的观点,光强大处表示单位时间内到达该处的光子数多,光强小处表示单位时间到达该处的光子数少。从统计观点看,这相当于光子到达亮处的概率大于到达暗处的概率。因此可以说,粒子在某处出现的概率与该处波的强度成正比,所以也可以说,粒子在某处附近出现的概率与该处波的振幅平方成正比。

现在应用上述观点来分析一下电子的衍射图样。从粒子观点看,衍射图样的出现,是由于电子不均匀地射向照相底片各处所形成的,有些地方很密集,有些地方很稀疏。这表示电子射到各处的概率是不同的,电子密集处概率大,电子稀疏处概率小。从波动观点看,电子密集处波强大,电子稀疏处波强小。所以,电子出现的概率反映了波的强度,因为波强正比于波幅的平方。

普遍地说,某处出现粒子的概率正比于该处德布罗意波振幅的平方。这就是德布罗意波的统计解释。

(1) 一切实物粒子都具有波粒二象性。宏观物体的波长一般是很短的,它们的波动性不能通过观察而得到;相反,微观粒子,特别是匀速运动的粒子,它们的物质波波长十分显著,不能把它们再看作经典粒子。

(2) 微观粒子的波动性已经在现代科学技术上得到应用。电子显微镜分辨率之所以较普通显微镜高,就是应用了电子的波动性。我们提到过,光学显微镜由于受到可见光的限制,分辨率不能很高。放大倍数只有 2000 倍左右,而电子的德布罗意波长比可见光短得多,按 $\lambda = \dfrac{12.2}{\sqrt{U}}$ 知,U 为几百伏特时,电子波长和 X 射线相通。如果加速电压增大到几万伏特,则 λ 更短。所以,电子显微镜放大倍数很大,可达到几十万倍以上。

(3) 应该指出,德布罗意波与经典物理学当中研究的波是截然不同的,如机械波是机械振动在空间中的传播,而德布罗意波是对微观粒子运动的统计描述,它的振幅平方表述了粒子出现的概率。我们绝对不能把微观粒子的波动性,机械地理解成经典物理学当中的波,不能认为实物粒子变成了弯弯曲曲的波。

例 17-1　一电子束中,电子的速率为 8.4×10^6 m/s,求德布罗意波长。

解　因为 8.4×10^6 m/s 比 $c = 3 \times 10^8$ m/s 小得多,所以可用经典理论:

$$\lambda = \frac{h}{p} = \frac{h}{m_0 v} = \frac{6.62 \times 10^{-34}}{9.1 \times 10^{-31} \times 8.4 \times 10^6} \text{m} = 8.67 \times 10^{-11} \text{m}$$

例 17-2　已知第一玻尔轨道半径为 r_1,试计算当氢原子中电子沿第 n 个玻尔轨道运动时,其相应的德布罗意波长是多少。

解　依玻尔量子化条件 $mvr_n = n\dfrac{h}{2\pi}$ 有

$$pr_n = n\frac{h}{2\pi}$$

$$r_n = n_1^2 r$$

$$p = \frac{nh}{2\pi} \frac{1}{n^2 r_1} = \frac{h}{2\pi n r_1}$$

代入式(17-2)中,有

$$\lambda = \frac{h}{\dfrac{h}{2\pi n r_1}} = 2\pi r_1 n$$

17.2　测不准关系

在经典力学中,任一时刻粒子的坐标和动量都有准确值,所以可用坐标和动量描述粒子的状态。那么,对于微观粒子是否也可以这样做呢? 下面来讨论这个问题。以电子运动为例,设平行单能电子束,沿 y 轴方向入射到单缝 K 上,缝宽为 a,电子经缝后产生衍射,衍射图样分布关于 y 轴对称,如图 17-3 所示。

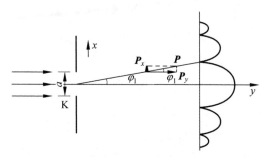

图 17-3　电子单缝衍射实验

在中央处形成亮纹,在其两旁还有其他亮纹。现考虑中央零级。根据单缝衍射公式有

$$a\sin\varphi_1 = \lambda \text{(第 1 级极小)} \tag{17-3}$$

通过缝后,电子由于发生衍射,所以电子运动方向发生了变化,即动量发生了变化。设

经缝后电子动量为 p，在 φ_1 角内，动量 p 在 x 方向的分量 p_x 满足下式：

$$0 \leqslant p_x \leqslant p\sin\varphi_1 \tag{17-4}$$

故 p_x 的不确定量为

$$\Delta p_x = p\sin\varphi_1 \tag{17-5}$$

由式(17-3)、式(17-5)有

$$a\Delta p_x = p \cdot \lambda \tag{17-6}$$

当电子通过缝时，它通过单缝哪一点是不确定的。电子坐标 x 的不确定度 Δx 等于缝宽度 a，所以式(17-6)可化为

$$\Delta x \cdot \Delta p_x \geqslant h \tag{17-7}$$

式(17-7)称为海森堡测不准关系；Δx、Δp_x 分别称为粒子的坐标 x 和动量 p_x 的不确定量。不确定关系表明，微观粒子的位置坐标和同一方向的动量不可能同时具有确定值。减小 Δx，将使 Δp_x 增大，即位置确定越准确，动量确定就越不准确。这和实验结果是一致的。如做单缝衍射实验时，缝越窄，电子在底片上分布的范围就越宽。因此，对于具有波粒二象性的微观粒子，不可能用某一时刻的位置和动量描述其运动状态，轨道的概念已失去意义，经典力学规律也不再适用。如果在所讨论的具体问题中，粒子坐标和动量的不确定量相对很小，说明粒子波动性不显著，实际上观察不到，这样的问题仍可用经典力学处理。

例 17-3 在电子单缝衍射中，若缝宽为 $a = 0.1\text{nm}$，电子束垂直入射在单缝上，则衍射电子横向动量的最小不确定度 Δp_x 为多少？

解 $\Delta x \cdot \Delta p_x \geqslant h$，即

$$\Delta p_x \geqslant \frac{h}{\Delta x}$$

依题意有动量最小不确定量为

$$\Delta p_x \geqslant \frac{h}{\Delta x} = \frac{h}{a} = \frac{6.62 \times 10^{-34}}{0.1 \times 10^{-9}}\text{N} \cdot \text{s} = 6.62 \times 10^{-24}\text{N} \cdot \text{s}, \quad \Delta x = a$$

例 17-4 一电子具有 200m/s 的速率，动量不确定度为 0.01%，确定电子位置时，不确定量为多少？

解 由 $\Delta x \cdot \Delta p_x \geqslant h$ 可以得到

$$\Delta x \geqslant \frac{h}{\Delta p_x} = \frac{h}{p_x \times 0.01\%}$$

$$= \frac{h}{0.0001 m V_x}$$

$$= \frac{6.63 \times 10^{-34}}{10^{-4} \times 9.1 \times 10^{-31} \times 200}\text{m}$$

$$= 3.64 \times 10^{-2}\text{m}$$

已确定原子大小的数量级为 10^{-10}m，电子则更小，在这种情况下，电子位置不确定量 $\gg$ 电子本身的线度，所以，此时必须考虑电子的波粒二象性。

例 17-5 一光子波长为 300nm，测定此波长时产生的相对误差为 $\frac{\Delta\lambda}{\lambda} = 10^{-6}$，试求光子位置不确定量。

解　因为 $\Delta x \Delta p_x \geqslant h$，得到 $\Delta x \geqslant \dfrac{h}{\Delta p_x}$

$$\Delta p_x = \left| \frac{dp}{d\lambda} \Delta\lambda \right| = \left| \frac{d}{d\lambda}\left(\frac{h}{\lambda}\right) \Delta\lambda \right| = \left| \frac{-h}{\lambda^2} \Delta\lambda \right| = \frac{h}{\lambda} \cdot \frac{\Delta\lambda}{\lambda}$$

$$\Delta x \geqslant \frac{h}{\dfrac{h}{\lambda} \cdot \dfrac{\Delta\lambda}{\lambda}} = \frac{\lambda}{\Delta\lambda} = \frac{3000 \times 10^{-10}}{10^{-6}}\,\text{m} = 3 \times 10^{-1}\,\text{m}$$

不确定关系是微观客体具有波粒二象性的反映,是物理学中一个重要的基本规律,在微观世界的各个领域中有很广泛的应用。海森堡是矩阵力学(量子力学的另一种描述形式)的主要创立人,他由于这一重大贡献,获得了 1932 年诺贝尔物理学奖。

17.3　波函数及薛定谔方程

对宏观物体可用坐标和动量来描述物体的运动状态,而对微观粒子不能用坐标和动量来描述状态,因为微观粒子具有波粒二象性,坐标和动量不能同时测定。那么,微观粒子的运动状态用什么描述呢? 遵守的运动方程又是什么呢? 为解决此问题,必须建立新的理论。在一系列实验的基础上,经过德布罗意、薛定谔、海森堡、玻恩、狄拉克等人的工作,建立了反映微观粒子属性和规律的量子力学。

量子力学是研究微观客体运动的一门科学。反映微观粒子运动的基本方程是薛定谔方程,微观粒子运动状态用薛定谔方程的函数(波函数)来表述。

17.3.1　波函数

物质粒子既然是波,为什么长期把它看成经典粒子,没犯错误? 实物粒子波长很短,一般宏观条件下,波动性不会表现出来。到了原子世界(原子大小约 10^{-10} m),物质波的波长与原子尺寸可比,物质微粒的波动性就明显地表现出来。对波粒二象性的辩证认识:微观粒子既是粒子,也是波,它是粒子和波动两重性矛盾的统一,这个波不再是经典概念下的波,粒子也不再是经典概念下的粒子。在经典概念下,粒子和波很难统一到一个客体上。

考虑到微观粒子具有波动性,1925 年奥地利物理学家薛定谔(Schrödinger)首先提出用物质波波函数描述微观粒子的运动状态,就如同用电磁波波函数描述光的运动一样。物质波波函数是时间和空间坐标的函数,表示为 $\Psi(x,t)$。

1926 年,玻恩(Born)提出了概率波的概念:在数学上,用一函数表示描写粒子的波,这个函数叫做波函数。波函数在空间中某一点的强度(振幅绝对值的平方)和在该点找到粒子的概率成正比。既描写粒子的波叫概率波。

描写粒子波动性的概率波是一种统计结果,即许多电子同一实验或一个电子在多次相同实验中的统计结果。概率波的概念将微观粒子的波动性和粒子性统一起来。微观客体的粒子性反映微观客体具有质量、电荷等属性。而微观客体的波动性,也只反映了波动性最本质的东西:波的叠加性(相干性)。

1. 自由粒子(无外界作用)波函数

一个沿 x 轴正方向运动的、不受外力作用的自由粒子,由于能量 E 和动量 p 都是常量,由德布罗意关系式可知,其物质波的频率 ν 和波长 λ 也都不随时间变化,因此自由粒子的物质波是一列单色平面波,即沿 $+x$ 方向传播的单频平面余弦波为

$$y(x,t)=a\cos\left[(2\pi\nu t+\varphi)-\frac{2\pi x}{\lambda}\right]$$

对机械波和电磁波来说,单色平面波的波函数 $y(x,t)$ 可以用下列复函数的实数(或虚数)部分表示,$y(x,t)=a\mathrm{e}^{-\mathrm{i}(2\pi\nu t+\varphi)-\mathrm{i}\frac{2\pi x}{\lambda}}=a\mathrm{e}^{-\mathrm{i}\varphi}\mathrm{e}^{-\mathrm{i}\left(2\pi\nu t-\frac{2\pi x}{\lambda}\right)}$,令 $A=a\mathrm{e}^{-\mathrm{i}\varphi}$,即

$$y(x,t)=A\mathrm{e}^{-\mathrm{i}2\pi\left(\nu t-\frac{x}{\lambda}\right)} \tag{17-8}$$

对于自由粒子(沿 $+x$ 方向运动),其动量和能量都为常量。

由德布罗意假设
$$\lambda=\frac{h}{p}$$
$$E=h\nu$$

可将式(17-8)化成($y(x,t)\rightarrow\Psi(x,t)$),有

$$\Psi(x,t)=A\mathrm{e}^{-\mathrm{i}\frac{2\pi}{h}(Et-px)} \tag{17-9}$$

式(17-9)是与能量为 E、动量为 p、沿 $+x$ 方向运动的自由粒子相联系的波。此波称为自由粒子的德布罗意波,Ψ 称为自由粒子的波函数。

可以将 x 方向推广为三维情况,$x\rightarrow\boldsymbol{r}$,$p\rightarrow\boldsymbol{P}$,得到

$$\Psi(x,y,z,t)=\mathrm{e}^{-\mathrm{i}\frac{2\pi}{h}[Et-(p_x x+p_y y+p_z z)]}$$

2. 波函数的统计解释

机械波的波函数表示介质中各点离开平衡位置的位移,电磁波的波函数表示空间各点电场或磁场在空间中的振荡,等等。那么,物质波的波函数表示什么呢? 这个问题在一段时间内困扰了不少的物理专家,他们先后提出过不少的解释,现在人们普遍接受的是玻恩提出的统计解释,玻恩指出,实物粒子的物质波是一种概率波;t 时刻粒子在空间 r 处附近的体积元 $\mathrm{d}V$ 中出现的概率 $\mathrm{d}W$ 与该处波函数绝对值的平方成正比,可以写成

$$\mathrm{d}W=|\Psi(x,y,z)|^2\mathrm{d}x\mathrm{d}y\mathrm{d}z=\Psi(r,t)\Psi^*(r,t)\mathrm{d}V$$

波函数统计解释:某时刻,在某点找到粒子的概率与该点处波函数振幅绝对值的平方成正比(一般情况下,波函数是复数)。

3. 波函数统计解释对波函数的要求

波函数既然具有这样的物理意义,它必须满足一定条件。由于在空间任一点粒子出现的概率应该唯一和有限,空间各点概率分布应该连续变化,因此波函数必须单值、有限、连续,不符合这三个条件的 Ψ 函数是没有物理意义的,它就不代表物理实在。又因为粒子必定要在空间的某一点出现,因此任意时刻粒子在空间各点出现的概率总和等于1,即应有

$$\int_V \Psi\Psi^* \mathrm{d}V=1 \tag{17-10}$$

式(17-10)称为波函数的归一化条件。它表明:粒子在全空间找到的概率等于1。满足归一化条件的波函数称为归一化波函数。

下列二式物理意义:

(1) $|\Psi(x,y,z,t)|^2$(或 $\Psi\Psi^*$)意义:粒子在 t 时刻出现在 (x,y,z) 处单位体积内的

概率(概率连续)。

(2) $|\Psi(x,y,z,t)|^2 \mathrm{d}x\mathrm{d}y\mathrm{d}z$ 意义：粒子在 t 时刻出现在(x,y,z)附近体积元 $\mathrm{d}x\mathrm{d}y\mathrm{d}z$ 内的概率。

说明：① 物质波不是机械波,也不是电磁波,而是一种概率波。由波函数的统计解释可以看出,对微观粒子讨论是无意义的,而决定状态的只能是波函数,从概率的角度去描述。

② 波函数本身无明显的物理意义,而只有 $|\Psi|^2(=\Psi\Psi^*)$ 才有物理意义,反映了粒子出现的概率。

③ 描写微观粒子状态的波函数要满足归一化条件和波函数标准条件(有时也可不归一化)。

④ 波函数是态函数,用概率角度去描述,反映了微观粒子的波粒二象性。

17.3.2　薛定谔方程

1926 年,薛定谔在德布罗意物质波假说的基础上,建立了势场中微观粒子的微分方程,可以正确处理低速情况下各种微观粒子运动的问题,他所提出的这套理论体系,当时称为波动力学。后来证明,波动力学与由海森堡、玻恩等人差不多同时从不同角度提出的矩阵力学完全等价,现在一般统称为量子力学。

1. 一维自由粒子的薛定谔方程

粒子波函数 $\Psi(x,t)=A\mathrm{e}^{-\mathrm{i}\frac{2\pi}{h}(Et-px)}$,令 $\psi(x)=A\mathrm{e}^{\mathrm{i}\frac{2\pi}{h}px}$,得

$$\Psi(x,t)=\mathrm{e}^{-\mathrm{i}\frac{2\pi}{h}Et}\psi(x)$$

$\psi(x)=A\mathrm{e}^{\mathrm{i}\frac{2\pi}{h}px}$ 只与 x 有关,与 t 无关,$\psi(x)$ 也称为波函数(定态波函数)。可知：

$$\frac{\partial^2\psi}{\partial x^2}=\left(\mathrm{i}\frac{2\pi}{h}p\right)^2 A\mathrm{e}^{\mathrm{i}\frac{2\pi}{h}px}=-\frac{4\pi^2}{h^2}p^2\psi$$

由于 $p^2=2m\cdot\dfrac{1}{2}mv^2=2mE_\mathrm{k}$,则

$$\frac{\partial^2\psi}{\partial x^2}=-\frac{4\pi^2}{h^2}\cdot 2mE_\mathrm{k}\psi$$

即

$$\frac{\partial^2\psi}{\partial x^2}+\frac{8\pi^2 m}{h^2}E_\mathrm{k}\psi=0 \tag{17-11}$$

式(17-11)为自由粒子一维运动的薛定谔方程(定态薛定谔方程)

2. 一维势场中粒子的薛定谔方程

因 $E=E_\mathrm{k}+V$,所以 $E_\mathrm{k}=E-V$,有

$$\frac{\partial^2\psi}{\partial x^2}+\frac{8\pi^2 m}{h^2}(E-V)\psi=0 \tag{17-12}$$

式(17-12)为一维势场中粒子的薛定谔方程。

3. 三维情况下粒子的薛定谔方程

$$\frac{\partial^2}{\partial x^2}\rightarrow\frac{\partial^2}{\partial x^2}+\frac{\partial^2}{\partial y^2}+\frac{\partial^2}{\partial z^2} \tag{17-13}$$

由式(17-13)可得

$$\frac{\partial^2 \psi}{\partial x^2}+\frac{\partial^2 \psi}{\partial y^2}+\frac{\partial^2 \psi}{\partial z^2}+\frac{8\pi^2 m}{h^2}(E-V)\psi=0 \tag{17-14}$$

式(17-14)为三维势场中粒子的薛定谔方程。

说明薛定谔方程不能从经典力学导出,也不能用任何逻辑推理的方法加以证明。它是否正确,只能通过实验来检验。几十年来,关于微观系统的低能的大量实验事实无不表明用薛定谔方程进行计算(包括近似计算)所得的结果都与实验结果符合得很好。因此薛定谔方程作为量子力学的基本方程被认为是能够正确反映微观系统客观实际的近代物理理论。

17.4 一维定态薛定谔方程应用

现以金属中电子的运动为例,讨论薛定谔方程的应用。实际情况是相当复杂的,为简单起见,假定电子只能作沿 x 轴的一维运动,且其势能函数具有下面的形式:

$$V(x)=0, \quad 0<x<a$$
$$V(x)=\infty, \quad x\leqslant 0, x\geqslant a$$

相应的势能曲线如图 17-4 所示。这种形式的力场称为一维无限深(方)势阱。由于力和势

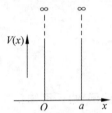

图 17-4   一维无限深势阱

能有关系 $F_x=-\dfrac{V}{x}$,在金属内部($0<x<a$ 区域),电子不受力作用;在金属表面($x=0,a$)处势能发生突变,并且是突然升高,表明电子在这两处受到指向金属内部的无限大作用力,因此不可能越出金属表面。

这一简化模型相当于假设粒子是在两端封闭的一维管中运动。对金属中的电子而言,这个模型是过于简单和粗略了。因为不仅忽略了电子间的相互碰撞,还忽略了排列整齐的正离子晶格点阵所产生的、具有空间周期性的电场力对电子的作用;而且把金属表面外有限的势能当作是无限大的,还把在三维空间的运动当作是一维的。

1. 讨论电子能级和波函数

因为 $V(x)$ 不随时间变化,所以是一维定态问题。在 $x\leqslant 0$ 和 $x\geqslant a$ 的区域内,具有有限能量的电子不可能出现,故 $\psi(x)=0$。

在 $0<x<a$ 区域内,定态薛定谔方程为

$$\begin{cases}\dfrac{d^2\psi}{dt^2}+\dfrac{8\pi^2 m}{h^2}(E-0)\psi=0, & 0<x<a \\[2mm] \dfrac{d^2\psi'}{dt^2}+\dfrac{8\pi^2 m}{h^2}(E-V)\psi'=0, & x\leqslant 0, x\geqslant a; V\to\infty\end{cases} \tag{17-15}$$

可知 $\psi'=0$,令 $\dfrac{8\pi^2 mE}{h^2}=k^2$,则式(17-15)变为

$$\frac{d^2\psi}{dx^2}+k^2\psi=0 \tag{17-16}$$

式(17-16)是二阶的、线性的、齐次的、常系数的常微分方程。其通解为

$$\psi(x) = c_1 \sin kx + c_2 \cos kx, \quad c_1 \text{、} c_2 \text{ 为常数}$$

波函数满足连续性条件

$$\psi(0) = \psi'(0) = 0$$
$$\psi(a) = \psi'(a) = 0$$

有

$$\psi(0) = c_1 \sin 0° + c_2 \cos 0° = 0$$

得到 $c_2 = 0$ 时，

$$\psi(x) = c_1 \sin kx$$

由此可知

$$\psi(a) = c_1 \sin ka = 0$$

若 $c_1 = 0$，则 $\psi(x) \equiv 0$，无意义。$c_1 \neq 0$，$\sin ka = 0$，即

$$ka = n\pi, \quad n = 1, 2, \cdots$$

得到

$$k = \frac{n\pi}{a}$$

波函数为

$$\psi(x) = c_1 \sin \frac{n\pi}{a} x, \quad n = 1, 2, \cdots$$

归一化条件为

$$1 = \int_0^a |\psi(x)|^2 \mathrm{d}x = \int_0^a \left| c_1 \sin \frac{n\pi}{a} x \right|^2 \mathrm{d}x$$

$$= c_1^2 \int_0^a \sin^2 \frac{n\pi}{a} x \, \mathrm{d}x = c_1^2 \cdot \frac{1}{2} a$$

可取

$$c_1 = \sqrt{\frac{2}{a}}$$

可有

$$\psi(x) = \sqrt{\frac{2}{a}} \sin \frac{n\pi}{a} x \text{（归一化波函数）}$$

即波函数为

$$\psi(x) = \sqrt{\frac{2}{a}} \sin \frac{n\pi}{a} x, \quad 0 < x < a$$
$$\psi(x)' = 0, \quad x \leqslant 0, x \geqslant a$$

2. 能级

由 $k^2 = \frac{8\pi^2 m}{h^2} E$ 和 $k = \frac{n\pi}{a}$ 有

$$E = \frac{n^2 h^2}{8a^2 m}, \quad n = 1, 2, 3, \cdots \tag{17-17}$$

$n = 1, 2, 3, 4$ 时，E_n、$\psi_n(x)$、$|\psi_n(x)|^2$ 曲线如图 17-5 所示。

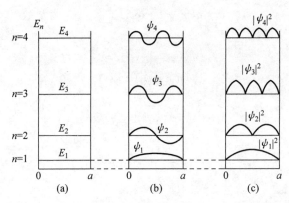

图 17-5　$n=1,2,3,4$ 时，E_n、$\psi_n(x)$、$|\psi_n(x)|^2$ 曲线图

讨论：(1) $E_n=\dfrac{n^2h^2}{8ma^2}$，$n=1,2,\cdots$，自然得到能量是量子化的，这与经典理论中能量是连续的概念完全冲突。

(2) 基态能(或零点能)：$E_1=\dfrac{h^2}{8ma^2}\neq0$，这与经典物理中，自由粒子能量最小为零完全相违背。$E_1\neq0$，由测不准关系可以说明。如果粒子能量为零，则粒子(自由的)动量为零。由 $\Delta x\Delta p_x\geqslant h$ 知，$\Delta x\to\infty$，但实际上 Δx 被限制在 a 势阱内，所以 $E_1\neq0$。实际上，这是微观粒子波粒二象性的必然反映，因为"静止的波"是不存在的。

(3) 粒子出现的概率密度 $|\psi_n(x)|^2=\dfrac{2}{a}\sin\dfrac{2n\pi}{a}x$ 随 x 变化，即在势阱内出现粒子的可能性不相同，与地点有关。按经典理论，势阱内各处出现粒子的可能性是等同的。

(4) 能量间隔：

$$\Delta E_n=E_{n+1}-E_n=\frac{(n+1)^2h^2}{8ma^2}-\frac{n^2h^2}{8ma^2}=(2n+1)\frac{h^2}{8ma^2}$$

当 n 一定，a 很大时，ΔE 很小，$a\to\infty$ 时，$\Delta E_n\to0$(经典情况)；$\dfrac{\Delta E_n}{E_n}=\dfrac{2n+1}{n^2}$，$n\to\infty$ 时，

$\dfrac{\Delta E_n}{E_n}\to0$。此时可看成能量是不连续的，这由量子理论过渡为经典理论。

(5) 波函数：

$$\psi(x)=\sqrt{\frac{2}{a}}\sin\frac{n\pi}{a}x,\quad 0<x<a$$

$$\psi(x)'=0,\quad x\leqslant0,x\geqslant a$$

表明粒子只能出现在势阱内，此时粒子的状态称为束缚态。

(6) 振荡定理：由图 17-5 知，除 $x=0$、$x=a$ 外，$n=k$ 时，有 $k-1$ 个节点。

(7) $|\psi|^2$ 随 x、n 变化，当 $n\to\infty$ 时，由振荡定理知，粒子在势阱内各处出现的概率相同，过渡为经典情况。

(8) 宇称：$\psi(x)=f(-x)$，$\psi(x)$ 描述态为偶宇称；$\psi(x)=-f(-x)$，$\psi(x)$ 描述态为奇宇称。

17.5　量子力学中的氢原子问题

原子光谱的规律显示了它同原子内部电子运动规律的密切联系,可是在经典物理学范畴内,这个简单的关系却一直得不到圆满的解释。人们用量子力学理论探索了原子运动的规律性后,了解到原子中电子运动的特征,圆满地解决了氢原子以及其他原子光谱的规律性。下面用薛定谔方程求解氢原子问题。

氢原子是由一个电子和一个氢核组成。由于核的质量比电子大得多,为简单起见,可以认为核静止不动,电子在库仑引力作用下绕核运动。设电子离核的距离为 r,电子的势能为(取无穷远为势能零点)

$$V(r) = -\frac{e^2}{r}$$

这是一个两体问题。具有一定角动量的氢原子的径向波函数 $\chi_l(r) = rR_l(r)$ 满足下列方程:

$$\frac{d^2}{dr^2}\chi_l + \left[\frac{2\mu}{\hbar^2}\left(E + \frac{e^2}{r}\right) - \frac{l(l+1)}{r^2}\right]\chi_l = 0 \qquad (17-18)$$

及边界条件 $\qquad\qquad\qquad\qquad \chi_l(0) = 0$

式中,μ 为电子的约化质量;$\mu = \dfrac{m_e m_p}{m_e + m_p}$,$m_e$ 和 m_p 分别为电子和质子的质量。本书采用自然单位,即在计算过程中令 $\hbar = e = \mu = 1$,而在计算所得的最后结果中按各物理量的量纲添上相应的单位。对此方程求解,我们可以得到氢原子中电子的运动规律。由于求解过程复杂,我们在这里不作介绍,直接给出解的结果。由 17.4 节可知,通过薛定谔方程解束缚态中的粒子,可以得到粒子的能级、量子化条件和波函数。下面分别论述氢原子的能级、量子化条件和波函数。

17.5.1　氢原子的能级

氢原子的能量本征值:

$$E_n = -\frac{\mu e^4}{2\hbar^2}\frac{1}{n^2} = -\frac{e^2}{2a}\frac{1}{n^2}, \quad n = 1, 2, \cdots \qquad (17-19)$$

玻尔半径为 $a = \dfrac{\hbar^2}{\mu e^2} = 0.53 \times 10^{-10}$ m,主量子数为 n,可知,氢原子的能量是量子化的,决定其能量大小的量子数为 n,称为**主量子数**。n 越大,能量越大。氢原子的能量为负值,这表示电子被束缚在原子中。

由式(17-19)可以看到,当 $n = 1$ 时,氢原子的能量最低,原子最为稳定,这种状态称为基态。当电子处于量子数 n 大于 1 的各个稳定状态时,氢原子能量大于基态,称为激发态。n 越大,氢原子能量越高,其能级图如图 17-6 所示。

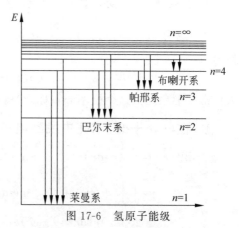

图 17-6　氢原子能级

例如,当氢原子受到辐射或高能粒子的撞击时,原子可由基态跃迁到量子数较大的激发态 E_n 上去。处于激发态 E_n 的原子能够自发地跃迁回基态或能量较低的激发态 E_m,这时将发射一个光子,其能量恰等于两状态能量之差,即

$$h\nu = E_n - E_m$$

17.5.2 氢原子的波函数

与 E_n 相应的径向波函数 $R_l(r) = \dfrac{\chi_l(r)}{r}$ 可表示为

$$R_{nl} \propto \xi^l e^{-\xi/2} F(-n_r, 2l+2, \xi)$$

归一化的径向波函数为

$$R_{nl}(r) = N_{nl} \xi^l e^{-\xi/2} F(-n+l+1, 2l+2, 2\xi), \quad \xi = \frac{2r}{na}$$

$$N_{nl} = \frac{1}{(2l+1)!} \sqrt{\frac{(n+1)!}{2n(n-l-1)!}} (2\beta_n)^{l+3/2} a_0^{3/2}$$

$$\int_0^\infty [R_{nl}(r)]^2 r^2 \,\mathrm{d}r = 1$$

氢原子的束缚态能量本征函数为

$$\psi_{nlm}(r, \theta, \varphi) = R_{nl}(r) Y_{lm}(\theta, \varphi)$$

$$n = 1, 2, 3, \cdots;\ l = 0, 1, 2, \cdots, n-1;\ m = 0, \pm 1, \pm 2, \cdots, \pm l$$

定态波函数 $\psi_{nlm}(r, \theta, \varphi) = R_{nl}(r) Y_{lm}(\theta, \varphi)$ 是氢原子体系 $\hat{H}$、$\hat{l}^2$ 和 $\hat{l}_z$ 的共同本征函数。

电子的能级 E_n 只与主量子数 n 有关,而波函数 ψ_{nlm} 却与三个量子数 n, l, m 有关,因此能级 E_n 是简并的($n=1$ 除外)。给定 n,则 l 可能为 $0, 1, 2, \cdots, n-1$(共 n 个);给定 l,则 m 可取 $0, \pm 1, \pm 2, \cdots, \pm l$(共 $2l+1$ 个)。因此,对应于第 n 个能级 E_n 的波函数个数为

$$\sum_{l=0}^{n-1} (2l+1) = \frac{1 + [2(n-1)+1]}{2} n = n^2$$

也就是说,电子的第 n 个能级是 n^2 度简并的。

17.5.3 氢原子核外电子的概率分布

当氢原子处于 ψ_{nlm} 态时,在 (r, θ, φ) 点周围的体积元 $\mathrm{d}\tau = r^2 \sin\theta \,\mathrm{d}r \,\mathrm{d}\theta \,\mathrm{d}\varphi$ 内发现电子的概率为

$$\mathrm{d}W = \rho_{nlm}(r, \theta, \varphi)\mathrm{d}\tau = |\psi_{nlm}(r, \theta, \varphi)|^2 \mathrm{d}\tau = \psi_{nlm}^* \psi_{nlm} \mathrm{d}\tau$$

人们常常形象地把这个概率分布称为"概率云"或"电子云"。

1. 在 $(r, r+\mathrm{d}r)$ 球壳中找到电子的概率——径向分布

$$\mathrm{d}W(r) = \rho_{nl}(r)\mathrm{d}r = \int_0^\pi \int_0^{2\pi} |\psi|^2 r^2 \sin\theta \,\mathrm{d}r \,\mathrm{d}\theta \,\mathrm{d}\varphi$$

$$= \int_0^\pi \int_0^{2\pi} |R_{nl} Y_{lm}|^2 r^2 \sin\theta \,\mathrm{d}r \,\mathrm{d}\theta \,\mathrm{d}\varphi = |R_{nl}|^2 r^2 \mathrm{d}r \int_0^\pi \int_0^{2\pi} |Y_{lm}|^2 \sin\theta \,\mathrm{d}\theta \,\mathrm{d}\varphi$$

$$= R_{nl}^2(r) r^2 \mathrm{d}r = \chi_{nl}^2(r)\mathrm{d}r$$

即 $\rho_{nl}(r)=R_{nl}^2(r)r^2$ 称为径向概率密度或径向分布函数。

使 $\rho_{nl}(r)$ 取最大值的半径称为最可几半径。

例 17-6　氢原子处于基态 $\psi_{100}=R_{10}Y_{00}$，求最可几半径。

解　$\rho_{10}=|R_{10}|^2r^2=\dfrac{4r^2}{a_0^3}e^{-\frac{2r}{a_0}}$

令 $\dfrac{d\rho_{10}}{dr}=0$，则

$$\frac{d\rho_{10}}{dr}=\frac{8r}{a_0^3}e^{-\frac{2r}{a_0}}-\frac{2}{a_0}\frac{4r^2}{a_0^3}e^{-\frac{2r}{a_0}}=\frac{8r}{a_0^3}e^{-\frac{2r}{a_0}}\left(1-\frac{r}{a_0}\right)=0$$

得到 $r=0,a_0$ 或 $r\rightarrow\infty$。

经检验，$r=a_0$ 时，$\omega_{nl}(r)$ 为最大值，所以 $r=a_0$ 是最可几半径。

讨论：(1) 旧量子论与量子力学(关于描述氢原子核外电子分布问题的区别和联系)。

不同之处：电子在核外作轨道运动，由于电子的波粒二象性使轨道概念失去了意义，氢原子核外电子是以概率分布的形式出现。

相同之处：当氢原子处于 1s，2p，3d，…态时，旧量子论认为电子运动的轨道半径分别为 a，$4a$，$9a$，而量子力学计算的结果表明，当 r 分别为 a，$4a$，$9a$ 时找到电子的概率最大。对于 $l\neq n-1$ 态很难找到相似之处。

(2) 氢原子的第一玻尔轨道半径 $a=\dfrac{\hbar^2}{\mu e^2}$，从量子力学概率分布的观点解释 a 的物理意义，并与玻尔的旧量子论的解释相比较：

当氢原子处于 1s 态时，在 $r=a$ 处找到电子的概率最大，在 $r<a$ 和 $r>a$ 的区域仍有电子分布，只不过概率较小而已。而玻尔的旧量子论却认为当氢原子处于 1s 态时，核外电子绕原子核作轨道运动，其轨道半径为 a。显然这两种图像是截然不同的。

2. 在 (θ,φ) 方向的立体角 $d\Omega=\sin\theta\,d\theta\,d\varphi$ 中找到电子的概率——角向分布

$$dW=\rho_{lm}(\theta,\varphi)d\Omega=\int_{r=0}^{\infty}|R_{nl}(r)Y_{lm}(\theta,\varphi)|^2r^2dr\,d\Omega$$

$$=|Y_{lm}(\theta,\varphi)|^2d\Omega=N_{lm}^2|P_l^{|m|}(\cos\theta)|^2d\Omega$$

$$\rho_{lm}(\theta)=|Y_{lm}(\theta,\varphi)|^2\qquad\text{——角向概率分布}$$

$$Y_{lm}(\theta,\varphi)=N_{lm}P_l^{|m|}(\cos\theta)e^{im\varphi}=N_{lm}^2|P_l^{|m|}(\cos\theta)|^2$$

可见，角分布与 φ 无关，即概率分布对 z 轴是旋转对称的。

17.6　电子自旋及原子的电子壳层结构

在较强的磁场下，我们发现一些类氢离子或碱金属原子有正常塞曼效应的现象，而轨道磁矩的存在，能很好地解释它。

但是，当这些原子或离子置入弱磁场的环境中，或光谱分辨率提高后，发现问题并不是那么简单，这就要求人们进一步探索。大量实验事实证明，电子仅用三个自由度 x,y,z 来描述并不是完全的。

我们将引入一个新的自由度——自旋，它是粒子固有的。当然，自旋是狄拉克电子的相

对论性理论的自然结果。现在我们从实验事实来引入。

有些实验结果,如下面讲述的施特恩-格拉赫(Stern-Gerlach)实验等,只用电子绕核运动无法解释,还必须引进电子尚有自旋运动的假说。施特恩-格拉赫实验首次证实了电子具有自旋,自旋角动量在磁场中的取向也是量子化的。这个实验是原子物理和量子力学的基础实验之一,它还提供了测量原子磁矩的一种方法,并为原子束和分子束实验奠定了基础。

17.6.1 施特恩-格拉赫实验

当一狭窄的原子束通过非均匀磁场时,如图 17-7 所示,如果原子无磁矩,它将不偏转;而当原子具有磁矩 μ 时,在磁场中的附加能量为

$$U = -\mu \cdot B = -\mu B \cos\alpha$$

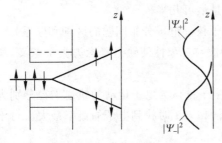

如果经过的路径上,磁场在 z 方向上有梯度,即不均匀,则受力

$$F = -\nabla U = \mu \cos\alpha \frac{\mathrm{d}B}{\mathrm{d}z}$$

从经典观点看,$\cos\alpha$ 取值为 $-1 \sim 1$,因此,不同原子(磁矩取向不同)受力不同,而取值为

$$-\mu \frac{\mathrm{d}B}{\mathrm{d}z} \sim \mu \frac{\mathrm{d}B}{\mathrm{d}z}$$

图 17-7 施特恩-格拉赫实验

所以原子分裂成一个带。但施特恩-格拉赫发现,当一束处于基态的银原子通过这样的场时,仅发现分裂成两束,即仅两条轨道(两个态)。而人们知道,银原子($z=47$)基态 $l=0$,所以没有轨道磁矩,而分成两个状态(两个轨道),表明存在磁矩,而这一磁矩在任何方向上的投影仅取两个值。这一磁矩既然不是由于轨道运动产生的,因此,只能是电子本身的(核磁矩可忽),这磁矩称为内禀磁矩 μ_s,与之相联系的角动量称为电子自旋,它是电子的一个新物理量,也是一个新的动力学变量。

17.6.2 假设

为了说明上述施特恩-格拉赫实验的结果,1925 年,荷兰物理学家乌伦贝克(G. Uhlenbeck)(时年 25 岁,硕士)和古德斯密特(S. Goudsmit)(时年 23 岁,学士)在分析原子光谱的一些实验结果的基础上,提出电子具有自旋运动的假设,并且根据实验结果指出,电子自旋角动量和自旋磁矩在外磁场中只有两种可能取向。上述实验中银原子处于基态,且 $l=0$,即处于轨道角动量和相应的磁矩皆为零的状态,因而只有自旋角动量和自旋磁矩。1928 年,狄拉克由电子的相对论波动方程,从理论上直接得出了电子有自旋运动和磁矩的结论。

完全类似于电子轨道运动情况,电子具有自旋 S,并且有内禀磁矩 μ_s,它们有关系

$$\mu_s = \frac{-e}{m_e} S$$

电子自旋角动量在任何方向上的测量值仅取两个值 $\pm\frac{\hbar}{2}$,所以

$$\mu_z = \mp \frac{e}{2m_e}\hbar, \quad \frac{\mu_z}{S_z} = -\frac{e}{m_e}$$

以 $\dfrac{e}{2m_e}$ 为单位,则 $g_s = -2$(而 $g_l = -1$),所以自旋的回磁比为 $g_s = -2$。

现在很清楚,电子自旋的存在可由狄拉克提出的电子相对论性理论自然得到。

实验证明,除电子外,其他微观粒子也都具有自旋。如原子、中子、μ 介子的自旋角动量和电子一样(但自旋磁矩不同),π 介子、k 介子的自旋角动量为 0(但自旋磁矩不为零),以下除有特殊说明外,我们所讲的自旋都是指电子自旋。

综上所述,对原子中的电子而言,它的运动状态应该由下列四个量子数来确定:

(1) 主量子数 n,$n = 1, 2, 3, \cdots$,主量子数可以大体上决定原子中电子的能量。

(2) 角量子数 l,$l = 0, 1, 2, \cdots, n-1$,由角量子数决定电子绕核的轨道角动量;对除氢以外的其他原子,处于同一主量子数,而不同角量子数 l 的状态中的电子,其能量略有不同。

(3) 磁量子数 m,$m = 0, \pm 1, \cdots, \pm l$,由磁量子数可以决定电子轨道在空间的方位。

(4) 自旋磁量子数 m_s,$m_s = \pm 1/2$,它决定电子自旋角动量在空间的取向。

17.6.3 原子壳层结构

门捷列夫对元素的化学物理性质经过了长期和深入的研究后发现,它们的性质按相对原子质量的顺序周期性地重复。现在我们知道,各元素是按原子序数排列的,而元素性质的周期性就反映了原子中电子排列的周期性。在多电子原子的系统中,核外电子的分布情况由下述两个原理来确定。

1. 泡利不相容原理

泡利指出,在量子力学系统内,不可能有两个或两个以上的粒子具有相同的状态,这称为**泡利不相容原理**。原子系统内电子的状态由四个量子数来确定,因此不可能有两个或两个以上的电子具有完全相同的四个量子数。我们知道,原子中电子的能量主要取决于主量子数 n,所以对于 n 相同的各电子可以认为分布在同一**壳层**上。随着主量子数的不同,电子分布在许多壳层上,我们用 K,L,M,N,O,$\cdots$ 分别代表 $n = 1, 2, 3, 4, 5, \cdots$ 的壳层。由于角量子数 l 对电子的能量也有影响,所以主量子数 n 相同,而角量子数 l 不同的申子,能量也会有差别。我们又可以把每一壳层分为若干**子壳层**,并用 s,p,d,f,g,$\cdots$ 分别表示 $l = 0, 1, 2, 3, 4, \cdots$ 各分壳层。

根据泡利不相容原理,可以决定各壳层所能容纳的最多电子数。对于给定的 n,角量子数 l 可取 $0, 1, 2, \cdots, n-1$,计 n 个值;对于给定的 l,m 可取 $2l+1$ 个值;对于给定的 n,l,m,自旋磁量子数 m_s 可取 $\pm 1/2$ 两个数值。因此,原子中具有相同的 m、l 的电子数有 $2(2l+1)$ 个,对于主量子数为 n 的壳层,电子数最多可由上式得到:在 $n = 1$ 的 K 壳层上,最多容纳两个电子,以 1s2 表示;在 $n = 2$ 的 L 壳层上,最多容纳 8 个电子,其中对应于 $l = 0$ 的有两个,以 2s2 表示,对应于 $l = 1$ 的电子有 6 个,以 2p6 表示,以此类推。

2. 能量最小原理

原子系统处于正常状态时,每个电子趋向占有最低的能级,能级基本上取决于主量子数 n,n 越小,能级也越低。但能级也和角量子数 l 有关,有时 l 较小、n 较大的能级低于 l 较大、n 较小的能级,这一情况在 $n = 4$ 壳层中开始表现出来。关于 n 和 l 都不同的能量高低问题,总结出一条规律,即对原子外层电子而言,能级高低以 $(n + 0.7l)$ 的值来确定,此值越大,能级就越高。例如,4s 和 3d 比较,4s 的 $(n+0.7l)=4$;3d 的 $(n+0.7l)=4.4$,所以 $E(4s) < E(3d)$。原子处于基态时,电子是按能级高低由最低能级逐渐向上填充的。

本 章 小 结

1. 德布罗意假设

德布罗意假设是任何物质都具有波粒二象性,其德布罗意关系为

$$E = h\nu \quad \text{和} \quad p = \frac{h}{\lambda}$$

2. 海森堡不确定关系

$$\Delta x \cdot \Delta P_x \geqslant h$$

3. 波函数意义

$|\Psi|^2$ 为粒子在 t 时刻 r 处概率密度。归一化条件:$\iiint |\Psi|^2 dV = 1$,Ψ 的标准化条件:连续、有限、单值。

4. 薛定谔方程(一维)

$$\frac{\partial \varphi}{\partial x^2} + \frac{8\pi^2 m}{h^2} E_k \varphi = 0$$

5. 一维无限深势阱

能量是量子化的 $E_n = \frac{n^2 h^2}{8ma^2}(n=1,2,\cdots)$,概率密度分布也不均匀,德布罗意波长量子化为 $\lambda_n = \frac{2a}{n} = \frac{2\pi}{k}$,此式类似于经典的两端固定的弦驻波。

阅读材料　量子力学十大应用

数千年来,人类一直依靠天生的直觉来认识自然界运行的原理。虽然这种方式让我们在很多方面误入歧途——譬如,曾一度坚信地球是平的。但从总体上来说,我们所得到的真理和知识,远远大过谬误。正是在这种过程虽缓慢、成效却十分积极的积累中,人们逐渐摸索总结出了运动定律、热力学原理等知识,自身所处的世界变得不再那么神秘。于是,直觉的价值,更加得到肯定。但这一切,截止到量子力学的出现。

这是被爱因斯坦和玻尔用"上帝跟宇宙玩掷骰子"来形容的学科,也是研究"极度微观领域物质"的物理学分支,它带来了许许多多令人震惊不已的结论——例如,科学家们发现,电子的行为同时带有波和粒子的双重特征(波粒二象性),但仅仅是加入了人类的观察活动,就足以立刻改变它们的特性;此外还有相隔千里的粒子可以瞬间联系(量子纠缠);不确定的光子可以同时去向两个方向(海森堡测不准原理);更别提那只理论假设的猫既死了又活着(薛定谔的猫)……

诸如以上,这些研究结果往往是颠覆性的,因为它们基本与人们习惯的逻辑思维相违背。以至于爱因斯坦不得不感叹道:"量子力学越是取得成功,它自身就越显得荒诞。"

直到现在,与一个世纪之前人类刚刚涉足量子领域时相比,爱因斯坦的观点似乎得到了

更为广泛的共鸣。量子力学越是在数理上不断得到完美评分,就越显得我们的本能直觉竟是如此粗陋不堪。人们不得不承认,虽然它依然看起来奇异而陌生,但量子力学在过去的一百年里,已经为人类带来了太多革命性的发明创造。正像詹姆斯·卡卡廖斯在《量子力学的奇妙故事》一书的引言中所述:"量子力学在哪? 你不正沉浸于其中吗?"

1. 陌生的量子,不陌生的晶体管

美国《探索》杂志在线版给出的真实世界中量子力学的一大应用,就是人们早已不陌生的晶体管。

1945 年的秋天,美国军方成功地制造出世界上第一台真空管计算机(ENIAC)。据当时的记载,这台庞然大物总质量超过 30t,占地面积接近一个小型住宅,总花费高达 100 万美元。如此巨额的投入,注定了真空管这种能源和空间消耗大户,在计算机的发展史中只能是一个"过客"。因为彼时,贝尔实验室的科学家们已在加紧研制足以替代真空管的新发明——晶体管。

晶体管的优势在于它能够同时扮演电子信号放大器和转换器的角色。这几乎是所有现代电子设备最基本的功能需求。晶体管的出现,首先必须要感谢的就是量子力学。

正是在量子力学基础研究领域获得的突破,斯坦福大学的研究者尤金·瓦格纳及其学生弗里德里希·塞茨得以在 1930 年发现半导体的性质——同时作为导体和绝缘体而存在。在晶体管上加电压能实现门的功能,控制管中电流的导通或者截止,利用这个原理便能实现信息编码,以至于编写一种 1 和 0 的语言来操作它们。此后的十年中,贝尔实验室的科学家制作和改良了世界首枚晶体管。1954 年,美国军方成功制造出世界首台晶体管计算机(TRIDAC)。与之前动辄楼房般臃肿的不靠谱的真空管计算机"前辈"们相比,TRIDAC只有 $3ft^3$($1ft=0.3048m$)大,耗电不过 100W。今天,英特尔和 AMD 的尖端芯片上,已经能够摆放数十亿个微处理器。而这一切都必须归功于量子力学。

2. 量子干涉"搞定"能量回收

无论怎样心怀尊敬,对于我们来说,不太容易能把量子力学代表的理论和它带来的成果联系在一起,因为它们听起来就是完全不相干的两件事。而"能量回收"就是个例子。

每次驾车出行,人们都会不可避免地做一件负面的事情——浪费能量。因为在引擎点燃燃料以产生推动车身前进的驱动力同时,相当一部分能量以热量的形式散失,或者直白地说,浪费在空气当中。对于这种情况,亚利桑那大学的研究人员试图借助量子力学中的量子干涉原理来解决这一问题。

量子干涉描述了同一个量子系统若干个不同态叠加成一个纯态的情况,这听起来让人完全不知所谓,但研究人员利用它研制了一种分子温差电材料,能够有效地将热量转化为电能。更重要的是,这种材料的厚度仅仅只有 $10^{-6}ft$,在其发挥功效时,不需要再额外安装其他外部运动部件,也不会产生任何污染。研究团队表示,如果用这种材料将汽车的排气系统包裹起来,车辆因此将获得足以点亮 200 枚 100W 灯泡的电能——尽管理论让人茫然,这数据却清楚明白。

该团队因此对新型材料的前途充满信心,确定在其他存在热量损失的领域,该材料同样能够发挥作用,将热能转变为电能,比如光伏太阳能板。而我们只需知道,这都是量子干涉"搞定"的。

3. 不确定的量子,及其确定的时钟

作为普通人,一般是不会介意自己的手表是快了半分钟,还是慢了十几秒。但是,如果是像美国海军气象天文台那样为一个国家的时间负责,那么这半分半秒的误差都是不被允许的。好在这些重要的组织单位都能够依靠原子钟来保持时间的精准无误。这些原子钟比之前所有存在过的钟表都要精确。其中最强悍的是一台铯原子钟,能够在 2000 万年之后,依然保持误差不超过 1s。

看到这种精确得能让人紊乱的钟表后,你也许会疑惑难道真的有什么人或者什么场合会用到它们? 答案是肯定的,确实有人需要。比如航天工程师在计算宇宙飞船的飞行轨迹时,必须清楚地了解目的地的位置。不管是恒星还是小行星,它们都时刻处在运动当中。同时距离也是必须考虑的因素。一旦将来我们飞出了所在星系的范围,留给误差的边际范围将会越来越小。

那么,量子力学又与这些有什么关系呢? 对于这些极度精准的原子钟来说,导致误差产生的最大敌人,是量子噪声。它们能够消减原子钟测量原子振动的能力。现在,来自德国大学的两位研究人员已经开发出,通过调整铯原子的能量层级来抑制量子噪声程度的方法。它们目前正在试图将这一方法应用到所有原子钟上去。毕竟科技越发达,对准时的要求就越高。

4. 量子密码之战无不胜

斯巴达人一向以战斗中的勇敢与凶猛闻名于世,但是人们并不能因此而轻视他们在谋略方面的才干。为了防止敌人事先得知自己的军事行动,斯巴达人使用一种被称作密码棒的东西来为机密信息加密和解密。他们先将一张羊皮纸裹在一根柱状物上,然后在上面书写信息,最后再将羊皮纸取下。借助这种方式,斯巴达的军官能够发出一条敌人看起来显得语无伦次的命令。而己方人员只需再次将羊皮纸裹在同等尺寸的柱状物上,就能够阅读真正的命令。

斯巴达人朴素的技巧,仅仅是密码学漫长历史的开端。如今,依靠微观物质一些奇异特性的量子密码学,公开宣称自己无解。它是一种利用量子纠缠效应、基于单光子偏振态的全新信息传输方式。其安全之处在于,每当有人闯入传输网络,光子束就会出现紊乱,每个结点的探测器就会指出错误等级的增加,从而发出受袭警报;发送与接收双方也会随机选取键值的子集进行比较,全部匹配才认为没有人窃听。换句话说,黑客无法闯入一个量子系统同时不留下干扰痕迹,因为仅仅尝试解码这一举动,就会导致量子密码系统改变自己的状态。相应地,即便有黑客成功拦截获得了一组密码信息的解码钥匙,那他在完成这一举动的同一时刻,也导致了密钥的变化。因而当合法的信息接收者检查钥匙时,就会轻易发现端倪,进而更换新的密钥。

量子密码的出现一直被视为"绝对安全"的回归,不过,天下没有不透风的墙。拥有1000 多年前维京时代海盗史的挪威人,已经打破了量子密码无解的神话。借助误导读取密码信息的设备,他们在不尝试解码的条件下,就获得了信息。但他们承认,这只是利用了现存技术上的一个漏洞,在量子密码术完善后即可规避。

5. 随机数发生器:上帝的"量子骰子"

所谓的随机数发生器,并不是老派肥皂剧中那些奇幻神秘的玩意。它们借助量子力学,

能够召唤出真正的随机数。不过,科学家们为什么要不辞劳苦地深入量子世界来寻找随机数,而不是简单轻松地抛下硬币、掷个骰子? 答案在于:真正的随机性只存在于量子层级。实际上只要科学家们收集到关于掷骰子的足够信息,那么他们便能够提前对结果预测。这对于轮盘赌博、彩票甚至计算机得出的开奖结果等,统统有效。

然而,在量子世界,所有的一切都是绝对无法预测的。马克斯·普朗克大学光学物理研究所的研究人员正是借助这一不可预知性,制作出了"量子骰子"。他们先是通过在真空中制造波动来产生出量子噪声,然后测量噪声所产生的随机层级,借此获得可以用于信息加密、天气预演等工作的真正随机数字。值得一提的是,这种骰子被安装在固态芯片上,能够胜任多种不同的使用需求。

6．我们与激光险些失之交臂

与量子力学的经历相似,激光在早期曾经也被认为是"理论上的巨人,实际应用上的侏儒"。但今天,无论是家用 CD 播放器,还是战区导弹防御系统,激光已经在当代人类的社会生活中,占据了核心地位。不过,如果不是量子力学,我们与激光的故事,很可能是以"擦身而过"而收场。

激光器的原理,是先冲击围绕原子旋转的电子,令其在重回低能量级别时迸发出光子。这些光子随后又会引发周围的原子发生同样的变化,即发射出光子。最终,在激光器的引导下,这些光子形成稳定的集中束流,即我们所看到的激光。当然,人们能够知晓这些,离不开理论物理学家马克斯·普朗克及其发现的量子力学原理。普朗克指出,原子的能量级别不是连续的,而是分散、不连贯的。当原子发射出能量时,是以在离散值上被称作量子的最小基本单位进行的。激光器工作的原理,实际上就是激发一个特定量子散发能量。

7．专门挑战极端的超精密温度计

如果用普通的医用温度计,去测量比绝对零度高百分之一的温度,这支温度计的下场可想而知。那么如何去测量这样的极端温度呢? 耶鲁大学的研究人员发明了神奇温度计,它不仅在极端环境中保持坚挺,更能够提供无比精确的数值。

为制作这种温度计,研究团队必须重新梳理温度计的设计思路,比如获得精确数值的方式。幸运的是,在追寻精确的过程中,科学家们借助量子隧道得到了自己想要的答案。就像钻入山体内部而不是在其表面爬上爬下,粒子在穿越势垒的过程中,产生出了量子噪声。使用研究团队的量子温度计去测量这些噪声,便能够精确地得出实验物体的温度。

虽然这种温度计对于普通人的日常生活并没有太大的意义,但是在科学实验室,尤其是那些需要极低温度环境的材料实验室它就可以大展身手了。现在，研究者们还在努力通过各种手段提高该温度计的精确性，并期望着随着它应用范围的拓展，更极端的科研环境都可以从中受益。

8. 人人都爱量子计算机

在 1965 年发表的一篇论文中，英特尔公司的联合创始人戈登·摩尔对计算机技术的未来发展，做了一些粗陋但却意义深远的预测。其中最重要的一条便是日后著名的摩尔定律：单位面积集成电路上的晶体管数量，每 18 个月便会翻两倍。这一定律对计算机技术的发展产生了深远影响，但是现在，摩尔定律似乎走到了尽头，因为到 2020 年，硅芯片将会达到自身的物理极限，而随着晶体管体积的不断缩小，它们将开始遵循量子世界的各种规律。

和量子世界的规律"抱有敌意"相比，顺应量子时代或许才是人们最好的选择。今天，那些从事量子计算机研究的科学家做的正是这件事情。相比传统计算机，量子计算机具有无可比拟的巨大优势：并行处理。借助并行处理的能力，量子计算机能够同时处理多重任务，而不是像传统计算机那样还要分出轻重缓急。量子计算机的这一特性，注定它在未来将以指数级的速度超越传统计算机。

不过，在量子计算成为现实之前，科学家们还需要克服一些艰难挑战。比如，量子计算机使用的是比传统比特存储能力高出许多的量子比特，但是不幸的是，量子比特非常难以创造出来，因为这需要多种粒子共同组成网络。直到现在，科学家只能够一次性将 12 种粒子缠连起来。而量子计算机若要实现商业化应用，至少需要将这个数字增加数十倍甚至上百倍。

9. 想知道什么是真正的瞬时通信吗

量子力学在过去的岁月里为人们带来的成就弥足珍贵，但科学家们有理由相信，其在未来会奉献的更多。

现在，当你在手机、短信、邮件以及 MSN、飞信等诸如此类的通信工具之间徜徉时，可能以为自己已经被所谓的"瞬时通信"覆盖。实际上，你发出的声音、文字、图像都需要一点时间才能到达目的地，或长或短而已。现在的人们日常所能用到的通信方式，所需时间都极其短，但在很远的未来，人和人之间的交流不会只限于大洲与大洲之间，而可能需要横跨星系，这就使通信时间大大增加——譬如说，在 2012 年 8 月 6 日，人类的"好奇"号火星车登陆火星，传回的信号到达地球就有十几分钟的延迟。但这还只是在太阳系中地球和火星的距离，如果将距离延伸得更远，那么科学家们认为，只有量子力学才拥有本事真正实现"即时"的通信，无论距离多远。

使瞬时通信成为现实的关键，在于被称为量子纠缠的量子力学现象——爱因斯坦称其为"幽灵般的远距作用"，指处于纠缠态的两个粒子即使距离遥远，也保持着特别的关联性，对一个粒子的操作会影响到另一个粒子。简单来说就是，当其中一个粒子被测量或者观测到，另一个粒子也随之在瞬间发生相应的状态改变。这种仿佛"心电感应"般的一致行动，已超出了经典物理学规则的解释范畴，因此才被爱因斯坦视作鬼魅。但利用量子纠缠，我们可以操纵其中一个粒子引起对应粒子的即时、相应变化，从而完成收发"宇宙邮件"的动作。

不过,这一应用还面临着最大的问题:一些物理学家坚持认为纠缠的粒子实际上并不能传送信息。如果是这样的情况,那我们的名单中的下一个项目,则永远不会成为现实。

10. 远距传输从科幻到现实

科幻片,尤其是太空题材的,最爱远距传输:一个人,在一个地方神秘消失,不需要任何载体的携带,又在另一个地方瞬间出现。

远距离传输就是量子态隐形传输,是在无比奇特的量子世界里,量子呈现的“纠缠”运动状态。该状态的光子如同有“心电感应”,能使需要传输的量子态“超时空穿越”,在一个地方神秘消失,不需要任何载体的携带,又在另一个地方瞬间出现。在“超时空穿越”中它传输的不再是经典信息,而是量子态携带的量子信息,这些量子信息是未来量子通信网络的组成要素。

此前,IBM 团队的 6 名工程师证明,远距传输完全可以实现,至少从理论上来讲是这样。但必须注意的是,“原对象”在此过程中将消失——因为远距传输可不是“传真机”,原来那份“文件”是会被它销毁的。其貌似“复制”原物体的过程,实际也是对原物体的一种改变。

2009 年,美国马里兰州立大学联合量子研究所的科学家进行的“量子信息处理”的实验中,成功地实现了从一个原子到 1m 外的一个容器里的另一个原子的量子隐形传输。尽管在实验中是一个原子转变成另一个原子,由第二个原子扮演起第一个原子的角色,与“原物传送”的概念不同,但原子对原子的传输,却对于研制超密超快的量子计算机和量子通信具有重大意义。

没错,远距传输并不仅在传输物体这一目标上才有价值,在达到这一目的之前,通往“圣域”的各项研究也被证明在其他多重领域大有作为。而所有的量子力学研究,甚至人类所有的科学活动,亦同此理。

习　　题

17.1　单项选择题

(1) 由氢原子理论知,当大量氢原子处于 $n=3$ 的激发态时,原子跃迁将发出(　　)。

    A. 一种波长的光　　　　　　　　　　B. 两种波长的光

    C. 三种波长的光　　　　　　　　　　D. 连续光谱

(2) 已知氢原子从基态激发到某一定态所需能量为 10.19eV,当氢原子从能量为 -0.85eV 的状态跃迁到上述定态时,所发射的光子的能量为(　　)。

    A. 2.56eV　　　　　B. 3.41eV　　　　　C. 4.25eV　　　　　D. 9.95eV

(3) 在气体放电管中,用能量为 12.1eV 的电子去轰击处于基态的氢原子,此时氢原子所能发射的光子的能量只能是(　　)。

    A. 12.1eV　　　　　　　　　　　　　B. 10.2eV

    C. 12.1eV,10.2eV 和 1.9eV　　　　　D. 12.1eV,10.2eV 和 3.4eV

(4) 若 α 粒子(电荷为 $2e$)在磁感应强度为 B 的均匀磁场中沿半径为 R 的圆形轨道运动,则 α 粒子的德布罗意波长是(　　)。

    A. $h/(2eRB)$　　　　B. $h/(eRB)$　　　　C. $1/(2eRBh)$　　　　D. $1/(eRBh)$

(5) 如果两种不同质量的粒子,其德布罗意波长相同,则这两种粒子的(　　)。

　　A. 动量相同　　　　B. 能量相同　　　　C. 速度相同　　　　D. 动能相同

17.2　填空题

(1) 氢原子的部分能级跃迁示意如题17.2(1)图所示。在这些能级跃迁中,① 从 $n=$ _____ 的能级跃迁到 $n=$ _____ 的能级时所发射的光子的波长最短;② 从 $n=$ _____ 的能级跃迁到 $n=$ _____ 的能级时所发射的光子的频率最小。

(2) 被激发到 $n=3$ 的状态的氢原子气体发出的辐射中,有 _____ 条可见光谱线和 _____ 条非可见光谱线。

(3) 当一个质子俘获一个动能 $E_k=13.6\text{eV}$ 的自由电子组成一个基态氢原子时,所发出的单色光频率是 _____。

(4) 令 $\lambda_c=h/(m_ec)$(称为电子的康普顿波长,其中 m_e 为电子静止质量,c 为真空中光速,h 为普朗克常量)。当电子的动能等于它的静止能量时,它的德布罗意波长是 $\lambda=$ _____ λ_c。

(5) 在戴维孙-革末电子衍射实验装置(题17.2(5)图)中,自热阴极 K 发射出的电子束经 $U=500\text{V}$ 的电势差加速后投射到晶体上。这电子束的德布罗意波长 $\lambda=$ _____ nm。

题 17.2(1)图　　　　　　　　　　　题 17.2(5)图

17.3　计算题

(1) 假如电子运动速度与光速可以比拟,则当电子的动能等于它静止能量的2倍时,其德布罗意波长为多少?(普朗克常量 $h=6.63\times10^{-34}\text{J·s}$,电子静止质量 $m_e=9.11\times10^{-31}\text{kg}$)

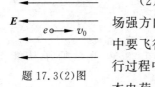
题 17.3(2)图

(2) 如题17.3(2)图所示,一电子以初速度 $v_0=6.0\times10^6\text{m/s}$ 逆着场强方向飞入电场强度为 $E=500\text{V/m}$ 的均匀电场中,问该电子在电场中要飞行多长距离 d,可使得电子的德布罗意波长达到 $\lambda=0.1\text{nm}$。(飞行过程中,电子的质量认为不变,即为静止质量 $m_e=9.11\times10^{-31}\text{kg}$;基本电荷 $e=1.60\times10^{-19}\text{C}$;普朗克常量 $h=6.63\times10^{-34}\text{J·s}$)。

(3) 已知粒子在无限深势阱中运动,其波函数为 $\psi(x)=\sqrt{2/a}\,\sin(\pi x/a)(0\leqslant x\leqslant a)$,求发现粒子的概率为最大的位置。

(4) 粒子在一维矩形无限深势阱中运动,其波函数为: $\psi_n(x)=\sqrt{2/a}\,\sin(n\pi x/a)(0<x<a)$,若粒子处于 $n=1$ 的状态,它在 $0-a/4$ 区间内的概率是多少?

提示: $\int\sin^2 x\,\mathrm{d}x=\dfrac{1}{2}x-(1/4)\sin2x+C$

（5）氢原子波函数为 $\Psi = \dfrac{1}{\sqrt{10}}(2\Psi_{100} + \Psi_{210} + \sqrt{2}\,\Psi_{211} + \sqrt{3}\,\Psi_{310})$，其中 Ψ_{nlm} 是氢原子的能量本征态，求 E 的可能值、相应的概率及平均值。

（6）体系在无限深方势阱中的波函数为 $\Psi(x) = \begin{cases} A\sin\dfrac{n\pi}{a}x, & 0 < x < a \\ 0, & x \leqslant 0, x \geqslant a \end{cases}$，求归一化常数 A。

（7）质量为 m 的粒子沿 x 轴运动，其势能函数可表示为：$U(x) = \begin{cases} 0, & 0 < x < a \\ \infty, & x \leqslant 0, x \geqslant a \end{cases}$，求解粒子的归一化波函数和粒子的能量。

（8）设质量为粒子处在 $(0,a)$ 内的无限方势阱中，$\psi(x) = \dfrac{4}{\sqrt{a}}\sin\left(\dfrac{\pi}{a}x\right)\cos^2\left(\dfrac{\pi}{a}x\right)$，对它的能量进行测量，可能得到的值有哪几个？ 概率各多少？ 平均能量是多少？

（9）谐振子的归一化的波函数：$\psi(x) = \dfrac{1}{\sqrt{3}}u_0(x) + \dfrac{1}{\sqrt{2}}u_2(x) + cu_3(x)$。其中，$u_n(x)$ 是归一化的谐振子的定态波函数。求：能量的可能取值，以及平均能量 $\overline{E}$。

第 18 章　量子物理应用

18.1　固体能带结构

能带理论是研究固体中电子运动的一个主要理论基础。在 20 世纪 20 年代末和 30 年代初期,在量子力学运动规律确定以后,它是在用量子力学研究金属电导理论的过程中开展起来的。最初的成就在于定性地阐明了晶体中电子运动的普遍性的特点。例如,在这个理论基础上,说明了固体为什么会有导体、非导体的区别;晶体中电子的平均自由程为什么会远大于原子的间距等。在这个时候半导体开始在技术上应用,能带理论正好提供了分析半导体理论问题的基础,有力地推动了半导体技术的发展。后来由于电子计算机的发展使能带论的研究从定性的普遍规律到对具体材料复杂能带的结构计算。

固体能带论指出,由于周期排列的库仑势场的耦合,半导体中的价电子状态分为导带与价带,二者又以中间的禁带(带隙)分隔开。从半导体的能带理论出发引出了非常重要的空穴的概念,半导体中电子或光电子效应最直接地由导带底和价带顶的电子、空穴行为所决定,由此提出的 PN 结及其理论已成为当今微电子发展的物理依据。半导体能带结构的具体形态与晶格结构的对称性和价键特性密切相关,不同的材料(如 Si,Ge 与 GaAs,InP)能带结构各异,除带隙宽度外,导带底、价带顶在 k 空间的位置也不同,GaAs,InP 等化合物材料的导带底、价带顶同处于 k 空间的中心位置,称为直接带隙材料,此结构电子-空穴的带间复合概率很大,并以辐射光子的形态释放能量,由此引导人们研制了高效率的发光二极管和半导体激光器,在光电子及光子集成技术的发展中,其重要性可与微电子技术中的晶体管相比拟。

18.1.1　布洛赫定理

能带理论的出发点是固体中的电子不再束缚于个别的原子,而是在整个固体内运动,称为共有化电子,在讨论共有化电子的运动状态时假定原子实处在其平衡位置,而把原子实偏离平衡位置的影响看成微扰,对于理想晶体,原子规则排列成晶体,晶格具有周期性,因而等效势场 $V(r)$ 也应具有周期性。晶体中的电子就是在一个具有晶格周期性的等效势场中运动,其波动方程为

$$\left[-\frac{\hbar^2}{2m}\nabla^2+V(r)\right]\Psi=E\Psi \tag{18-1}$$

且有

$$V(r)=V(r+\boldsymbol{R}_n) \tag{18-2}$$

式中,$\boldsymbol{R}_n$ 为任一晶格矢量。

布洛赫定理指出,当势场具有晶格周期性时,波动方程的解 Ψ 具有如下性质:

$$\Psi(\boldsymbol{r}+\boldsymbol{R}_n)=\mathrm{e}^{\mathrm{i}\boldsymbol{k}\cdot\boldsymbol{R}_n}\Psi(\boldsymbol{r}) \tag{18-3}$$

其中,$\boldsymbol{k}$ 为波矢量,式(18-3)表示当平移晶格矢量 $\boldsymbol{R}_n$ 时,波函数只增加相位因子 $\mathrm{e}^{\mathrm{i}\boldsymbol{k}\cdot\boldsymbol{R}_n}$。式(18-3)就是布洛赫定理。根据定理可以把波函数写成

$$\Psi(\boldsymbol{r})=\mathrm{e}^{\mathrm{i}\boldsymbol{k}\cdot\boldsymbol{r}}u(\boldsymbol{r}) \tag{18-4}$$

其中,$u(\boldsymbol{r})$具有与晶格同样的周期性,即

$$u(\boldsymbol{r}+\boldsymbol{R}_n)=u(\boldsymbol{r}) \tag{18-5}$$

式(18-4)表达的波函数称为布洛赫函数,它是平面波与周期函数的乘积。

18.1.2　一维周期场中电子运动的近自由电子近似

这是一个一维的模型,通过这个模型的讨论,可以进一步了解在周期场中运动的电子本征态一些最基本的特点。

图 18-1 中画出了一维周期场的示意图。所谓近自由电子近似是假定周期场的起伏比较小,作为零级近似,可以用势场的平均值 $\bar{V}$ 代替 $V(x)$。把周期起伏 $V(x)-\bar{V}$ 作为微扰来处理。

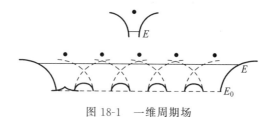

图 18-1　一维周期场

零级近似的波动方程为

$$-\frac{\hbar^2}{2m}\frac{\mathrm{d}^2}{\mathrm{d}x^2}\Psi^0+\bar{V}\Psi^0=E^0\Psi^0 \tag{18-6}$$

它的解便是恒定场 $\bar{V}$ 中自由粒子的解

$$\Psi_k^0(x)=\frac{1}{\sqrt{L}}\mathrm{e}^{\mathrm{i}kx},\quad E_k^0=\frac{\hbar^2k^2}{2m}+\bar{V} \tag{18-7}$$

式(18-7)在归一化因子中引入晶格长度 $L=Na$,为原胞的数目,a 是晶格常数(原子间距)。引入周期性边界条件可以得到 k 只能取下列值:

$$k=\frac{l}{Na}(2\pi),\quad l\text{ 为整数} \tag{18-8}$$

很容易验证波函数满足正交归一化条件:

$$\int\Psi_{k'}^{0^*}(x)\Psi_k^0(x)\mathrm{d}x=\delta_{kk'} \tag{18-9}$$

由于零级近似下的解为自由电子,所以称为近自由电子近似。按照一般微扰理论的结果,本征值的一级和二级修正为

$$E_k^{(1)}=\langle k\mid\Delta V\mid k\rangle \tag{18-10}$$

$$E_k^{(2)}=\sum_{k'}\frac{\mid\langle k'\mid\Delta V\mid k\rangle\mid^2}{E_k^0-E_{k'}^0} \tag{18-11}$$

波函数的一级修正为

$$\Psi_k^{(1)} = \sum_{k'} \frac{\langle k' \mid \Delta V \mid k \rangle}{E_k^0 - E_{k'}^0} \Psi_{k'}^0 \tag{18-12}$$

其中,微扰项 $\Delta V = V(x) - \bar{V}$。

具体写出 $E_k^{(1)}$ 为

$$E_k^{(1)} = \int \mid \Psi_k^0 \mid^2 [V(x) - \bar{V}] dx = \int \mid \Psi_k^0 \mid^2 V(x) dx - \bar{V}$$

其中前一项,按定义就等于平均势场 $\bar{V}$,因此能量的一级修正为 0。

$E_k^{(2)}$ 和 $\Psi_k^{(1)}$ 都需要计算矩阵元 $\langle k' \mid \Delta V \mid k \rangle$,由于 k' 和 k 两态之间的正交关系

$$\langle k' \mid \Delta V \mid k \rangle = \langle k' \mid V(x) - \bar{V} \mid k \rangle = \langle k' \mid V(x) \mid k \rangle$$

现在我们证明,由于 $V(x)$ 的周期性,上述矩阵元服从严格的选择定则。将

$$\langle k' \mid V(x) \mid k \rangle = \frac{1}{L} \int_0^L e^{-i(k'-k)x} V(x) dx$$

按原胞划分写成

$$\langle k' \mid V(x) \mid k \rangle = \frac{1}{Na} \sum_{n=0}^{N-1} \int_{na}^{(n+1)a} e^{-i(k'-k)x} V(x) dx$$

对不同的原胞 n,引入积分变数 ξ

$$x = \xi + na$$

并考虑到 $V(x)$ 的周期性

$$V(\xi + na) = V(\xi)$$

就可以把式(18-12)写成

$$\langle k' \mid V(x) \mid k \rangle = \frac{1}{Na} \sum_{n=0}^{N-1} e^{-i(k'-k)na} \int_0^a e^{-i(k'-k)\xi} V(\xi) d\xi$$

$$= \frac{1}{a} \int_0^a e^{-i(k'-k)\xi} V(\xi) d\xi \frac{1}{N} \sum_{n=0}^{N-1} [e^{-i(k'-k)a}]^n \tag{18-13}$$

现在区分两种情况:

(1) $k' - k = n \dfrac{2\pi}{a}$,即 k' 和 k 相差 $\dfrac{2\pi}{a}$,在这种情况下,显然,式(18-13)中的加式内各项均为 1,因此

$$\frac{1}{N} \sum_{n=0}^{N-1} [e^{-i(k'-k)a}]^n = 1 \tag{18-14}$$

(2) $k' - k \neq n \dfrac{2\pi}{a}$,在这种情况下,式(18-13)中的加式可用几何级数的结果写成

$$\frac{1}{N} \sum_{n=0}^{N-1} [e^{-i(k'-k)a}]^n = \frac{1}{N} \frac{1 - e^{-i(k'-k)Na}}{1 - e^{-i(k'-k)a}}$$

k' 和 k 又可写成(见式(18-8))

$$k' = \frac{l'}{Na}(2\pi), \quad k = \frac{l}{Na}(2\pi), \quad l', l \text{ 均为整数}$$

因此,上式中的分子

$$1 - e^{-i(k'-k)Na} = 1 - e^{-i2\pi(l'-l)} = 0$$

同时，分母由于 $k'-k \neq n\dfrac{2\pi}{a}$，所以不为零，在这种情况下，矩阵元(18-13)恒为零。

综合以上，我们得到，如果 $k'=k+n\dfrac{2\pi}{a}$，则

$$\langle k' \mid V \mid k \rangle = \frac{1}{a}\int_0^a e^{-i2\pi\frac{n}{a}\xi} V(\xi)\mathrm{d}\xi = V_0 \tag{18-15}$$

否则

$$\langle k' \mid V \mid k \rangle = 0$$

很容易看到，上式中以 V_n 表示的积分实际上正是周期场 $V(x)$ 的第 n 个傅里叶系数。根据这个结果，波函数考虑了一级修正式(18-12)后可以写成：

$$\Psi_k = \Psi_k^0 + \Psi_k^{(1)}$$

$$= \frac{1}{\sqrt{L}}e^{ikx} + \sum_n \frac{V_n}{\dfrac{\hbar^2}{2m}\left[k^2 - \left(k+\dfrac{n}{a}2\pi\right)^2\right]} \frac{1}{\sqrt{L}}e^{i\left(k+\frac{2n\pi}{a}\right)x}$$

$$= \frac{1}{\sqrt{L}}e^{ikx}\left\{1 + \sum_n \frac{V_n}{\dfrac{\hbar^2}{2m}\left[k^2 - \left(k+\dfrac{n}{a}2\pi\right)^2\right]} \frac{1}{\sqrt{L}}e^{i\frac{2n\pi}{a}x}\right\} \tag{18-16}$$

连加式的指数函数，在 x 改变 a 的整数倍时，是不变的，这说明括号内为一周期函数。这类似于布洛赫函数的形式：可以写成一个自由粒子波函数乘以具有晶格周期性的函数。

根据式(18-15)，二级微扰能量可以写成

$$E_k^{(2)} = \sum_n \frac{\mid V_n \mid^2}{\dfrac{\hbar^2}{2m}\left[k^2 - \left(k+\dfrac{n}{a}2\pi\right)^2\right]} \tag{18-17}$$

值得特别注意的是，当

$$k^2 = \left(k+\frac{n}{a}2\pi\right)^2 \tag{18-18}$$

也就是

$$k = -\frac{n\pi}{a} \tag{18-19}$$

时，$E_k^{(2)}$ 趋于 $\pm\infty$，n 为任意一个整数，也就是说，当 k 为 $\dfrac{\pi}{a}$ 整数倍时，$E_k^{(2)}$ 趋向 $\pm\infty$。很显然，该结果是没有意义的。它只说明，以上的微扰论方法，对于在式(18-19)附近的 k 是发散的，因此不适用。

18.2　激　光　原　理

激光是在 1960 年正式问世的。但是，激光的历史却已有 100 多年。确切地说，远在 1893 年，在波尔多一所中学任教的物理教师布卢什就已经指出，两面靠近和平行镜子之间反射的黄钠光线随着两面镜子之间距离的变化而变化。他虽然不能解释这一点，但为未来发明激光发现了一个极为重要的现象。1917 年，爱因斯坦提出"受激辐射"的概念，奠定了

激光的理论基础。激光,又称镭射,英文是"LASER",是"Light Amplification by Stimu-latad Emission of Radiation"的缩写,意思是"受激发射的辐射光放大"。激光的英文全名已完全表达了制造激光的主要过程。1964 年按照我国著名科学家钱学森建议将"光受激发射"改称"激光"。

18.2.1 激光产生原理

1. 激光产生的物质基础

光与物质的共振相互作用,特别是这种相互作用中的受激辐射过程是激光器的物理基础。爱因斯坦认为光和物质原子的相互作用过程包含原子的自发辐射跃迁、受激辐射跃迁和受激吸收跃迁三种过程。为了简化问题,我们只考虑原子的两个能级 E_1 和 E_2,处于两个能级的原子数密度分别为 n_1 和 n_2,如图 18-2 所示。构成黑体物质原子中的辐射场能量密度为 ρ,并有 $E_2 - E_1 = h\nu$。

1) 自发辐射

处于高能级 E_2 的一个原子自发地向低能级 E_1 跃迁,并发射一个能量为 $h\nu$ 的光子,这种过程称为自发跃迁过程,如图 18-3 所示。

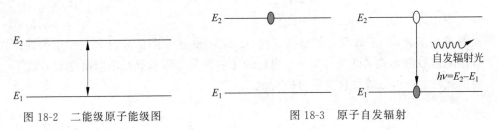

图 18-2　二能级原子能级图　　　　图 18-3　原子自发辐射

2) 受激辐射

处于高能级 E_2 的原子在满足 $\nu = (E_2 - E_1)/h$ 的辐射场作用下,跃迁至低能级 E_1 并辐射出一个能量为 $h\nu$ 且与入射光子完全相同的光子,如图 18-4 所示。受激辐射跃迁发出的光波称为受激辐射。

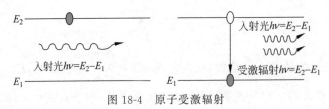

图 18-4　原子受激辐射

3) 受激吸收

受激辐射的反过程就是受激吸收。处于低能级 E_1 的一个原子,在频率为 ν 的辐射场作用下吸收一个能量为 $h\nu$ 的光子,并跃迁至高能级 E_2,这种过程称为受激吸收,如图 18-5 所示。

受激辐射和自发辐射的重要区别在于相干性。自发辐射是不相干的;受激辐射是相干的。

2. 激光产生的基本原理和方法

1) 光学谐振腔及其选模和反馈作用

由受激辐射和自发辐射相干性可知,相干辐射的光子简并度很大。普通光源在红外和

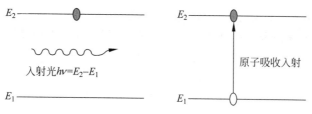

图 18-5　原子受激吸收

可见光波段实际上是非相干光源。如果能够创造这样一种情况：使得腔内某一特定模式的 ρ_ν 很大，而其他所有模式的都很小，就能够在这一特定模式内形成很高的光子简并度。也就是说，使相干的受激辐射光子集中在某一特定模式内，而不是平均分配在所有模式中。激光器就是采用各种技术措施减少腔内光场模式数，使介质的受激辐射恒大于受激吸收来提高光子简并度，从而达到产生激光的目的。

光腔的反馈作用——光放大器在许多大功率装置中广泛地用来把弱的激光束逐级放大，但在光放大的同时通常还存在着光的损耗，根据研究光强达到稳定的极限值只与放大器本身的参数有关，而与初始光强无关。特别是，不管初始光强多么弱，只要放大器足够长，就总能形成确定大小的光强稳定极限值，而实际上，既不需要给激活物质输入一个弱光信号，也不需要真正把激活物质的长度无限增加，而只要在具有一定长度的光放大器两端放置前述的光学谐振腔。这样，沿轴向传播的光波在两反射镜间往返传播，就等于增加放大器长度。这种作用称为光学谐振腔的反馈作用。

2) 光的受激辐射放大条件

实现光放大的两个条件：①激励能源——把介质中的粒子不断地由低能级抽运到高能级去；②增益介质——能在外界激励能源的作用下形成粒子数密度反转分布状态。

3) 产生激光的基本条件及激光器的组成部分

产生激光的基本条件是：①能在外界激励能源的作用下形成粒子数密度反转分布状态的增益介质；②要使受激发射光强超过受激吸收，必须实现粒子数反转 $n_2 - n_1 \dfrac{g_2}{g_1} > 0$（方法是利用外界激励能源把大量粒子激励到高能级）；③要使受激发射光强超过自发发射，必须提高光子简并度 $\bar{n}$（方法：利用光学谐振腔造成强辐射场，以提高腔内光场的相干性）。

激光器的组成部分及其作用：一个激光器应包含泵浦源、光放大器和光学谐振腔三部分；其作用分别是使激光物质成为激活物质、对弱光信号进行放大、模式选择和提供轴向光波模的反馈。

18.2.2　激光技术的应用

激光自其诞生之日来，已对人类生活产生了巨大影响。其应用已渗入到人类生活的每个方面。比如监测、检测、制造业、医学、航天等。由于激光应用的广泛性，这里只能从广义上稍微介绍一下应用。

1. 激光技术在监测方面的一些应用

1) 三维激光扫描技术在地形测绘的应用

三维激光扫描仪用于边坡三维形状的获取、加固方案设计、边坡灾害对策及安全检测等,都具有独到的方便性及先进性。测量设站灵活方便,测量效率高,获取的数据直接可以进行处理以得到基础信息和分析结果。在地形测绘中,三维激光扫描仪及后处理软件,只经过简单的几个步骤就可以轻松获取高比例尺的地形图。

2) 激光雷达技术在大气环境监测中的应用

用于探测大气气溶胶和云的激光雷达技术主要是米散射探测技术,使用这种技术的激光雷达称为米散射激光雷达。激光雷达是一种重要的大气环境探测手段,由于其具有时空分辨率高、探测灵敏度高和抗干扰能力强等优点,因此,利用激光雷达对大气进行监测,收集、分析数据,建立大气环境预测理论模型,将为研究气候变化和寻求治理环境的新途径提供科学的依据。

2. 激光技术在检测方面的应用

由于激光技术的精确性,人们生活中的一些检测越来越多地用到激光检测,既方便又安全精确。如激光散斑技术在农产品检测中的应用,随着人们生活水平的提高,农产品检测技术越来越受到人们的重视,发展新颖的农产品快速检测技术是提高农产品市场竞争力、增加农民收入的有效措施。激光散斑技术灵敏度高,操作简单,作为一种新颖的无损快速检测技术已经受到越来越多的关注。

3. 激光技术在制造业的应用

随着激光制造技术的快速发展,激光技术已经在工业领域得到广泛的应用。

利用激光来焊接金属材料有许多优越性:方便快捷、焊缝小、焊接影响区域小,对原材料性质和形态的改变均很小;易于实现数控,可以焊接形状特殊的工件;激光能量集中、作用时间短,可以焊接薄板、金属丝等传统焊接工艺难以加工的材料以及精密、微小、排列密集、受热敏感的材料等。

激光加工技术具有无接触、不需要模具、清洁、效率较高、便于实行数控、可进行特殊加工等优点,在切割、焊接、表面熔覆与合金化、表面热处理、新材料制备等方面得到了广泛应用。

4. 激光技术在医学上的应用

激光医学在临床上的应用主要分为三大部分:①激光在基础医学研究中的应用,主要是通过激光与人体器官组织、细胞和生物分子的相互作用来研究激光的生物效应。②激光诊断,是以激光作为信息载体,利用激光单色性好的特点,对组织病理形态、病理情况下的功能及找出某些致病因素等方面进行光谱分析。③激光治疗,是以激光作为能量载体,利用激光对组织的生物学效应进行治疗,多年来,激光技术已成为临床治疗的有效手段,也成为发展医学诊断的关键技术,包括弱激光治疗、高强度激光手术、激光动力学疗法(光化学疗法)、激光诊断。

5. 激光技术在航天上的应用

航天技术作为一门综合性科学技术,是现代科学技术高度的综合集成。激光焊接技术作为一项先进制造技术,对航天技术的发展起到了重要作用。如航天电源连接器和传感器的焊接、航空发动机的焊接、飞机客体的焊接等。随着激光器研究的深入和大功率激光器的产品化,激光焊接技术向大厚板、高适应性、高效率和低成本方向发展,同时,随着新材料、新结构的出现,激光焊接技术将逐步替代一些传统的焊接工艺,在航天领域中占据重要地位。

激光技术作为一种新的科学技术有着广阔的应用前景。快速、精准是其最大的优势,激光不仅能够在精密仪器上打标,还可以对地毯等快速地切割。激光机在现代的工业事业上功不可没。推进工业的快速发展。激光走进了人们生活的同时也加速了人类社会的进步。激光发展的步伐依旧很坚定,它将为我们作出更大的贡献,并且需要我们更加深入地研究它。当前的激光技术还不是非常成熟,还有很大的提升空间。我国当前的激光技术和国际先进水平还有一定的差距,所以在激光技术这方面要更加努力发展。

18.3 半 导 体

半导体(semiconductor),指常温下导电性能介于导体(conductor)与绝缘体(insulator)之间的材料。半导体在收音机、电视机以及测温仪上有着广泛的应用。如二极管就是采用半导体制作的器件。半导体是指一种导电性可受控制,范围可从绝缘体至导体之间的材料。无论从科技或是经济发展的角度来看,半导体的重要性都是非常巨大的。今日大部分的电子产品,如计算机、移动电话或是数字录音机当中的核心单元都和半导体有着极为密切的关联。常见的半导体材料有硅、锗、砷化镓等,而硅更是各种半导体材料中,在商业应用上最具有影响力的一种。

半导体技术对我们的社会具有巨大影响。人们可以在微处理器芯片以及晶体管的核心部位发现半导体的应用,如图 18-6 所示。任何使用计算机或无线电波的产品也都依赖于半导体。当前,大多数半导体芯片和晶体管都使用硅材料制造。很多人可能听说过"硅谷"和"硅经济"这样的说法,因为硅是所有半导体电子设备的基本材料。

图 18-6 半导体材料的应用(从上沿顺时针方向依次为芯片、LED 和晶体管)

二极管可能是最简单的半导体器件,因此,如果要了解半导体的工作原理,二极管是一个很好的起点。本节将介绍什么是半导体、其工作原理以及使用半导体制造二极管的过程。下面先介绍一下硅元素。

硅是一种很常见的元素——例如,它是砂子和石英的主要组成元素。如果在元素周期表中查找硅,会发现它的位置在铝的旁边,碳的下方和锗的上方。

碳、硅和锗(锗和硅一样,也是半导体)的电子结构具有一种独特的性质——它们的最外层轨道上都有四个电子,这使它们能够形成很好的晶体。四个电子可与四个相邻的原子形成完美的共价键,从而产生晶格。我们都知道晶态构型的碳就是钻石,而硅的晶态构型是一种银色、具有金属外观的物质。

金属通常是良好的导电体,因为它们一般都具有可以在原子间轻松运动的"自由电子",而电子的流动便会形成电流。在硅晶体中,所有外层电子都形成了完美的共价键,因此这些电子不能到处运动,如图 18-7 所示。纯净的硅晶体是绝缘体。但是可以通过对硅进行掺杂——在硅晶体中掺入微量的杂质,来改变硅的这种特质,从而将其转变为一种半导体。

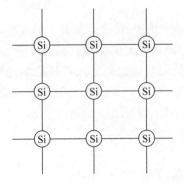

图 18-7　在硅的晶格中,所有硅原子都完美地与四个相邻原子形成共价键,因此没有可用于传导电流的自由电子。所以硅晶体是一种绝缘体而不是导体

N 型半导体——N 型掺杂是在硅中添加少量的磷或砷。磷和砷的外层都有五个电子,因此它们在进入硅晶格时不会处在正确的位置上。多出的一个电子没有可供结合的键,因此可以自由地到处运动,只需很少的一点杂质就可以产生足够多的自由电子,从而让电流通过硅。电子具有负(negative)电荷,因此称为 N 型半导体。

P 型半导体——对于 P 型掺杂,则使用硼或镓作为掺杂剂。硼和镓都只有三个外层电子。在混入硅晶格后,它们在晶格中形成了“空穴”,在此处硅电子没有形成键。由于缺少一个电子,因此会产生正(positive)电荷,故称为 P 型半导体。空穴可以导电,很容易吸引来自相邻原子的电子,从而使空穴在各原子之间移动。

少量的 N 型或 P 型掺杂剂就可将硅晶体从良好的绝缘体转变为可导电(但不是很优秀)的导体——故此将其称为“半导体”。

N 型半导体和 P 型半导体本身没有什么神奇之处,但是将它们放在一起之后,其结合部形成的 PN 结会具有某些很有趣的行为。

二极管可能是最简单的半导体器件,具有单向导电性。大家可能曾经见过体育场或地铁站入口处的十字转门,人们只能以一个方向通过它。二极管就好像是一个针对电子的单向十字转门。

PN 结(见图 18-8),会发生很有趣的现象,这是二极管独有的一种特性。虽然 N 型和 P 型硅本身就是一种半导体,但是当它们以图 18-8 所示方式组合在一起的时候却不会传导任何电流。N 型硅中的负电子会被吸引到电池的正极,P 型硅中带正电的空穴则会被吸引到电池的负极,不会有任何电流流过结合部。

如果将电池翻转过来,二极管就可以很好地传导电流了。N 型硅中的自由电子受电池负极的排斥,P 型硅中的空穴则受正极的排斥。空穴和电子在 N 型硅和 P 型硅的结合部相遇,电子会填充在空穴中,这些空穴和自由电子便会消失,并且会有新的空穴和新的自由电子出来接替它们的位置,这就会在结合部形成电流。

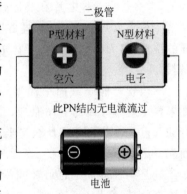

图 18-8　PN 结示意图

二极管是在一个方向上阻止电流通过而在另一个方向上允许电流通过的装置。二极管的使用方法有很多种。例如,使用电池的设备经常包含一个二极管,在电池方向插反的时候对设备起到保护作用。如果方向插反,二极管可以阻止电流从电池中流出——这样可以保护设备中敏感的电子元器件。

半导体二极管的表现并不是十分完美,如图 18-9 所示。

在反向连接的时候,理想的二极管应该阻止所有电流。而实际上二极管允许额定的电流通过。如果施加足够的反向电压,结合部将被击穿并允许电流通过。通常,击穿电压远远大于正常电压。

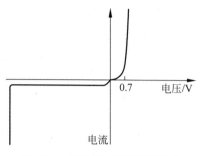

图 18-9　半导体二极管伏安特性

当正向连接时,只需要很小的电压就可以使二极管导通。对于硅,这个电压大约为 0.7V,此电压是在结合部开始空穴-电子结合过程所必需的。

与二极管中使用两层结构不同,晶体管包含三层结构为 NPN 型或 PNP 型的夹层结构,晶体管可作为开关或放大器使用。

晶体管看上去像是两个二极管背靠背布置在一起。大家可能会想,没有电流能够流过晶体管,因为背靠背布置的二极管在两个方向上都会阻止电流通过,而事实也的确如此。不过,如果对夹层结构的中间层施加一个小电流,则会有一个更大的电流流过整个夹层结构。这使得晶体管具有了开关行为,一个小电流能够开启或关闭一个大电流。

通过将晶体管用作开关,可以制造出逻辑门电路,而通过逻辑门,可以制造出微处理器芯片。

从硅、掺杂硅到晶体管再到芯片这一自然发展过程,便是当今社会微处理器和其他电子设备如此廉价和普遍的原因所在。

18.4　超　导　体

18.4.1　超导体的概念

到目前为止,科学家已发现某些金属(包括合金)、有机材料、陶瓷材料在一定的温度 T_c 以下,会出现零电阻的现象,我们称这些材料为超导体。同时,科学家们还发现,强磁场能破坏超导状态。每一种超导材料除了有一定的临界温度 T_c 外,还有一个临界磁场强度 H_c,当外界磁场超过 H_c 时,即使用低于 T_c 的温度也不可能获得超导态。此外,在生物体中也发现有超导现象存在。

超导现象首先是由荷兰莱顿(Leiden)大学学者卡末林·昂尼斯(Kamerlingh Onnes)在 1911 年发现的。早在 1908 年,莱顿实验室就掌握了 He(氦)气的液化技术,He 在一个大气压下液化时,温度为 4.2K,昂尼斯将这一低温技术成果用来研究 Hg(水银)导线的电阻随温度变化的规律。他测得样品在温度为 4.2K 时,电阻骤降为零。当时,所有的理论都无法圆满地解释金属导体这种非零温下的零电阻效应。几乎经历了半个世纪,这个谜才得到解答。

18.4.2　超导的主要特性

超导现象有许多特性,其中最主要的有五个,即零电阻效应、完全抗磁性效应(Meissner效应)、二级相变效应、单电子隧道效应、约瑟夫森(Josephson)效应。下面将分别加以介绍。

1. 零电阻效应

零电阻是超导体的一个最基本的特性。图 18-10 是金属电阻与温度的关系曲线,在 $T > T_c$ 时,R 与 T 成直线关系。当温度降低时,这种线性关系会失去,从而出现偏离线性的情况。当 T 达到临界温度 T_c 时,电阻 R 突然变为零。由经典理论可知,金属中的电阻是由晶格热振动对自由电子定向漂移的散射所引起的。金属原子容易失去其外层电子而变成带正电的离子,这些离子在金属中有规则地呈周期性排列,形成晶格。在晶格中,正离子只能在平衡位置附近作热振动。当自由电子在外电场作用下进行定向运动时,自由电子各向同性的热运动与沿电场力方向的定向运动就叠加在一起,称为定向漂移。定向漂移的电子将和作热振动的正离子发生碰撞。碰撞中,产生两个结果:一是自由电子在碰撞时把定向漂移的能量传给正离子,使正离子的热振动加剧;二是自由电子在碰撞中,改变了原运动方向,被称为散射。我们可以用日常观察到的碰撞来说明这种散射及能量交换效果。当你观察台球运动时,常会看到图 18-11 所示的情况:球 A 与球 B 碰撞后,改变了自己原来的运动方向。如果 A、B 两球的质量相等,且 B 球开始静止不动,则当 A 与 B 正碰时,球 A 将变为静止,球 B 则以 A 球的入射速度前进,如图 18-12 所示,球 A 将自己的动能全部交给了球 B。在金属中,正是类似的效果使自由电子的定向漂移受到阻碍,通常讲的金属中的电阻指的就是这个意思。什么时候电阻才可能为零呢?按照经典理论,只有当温度 $T = 0\mathrm{K}$,即为绝对零度时晶格才停止热振动,不再散射电子,电阻才为零,我们称此理论为零温零电阻论。在较高温度时,电阻与温度成直线关系,于是由经典理论应得到图 18-13 所示的 R-T 直线。显然用这条直线是无法解释超导的非零温零电阻现象的。

再看看量子理论能否解释。根据谐振子的量子理论,即使 $T = 0\mathrm{K}$,晶格仍有零点振动能。因此,电阻不能为零。图 18-14 是按量子理论得到的 R-T 关系曲线,其中 $T = 0\mathrm{K}$ 时 $R \neq 0$;在 T 较小时,$R \propto T^5$。由此可见,量子理论也无法解释超导的非零温零电阻效应。

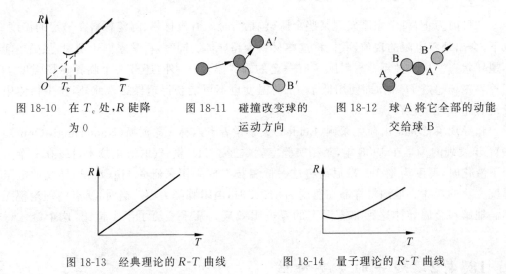

图 18-10   在 T_c 处,R 陡降   图 18-11   碰撞改变球的   图 18-12   球 A 将它全部的动能
　　　　　　为 0　　　　　　　　　　　　　运动方向　　　　　　　　　　交给球 B

图 18-13   经典理论的 R-T 曲线   图 18-14   量子理论的 R-T 曲线

2. 完全抗磁性效应

1933 年,德国学者迈斯纳(Meissner)和奥奇森菲尔德(Ochsenfeld)观察到,磁场中的锡样品冷却为超导体时,能排斥磁场进入样品内部,这一现象称为完全抗磁性效应或迈斯纳效

应。迈斯纳效应是超导体的基本特性。早期曾有人认为超导体是一种电导率 σ 等于无穷大的导体,即用纯电学的观点去看超导体。实际上,这种观点认为超导体与普通导体没有本质区别,其不同之处仅仅在于电导率的大小存在着差异而已,实验证明这种想法是不正确的。电学中欧姆定律反映了电压 V、电流 I 和电阻 R 之间的关系: $V = IR$。如果用场的观点来表示,则欧姆定律有微分形式

$$j = \sigma E \tag{18-20}$$

式中,j 是电流密度矢量;E 是电场强度;σ 是电导率。此外,由电磁学的麦克斯韦方程

$$\nabla \times E = -\frac{\partial B}{\partial t} \tag{18-21}$$

可知,若将超导看成是 $\sigma \to \infty$ 的导体,则在超导体中的磁场 B 应满足方程

$$\frac{\partial B}{\partial t} = -\nabla \times E = -\frac{\nabla \times j}{\sigma} \xrightarrow{\sigma \to \infty} 0 \tag{18-22}$$

式(18-22)表明,超导体内的磁场 B 与时间 t 无关,或 B 不随时间改变,而完全由初始条件决定。即超导体内,如果 $t=0$ 时,有磁场 B,则以后磁场 B 的大小和方向皆不改变;如果 $t=0$ 时,超导体内无磁场,则以后恒无磁场。根据以上的结论,我们可以设计两个实验,如图 18-15 所示,如果认为超导体是 $\sigma \to \infty$ 的普通导体,则应出现图 18-15(a)的结果,即超导体内有无磁场,完全取决于初始条件,先冷却,后加磁场则超导体内无磁场;先加磁场,后冷却则超导体内有磁场。但实验结果表明图 18-15(a)的情况并未出现。相反,实验结果是图 18-15(b)所示的情况。无论是先冷却,后加磁场,还是先加磁场,后冷却,超导体内部最后均无磁场。超导体总是完全排斥磁场的,这是它不同于普通导体的本质特性。磁悬浮现象就是超导体具有完全抗磁性的证明,如图 18-16 所示。

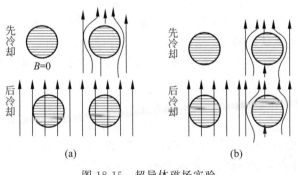

先冷却　$B=0$
后冷却
(a)

先冷却
后冷却
(b)

图 18-15　超导体磁场实验

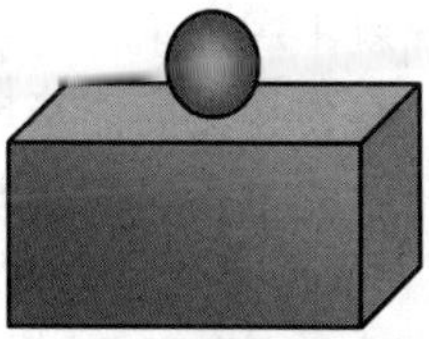

图 18-16　磁悬浮现象

(a) $\sigma \to \infty$,导体内磁场与过程有关;(b) 超导体抗磁性与过程无关

　　依据超导体的零电阻和迈斯纳效应,可以把超导体分成两类,即第 Ⅰ 类超导体和第 Ⅱ 类超导体。零电阻和迈斯纳效应同时出现的超导体,只具有一个临界磁场,称之为第 Ⅰ 类超导体,如图 18-17(a)所示;具有两个临界磁场的超导体,其体内能出现超导相和正常相的界面,我们称它为第 Ⅱ 类超导体,如图 18-17(b)和图 18-18 所示。

3. 二级相变效应

　　1932 年,荷兰学者 Keesom 和 Kok 发现,在超导转变的临界温度 T_c 处,比热出现了突变。Keesom-Kok 实验表明,在超导态,电子对比热的贡献约为正常态的 3 倍(见图 18-19)。

在水变成冰的相变中,体积改变了,同时伴有相变潜热,这类相变称为一级相变。如果发生相变时,体积不变化,也无相变潜热,而比热、膨胀系数等物理量却发生变化,则称这种相变为二级相变。正常导体向超导体的转变是一个二级相变。后面将会讨论这一相变的微观过程。

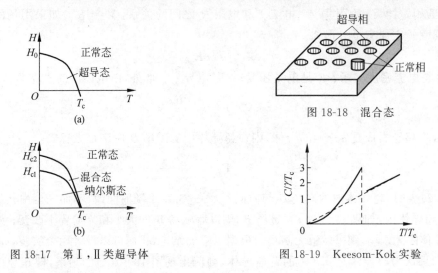

图 18-18　混合态

图 18-17　第 I,II 类超导体

图 18-19　Keesom-Kok 实验

4. 单电子隧道效应

1960 年,美国技术员吉埃瓦(Giaever)从事元件 Al-Al$_2$O$_3$-Al 的隧道效应实验室研究,这是普通导体中的量子隧道效应。吉埃瓦在工作之余去一所工业专科学校听物理课,从老师那里获悉了超导能隙的概念,年轻的技术员立即觉察到用自己的实验方法能测量这个能隙的宽度 Δ。他没费多少时间就证实了自己的想法,从而发现了超导的单电子隧道效应。

隧道效应是微观运动中所特有的,在宏观运动中没有这一现象。例如,在地球引力场中,一个小球要越过一个高坡,必须使其动能 E_0 满足 $E_0 = mv_0^2/2 > mgh$,如果 $E_0 \leqslant mgh$,则小球是不可能越过这一高坡的(见图 18-20),高坡就像一堵墙,称为势垒。对于微观粒子,情况就不一样了。譬如,当一个电子在势垒下运动时,电子可以借助真空,从真空吸收一个虚光子,使自己的能量增大而越过势垒,电子一旦越过势垒,便将虚光子送还给真空。同时,电子的能量也返回到原来的值,图 18-21 给出了这一过程的示意图。微观粒子就是凭借高超惊人的魔术戏法穿过势垒的,量子理论称它为隧道效应。在 Al-Al$_2$O$_3$-Al 元件中,普通金属 Al 之间的绝缘层 Al$_2$O$_3$ 相当于一个势垒,一般不能导电,但量子隧道效应可产生微小电流(见图 18-22)。如果换成超导-氧化物-超导元件,则由于超导的能带存在能隙,能隙的下面是满带,上面是空带,满带中的能级被电子全部填充,无空位能级,空带中的能级一个电子也没有,故未加外电压时(见图 18-23)无隧道效应。因为左边的电子穿过势垒后,在右边没

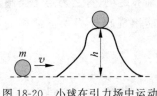

图 18-20　小球在引力场中运动

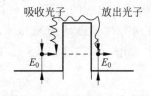

图 18-21　电子从势垒中穿过

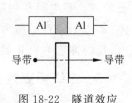

图 18-22　隧道效应

有空位能级容纳它。当外加电压使 $eV < \Delta$ 时,也无隧道效应(见图 18-24),因为电子从左至右穿过势垒,正好进入满带或能隙。按照量子理论,能隙中的能态是不容许存在的。可是,一旦电子的能量升高到 $eV \geqslant \Delta$ 时,左边满带中的电子就可以穿过势垒进入右边的空带,于是有电流出现。显然 $V_0 = \Delta / e$ 是开始出现电流的电压值,V_0 可以从吉埃瓦的实验中测出,所以能隙 Δ 可以很快地算出来,图 18-24 和图 18-25 表示的是电流出现前、后的电压值与能隙宽度 Δ 的关系。以上公式中的 e 是电子的电量数值。

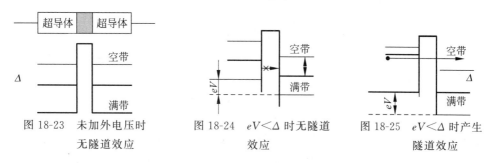

图 18-23　未加外电压时　　图 18-24　$eV < \Delta$ 时无隧道　　图 18-25　$eV < \Delta$ 时产生
无隧道效应　　　　　　　效应　　　　　　　　　　隧道效应

5. 约瑟夫森(Josephson)效应(双空电子隧道效应)

1962 年,英国剑桥大学卡文迪许实验物理研究生,20 岁的约瑟夫森提出,应有电子对通过超导-绝缘层-超导隧道元件,即一对电子成伴地从势垒中贯穿过去。电子对穿过势垒可以在零电压下进行,所以约瑟夫森效应与单电子隧道效应不同,可用实验对它们加以鉴别。零电压下的约瑟夫森效应又称直流约瑟夫森效应。此外还有交流约瑟夫森效应。它们具有共同的特点,都是双电子隧道效应。

我们可以把基本粒子按其自旋的大小分为两类:一类自旋为半整数,称为费米子,例如,电子、质子、中子,它们的自旋都是 1/2,为半整数;另一类自旋为整数,称为玻色子,例如,光子自旋为 1,电子对的自旋为零,故它们都是玻色子。电子对成为玻色子后不再遵从泡利不相容原理,即同一能级上容纳的玻色子数不受任何限制。所以在零压下,电子对可以通过势垒。图 18-26 和图 18-27 表示零电压下电子与电子对的不同行为。两个超导体中夹有一薄绝缘层的元件被称为约瑟夫森结,利用约瑟夫森结可制成超导量子十涉仪(SQUID),用它测量磁感应强度能精确到 10^{-7}T,测电压精确到 10^{-6}V。

图 18-26　单电子无法通过　　　　图 18-27　双电子隧道效应

18.4.3　高温超导体的发现

上面讨论了超导的特性,在超导的诸多特性中,人们最感兴趣的是超导的临界温度。提高超导临界转变温度 T_c,是科学家们努力追求的主要目标。平均每年增长 $\frac{1}{3}$K 左右;1964 年开始在金属氧化物中寻找超导材料,到 1975 年,临界温度只达到 13K,远不及锗三铌。

后来美国贝尔实验室一个叫威廉 L. 麦克米兰(William L. Mcmilam)的人提出：金属超导临界温度上限值为 30K，这一断言使一部分科学家对金属材料失去信心。1980 年以后有人开始转向在有机材料中发现超导体，美国的霍普金斯(Hopkins)研究小组首先合成了一种有机材料(TMTSF)$_2$X，它在 T_c=1 时成为超导体。此后，短短 5 年中，有机超导材料临界温度提高到 8K。尽管有机超导体的临界温度还有待进一步大幅度地提高，但有机材料易加工成形，易于人工合成，价格便宜，重量轻，故仍然具有不可抗拒的诱惑力。

"明知山有虎，偏向虎山行。"在攀登科学技术高峰的道路上，总有一些不畏艰险、勇闯禁区的开拓者。1986 年 4 月，正当提高金属、合金有机材料的临界温度都遇到困难的时候，瑞士学者缪勒和西德学者柏努兹发现多相氧化物或称为陶瓷材料超导，激起人们对新陶瓷材料的高度热情，在不到一年时间内，中国、日本、美国等竞相努力，使陶瓷超导体的临界温度提高到 300K 以上。1987 年初，中国的赵忠贤获得 SrLaCuO 的超导临界温度为 48.6K，短短数月内就又提高至近 300K，平均每月增长 50K，出现了超导史上空前振奋人心的局面。1987 年 9 月在日本召开的第 18 届国际低温物理会议披露：日本的高温超导体 YBaSrCuO (钇钡锶铜氧)的 T_c 为 338K；苏联的高温超导体 YBaScSrCuO (钇钡锶钪铜氧)的 T_c 为 308K；美国的高温超导体 YBaCuO (钇钡铜氧)的 T_c 为 280K。

不过，目前这些高温超导材料的稳定性及可重复性尚不理想。与此同时，超导体材料的制造、应用及超导元件的开发也应运而生。科学家们预言：10 年或者稍长一点的时间之内，超导的应用将成为现实，人类正满怀喜悦地跨入伟大的超导时代。

18.4.4　超导的意义及应用

1. 材料是生产的物质基础

材料在生产中占有重要地位，特别是新材料和具有优异性能的材料。历史上，三次大的工业革命，无不以新材料作为其基本条件和先导。原子能、核能的应用，火箭、卫星及太空技术的应用，都需要以材料科学的发展作为前提。每当人类掌握或使用一种新的材料时，工业、科技和生活就会发生深刻的变化。

人类最初使用的材料是天然的石头或经过简单加工的石器，历史上称之为石器时代。人类从使用工具起便进入了文明时期，因为从石头到石器，随之就是工艺、文字。石器有一定的加工外形，这就是最早的艺术，锋利的石器可以在树皮上刻写符号，这就产生了文字。石器时代之后，接着是青铜和铁器时期，它标志着人类已学会掌握并使用金属材料，这是一个影响深远且统治人类社会时间最长的时期。从奴隶社会、封建社会直到资本主义社会，它都在发挥着重要作用，甚至今天，也不可能完全离开金属材料。铁器时代的到来，为以后的工业革命打下了坚实的物质基础，并创造了数千年的繁荣与文明。很难设想，如果没有金属材料，机器化和电气化革命会是一个什么样子。真空管电子技术早已为人类掌握，但是把电子时代推向高峰的，却是半导体材料与器件的问世。从 20 世纪 60 年代造出第一个晶体管以后，电子时代才跨入它最辉煌的时期。上面这些历史事实，充分证明了材料及其应用技术在生产发展中的重要地位。

今天，随着陶瓷高温超导体的发现及其材料器件的试制，可以想象，一旦这一新材料、新技术被广泛应用到各个生产领域和科学技术研究中去，那么无疑将会把各种工业，包括机械、电子、电力、交通、能源和医疗、军事等方面的生产推进到一个崭新的水平,整个世界和人类将会发生一次重大的改变,伴随而来的一定是一系列的工业大革命。这正是今天的科学家们为陶瓷高温超导体的发现而感到惊喜的真正原因。

2. 超导技术的主要应用

自世界上第一个磁感应强度超过 6T 的超导体问世以来,人们对超导技术的发展日趋关注。1986 年,在美国巴尔的摩召开的超导应用会议,肯定了进行超导国际协作的重要性。已有数百个实验室在对超导技术进行深入研究,有许多方面已进入实用技术阶段。

超导技术用于电力输送,可以节省大量能源;用于医疗上的核磁共振成像系统,可以在不接触人体的条件下,检查人体的种种疾病;用于分离技术,可以将小到病毒大到矿石的颗粒分离出来;用于电子计算机,可以大幅度地缩小体积,提高计算速度,降低成本;用于交通,可以制成磁悬浮车;用于测量,可以制成超导核磁共振断层摄像仪(MRI)和超导量子干涉仪。此外,在一些科学研究装置中,从小型磁体到同步加速器等大规模系统的磁体,都可用超导磁体取而代之。这样,既可以提高设备的效率,又可以节省能源,减小体积。1984 年,美国费米国立加速器实验室制成了名为"双质子"的超导质子同步加速器,以内径 80cm、长 6m 的马鞍形磁体为主体的约 1200 个超导磁体被安置在 7km 长的圆周上,它能对质子进行加速,使之具有 800GeV 的高能。为了和前面的内容联系起来讨论,我们将结合超导的特性分别介绍一些超导技术的主要应用。

1) 零电阻的应用

在工业生产及科学技术研究中,往往需要大电流和强磁场。仅仅依靠普通的导体及磁体是无法做到这一点的,其主要原因是所有导体都具有电阻,并且电阻随温度升高而增大。例如,一个 5×10^3 kW 功率的环形电流只能产生强度为地磁场 100 倍的磁场,况且,线圈中的电阻要产生大量的热量,这个装置每分钟需要用 3064t 水来冷却,方能避免受热而引起的爆炸。普通电磁铁一般至多能产生 3T 的磁感应强度,要超过这一数值是相当困难的。

零电阻效应能使我们获得大电流和强磁场。瑞士的一个等离子体研究所的陀螺仪中有一绕组采用超导线圈,它能产生 8T 的磁感应强度。此外,在许多装置或仪器中,都有超导线圈与超导磁体的应用,如单极发电机、磁场闭合型核聚变炉、电力储存装置电感脉冲电源、船用电力推进器和电磁推进器、磁分离器、介子癌照射装置、核磁共振断层摄影装置、高分辨电子显微镜、NMR 分析器,高能电子检测器、磁石电子存储环、SOR、磁搅拌器、磁流体发电、强磁场化学反应装置等。

与我们关系最密切的水上航行、发电和日常生活有着极为重要的作用,但污染后的水是极有害的。由于水中有的污染物太微小,所以常规的过滤方法无法分离它们,而超导磁分离却能分离这些水中污染物。任何物质都会受到强磁场的吸引,不同的物质所受的力的大小不同,根据这一简单原理,麻省理工学院的亨利·费尔博士设计了一个能产生旋转磁场的装置,用它来分离混在水中的细菌、化合物、尘埃等极微小的物质。超导体产生的强磁场分离器像筛子一样,能将水中所有的杂质吸引且分离出去,其速度远比普通过滤装置快几百倍。超导磁分离技术还可以用于燃料加工及燃料使用前的杂质清除。图 18-28 表示的是美国麻省理工学院的超导磁分离装置。

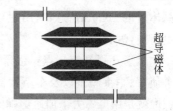

图 18-28　超导磁分离器装置

零电阻效应还有两个直接应用:①用来制作超导电缆,如图18-29所示,它是一根内壁镀了一层超导薄膜的管子,管内流过温度为77K的液氮,电流能无电阻损耗地沿超导薄膜流动,若用它来输电,造价与普通电缆相当。目前,超导薄膜的电流密度可达10^6A/cm^2;②由于零电阻对应有一个临界磁场或临界温度,因此,可以利用零电阻出现时正常态到超导态的转变,制成转换元件,如速调管、磁通泵、红外线检测器和超低温反应器等。

2) 完全抗磁性的应用

利用超导体的完全抗磁性,可制成磁封闭系统、超导陀螺、磁轴承、超导重力仪等,图18-30是一个超导轴承的原理装置图,转轴悬浮在超导轴承-超导线圈中,无摩擦的超导轴承是机械中最理想的构件,它的应用会使许多机械面目一新。

图 18-29　内壁镀有超导薄膜的管子

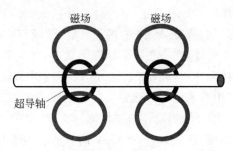

图 18-30　超导轴承

磁悬浮车是超导技术在交通运输中的重要应用成果,它具有安全、舒适、高速的优点,其他交通工具是无法与之相比的。图18-31是磁悬浮列车的原理模型图,车身底部截面呈凹形,装有超导电磁体,导轨是铝质的,截面呈凸形。列车前进时,车身底部的超导电磁体产生的磁场在铝制导轨内引起感应电流,感应电流的磁场排斥车身的电磁铁磁场,使车身悬浮在导轨上。世界上第一辆磁悬浮列车是在英国的伯明翰制成的,它长6m,一次可载40人,时速达500km/h,而火车的极限时速约为300km/h。

3) 量子隧道效应的应用

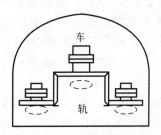

图 18-31　磁悬浮列车

如果说前面介绍的是超导的强电技术应用,那么下面将讨论超导的弱电技术应用。利用超导的约瑟夫森效应可以制成精密测量元件、超导量子干涉仪(superconducting quantum interference device,SQUID)及转换元件,可用它们来检测微小位移、微小磁场或者是测量电压、电流的标准计测仪器。超导电子器件具有体积小、无热损耗的优点,超导计算机具有微型化、巨型化和计算速度高的优点,如约瑟夫森结的开关速度为晶体管的1000倍。如果用超导电子元件取代晶体管元件,将会给电子工业又带来一次大的更新换代的革命。

最后还得补充一点:超导技术在国防上的应用也是不容忽视的。超导在军事指挥、军事侦察、军事测量以及军事武器等方面均可得到重要的应用,例如,利用强电强磁制成的电磁炮就是用电磁力来加速炮弹的。目前普通的电磁装置已能把重453g的弹丸加速到4km/s。如果采用超导技术可大大提高其速度,使其能拦截洲际导弹。

3. 超导量子干涉仪（SQUID）的构造原理及其应用

1962 年,约瑟夫森提出,超导体-绝缘体-超导体结会出现零电压的超导电流,称为直流约瑟夫森效应。如果在结上加一电压 V,则超导电流将是频率 $\nu = 2eV/h$ 的交变电流,又称为交流约瑟夫森效应。利用前者可制成磁强计和灵敏检流计,利用后者能测量常数 h/e。

约瑟夫森结含义很广,超导体之间的点接触(图 18-32(a)),超导体中间夹金属薄层或夹绝缘介质都可以称为约瑟夫森结。超导量子干涉仪(SQUID)通常由两个约瑟夫森结组成。

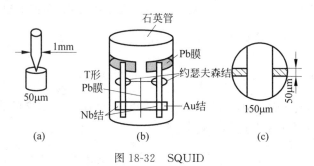

图 18-32 SQUID

(a) 点结；(b) SQUID 构造；(c) 交叉处的约瑟夫森结

1) SQUID 的构造

图 18-32(b)是通常用的 SQUID 的构造简图。在圆柱形的石英管上,先蒸发出一层 10mm 宽的 Pb 膜,再蒸发出一层 Au 膜在下方用作分流电阻；然后溅射两条 Nb 膜,待其氧化后再蒸发出一层 T 形 Pb 膜。这样在 Pb 膜和 Nb 膜的交叉处形成两个 Nb-NbO$_x$-Pb 结,即约瑟夫森结。

在交叉处的约瑟夫森结中,Nb 膜的宽度为 $150\mu m$,T 形 Pb 膜的宽度为 $50\mu m$,如图 18-32(c)所示,管的一端有电压和电流引线。

2) SQUID 的简单原理

先讨论一个结的情况。对于直流约瑟夫森效应,前面已用能谱图作了解释。因为库珀对是玻色子,故它能通过隧道效应穿过势垒。当 $\nu \neq 0$ 时,库珀对从结的一侧贯穿到另一侧,必须将多余的能量释放出来,即发射一个频率为 ν 的光子,其中

$$\nu = \frac{2eV}{h}$$

相当于电子对穿过结区时,将在结区产生一个沿与结区平面平行的方向传播的、频率为 ν 的电磁波,表明在结区有一交变的电流分布(见图 18-33)。

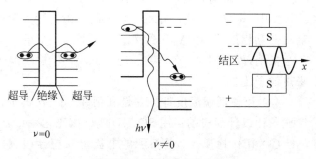

图 18-33 结区的交变电流

为了表示这一交变电流在结区形成的波,可以将电流 i 写成

$$i = i_c \sin\left(2\pi \frac{2eV}{\hbar} t - \frac{2\pi}{\lambda} x + \varphi_0\right)$$

或

$$i = i_c \sin\left(2\pi \frac{2eV}{\hbar} t - \frac{p}{\hbar} x + \varphi_0\right)$$

$\hbar = \frac{h}{2\pi}$,$p = \hbar \frac{2\pi}{\lambda}$ 称为德布罗意关系式,φ_0 是初相位。现在,给结区加一垂直于纸面向外的磁场 $\boldsymbol{B}$,由于释放的光子或电磁波与磁场会产生相互作用,因此根据电磁理论中的最小耦合原理,应将动量 $\boldsymbol{p}$ 换成 $\boldsymbol{p} - \frac{2e}{c}\boldsymbol{A}$,其中 $\boldsymbol{A}$ 是磁场沿 x 方向的矢势。于是

$$i = i_c \sin\left(\frac{2eV}{\hbar} t - \frac{p}{\hbar} x + \frac{2e}{c\hbar} Ax + \varphi_0\right)$$

因此,$\boldsymbol{B}$ 的大小或 $\boldsymbol{A}$ 的大小将影响电流 i 的相位,决定其 x 轴向的分布,我们利用一组 i 沿 x 轴的分布曲线图来说明这种影响(见图 18-34)。总之,由于磁场在交变电流中起着相位作用,而波的频率 $\frac{2eV}{\hbar}$ 又相当大,故磁场的一个微小变化也会导致一个显著的相位改变,使得电流也有一个相当大的变化。

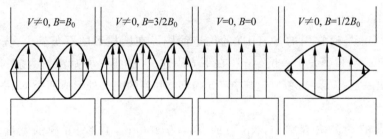

图 18-34　i 沿 x 轴的分布曲线图

如果使用两个结,利用两个电流的相干作用,效果会更好,会使电流的值更大。这和光学中用双缝加强光度比用单缝的效果要好一样。SQUID 就是根据这一原理设计而成的。

3) SQUID 的应用

(1) SQUID 用作磁强计,可精确到 10^{-7} T。为了对这个量级有所理解,可以列举一些例子。地磁场的磁感应强度为 10^3 T;环境磁噪声的磁感应强度为 $10^{-4} \sim 10^{-1}$ T;人们的肺、心、脑都有一定的生物磁感应强度,分别为 10^{-1} T、10^{-2} T 和 10^{-5} T。由此可见,比脑磁场还弱 100 倍的磁场,SQUID 都能准确地测量出来。

(2) 用作磁场梯度计。测量微弱磁场时,必须消除强磁场的干扰。为此,可设计一个形如图 18-35 所示的线圈,其中 A_2 和 A_3 绕向相反。均匀的地磁与噪声磁在 A_2、A_3 中产生的磁通会互相抵消,对 A_1 不产生影响。而非均匀的待测磁场在 A_2、A_3 中不会抵消,因而对 A_1 有影响。用 SQUID 测出的 A_1 的磁通便无地磁和噪声的干扰。

图 18-35　线圈

(3) 用作低温温度计。它是利用在 10^{-5} K 的低温时核磁化率与温度成正比设计而成的。用 SQUID 测出核磁化率 α 就可测定温度。

(4) 用作检流计。将待测的电流引入超导线圈,利用 SQUID 测出

电流产生的磁通,从而确定电流的大小,且能精确到 10^{-9} A。改装成电压计精确度可达 10^{-16} V。

此外,SQUID 还可以用作超低频信号的接收器,进行水下、地下的深处通信联系。

利用 SQUID 可测量磁悬超导铌棒的微小振动。当铌棒振幅为 10^{-18} cm 时,其磁场波动能立即被 SQUID 测出。

18.5　核　物　理

近年来,关于核的问题又不断地走进公众的视野,无论是伊朗和朝鲜的核问题还是2011 日本福岛的核电站泄漏事件都让全球的人增加了对核物理的了解,关于核的讨论也是越来越多。增加对核物理相关知识的了解有助于我们更客观、全面地审视各种问题,做出正确的价值选择。核物理也已经得到广泛应用,并带来了极大的社会价值。

18.5.1　核物理的发展历程

1. 核物理的开创

1896 年,这一年通常被人们看作是核物理学的开端。贝克勒尔发现天然放射性,这是人们第一次观察到的核变化。贝克勒尔因发现放射性和居里夫人一起获得了诺贝尔奖。当时贝克勒尔做实验并不是为了发现放射性。贝克勒尔做了几种实验,一次偶然的机会,他把含铀的石头放在自己实验室书桌的抽屉里,后来他发现石头附近的照片底片变色了。和平常人认为底片可能因为各种原因暴露在阳光下的想法不同,他认为一定是石头里发出了类似光的东西。他还通过实验证明了自己的猜想。贝克勒尔做了一件了不起的事,在没有人知道放射性存在的情况下,任何人都发现不了放射性的原理。贝克勒尔正是凭借其自由的想象力,发现了放射性的原理。只有这种拥有自由想象力的人才能发现新的事物。然而尽管核物理已经开创了,在此后的 40 多年里,人类对核物理的研究仍处于初期阶段。

2. 初期发展

19 世纪末到 20 世纪 40 年代是核物理研究发展的初期阶段。在这一阶段,对射线的研究一直都是重点。α 射线、γ 射线和 β 射线很快就被发现。α 射线由高速运动的氦原子核(称为 α 粒子)组成。它的贯穿本领最小,但电离作用最强。原子核自发发射 α 粒子的转变称为 α 衰变。原子核发生 α 衰变后,电荷数 Z 减少 2,质子数 A 减少 4。β 射线是高速运动的电子流。它的贯穿本领比 α 射线强,但电离作用比 α 粒子弱。原子核自发发射 β 射线的转变称为 β 衰变。原子核发生衰变后,电荷数改变一个单位,质量不变。探测、记录射线并测定其性质,一直是核物理研究和核技术应用的一个中心环节。放射性衰变研究证明了一种元素可以通过衰变而变成另一种元素,推翻了元素不可改变的观点,确立了衰变规律的统计性。在原子核物理学领域,一个不得不提到的人就是卢瑟福,他被称为原子核物理学之父。卢瑟福首先提出放射性半衰期的概念,证实放射性涉及从一个元素到另一个元素的嬗变。这一发现打破了元素不会变化的传统观念,使人们对物质结构的研究进入到原子内部这一新的层次,开辟了一个新的科学领域——原子物理学。他又将放射性物质按照贯穿能力分类为 α 射线与 β 射线,并且证实前者就是氦离子。因为"对元素蜕变以及放射化学的研究",他荣获 1908 年诺贝尔化学奖。1911 年,卢瑟福根据 α 粒子散射实验现象提出原子核式结构模型。1919 年,卢瑟福做了用 α 粒子轰击氮核的实验。他从氮核中打出一种粒子,并测定了它的电荷与质量,它的电荷量为一个单位,质量也为一个单位,卢瑟福将之命名为质子。质子的发现可以说是首次人工实现的核反应。

3. 第二阶段

20 世纪 40 年代到 50 年代是核物理发展的第二阶段。在这一阶段,在核物理领域科学家们取得巨大的成就。1939 年,哈恩和斯特拉斯曼发现了核裂变现象;1942 年,费米建立了第一个链式裂变反应堆,这是人类掌握核能源的开端。在该阶段中,令人最印象深刻的应该是核裂变与核聚变的发展。1939 年,L. 迈特纳和 O. R. 弗里施首先建议用带电液滴的分裂来解释裂变现象。同年 N. 玻尔和惠勒在原子核液滴模型及统计理论的基础上系统地研究了原子核的裂变过程,奠定了裂变理论的基础。1940 年,K. A. 彼得扎克和 Г. Н. 弗廖罗夫观察到铀核会自行发生裂变,从而发现了一种新的放射性衰变方式——自发裂变。核裂变很快被应用到军事领域并成为杀伤性巨大的毁灭性的武器。

4. 第三阶段

20 世纪 50 年代至今是核物理发展的第三阶段。粒子加速技术、高能物理的发展,使人们对核的研究和认识进入了一个新的阶段。在这一阶段,核物理将进入大规模的应用阶段,核物理在人类生产生活中的应用成为核物理研究发展的重要课题。在现阶段,粒子加速技术已有了新的进展。由于重离子加速技术的发展,人们已能有效地加速从氢到铀所有元素的离子,其能量可达到十亿电子伏每核子。这就大大扩充了人们变革原子核的手段,使重离子核物理的研究得到全面发展。

18.5.2 核物理的应用

核物理距诞生不过 100 多年,然而却对人类的政治、经济、军事、科技等方方面面都产生了重大的影响。特别是核物理技术在各个领域的应用让人类已经无法离开核物理技术。

1. 医学领域

人类对于核物理的研究起始于对放射线的研究,而放射线在不久之后也首先被用于医学领域,如利用放射线杀死癌细胞等都是与放射线相关的医学应用。核物理在医学方面对疾病的诊断、治疗与卫生防护都有独特的作用。在诊断方面,它利用放射性核素去参与人体的代谢活动。在治疗方面,其原理是利用辐射生物效应。因为放射性射线具有杀灭癌细胞的能力,通过射线可以达到抑制或者破坏病变细胞组织的目的。射线治疗主要分内照射治疗和外照射治疗,以及敷贴治疗、胶体治疗等,从而探测出它们在体内的行踪、分布和代谢等情况,从而达到显像和诊断的目的。在卫生防护方面,可利用辐射源消毒杀菌等。

2. 军事领域

核物理在军事领域的应用就是我们所恐惧的核武器。核武器是指利用核反应的光热辐射、电磁脉冲、冲击波和感生放射性造成杀伤和破坏,从而阻止对方军事行动以达到战略目的的大杀伤力武器的总称。我们通常想到的是原子弹与氢弹。这是核武器的两种类型。原子弹属于裂变型核武器,氢弹属于聚变型核武器。核武器对人类的伤害是不可估量的,人类第一次也是唯一一次在战争中使用核武器是在第二次世界大战时期,美国对日本投下两颗原子弹。在现在没有任何国家敢轻易在实战中运用核武器,一旦爆发核战争,毁灭的将是整个世界。

3. 能源领域

随着技术的发展,核能为缓解人类的能源紧张并在未来解决能源危机都发挥重要的作用。现在人类主要利用核能发电。在 2013 年,全世界正在运行的核电站共有 438 座,总发电量为 353GW,占全世界发电量的 16%,累计运行时间已超过 1 万堆年(1 堆年相当于核电站中的 1 个反应堆运行 1 年)。核能发电的能量来自核反应堆中可裂变材料(核燃料)进行裂变反应所释放的裂变能。裂变反应指铀-235、钚-239、铀-233 等重元素在中子作用下分裂为两个碎片,同时放出中子和大量能量的过程。反应中,可裂变物的原子核吸收一个中子后发生裂变并放出两三个中子。若这些中子除去消耗,至少有一个中子能引起另一个原子核裂变,使裂变自行进行,则这种反应称为链式裂变反应。实现链式反应是核能发电的前提。

4. 工农业和其他领域

核物理在工农业领域的应用主要有:辐射加工、辐射探伤、物质分析、辐射杀虫、辐射毒和辐射育种等。其中辐射加工属于工农业领域中一个极为重要的应用,被广泛运用于制造优质的热收缩材料、发泡材料、高效电池隔膜及电缆橡胶硫化等,也可以用于食品灭菌保鲜和医疗器械的消毒等。离子束加工则是辐射加工的一个重要方面,它可以改进甚至改变材质的某些指标,如离子注入金属材料可以提高它的耐磨、抗氧化、抗腐蚀等性能,离子注入陶瓷甚至可以大大提高它的导电性。

而核物理在考古、环境治理等方面都发挥着独特的作用。

18.5.3　核物理应用的启示

核物理应用在人类生产生活的各方面,我们既应该看到核物理给我们带来的益处,也要看到核物理给人类生存带来的威胁。

如何正确地使用核物理技术是全人类应该思考的问题。现在很多国家比如伊朗、朝鲜仍想要发展核武器,核武器是人类自己创造的可以毁灭人类自己的武器,1945 年 8 月 6 日,美国在日本广岛投掷原子弹。当日死者计 8.8 万余人,负伤和失踪的为 5.1 万余人;全市 7.6 万幢建筑物全被毁坏的有 4.8 万幢,严重毁坏的有 2.2 万幢。长崎全城 27 万人,当日便死去 6 万余人。人类不得不顾虑核武器的后果。

在近 100 年里,已经发生多次的核泄漏事件,其中包括著名的苏联切尔诺贝利核电站核泄漏。核泄漏事故后产生的放射污染相当于日本广岛原子弹爆炸产生的放射污染的 100 倍。事故造成致癌死亡人数是联合国官方估计的 10 倍,全球共有 20 亿人口受切尔诺贝利事故影响,27 万人因此患上癌症,其中致死 9.3 万人。专家估计,消除这场浩劫的影响最少需要 800 年。

技术对于人类来说永远是一把双刃剑,关键在于我们如何运用。我们应该把研究的重点放在如何利用核技术促进社会的发展方面,而不是投入巨大的资金去发展核武器。核物理技术本身是中性的,没有好坏善恶之分,我们不能因为它曾经给我们带来灾难而去抛弃它,也不能因为它对人类的贡献而去滥用它。

18.6　粒 子 物 理

我们生活在地球上，面对着五彩缤纷、变幻莫测的世界，仰视太空，满天星斗；俯视大地，声光热电。当我们思考宇宙的时候，第一个问题往往是世界是由什么构成的，是什么力量维系着这个巨大而复杂的世界。这个问题和人类历史一样古老，是科学上一个探索不尽的主题。

对于这个问题的回答，粗略地说，世界是由基本粒子组成的，它们之间是靠相互作用聚集在一起的。

那么究竟什么是基本粒子呢？随着科学技术的发展，今天称之为"基本"的粒子，明天就不再是基本的，即"基本粒子"并不是一成不变的东西。

如：远古时期，我国的"五行"学说、古希腊的"原子"学说；19 世纪初，人们认为 92 种元素是组成物质的基本单元；19 世纪末 20 世纪初，人们认为质子和中子是不可分的，是"基本"粒子；20 世纪 50 年代，类似于质子、中子的"基本粒子"大量地涌现出来；当发现中子和质子还有内部结构时，它们就不再是基本粒子了。

于是，随着人们对物质世界研究尺度的不断深入，粒子物理这个新兴学科产生了。

18.6.1　粒子物理的概念

粒子物理是当今物理学的前沿之一，是一门研究物质的微观结构、基本相互作用和运动规律的学科，它的研究目的是寻找物质的基本结构和支配这些物质的规律。

由于许多基本粒子在大自然的一般条件下不存在或不单独出现，物理学家只有使用粒子加速器在高能相撞的条件下才能生产和研究它们，因此粒子物理学也被称为高能物理学。

其主要特点是：

(1) 有人以为原子弹能发出巨大能量，一定与高能物理有密切关系。其实，这是一个很大的误解。原子弹（或氢弹）内发生的微观过程，都属于低能范畴，核能的巨大，是宏观效应，是阿伏伽德罗常量起了桥梁作用。

而在粒子物理研究的微观过程中，涉及的能量一般都在京电子伏以上，但是，至今为止人们还没有办法过渡到宏观。因此，粒子物理与能源利用尚无关系，目前纯属基础研究的范畴。

(2) 高能物理最大的特点是表示体系的结合能与 mc^2 的比值远远大于 1。

(3) 与上面的特点相联系，正、反粒子的湮灭和产生成了粒子物理中普遍的现象。其中正、负电子的湮灭为最常见的例子。它们湮灭时产生一对能量为 0.51MeV 的 γ 光子，称为"湮灭辐射"。这一现象最早为我国核物理学家赵忠尧在 1930 年所发现。因此，有人主张，把预言第一个反粒子(e^+)的年代，或发现的年代，作为粒子物理的开端。

18.6.2　粒子家族

基本粒子的尺度都是非常小的，要研究它们的性质和相互作用，常需要有高能粒子进行碰撞。在 20 世纪五六十年代，由于高能加速器和探测器开始建造，各种类似于质子、中子这样的粒子如雨后春笋纷纷闪现在物理学家的面前，数目达 300 多种。随着数目的不断增多,研究起来就显得很不方便,记忆也困难,我们根据粒子的质量和相互作用的不同进行分类。

1. 强子

强子就是所有参与强力作用的粒子的总称。它们由夸克组成,已发现的夸克有六种,它们是:顶夸克、上夸克、下夸克、奇异夸克、粲夸克和底夸克。其中理论预言顶夸克的存在,2007 年 1 月 30 日发现于美国费米实验室。现有粒子中绝大部分是强子,质子、中子、π 介子等都属于强子(另外还发现反物质,有著名的反夸克,现已被发现且正在研究其利用方法,由此我们推测,甚至可能存在反地球,反宇宙)。奇怪的是夸克中有些竟然比质子还重,这一问题还有待研究。

2. 轻子

轻子就是只参与弱力、电磁力和引力作用,而不参与强相互作用的粒子的总称。轻子共有六种,包括电子、电子中微子、μ 子、μ 子中微子、τ 子、τ 子中微子。电子、μ 子和 τ 子是带电的,所有的中微子都不带电,且所有的中微子都存在反粒子;τ 子是 1975 年发现的重要粒子,不参与强作用,属于轻子,但是它的质量很重,是电子的 3600 倍,质子的 1.8 倍,因此又叫重轻子。

而且,已经发现的轻子包括电子、μ 子(渺子)、τ 子(陶子,重轻子)三种带一个单位负电荷的粒子,分别以 e^-、μ^-、τ^- 表示,以及它们分别对应的电子中微子、μ 子中微子、τ 子中微子三种不带电的中微子,分别以 ve、vμ、vτ 表示。加上以上六种粒子各自的反粒子,共计 12 种轻子。

轻子不一定都很轻,τ 子的质量比很多重子都大。轻子是基本粒子的一族,与玻色子和夸克不同。

所有已知带电轻子都可带有一正电荷或一负电荷,将它们视为粒子和反粒子。所有中微子和它们的反粒子都是电中性的。

3. 传播子

传播子也属于基本粒子。传递强作用的胶子共有 8 种,1979 年在三喷注现象中被间接发现,它们可以组成胶子球,由于色禁闭现象,至今无法直接观测到。光子传递电磁相互作用,传递弱作用的是 W^+,W^- 和 Z0,胶子则传递强相互作用。重矢量玻色子是 1983 年发现的,非常重,是质子的 80~90 倍。

基本粒子产生的方法有两种:一种是宇宙射线;另一种是高能加速器。

所谓宇宙射线,是来自宇宙空间的高能粒子流,具有很强的穿透力。宇宙射线包括初级射线和次级射线,是含有高能粒子的天然来源,其中有些粒子的能力很强,比当今世界上最大的高能加速器的能力还要强 10 亿倍,这里宇宙射线作为粒子源的优点。但是,由于宇宙射线的束流强度极弱,能量不单一,而且具有很大的随机性,不能控制使用,只适合用于定性或半定量的研究。

高能加速器,是一种能把带电粒子加速到高能量的机器,是人工产生高能粒子的办法。高能加速器作为一种人工粒子源,具有能量高、便于控制使用等优点。它的建造极大地推动了粒子物理的发展。高能加速器按其加速的粒子,可分为质子加速器、电子加速器、重离子加速器等。按其形状可分为直线型加速器和回旋同步加速器。

北京正负电子对撞机(BEPC)是世界八大高能加速器中心之一,是我国第一台高能加速器,是高能物理研究的重大科技基础设施。由长 202m 的直线加速器,输运线,周长 240m 的圆形加速器(也称储存环),高 6m、重 500t 的北京谱仪和围绕储存环的同步辐射实验装置等几部分组成,外形像一只硕大的羽毛球拍。

18.6.3 守恒律

当我们深入到粒子物理领域时,质能守恒、角动量守恒、动量守恒、电荷守恒这些守恒律仍旧有效。在任何过程中,均未发现这些守恒律遭到破坏的例子。同时,粒子物理领域还遵守其他的守恒律。

1. 重子数和轻子数

重子数 B:所有的重子,$B=1$,反重子,$B=-1$,介子和轻子,$B=0$。那么我们发现,在有的衰变过程中,虽然粒子数不守恒,但是重子数的代数和总是守恒的。并且两类轻子数 L_e 和 L_μ 的代数和也必须守恒。

2. 奇异数

西岛和盖尔曼独立地提出,基本粒子除了质量、电荷、自旋、同位旋、重子数、轻子数等量子数以外,还应有个新的量子数,称之为奇异数 S;并假定,在强作用过程中,奇异数守恒而 S 不守恒的过程只能是弱作用过程。

3. 宇称原理的失效

宇称是表征微观粒子运动特性的一个物理量。宇称原理认为:对于一个孤立体系,不论经过什么样的相互作用,它的宇称不变;原来为偶宇称的,后来仍为偶宇称,原来为奇宇称的,后来也是奇宇称。从物理意义上说,宇称原理是指:物理规律在坐标反演下不变,这是指描写运动规律的微分方程不变,并非运动不变。

自 1924 年提出宇称概念以来,在大量实验中证明宇称原理是正确的,可以作为一条指导性法则。但是,到了 1956 年,李政道和杨振宁对"τ-θ 之谜"就怀疑宇称原理在弱相互作用过程中也许不成立。

在深入细致地研究了各种因素之后,他们大胆断言:τ 和 θ 是完全相同的同一种粒子(后来被称为 K 介子),但在弱相互作用的环境中,它们的运动规律却不一定完全相同,通俗地说,这两个相同的粒子如果互相照镜子的话,它们的衰变方式在镜子里和镜子外不一样。用科学语言来说,"θ-τ"粒子在弱相互作用下是宇称不守恒的。

在最初,"θ-τ"粒子只是被作为一个特殊例外,人们还是不愿意放弃整体微观粒子世界的宇称守恒。此后不久,同为华裔的实验物理学家吴健雄用一个巧妙的实验验证了"宇称不守恒",从此,"宇称不守恒"才真正被承认为一条具有普遍意义的基础科学原理。在弱相互作用领域里,宇称原理从未得到实验的检验,而是作为一种自然的推论被普遍接受。

吴健雄用两套实验装置观测钴-60 的衰变,她在极低温(0.01K)下用强磁场把一套装置中的钴-60 原子核自旋方向转向左旋,把另一套装置中的钴-60 原子核自旋方向转向右旋,这两套装置中的钴-60 互为镜像。实验结果表明,这两套装置中的钴-60 放射出来的电子数有很大差异,而且电子放射的方向也不能互相对称。实验结果证实了弱相互作用中的宇称不守恒。

接下来做的一系列的弱相互作用的实验,都证明宇称原理在弱作用中的失效。如何解释这一事实呢? 1957 年,杨振宁、李政道,还有萨拉姆及朗道都提出,"失效原因"在于中微子:中微子本身是左右最不对称的粒子。中微子的自旋永远与其运动方向相反,即服从左手定则,称之为左旋中微子,而反中微子的自旋指向则永远与其运动方向一致,即符合右手定则,称之为右旋反中微子。宇称原理在中微子身上遭到最大的破坏。这一假设很快被实验所证实,并称之为"二分量中微子理论"。

18.6.4　标准模型

标准模型是最近二三十年里逐渐建立发展起来的粒子物理体系,它综合了粒子物理已经取得的实验和理论成果。标准模型认为物质的基本组成单元是三代轻子与夸克。它们之间存在四种基本相互作用:引力(引力子 g 传递,目前尚未发现)、电磁相互作用(光子 γ 传递)、弱相互作用(由中间玻色子传递)和强相互作用(由胶子 G 传递)。描写强相互作用的理论为量子色动力学,把电磁和弱相互作用统一起来描写的理论则是弱电统一理论。

1. 弱电统一理论

弱相互作用的第一个理论是费米在 1934 年建立的中子 β 衰变理论。费米认为,在 β 衰变过程中,中子变成质子,同时中微子变成电子。中子和质子被认为形成一个与电流类似的带电的矢量流(记为 V 流),中微子与电子形成另一个矢量电流。四个费米子在一点的弱作用,可看成是矢量流与矢量流的相互作用,它保持宇称不变。由于弱作用力程太短,所以费米假定这四个粒子是在同一点发生相互作用的。由于这四个粒子都是费米子,所以称这个理论为四费米子理论。1958 年,费曼和盖尔曼与马尔萨克和苏达珊两组理论家几乎同时提出了"V-A"理论,修改了费米理论。

弱电统一理论还有一个关键性粒子,即希格斯粒子,一种自旋为零的中性粒子。弱电统一理论通过引入真空对称自发破缺机制使中间玻色子获得质量,我们已经见到理论预言的质量和实验结果惊人地符合。标准模型理论认为希格斯场均匀布满整个空间,所谓真空,或能量最低态就是由它构成的。希格斯粒子也参与相互作用的传递,并负责给所有的粒子,也包括轻子和夸克提供质量。但是至今实验中尚未发现希格斯粒子。估计 m_H 的下限为 90GeV,上限为十亿电子伏特(TeV)量级。人们期待在 TeV 级对撞机中找到这种玻色子。这也是 CERN 所建 LHC 对撞机的主要实验目标之一。

2. 夸克模型

1964 年,美国科学家盖尔曼提出了关于强子结构的夸克模型。夸克也是一种费米子,即有自旋 1/2。因为质子、中子的自旋为 1/2,那么三个夸克,如果两个自旋向上,一个自旋向下,就可以组成自旋为 1/2 的质子、中子。

J/Ψ 粒子由丁肇中等人于 1974 年发现,它实际上是由粲夸克和反粲夸克组成的夸克对。凡是由三个夸克组成的粒子称为重子,重子和介子统称强子,因为它们都参与强相互作用,故有此名。原子核中质子间的电斥力十分强,可是原子核照样能够稳定存在,就是由于强相互作用力(核力)将核子们束缚住的。由夸克模型,夸克是带分数电荷的,每个夸克带 $+\dfrac{2}{3}e$ 或 $-\dfrac{1}{3}e$ 电荷(e 为质子电荷单位)。

现代粒子物理学认为,夸克共有 6 种,分别称为上夸克、下夸克、奇夸克、粲夸克、顶夸克、底夸克,它们组成了所有的强子,如一个质子由两个上夸克和一个下夸克组成,一个中子由两个下夸克和一个上夸克组成,则上夸克带 $+\dfrac{2}{3}e$ 电荷,下夸克带 $-\dfrac{1}{3}e$ 电荷。上、下夸克的质量略微不同。中子的质量比质子的质量略大一点,过去认为可能是由于中子、质子的带电量不同造成的,现在看来,这应归因于下夸克质量比上夸克质量略大一点。

质子和中子的组成:一个质子由两个上夸克和一个下夸克组成,一个中子由两个下夸克和一个上夸克组成。

18.6.5　总结与展望

我们面临三代六种轻子;面临六种"味道"(分成三代)的夸克 u、d、s、c、b、t,带三种颜色,共 18 种,加上反粒子共 36 种;面临四种相互作用。根据标准模型和最新实验证实,重子和介子不再是"基本"粒子。

弱电统一理论所取得的惊人成就和六个夸克中最后一个夸克——顶夸克的实验发现无疑是标准模型的巨大成功。有那么多的粒子和那么多种的相互作用,人们怀疑标准模型并不是一种最基本的理论,进而要去探索将所有粒子和相互作用统一起来的更新的、更优美的物理学,例如"大统一"理论,超对称和超弦理论以及"超对称大统一"理论。

还有强相互作用机制与定量描述问题。夸克、轻子真是基本的吗? 它们的下一层次是什么? 近年来由宇宙观察的许多新数据揭示出,宇宙只有 4% 由标准模型所描述的普通物质构成,而 96% 是由基本性质仍然是谜的暗物质和暗能量所构成。那么"暗"世界是否能够与我们现有可见的有序而优美的宇宙的理论相融合呢?

物理学正面临着一场深刻的革命。以上所有这些世界难题等待着未来的物理学家去解决。

本 章 小 结

1. 布洛赫定理

当势场具有晶格周期性时,波动方程的解 Ψ 具有如下性质:

$$\Psi(r+R_n)=e^{ik\cdot R_n}\Psi(r)$$

式中,k 为波矢量,上式表示当平移晶格矢量 R_n 时,波函数只增加相位因子 $e^{ik\cdot R_n}$。

根据定理可以把波函数写成 $\Psi(r)=e^{ik\cdot r}U(r)$。

2. 自发辐射

处于高能级 E_2 的一个原子自发地向低能级 E_1 跃迁,并发射一个能量为 $h\nu$ 的光子,这种过程称为自发跃迁过程。

3. 受激辐射

处于高能级 E_2 的原子在满足 $\nu=(E_2-E_1)/h$ 的辐射场作用下,跃迁至低能级 E_1 并辐射出一个能量为 $h\nu$ 且与入射光子完全相同的光子。受激辐射跃迁发出的光波称为受激辐射。

4. 受激吸收

受激辐射的反过程就是受激吸收。处于低能级 E_1 的一个原子,在频率为 ν 的辐射场作用下吸收一个能量为 $h\nu$ 的光子,并跃迁至高能级 E_2,这种过程称为受激吸收。

5. 半导体

半导体指常温下导电性能介于导体与绝缘体之间的材料。

习　　题

18.1　单项选择题

(1) 下面对于晶体的描述错误的是:(　　)。

　　A. 晶体能够自发形成封闭几何多面体

　　B. 晶体晶面的夹角是恒定的

　　C. 晶体的物理特性在不同的方向上有差异

　　D. 晶体具有恒定的熔点

(2) 下列说法中,正确的是(　　)。

　　A. 超导体、电磁铁属于高新技术材料

　　B. 可再生能源包括:太阳能、风能、铀矿产生的核能

　　C. 微观粒子按从大到小排列为:夸克、原子、原子核

　　D. 光纤通信实际上是光在光导纤维内壁上多次反射形成的

(3) 自发辐射爱因斯坦系数 A_{21} 与激发态 E_2 平均寿命 τ 的关系为(　　)。

　　A. $A_{21}=\tau$　　　　B. $A_{21}=\dfrac{1}{\tau}$　　　　C. $A_{21}=N_2\tau$　　　　D. $A_{21}=\dfrac{\tau}{e}$

(4) 属于同一状态的光子或同一模式的光波是(　　)。

　　A. 相干的　　　　B. 部分相干的　　　　C. 不相干的　　　　D. 非简并的

(5) 本征半导体是指(　　)的半导体。

　　A. 不含杂质和缺陷　　　　　　　　　　B. 电子密度与空穴密度相等

　　C. 电阻率最高　　　　　　　　　　　　D. 电子密度与本征载流子密度相等

18.2　填空题

(1) 晶体中电子的能量为 $E(k)$,则电子的平均速度为_____,电子的准动量为_____。

(2) 能带理论的基本假设主要有_____、_____、_____。

(3) 晶体电子受到的外力为_____。

(4) 两种不同半导体接触后,费米能级较高的半导体界面一侧带_____电,达到热平衡后两者的费米能级_____。

(5) PN 结电容可分为_____和_____两种。

18.3　简答题

(1) 试比较受激辐射和自发辐射的特点。

(2) 什么是约瑟夫森效应?

(3) 从能带论的观点来看,半导体、绝缘体能带的差别是什么?

(4) 简单介绍核物理有哪些应用。

(5) 根据粒子的质量和相互作用的不同进行分类,有哪几类?

18.4 计算题

(1) 已知一维晶格中电子的能带可写成

$$E(k) = \frac{\hbar^2}{ma^2}\left(\frac{7}{8} - \cos ka + \frac{1}{8}\cos 2ka\right)$$

式中, a 是晶格常数, m 是电子的质量,求:

① 能带宽度;

② 电子的平均速度;

③ 在带顶和带底的电子的有效质量。

(2) 用紧束缚方法处理简立方晶体,已知晶格常数为 a ,求:

① s 态电子的能带;

② 画出第一布里渊区[111]方向的能带曲线;

③ 求出带底和带顶电子的有效质量。

(3) 某一维晶体的电子能带为 $E(k) = E_0(1 - 0.1\cos ka + 0.3\sin ka)$,其中, $E_0 = 3\text{eV}$,晶格常数 $a = 5 \times 10^{-11}\text{m}$ 。求:

① 能带宽度;

② 能带底和能带顶的有效质量。

(4) 试计算连续功率均为 1W 的两光源,分别发射 $\lambda = 0.5000\mu\text{m}$, $\nu = 3000\text{MHz}$ 的光,每秒从上能级跃迁到下能级的粒子数各为多少。

附录 A   希腊字母读音表

字 母	读 音	字 母	读 音
A,α	Alpha	N,ν	Nu
B,β	Beta	Ξ,ξ	Xi
Γ,γ	Gamma	O,o	Omicron
Δ,δ	Delta	Π,π	Pi
E,ε	Epsilon	P,ρ	Rho
Z,ζ	Zeta	Σ,σ	Sigma
H,η	Eta	T,τ	Tau
Θ,θ	Theta	Y,υ	Upsilon
I,ι	Iota	Φ,φ	Phi
K,κ	Kappa	X,χ	Chi
Λ,λ	Lambda	Ψ,ψ	Psi
M,μ	Mu	Ω,ω	Omega

附录 B 基本物理常量[①]

物 理 量	符 号	值
真空中光速	c	2.99792458×10^8 m/s(精确)
玻耳兹曼常量	k	$1.38064852(79) \times 10^{-23}$ J/K
普朗克常量	h	$6.626070040(81) \times 10^{-34}$ J·s
约化普朗克常量	$\hbar$	$1.054571800(13) \times 10^{-34}$ m/s
真空磁导率	μ_0	$4\pi \times 10^{-7}$ N/A^2 = $12.566370614 \cdots \times 10^{-7}$ N/A^2(精确)
真空介电常量	ε_0	$8.854187817 \cdots \times 10^{-12}$ F/m(精确)
引力常量	G	$6.67428(31) \times 10^{-11}$ m^3/(kg·s^2)
基本电荷量	e	$1.6021766208(98) \times 10^{-19}$ C
电子静质量	m_e	$9.10938356(11) \times 10^{-31}$ kg
中子静质量	m_n	$1.674927471(21) \times 10^{-27}$ kg = $1.00866491588(49)$ u
质子静质量	m_p	$1.672621898(21) \times 10^{-27}$ kg = $1.007276466879(91)$ u
α 粒子静质量	m_α	$6.644657230(82) \times 10^{-27}$ kg = $4.001506179127(63)$ u
质子-电子静质量比	m_p/m_e	$1836.15267389(17)$
玻尔磁子	μ_B	$927.4009994(57) \times 10^{-26}$ J/T $5.7883818012(26) \times 10^{-5}$ eV/T
电子磁矩	μ_e	$-928.4764620(57) \times 10^{-26}$ J/T
核磁子	μ_N	$5.050783699(31) \times 10^{-27}$ J/T $3.1524512550(15) \times 10^{-8}$ eV/T
质子磁矩	μ_p	$1.4106067873(97) \times 10^{-26}$ J/T
中子磁矩	μ_n	$-0.96623650(23) \times 10^{-26}$ J/T
精细结构常数	α	$7.2973525664(17) \times 10^{-3}$
精细结构常数倒数	α^{-1}	$137.035999139(31)$
里德伯常量	R_∞	$10973731.568508(65)$ m^{-1}
玻尔半径	a_0	$0.52917721067(12) \times 10^{-10}$ m
经典电子半径	r_e	$2.8179403227(19) \times 10^{-15}$ m
电子康普顿波长	λ_c	$2.4263102367(11) \times 10^{-12}$ m
阿伏伽德罗常量	N_A	$6.022140857(74) \times 10^{23}$ mol^{-1}
摩尔气体常量	R	$8.3144598(48)$ J/(mol·K)
斯特藩-玻耳兹曼常量	σ	$5.670367(13) \times 10^{-8}$ W/(m^2·K^4)
电子伏特	eV	$1.6021766208(98) \times 10^{-19}$ J
原子质量单位	u	$1.660539040(20) \times 10^{-27}$ kg
标准大气压	atm	101.325 kPa(精确)

---

① 国际科学技术数据委员会(CODATA)2014 年推荐值。

附录 C　国际单位制的基本单位

物理量	单位名称	单位符号	单位定义
长度	米	m	米是光在真空中 1/299792458 秒时间间隔内所经路程的长度 (17th CGPM,1983)
质量	千克	kg	千克是质量的单位,等于国际千克元件的质量(3rd CGPM,1901)
时间	秒	s	秒是铯-133 原子基态的两个超精细能级之间跃迁所对应的辐射的 9192631770 个周期的持续时间(13th CGPM,1967)
电流	安[培]	A	在真空中,截面积可以忽略的两根相距 1m 的无限长平行圆直导线内通以等量恒定电流时,若导线之间相互作用力在每米长度上为 2×10^{-7}N,则每根导线中的电流为 1A(9th CGPM,1946)
热力学温度	开[尔文]	K	开尔文是热力学温度的单位,等于水的三相点的热力学温度的 1/273.16(13th CGPM,1967)
物质的量	摩[尔]	mol	当一系统中所包含的基本单元数与 0.012kg 碳-12 原子数目相等时,该系统物质的量为 1 摩尔。在使用摩尔时,基本单元应予以指明,可以是原子、分子、离子、电子或其他粒子,也可以是这些粒子的特定组合(14th CGPM,1971)
发光强度	坎[德拉]	cd	坎德拉是一光源在给定方向上的发光强度,该光源发出频率为 540×10^{12} Hz 的单色辐射,且在此方向上的辐射强度为 1/683W/Sr(16th CGPM,1979)

附录 D 常用物理量的国际单位制导出单位

物 理 量	单位名称	单位符号	用 SI 基本单位表示的表达式	用 SI 导出单位表示的表达式
平面角	弧度	rad	m/m	1
立体角	球面度	sr	m^2/m^2	1
频率	赫[兹]	Hz	s^{-1}	
力	牛[顿]	N	$m \cdot kg \cdot s^{-2}$	
压强,应力	帕[斯卡]	Pa	$kg \cdot s^{-2} \cdot m^{-1}$	N/m^2
能量,功,热量	焦[耳]	J	$m^2 \cdot kg \cdot s^{-2}$	$N \cdot m$
功率,辐射通量	瓦[特]	W	$m^2 \cdot kg \cdot s^{-3}$	J/s
电荷量	库[仑]	C	$s \cdot A$	$s \cdot A$
电势差,电动势	伏[特]	V	$m^2 \cdot kg \cdot s^{-3} \cdot A^{-1}$	W/A
电容	法[拉]	F	$m^{-2} \cdot kg^{-1} \cdot s^4 \cdot A^2$	C/V
电阻	欧[姆]	Ω	$m^2 \cdot kg \cdot s^{-3} \cdot A^{-2}$	V/A
电导	西[门子]	S	$m^{-2} \cdot kg^{-1} \cdot s^3 \cdot A^2$	A/V
磁通量	韦[伯]	Wb	$m^2 \cdot kg \cdot s^{-2} \cdot A^{-1}$	$V \cdot s$
磁通量密度,磁感应强度	特[斯拉]	T	$kg \cdot s^{-2} \cdot A^{-1}$	Wb/m^2
电感	亨[利]	H	$m^2 \cdot kg \cdot s^{-2} \cdot A^{-2}$	Wb/A
摄氏温度	摄氏度	℃	K	
光通量	流[明]	lm	cd	cd sr
照度	勒[克斯]	lx	$m^{-2} \cdot cd$	lm/m^2
放射性活度	贝克[勒尔]	Bq	s^{-1}	
吸收剂量,比授予能	戈[瑞]	Gy	$m^2 \cdot s^{-2}$	J/kg
剂量当量	希[沃特]	Sv	$m^2 \cdot s^{-2}$	J/kg
催化活性	开特	kat	$s^{-1} \cdot mol$	

附录 E 物理名词中英文对照表

A

阿伏伽德罗常数	Avogadro constant
安培	Ampere
安培环路定理	Ampere's circuital theorem
安培力	Ampere force

B

保守力	conservative force
玻耳兹曼常量	Boltzmann constant
不可逆过程	irreversible process
毕奥-萨伐尔定律	Biot-Savart law
半波带法	half wave zone method
半波损失	half-wave loss
薄膜干涉	film interference
波（动）	wave
波长	wavelength
波的叠加原理	superposition principle of wave
波的能量密度	energy density of wave
波的能流密度	energy flow density of wave
波的强度	intensity of wave
波的速度	velocity of wave
波的衍射	diffraction of wave
波动方程	wave function
波峰	[wave] crest
波腹	[wave] loop
波谷	[wave] trough
波函数	wave function
布儒斯特角	Brewster angle
波粒二象性	wave-particle duality

C

参考系	reference frame
长度收缩	length contraction
冲量	impulse
磁场	magnetic field
磁场强度	magnetic field intensity
磁感应强度	magnetic induction intensity
磁感应线	B-line；magnetic induetion line
磁化	magnetization
磁化电流	magnetization current
磁极	magnetic pole
磁介质	magnetic medium
磁力	magnetic force
磁通量	magnetic flux
初始条件	initial condition
初相	initial phase

D

等效原理	equivalence principle
等体过程	isochoric process
等温过程	isothermal process
等温线	isotherm
等压过程	isobaric process
等压线	isobar
叠加原理	superposition principle
定体摩尔热容	molar heat capacity at constant volume
定体热容	heat capacity at constant volume
定压摩尔热容	molar heat capacity at constant pressure
定压热容	heat capacity at constant pressure
电磁力	electromagnetic force
电荷	electric charge
电子	electron
动量	momentum
动量定理	theorem of momentum
动量守恒	conservation of momentum
动能	kinetic energy
动能定理	theorem of kinetic energy

等势面	equipotential surface	分振幅法	method of dividing amplitude
点电荷	point charge	夫琅禾费衍射	Fraunhofer diffraction
电场	electric field		
电场[强度]	electric field [intensity]	**G**	
电场线	electric field line	盖-吕萨克定律	Gay-Lussac's law
电磁感应	electromagnetic induction	刚体	rigid body
电动势	electromotive force	功	work
电荷	electric charge	功率	power
电介质	dielectric	功能原理	work-energy principle
电量	quantity of electricity	惯性力	inertial force
电流[强度]	electric current [strength]	惯性系	inertial system
电[偶极]矩	electric [dipole] moment	感生电场	induced electric field
电偶极子	electric dipole	感生电动势	induced emf
电容	electric capacitor	感应电动势	induced emf
电容器	electric capacitors	高斯定理	Gauss's law
电势	electric potential	共振	resonance
电势差	potential difference	固有角频率	natural angular frequency
电势能	electric potential energy	固有周期	natural period
电通量	electric flux	光程	optical path
电位移	electric displacement	光程差	optical path difference
电子	electron	光的干涉	interference of light
动生电动势	motional emf	光的偏振	polarization of light
单缝衍射	dingle-slit diffraction	光的衍射	diffraction of light
单色光	monochromatic light	光谱	spectrum
等厚条纹	equal thickness fringes	光源	light source
等倾条纹	equal inclination fringes	光栅	grating
电磁波	electromagnetic wave	光栅常量	grating constant
德布罗意波	de Broglie wave	光栅方程	grating equation
德布罗意假设	de Broglie hypothesis	光栅衍射	grating diffraction
		光电效应	photoelectric effect
F			
		H	
法向加速度	normal acceleration		
方均根速率	root-mean-square speed	横波	transverse wave
非保守力	nonconservative force	互感	mutual induction
非惯性系	noninertial system	互感电动势	emf by mutual induction
非平衡态	nonequilibrium state	互感[系数]	mutual inductance
非极性分子	nonpolar molecule		
法拉第电磁感应	Faraday law of electromagnetic	**J**	
定律	induction	机械运动	mechanical motion
非静电力	nonelectrostatic force	机械能	mechanical energy
分子电流	molecular current	机械能守恒定律	law of conservation of
负电荷	negative charge		mechanical energy
反射定律	reflection law	加速度	acceleration
反相[位]	antiphase	伽利略相对性原理	Galilean principle of relativity
分波振面法	method of dividing wave front	角动量	angular momentum

角动量守恒定律	law of conservation of angular momentum	能量均分定理	energy equipartition theorem
角速度	angular velocity	能量守恒定律	law of conservation of energy
角加速度	angular acceleration	牛顿定律	Newton's law
径矢	radius vector	牛顿环	Newton ring
绝对速度	absolute velocity		

P

绝热过程	adiabatic process	平衡态	equilibrium state
介电常数	dielectric constant	平均碰撞频率	mean collision frequency
静电场	electrostatic field	平均自由程	mean free path
静电场环路定理	circuital theorem of electrostatic field	平动	translation
		偏振光	polarized light
静电平衡条件	electrostatic equilibrium condition	偏振片	polaroid
		偏振态	polarization state
静电屏蔽	electrostatic shielding	频率	frequency
简谐波	simple harmonic wave	平面简谐波	plane simple harmonic wave
简谐振动	simple harmonic motion	普朗克常量	Planck constant

K

Q

卡诺循环	Carnot cycle	气体动理论	gas kinetics
开尔文	Kelvin	气体压强	pressure of gas
可逆过程	reversible process	牵连速度	convected velocity
库仑定律	Coulomb's law	切向加速度	tangential acceleration
库仑力	Coulomb force	曲线运动	curvilinear motion
可见光	visible light	起偏器	polarizer
		球面波	spherical wave

L

R

理想气体	ideal gas		
理想气体内能	internal energy of ideal gas	热机	heat engine
理想气体状态方程	equation of state of ideal gas	热力学第二定律	second law of thermodynamics
力	force		
力矩	moment of force	热力学第一定律	first law of thermodynamics
楞次定律	Lenz's law	热力学温度	thermodynamic temperature
洛伦兹力	Lorentz force	热力学系统	thermodynamic system
		热力学循环	thermodynamic cycle

M

		热量	heat
麦克斯韦速率分布	Maxwell speed distribution	热容	heat capacity
摩尔气体常量	Molar gas constant	热源	heat source
马吕斯定律	Malus's law	热运动	thermal motion
迈克耳孙干涉仪	Michelson interferometer		

N

S

		熵	entropy
内力	internal force	熵增加原理	principle of entropy increase
内能	internal energy	摄氏温度	Celsius temperature

势能	potential energy
速度	velocity
速率	speed
束缚电荷	bound charge
顺磁质	paramagnetic medium
声波	sound wave
受迫振动	forced vibration
双缝干涉	double-slit interference

T

弹性势能	elastic potential energy
铁磁质	ferromagnetic material
弹簧振子	spring oscillator
同相	in-phase

W

瓦特	Wart
外力	external force
完全弹性碰撞	perfect elastic collision
万有引力	universal gravitation
位矢	position vector
位移	displacement
韦伯	Weber

X

X 射线衍射	X-ray diffraction
狭义相对论	special relativity
相对速度	relative velocity
相对运动	relative motion
向心加速度	centripetal acceleration
向心力	centripetal force
相对磁导率	relative permeability
相对介电常量	relative dielectric constant
相位	phase
相位差	phase difference
相干光	coherent light
相干条件	coherent condition
行波	traveling wave

Y

引力常量	gravitational constant
引力场	gravitational field
圆周运动	circular motion
运动学	kinematics
圆孔衍射	circular hole diffraction
逸出功	work function

Z

质点	mass point,particle
质点系	system of particles
质点系动量定理	theorem of momentum of particle system
重力	gravity
重力势能	gravity potential energy
自由度	degree of freedom
准静态过程	quasistatic process
最概然速率	most probable speed
载流子	charge carrier
真空磁导率	permeability of vacuum
真空介电常量	dielectric constant of vacuum
正电荷	positive charge
质子	proton
中子	neutron
自感	self-induction
自感电动势	emf of self-induction
自感[系数]	self-inductance
自由电荷	free charge
增透膜	transmission enhanced film
折射率	refractive index
振幅	amplitude
振幅矢量	amplitude vector
周期	period
主极大	principal maximum
驻波	standing wave
自然光	natural light
纵波	longitudinal wave

习 题 答 案

第 9 章

9.1 (1) D (2) C (3) B (4) D (5) D (6) D (7) C

9.2 (1) $\Delta I = 1.2 \times 10^{-24} \, \text{kg} \cdot \text{m/s}$

$n_0 = \frac{1}{3} \times 10^{28} \, \text{m}^{-2} \cdot \text{s}^{-1}$

$p = 4 \times 10^3 \, \text{Pa}$

(2) $\bar{w} = \frac{3}{2}kT$；$\bar{\varepsilon} = \frac{i}{2}kT = \frac{5}{2}kT$；$E = \frac{M}{M_{\text{mol}}} \frac{i}{2} RT = \frac{5}{2} \frac{M}{M_{\text{mol}}} RT$

(3) $v_p = 3.89 \times 10^2 \, \text{m/s}$

$\bar{v} = 4.41 \times 10^2 \, \text{m/s}$

$\sqrt{\bar{v}^2} = 4.77 \times 10^2 \, \text{m/s}$

(4) $v_{p氢} = 2000 \, \text{m/s}$

$v_{p氧} = 500 \, \text{m/s}$

(5) 不变；增大

9.3 (1) 用来描述个别微观粒子特征的物理量称为微观量,如微观粒子(原子、分子等)的大小、质量、速度、能量等。

描述大量微观粒子(分子或原子)的集体的物理量称为宏观量,如实验中观测得到的气体体积、压强、温度、热容量等都是宏观量。

气体宏观量是微观量统计平均的结果。

(2) 平均速率 $\bar{v} = 21.7 \, \text{m/s}$

方均根速率 $\sqrt{\bar{v}^2} = \sqrt{\dfrac{\sum N_i v_i^2}{\sum N_i}} = 25.6 \, \text{m/s}$

(3) $f(v) = \dfrac{1}{N} \dfrac{\text{d}N}{\text{d}v}$：表示一定质量的气体,在温度为 T 的平衡态时,分布在速率 v 附近单位速率区间内的分子数占总分子数的百分比。

① $f(v)\text{d}v = \dfrac{\text{d}N}{N}$ 表示分布在速率 v 附近、速率区间 $\text{d}v$ 内的分子数占总分子数的百分比。

② $nf(v)\text{d}v = \dfrac{f(v)N\text{d}v}{V} = \dfrac{\text{d}N}{V}$ 表示分布在速率 v 附近、速率区间 $\text{d}v$ 内的分子数密度。

③ $Nf(v)\text{d}v = \text{d}N$ 表示分布在速率 v 附近、速率区间 $\text{d}v$ 内的分子数。

④ $\int_0^v f(v)\text{d}v = \dfrac{1}{N} \int_0^v \text{d}N$ 表示分布在 $v_1 \sim v_2$ 区间内的分子数占总分子数的百分比。

⑤ $\int_0^\infty f(v)\text{d}v = 1$ 表示分布在 $0 \sim \infty$ 的速率区间内的所有分子,其与总分子数的比值是 1。

⑥ $\int_{v_1}^{v_2} Nf(v)\mathrm{d}v = \int_{v_1}^{v_2} \mathrm{d}N$ 表示分布在 $v_1 \sim v_2$ 区间内的分子数。

(4) 气体分子速率分布曲线有一个极大值，与这个极大值对应的速率称为气体分子的最概然速率。物理意义是：对所有的相等速率区间而言（或在单位速率区间内），在含有 v_p 的那个速率区间内的分子数占总分子数的百分比最大。

分布函数的特征用最概然速率 v_p 表示；讨论分子的平均平动动能用方均根速率；讨论平均自由程用平均速率。

(5) 该气体分子的平均速度为 0。在平衡态，由于分子不停地与其他分子及容器壁发生碰撞，其速度也不断地发生变化，分子具有各种可能的速度，而每个分子向各个方向运动的概率是相等的，沿各个方向运动的分子数也相同。从统计学来看，气体分子的平均速度是 0。

(6) 不对。平均平动动能相等是统计平均的结果。分子速率由于不停地发生碰撞而发生变化，分子具有各种可能的速率，因此，一些氢分子的速率比氧分子速率大，也有一些氢分子的速率比氧分子速率小。

(7) 宏观量温度是一个统计概念，是大量分子无规则热运动的集体表现，是分子平均平动动能的量度，分子热运动是相对质心参照系的，平动动能是系统的内能。温度与系统的整体运动无关，只有当系统的整体运动的动能转变成无规则热运动时，系统温度才会变化。

(8) 图(a)中①表示氧，②表示氢；图(b)中②温度高。

(9) 温度是大量分子无规则热运动的集体表现，是一个统计概念，对个别分子无意义。温度的微观本质是大量分子平均平动动能的量度。

(10) ① 2；② 3；③ 6。

(11) ① $\dfrac{1}{2}kT$ 表示在平衡态下，分子热运动能量平均地分配在分子每一个自由度上的能量。

② $\dfrac{3}{2}kT$ 表示在平衡态下，分子的平均平动动能（或单原子分子的平均能量）。

③ $\dfrac{i}{2}kT$ 表示在平衡态下，自由度为 i 的分子平均总能量。

④ $\dfrac{M}{M_{\mathrm{mol}}}\dfrac{i}{2}RT$ 表示由质量为 M、摩尔质量为 M_{mol}、自由度为 i 的分子组成的系统的内能。

⑤ $\dfrac{i}{2}RT$ 表示自由度为 i 的 1mol 分子组成的系统内能。

⑥ $\dfrac{3}{2}RT$ 表示自由度为 3 的 1mol 分子组成的系统的内能，或者说热力学体系内，1mol 分子的平均平动动能的总和。

(12) ① 分子数密度相同；
② 气体质量密度不相同；
③ 单位体积内气体分子总平动动能相同；
④ 单位体积内气体分子的总动能不一定相同。

(13) 理想气体内，分子各种运动能量的总和称为理想气体的内能。

在不涉及化学反应、核反应、电磁变化的情况下，内能是指分子的热运动能量和分子间相互作用势能的总和。对于理想气体不考虑分子间相互作用的能量，质量为 M 的理想气体的所有分子的热运动能量称为理想气体的内能。

由于理想气体不计分子间的相互作用，内能仅为热运动能量的总和. 即 $E = \dfrac{M}{M_{\mathrm{mol}}}\dfrac{i}{2}RT$ 是温度的单值函数。

因为气体内部分子永远不停地运动着，所以内能不会等于零。

(14) ① 相等,分子的平动自由度相同,平均平动动能都为 $\frac{3}{2}kT$。

② 不相等,因为平均动能为 $\frac{i}{2}kT$,而氢分子的自由为 $i=5$,氦分子的自由度为 $i=3$。

③ 不相等,因为分子的内能 $\frac{i}{2}\nu RT$,理由同②。

(15) $M=1.91\times10^{-6}\text{kg}$

(16) ①

$$f(v)=\begin{cases} av/Nv_0, & 0\leqslant v\leqslant v_0 \\ a/N, & v_0\leqslant v\leqslant 2v_0 \\ 0, & v\geqslant 2v_0 \end{cases}$$

② $a=\dfrac{2N}{3v_0}$

③ $\Delta N=\dfrac{1}{3}N$

④ $\bar{v}=\dfrac{11}{9}v_0$

⑤ $\bar{v}=\dfrac{7v_0}{9}$

(17) $\dfrac{\Delta N}{N}=1.66\%$

(18) ① $n=2.45\times10^{24}\text{m}^3$；② $m=5.32\times10^{26}\text{kg}$；③ $\rho=0.13\text{kg/m}^3$；④ $\bar{e}=7.42\times10^{-9}\text{m}$；

⑤ $\bar{v}=446.58\text{m/s}$；⑥ $\sqrt{\overline{v^2}}\approx482.87\text{m/s}$；⑦ $\bar{\varepsilon}=1.04\times10^{-20}\text{J}$

(19) $E_{kt}=3739.5\text{J}$；$E_{kr}=2493\text{J}$；$E_i=6232.5\text{J}$

(20) ① $\dfrac{n_O}{n_H}=1$；② $\dfrac{\bar{v}_O}{\bar{v}_H}=\dfrac{1}{4}$

(21) $n=3.33\times10^{17}\text{m}^{-3}$；$\bar{\lambda}=7.5\text{m}$

(22) ① $\bar{z}=5.44\times10^8\text{s}^{-1}$；② $\bar{z}=0.714\text{s}^{-1}$

(23) ① $\dfrac{\sqrt{\overline{v^2}}_{末}}{\sqrt{\overline{v^2}}_{初}}=\dfrac{1}{\sqrt{2}}$；② $\dfrac{\bar{\lambda}_{末}}{\bar{\lambda}_{初}}=1$

(24) $z=1.96\times10^3\text{m}$

(25) $z=2.3\times10^3\text{m}$

(26) $\bar{\lambda}=2.65\times10^7\text{m}$

(27) $\bar{v}=1.20\times10^3\text{m/s}$

(28) $\bar{\lambda}=\dfrac{3D}{\bar{v}}=1.3\times10^{-7}\text{m}$；$d=2.5\times10^{-10}\text{m}$

第 10 章

10.1 (1) B　(2) A　(3) D　(4) D　(5) A　(6) B　(7) C

10.2 (1) 绝热；等压；等压

(2) $\dfrac{2}{i+2}$；$\dfrac{i}{i+2}$

(3) $1.6；\dfrac{1}{3}$

(4) 不变；增加

(5) $0；R\ln\dfrac{V_2}{V_1}$

10.3 (1) $A_{(a)}>0,A_{(b)}<0,A_{(c)}=0$

(2) 略

(3) ① 从题 10.3(3)图知 ab 是等体过程。

从题 10.3(3)图知 bc 是等压过程。

从题 10.3(3)图知 ca 是等温过程。

② p-V 图如下：

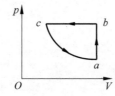

③ 循环是逆循环。

④ 该循环做的功不等于直角三角形的面积。

⑤ $e=\dfrac{Q_{ab}}{Q_{bc}+Q_{ca}-Q_{ab}}$。

(4) 由于卡诺循环曲线所包围的面积相等,系统对外所做的净功相等,也就是吸热和放热的差值相等。但吸热和放热的多少不一定相等,效率也就不一定相同。

(5) ① 不正确。有外界的帮助热能够完全变成功,功可以完全变成热,但热不能自动地完全变成功。

② 不正确。热量能自动从高温物体传到低温物体,不能自动地由低温物体传到高温物体。但在外界的帮助下,热量能从低温物体传到高温物体。

③ 不正确。一个系统由某一状态出发,经历某一过程达另一状态,如果存在另一过程,它能消除原过程对外界的一切影响而使系统和外界同时都能回到原来的状态,这样的过程就是可逆过程。用任何方法都不能使系统和外界同时回复原状态的过程是不可逆过程。有些过程虽能沿反方向进行,系统能回到原来的状态,但外界没有同时回复原状态,还是不可逆过程。

(6) 这不能说明可逆过程的熵变大于不可逆过程熵变。熵是状态函数,熵变只与始末状态有关,如果可逆过程和不可逆过程始末状态相同,具有相同的熵变。只能说在不可逆过程中,系统的热温比之和小于熵变。

(7) ① $\Delta E=224\text{J}；Q_{adb}=266\text{J}$；系统吸收热量；② $2Q_{ba}=-308\text{J}$,系统放热

(8) ① $Q_{吸}=\Delta E623.25\text{J}；A=0$

② $Q_{吸}=1038.75\text{J}；\Delta E=623.25\text{J}；A=415.5\text{J}$

(9) $\Delta T=\dfrac{1}{2R}M_{mol}v^2(\gamma-1)$

(10) ① $T=300\text{K}；V_2=1\times10^{-3}\text{m}^3；A=-4.67\times10^3\text{J}$

② $T_2=579\text{K}；V_2=1.93\times10^{-3}\text{m}^3；A=-23.5\times10^3\text{J}$

(11) 略

(12) $A=\dfrac{RT_0}{2}$

(13) $A=a^2\left(\dfrac{1}{V_1}-\dfrac{1}{V_2}\right)$

(14) 略

(15) ① $\eta=1-\dfrac{300}{1000}=70\%$；② $\eta=1-\dfrac{300}{T_1}=80\%$，要求 $T_1=1500\mathrm{K}$，高温热源温度需提高 500K；

　　③ $\eta=1-\dfrac{T_2}{1000}=80\%$，要求 $T_2=200\mathrm{K}$，低温热源温度需降低 100K。

(16) $\eta=1-\dfrac{T_3}{T_2}$；不是卡诺循环，因为不是工作在两个恒定的热源之间。

(17) ① $A_1=71.4\mathrm{J}$，$A_2=2000\mathrm{J}$；② 从上面计算可看到,当高温热源温度一定时,低温热源温度越低,温度差越大,提取同样的热量,则所需做功也越多,对制冷是不利的。

(18) 1→2 熵变：$S_2-S_1=R\ln 2\mathrm{J/K}$；1→2→3 熵变：$S_2-S_1=R\ln 2\mathrm{J/K}$；

　　1→4→2 熵变：$S_2-S_1=R\ln 2\mathrm{J/K}$

(19) $S-S_0=C_\mathrm{m}\cdot\ln\dfrac{(T_2+T_1)^2}{4T_1T_2}$

(20) ① $\Delta S_1=612\mathrm{J/K}$

　　② $\Delta S_2=-570\mathrm{J/K}$

　　③ $\Delta S=42\mathrm{J/K}$，$\Delta S>0$，熵增加

第 11 章

11.1　(1) B　(2) A　(3) B　(4) D　(5) C

11.2　(1) 0

　　(2) 自身性质；初始条件

　　(3) $2\pi\sqrt{\dfrac{x_0}{g}}$

　　(4) $2\times10^2\mathrm{N/m}$；1.6Hz

　　(5) $\dfrac{2}{3}\mathrm{s}$

11.3　(1) $x=0.02\cos\left(2\pi t+\dfrac{3}{4}\pi\right)\mathrm{m}$，$v=-0.04\pi\sin\left(2\pi t+\dfrac{3}{4}\pi\right)\mathrm{m/s}$，$a=0.08\pi^2\cos\left(2\pi t+\dfrac{3}{4}\pi\right)\mathrm{m/s^2}$

　　(2) ① 振幅 $A=0.1\mathrm{m}$，角频率 $\omega=20\pi\mathrm{rad/s}$，频率 $\nu=\dfrac{\omega}{2\pi}=10\mathrm{s^{-1}}$，周期 $T=\dfrac{1}{\nu}\ 0.1\mathrm{s}$，$\varphi=\dfrac{\pi}{4}$

　　　② $x=0.0707\mathrm{m}$，$v=-4.44\mathrm{m/s}$，$a=-279\mathrm{m/s^2}$

　　(3) 4m

　　(4) $T_1=2\pi\sqrt{\dfrac{m}{k_1+k_2}}$；$T_2=2\pi\sqrt{\dfrac{m(k_1+k_2)}{k_1k_2}}$

　　(5) $x=0.1\cos(7t+\pi)\mathrm{m}$

　　(6) ① $\varphi_1=\pi$，$x_1=A\cos\left(\dfrac{2\pi}{T}t+\pi\right)$

　　　② $\varphi_2=\dfrac{3\pi}{2}$，$x_2=A\cos\left(\dfrac{2\pi}{T}t+\dfrac{3\pi}{2}\right)$

　　　③ $\varphi_3=-\dfrac{\pi}{3}$，$x_3=A\cos\left(\dfrac{2\pi}{T}t-\dfrac{\pi}{3}\right)$

　　　④ $\varphi_4=\dfrac{5\pi}{4}$，$x_4=A\cos\left(\dfrac{2\pi}{T}t+\dfrac{5\pi}{4}\right)$

　　(7) ① $\varphi_a=0$，$\varphi_b=\dfrac{\pi}{3}$，$\varphi_c=\dfrac{\pi}{2}$，$\varphi_d=\dfrac{2\pi}{3}$，$\varphi_e=\dfrac{4\pi}{3}$

② $x=0.05\cos\left(\dfrac{5\pi}{6}t-\dfrac{\pi}{3}\right)$m

③ 图略

(8) ① 0.17m，-4.19×10^{-3}N；② $\dfrac{2}{3}$s；③ 7.1×10^{-4}J

(9) $x_{(a)}=0.1\cos\left(\pi t+\dfrac{3\pi}{2}\right)$m；$x_{(b)}=0.1\cos\left(\dfrac{5}{6}\pi t+\dfrac{5\pi}{3}\right)$m

(10) $x=5.0\times10^{-2}\cos\left(40t-\dfrac{\pi}{2}\right)$m

(11) $\dfrac{1}{4}$；$\dfrac{3}{4}$；$\dfrac{\sqrt{2}}{2}A$（A 为振幅）

(12) ① $\pm\dfrac{5}{2}\sqrt{2}$m；② 0.75s

(13) ① $x=5.0\times10^{-2}\cos\left(\dfrac{\pi}{2}t+\dfrac{\pi}{3}\right)$m；② 7.71×10^{-6}J

(14) 0.1m；$\dfrac{\pi}{2}$

(15) ① 0.0892m，68°13′

② $\varphi=\pm2k\pi+\dfrac{3}{5}\pi$ 时，x_1+x_3 的振幅最大

$\varphi=\pm(2k+1)\pi+\dfrac{\pi}{5}$ 时，x_3+x_2 的振幅最小

③ 略

第 12 章

12.1　(1) D　(2) B　(3) D　(4) D　(5) A

12.2　(1) $\dfrac{B}{C}$；$\dfrac{2\pi}{B}$；$\dfrac{B}{2\pi}$

(2) 略

(3) $\dfrac{2\pi}{5}$

(4) $\dfrac{\omega}{u}(l_1+l_2)$

(5) 腹；节；节

12.3　(1) 3km，1.0m

(2) ① 1.57m/s，49.3m/s²

② 46π/5，0.92s，0.825m 处

(3) ① π/2，0，−π/2，−3π/2

② −π/2，0，π/2，3π/2

(4) ① $y=0.1\cos[\pi(t-x/2)+\pi/2]$m

② $y=0.1\cos\pi t$ m

(5) ① $y=0.1\cos[10\pi(t-x/10)+\pi/3]$m

② $y_P=0.1\cos(10\pi t-4\pi/3)$m

③ 1.67m

④ 1/12s

(6) ① $x=k-8.4(k=0,\pm1,\pm2,\cdots)$，−0.4m，4s

② 略

(7) $y = 0.2\cos[\pi(t + x/2) - \pi/2]$m,曲线略

(8) ① 6×10^{-5} J/m^3；② 4.62×10^{-7} J

(9) ① 1.6×10^5 W/m^2；② 3.8×10^3 J

(10) ① $A = 0, I = 0$；② $A = 2A, I = 4I_1$

(11) ① $\Delta\varphi = 0$；② 0.4×10^{-2} m

(12) $y_2 = 0.1\cos(13t - 0.0079x - \pi)$m

(13) 30m/s

第 13 章

13.1　(1) B　(2) C　(3) B　(4) B　(5) A　(6) D

13.2　(1) $2\pi\dfrac{\delta}{\lambda}$

(2) 棱边；保持不变

(3) 4λ；1.25

(4) 0.644mm

(5) 小；低；高；向

13.3　(1) ① 600nm；② 3mm

(2) 6.6×10^{-6} m

(3) 4.5×10^{-2} mm

(4) 673.1nm

(5) 99.6nm

(6) ① 0.7×10^{-6} m；② 2.5×10^{-7} m；③ 明条纹 14 条,暗条纹 15 条

(7) 1.28×10^{-6} m,3mm

(8) ① 1.85×10^{-3} m；② 4091Å

(9) 1.22

(10) 628.9nm

(11) 5.9×10^{-5} m

第 14 章

14.1　(1) B　(2) A　(3) D　(4) B　(5) D

14.2　(1) $\lambda/\sin\theta$

(2) 4

(3) 三

(4) 一；三

(5) 相干叠加

14.3　(1) 0.168mm

(2) ① $k = 3, \lambda_3 = 600$nm; $k = 4, \lambda_4 = 470$nm；② $\lambda_3 = 600$nm,第 3 级明纹；$\lambda_4 = 470$nm,第 4 级明纹；

　　③ $k = 3, 7$ 个；$k = 4, 9$ 个

(3) 3 级

(4) ±1 级

(5) ① 6.0×10^{-6} m；② 1.5×10^{-6} m；③ $k = 0, \pm1, \pm2, \pm3, \pm5, \pm6, \pm7, \pm9$,共 15 条明条纹

(6) ① 2.4×10^{-6} m；② 0.8×10^{-6} m；③ $k=0,\pm1,\pm2$，共 5 条明条纹

(7) ① 2.4cm；② $k=0,\pm1,\pm2,\pm3,\pm4$，共 9 条明条纹

(8) 13.86cm

*(9) 1.30Å，0.97Å

*(10) 可产生衍射

第 15 章

15.1 (1) B (2) B (3) B (4) D *(5) C

15.2 (1) 线偏振光；振动；偏振化

(2) 线偏振光；垂直；部分偏振光

(3) 干涉；衍射；横波

(4) 自然；线偏振；部分偏振

(5) 见题解 15.2(5)图

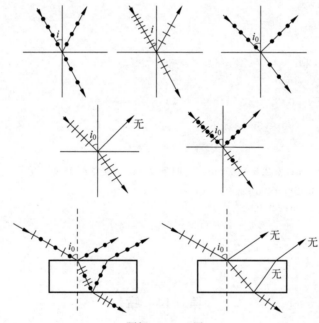

题解 15.2(5)图

15.3 (1) 2.25

(2) ① $54°44'$；② $35°16'$

(3) ① $54°28'$；② $35°32'$

(4) $54°42'$

*(5) e 光沿不同方向的传播速率不等，并不是以 c/n_0 的速率传播；沿光轴方向以 c/n_0 的速率传播

*(6) 否；线偏振光不沿光轴入射晶体时，也能产生 o 光和 e 光

*(7) 透射光是椭圆偏振光

*(8) 4.5mm

*(9) 见题 15.3(9)解图。

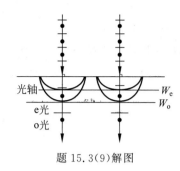

题 15.3(9)解图

*(10) ① 制作方解石晶片时,应使晶体光轴与晶片表面平行;② 856.5nm

第　16　章

16.1　(1) D　(2) B　(3) D　(4) D　(5) C

16.2　(1) hc/λ；h/λ；$h/(c\lambda)$

　　　(2) 2.5；4.0×10^{14}

　　　(3) 0.99

　　　(4) 1.5×10^{19}

　　　(5) 1.5

16.3　(1) $n=\dfrac{p\lambda}{4\pi d^2 hl}$，$3.33\times10^{-36}$ kg

　　　(2) 5.0×10^{-6} eV

　　　(3) 4.98×10^{-6} eV

第　17　章

17.1　(1) C　(2) A　(3) C　(4) A　(5) A

17.2　(1) 4；1；4；3

　　　(2) 1；2

　　　(3) 6.56×10^{15} Hz

　　　(4) $1/\sqrt{3}$

　　　(5) 0.0549

17.3　(1) 1.04nm

　　　(2) 9.68cm

　　　(3) $x=\dfrac{1}{2}a$

　　　(4) 0.091

　　　(5) 能量 E 的可能值：$E_1=13.6$eV、$E_2=-3.4$eV、$E_3=-1.51$eV

　　　　　能量为 E_1 的概率为：$P_1=\dfrac{2}{5}$

　　　　　能量为 E_2 的概率为：$P_2=\dfrac{3}{10}$

能量为 E_3 的概率为：$P_3 = \dfrac{3}{10}$

能量的平均值为：$\overline{E} = P_1E_1 + P_2E_2 + P_3E_3 = -6.913\text{eV}$

(6) $A = \sqrt{\dfrac{2}{a}}$

(7) $\psi(x) = \dfrac{2}{\sqrt{a}}\sin\left(\dfrac{\pi x}{a}\right)\cos^2\left(\dfrac{\pi x}{a}\right) = \dfrac{2}{\sqrt{a}}\left[\sin\left(\dfrac{\pi x}{a}\right) + \sin\left(\dfrac{\pi x}{a}\right)\cos\left(\dfrac{2\pi x}{a}\right)\right]$

$E = E_n = \dfrac{\pi^2\hbar^2}{2\mu a^2}n^2, n = 1, 2, 3, \cdots$

(8) 测得能量可能值：$\dfrac{\pi^2\hbar^2}{2\mu a^2}, \dfrac{9\pi^2\hbar^2}{2\mu a^2}$

相应概率：$\dfrac{1}{2}, \dfrac{1}{2}$

能量平均值：$\dfrac{5\pi^2\hbar^2}{2\mu a^2}$

(9) 能量可能值：$\dfrac{1}{2}h\nu; \dfrac{5}{2}h\nu; \dfrac{7}{2}h\nu$

能量平均值：$2h\nu$

第 18 章

18.1 (1) A　(2) D　(3) B　(4) A　(5) A

18.2 (1) $\dfrac{1}{\hbar}\nabla_k E(k)$；$\hbar \boldsymbol{k}$

(2) 单电子近似；绝热近似；周期场近似

(3) $\boldsymbol{F} = \dfrac{\hbar\mathrm{d}\boldsymbol{k}}{\mathrm{d}t}$

(4) 正；相等

(5) 势垒电容；扩散电容

18.3 (1) 自发辐射是一种随机过程,各个原子的辐射都是自发地、独立地进行,辐射光子之间的初相位、偏振、传播方向都没有确定的关系,因而自发辐射的光波是非相干的。在受激辐射中,一个光子入射,会导致出射两个频率、相位、偏振态和传播方向都相同的光子,如果这两个光子再引起其他原子产生受激辐射,这样继续下去,就能得到大量的特征相同的光子,这就实现了光放大。由此可见,受激辐射的光是相干光,称之为激光。

(2) 两块超导体中间夹一薄的绝缘层就形成一个约瑟夫森结。按经典理论,两种超导材料之间的绝缘层是禁止电子通过的。这是因为绝缘层内的电势比超导体中的电势低得多,对电子的运动形成了一个高的"势垒"。但是超导体中的库珀对由于量子隧道效应能穿过势垒而形成超导电流。这种电子对通过约瑟夫森结中势垒隧道而形成超导电流的现象叫超导隧道效应,也叫约瑟夫森效应。

(3) 从能带论的观点来看,半导体、绝缘体能带的差别为：价带和导带之间的禁带宽度大小不同。半导体的禁带内有杂质能级。

(4) 医学领域,核物理在医学方面对疾病的诊断、治疗与卫生防护都有独特的作用；军事领域,核物理在军事领域的应用就是我们所恐惧的核武器；能源领域,随着技术的发展,核能为缓解人类的能源紧张并在未来解决能源危机都发挥重要的作用,现在人类主要利用核能发电(已经能够利用);工农业和其他领域,核物理在工农业领域的应用主要有:辐射加工、辐射探伤、物质分析、辐射杀虫、辐射消毒和辐射育种等。而核物理在考古、环境治理等方面都发挥着独特的作用。

(5) 强子,轻子和传播子。

18.4　(1) ① $2\dfrac{\hbar^2}{ma^2}$

　　　② $\dfrac{\hbar}{ma}\left(\sin ka-\dfrac{1}{4}\sin 2ka\right)$

　　　③ $-\dfrac{2}{3}m$, $-2m$

　　(2) ① $E_s(\boldsymbol{k})=E_s^{at}-C_s-2J_s(\cos k_x a+\cos k_y a+\cos k_z a)$

　　　② 见下图:

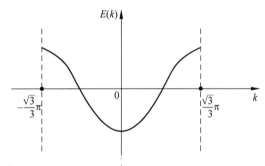

　　　③ $\dfrac{\hbar^2}{2a^2 J_s}$, $-\dfrac{\hbar^2}{2a^2 J_s}$

　　(3) ① $E_s(\boldsymbol{k})=E_s^{at}-C_s-2J_s(\cos k_x a+\cos k_y a+\cos k_z a)$

　　　② $1.925\times10^{-27}\,\text{kg}$, $-1.925\times10^{-27}\,\text{kg}$

　　(4) 2.5138×10^{18}, 5.0277×10^{23}